21 世纪高职高专计算机系列规划教材

计算机应用基础实用教程

主　编　刘　伟

副主编　陈章侠　祝谨惠

参　编　潘　宁　王建华

　　　　张　倩　杜保全　杨东岳

中国铁道出版社

CHINA RAILWAY PUBLISHING HOUSE

内 容 简 介

本书以学生为本，面向应用，倡导创新学习和自主学习，注重与后续课程的结合和学生可持续发展能力的培养。本书采用任务驱动式，让学生在一个个典型的"任务"驱动下进行自主学习，引导学生由简到繁、由易到难、循序渐进地完成一系列"任务"，从而得到清晰的思路、方法以及知识脉络。这种融学习过程于工作过程中的职业情境的创设，能够极大地激发学生的学习兴趣，满足学生的成就感。

本书及时追踪学科发展前沿，操作系统采用 Windows XP 版本，办公软件采用 Office 2003。全书共分为 8 章，主要包括计算机的基本知识及基本操作方法、计算机的基本组成及拆装、计算机系统的简单维护、常用 Office 软件的使用方法、网页制作、计算机网络的概念、基于 Internet 的基本应用、网页制作。本书内容丰富，结构合理，实用性强，在每章后均配有实验指导和习题，以有利于学生的学习。

本书适合高职高专院校和成人高等院校各专业的学生使用，也可作为计算机应用学习班的培训教材和广大计算机用户的自学用书。

图书在版编目（CIP）数据

计算机应用基础实用教程/刘伟主编. —北京：中国铁道出版社，2008.6
　（21 世纪高职高专计算机系列规划教材）
　ISBN 978-7-113-08541-4

　Ⅰ.计⋯　Ⅱ.刘⋯　Ⅲ.电子计算机－高等学校：技术学校－教材　Ⅳ.TP3

中国版本图书馆 CIP 数据核字（2008）第 098512 号

书　　名：计算机应用基础实用教程	
作　　者：刘　伟　主编	
策划编辑：严晓舟　秦绪好	
责任编辑：王占清	编辑部电话：(010) 63583215
封面设计：付　巍	封面制作：白　雪
责任校对：陈　宏　陈　文	责任印制：李　佳

出版发行：中国铁道出版社（北京市宣武区右安门西街 8 号　邮政编码：100054）
印　　刷：河北新华印刷二厂
版　　次：2008 年 7 月第 1 版　2008 年 7 月第 1 次印刷
开　　本：787mm×1092mm　1/16　印张：24　字数：572 千
印　　数：5 000 册
书　　号：ISBN 978-7-113-08541-4/TP·2675
定　　价：33.00 元

前　言

计算机应用基础是我国高等院校非计算机专业学生的一门公共基础课，是对高等院校非计算机专业学生进行计算机教育的第一层次课程。该课程旨在培养学生计算机文化素养和职业素养，培养学生使用计算机搜索数据及处理数据的能力，为以后使用计算机解决本专业的问题打下坚实的基础，对学生毕业后能迅速适应岗位需要，在工作岗位上具有再学习能力，具有重要作用。

全书内容共分为 8 章，每章均配有实验指导和习题。第 1 章为计算机基础知识，第 2 章为 Windows XP 操作系统，第 3 章为字处理软件 Word 2003，第 4 章为电子表格系统 Excel 2003，第 5 章为演示文稿软件 PowerPoint 2003，第 6 章为 Access 2003 关系数据库的使用，第 7 章为计算机网络应用基础，第 8 章为网页制作软件 FrontPage 2003。

本教材编写过程中采用了一个新的思路，就是采用"任务驱动"方式。"任务驱动"是一种建立在建构主义教学理论基础上的教学方法，学生的学习活动与任务或问题相结合，以探索问题来引导和维持学生的学习兴趣和动机。创建真实的教学环境，让学生带着真实的任务去学习。不仅激发了学生的学习兴趣，满足了学生的成就感，而且培养了学生的应用能力和职业能力。

本教材由刘伟主编，陈章侠、祝谨惠任副主编，潘宁、王建华、张倩、杜保全、杨东岳参编。其中第 1 章由陈章侠编写，第 2 章由王建华编写，第 3 章由祝谨惠编写，第 4 章由潘宁编写，第 5 章由杜保全编写，第 6 章由张倩编写，第 7 章由刘伟编写，第 8 章由杨东岳编写。此外，李玉华、张铁军、刘丽红、石朝晖、杨艳杰、王在友、张红、崔冬梅、康金兵、卞克、刘瑜、谢杨洋、焦建、陆美玲、周伟、吴建才、张福东等同志参与了本书的部分工作，为编写本书做了大量工作，在此表示真诚的感谢！

本教材的编写参考书目：山东省教育厅组编中国石油大学出版社出版的《计算机文化基础》和《计算机文化基础实验教程》，清华大学郑纬民主编中央广播电视大学出版社出版的《计算机应用基础》，崔振远、邵丽娟主编科学出版社出版的《计算机应用基础教程》等。编者从中得到了不少启发，在此谨向原作者深表谢意。

由于作者的经验和水平有限，教材中的内容难免有不足和疏漏之处，敬请读者提出宝贵的意见和建议。

编　者
2008 年 4 月

前　言

目　录

第1章

计算机基础

任务一 计算机概述

✉ 技能要点

- 能掌握计算机的基本组成。
- 能掌握计算机的起源与发展。
- 能掌握计算机的特点及不同的分类方法。
- 能掌握计算机的应用和发展趋势。
- 能理解计算机的工作过程。

✉ 任务背景

第七次面试以失败而告终，窦文轩彻底崩溃了。窦文轩是一所高职院校的学生，马上毕业了。最近正在忙找工作的事情。眼看着同学们一个一个都签约成功了，他真是像怀里揣着二十五只耗子——百爪挠心啊。

窦文轩想起刚才面试的情景就满脸通红。"你还计算机系的学生呢，连计算机的分类都不清楚，亏你想得出来，还游戏机、工作机！"早知道这种情况当初该好好上课。晚了，一切都晚了！再有一个多月就毕业了，黄花菜都凉了。正在想着，QQ上有信息发过来了，是昨天刚认识的一个女孩儿。

🧑 一叶知秋 15:19:35
你今天心情怎么样？

🧑 窦文轩 15:19:40
糟透了。

🧑 一叶知秋 15:19:45
怎么了？

🧑 窦文轩 15:19:50
面试又失败了。

一叶知秋 15:19:55

说说呗！

窦文轩 15:20:00

今天去面试，人家问我计算机的分类。我答错了。

一叶知秋 15:20:05

这个你也不会啊？真笨。

窦文轩 15:20:10

你不笨！

一叶知秋 15:20:30

我教你啊！

窦文轩 15:20:55

你真会啊？

一叶知秋 15:21:10

当然了！不过你要好好学哦。

窦文轩 15:21:40

没问题！

一叶知秋 15:22:10

好的，我这里有一个任务，你学会了就明白了。

窦文轩 15:22:30

发过来吧。

"计算机概述.doc（20.4KB）"。正等待接收或取消　文件传输

✉ 任务分析

要了解和掌握计算机，必须先了解计算机的起源与发展史、计算机的特点及分类、计算机的应用和计算机的发展趋势。

✉ 任务实施

步骤一：认识计算机

如果给计算机下定义的话，那计算机（Computer）是一种能够接收和存储信息，并能按照存储在其内部的程序（这些程序是人们意志的体现）对输入的信息进行加工、处理，得到人们所期望的结果，然后把处理结果输出的高度自动化的电子设备。

我们要学习的计算机，主要是指微机，又称为 PC（Personal Computer）。微机从外观上主要由主机、显示器、键盘、鼠标、音箱等组成，如图 1-1 所示。

计算机确切地应该称为计算机系统。一个完整的计算机系统由硬件系统和软件系统两部分组成。

图1-1 微机

知识链接 计算机的起源和发展史

1620年欧洲人发明了计算尺，1642年计算器出现，1854年英国数学家布尔提出了符号逻辑的思想，19世纪中期英国数学家巴贝奇，最先提出通用数字计算机的基本设计思想，被称为"计算机之父"。

第一台真正意义上的数字电子计算机ENIAC（见图1-2）于1946年2月在美国的宾夕法尼亚大学正式投入运行，ENIAC共使用了约1 800个真空电子管，重达30t，耗电150kW，占地约170m^2，用十进制计算，每秒运算5 000次加法。它虽然不是很完善，但是毕竟开创了计算机的新纪元。

图1-2 第一台数字电子计算机

自1946年第一台计算机诞生，迄今为止，计算机已经历了四代演变，目前正向着第五代或新一代计算机发展。

第一代（1946年—1957年）是电子管计算机。其主要元件是电子管，存储器采用磁鼓，体积大，耗电多，运算速度慢。这个时期，计算机主要用于科学计算和军事方面，使用很不普遍。

第二代（1958年—1964年）是晶体管计算机，采用晶体管作为主要器件，内存储器主要采用磁心片，外存储器开始使用磁盘，输入和输出方式有了较大的改进。高级语言开始被使用，操作系统和编译系统已经出现。这一代计算机体积显著变小，可靠性大大提高，运算速度可达每秒百万次，并开始应用于以管理为目的的信息处理领域。

第三代（1965年—1970年）是集成电路计算机，器件采用中小规模集成电路，内存主要采用半导体存储器，计算机设计开始采用微程序设计技术。操作系统和高级语言的研制和使用已很广泛，并出现了计算机网络。这一时期的计算机在存储容量、运算速度、可靠性等方面都有了较大的提高，计算机的体积进一步缩小，成本进一步降低，计算机的应用领域和普及程度进一步得到了扩大。

第四代（1970年至今）是大规模集成电路计算机。器件采用大规模和超大规模集成电路，内存储器采用半导体存储器，器件的集成度越来越高。同时出现了微处理器，进而出现了微型计算机。微型计算机的出现和发展是计算机发展史上的重大事件，其发展愈加迅速，从8位机、16位机、32位机，发展到64位微型机，使得计算机在存储容量、运算速度、可靠性和性能价格比等方面都比上一代计算机有了较大突破。计算机网络技术得到进一步的发展，在局域网、广域网领域以及在网络标准化、异型机联网、光纤网等方面取得了很大的进展。

进入20世纪80年代以来，美国、日本、西欧和我国计算机界已开始研制第五代计算机或新一代计算机，也称为智能计算机。它除具备现代计算机的功能外，还具有在某种程度上模仿人的推理、联想及学习等思维功能，并具有语音识别和图像识别的能力。第五代计算机的研究和发展正方兴未艾。

我国自1956年开始研制计算机，1958年研制出第一台电子管计算机，1964年研制成功晶体管计算机，1971年研制成功集成电路计算机，1983年研制成功每秒运算1亿次的"银河-I"巨型机。我国自主开发的"银河"、"曙光"、"深腾"和"神威"等系列高性能计算机，取得了令人瞩目的成果。

步骤二：掌握计算机硬件系统的组成

计算机硬件是指计算机系统中由电子、机械和光电元件等组成的各种计算机部件和计算机设备。

冯·诺依曼（Von Neumann）提出的存储程序控制工作原理决定了计算机硬件系统的五个基本组成部分，即运算器、控制器、存储器、输入设备和输出设备，如图1-3所示。下面分别介绍组成计算机的各个部件及其功能。

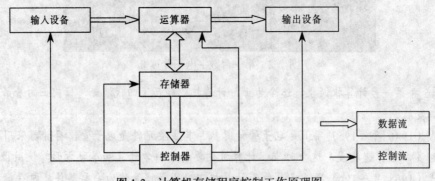

图1-3　计算机存储程序控制工作原理图

1. 运算器

运算器是计算机中执行数据处理指令的器件。运算器负责对信息进行加工和运算，它的速度决定了计算机的运算速度。运算器的功能除对二进制编码进行算术运算（加、减、乘、除）、逻辑运算（与、或、非等）外，还可以进行数据的比较、移位等操作。运算器处理的数据来自存储器，处理后的数据结果通常送回存储器或暂时寄存在运算器中。

2．控制器

控制器是整个计算机系统的控制中心，它指挥计算机各部分协调工作，保证计算机按照预先规定的目标和步骤有条不紊地进行操作及处理。

控制器从内存储器中顺序取出指令，并对指令代码进行翻译，然后向下一个部件发出相应的命令，完成指令规定的操作。

通常把控制器和运算器合称为中央处理器（Central Processing Unit，CPU）。工业生产中总是采用最先进的超大规模的集成电路技术来制造中央处理器，即 CPU 芯片。它是计算机的核心部件，它的工作速度和计算精度等性能对计算机的整体性能有决定性的影响。

3．存储器

存储器是计算机用于存放程序和数据的部件，并能在计算机运行过程中高速、自动地完成程序或数据的存取。

存储器分为两大类：内存储器和外存储器，简称内存和外存。内存储器又称为主存储器，外存储器又称为辅助存储器。

内存是 CPU 可直接访问的存储器，是计算机中的工作存储器，当前正运行的程序与数据都必须存放在内存中。

内存储器和 CPU 一起组成了计算机的主机部分。

内存储器为 ROM、RAM 和 Cache。

（1）只读存储器（ROM）

ROM 中的数据或程序一般是在将 ROM 装入计算机前事先写好的。一般情况下，计算机工作过程中只能从 ROM 中读出事先存储的数据，而不能改写。ROM 常用于存放固定的程序和数据，并且断电后仍能长期保存，ROM 的容量较小，一般存放系统的基本输入/输出系统等。

（2）随机存储器（RAM）

随机存储器的容量和 ROM 相比要大得多。CPU 从 RAM 中既可读出信息又可写入信息，但断电后所存的信息就会丢失。

（3）高速缓冲存储器（Cache）

随着 CPU 主频的不断提高，CPU 对 RAM 的存取速度加快了，而 RAM 的响应速度相对较低，造成 CPU 等待，降低了处理速度，浪费了 CPU 的能力。为协调二者之间的速度差，可以在内存和 CPU 之间设置一个与 CPU 速度接近的、容量相对较小的存储器，把正在执行的指令地址附近的一部分指令或数据从内存调入这个存储器，供 CPU 在一段时间内使用。这对提高程序的运行速度有很大的帮助。这个介于内存和 CPU 之间的高速小容量存储器称为高速缓冲存储器（Cache），一般简称为缓存。

外存储器为与主板分开通过外设连接到一起的存储器，用来存放暂时不用的或暂时不运行的程序和数据。其存储的信息需先装入内存才能运行和使用。

外存的特点是存储容量大、可靠性较高、价格较低。在断电后可以永久地保存信息。微型计算机中外存按存储介质的不同可分为磁盘存储器、光盘存储器和半导体存储器（内存）。其中磁盘可分为硬盘和软盘。光盘存储器和以优盘为代表的半导体存储器（内存）已成为移动存储的主要方式。下面介绍几种常见的外存储器。

软盘：一种涂有磁性物质的聚酯塑料膜圆盘，现在常用的软盘其直径为 3.5 英寸，容量为 1.44MB。软盘有写保护口，当写保护口处于保护状态（即写保护口打开）时，只能读取软盘中的信息，而不能写入，用于防止删除或修改数据，也能防止病毒侵入。软盘外观，如图 1-4 所示。

硬盘：微型计算机上最重要的外存储器，它由一个或多个质地较硬的涂有磁性材料的金属盘片组成，每个盘片的每一面都有一个读、写磁头，用于磁盘信息的读、写。盘片的转速高达 7 200r/min，甚至 10 000r/min。硬盘结构如图 1-5 所示。

图 1-4　软盘外观　　　　　　　　　　　　　　　图 1-5　硬盘结构

光盘存储器：利用激光技术存储信息的装置。目前用于计算机系统的光盘可分为只读型光盘（CD-ROM、DVD）、追记型光盘（CD-R、DVD-R）和可改写型光盘（CD-RW、DVD-RW、MO）等。

4．输入设备

输入设备是计算机系统与外界进行交流的工具。键盘、鼠标和扫描仪是计算机最常用的输入设备。

5．输出设备

输出设备是指从计算机中输出信息的设备。它的功能是将计算机处理的数据、计算结果等内部信息转化成人们习惯接受的信息形式（如字符、图形、声音等），然后将其输出。最常用的输出设备是显示器、打印机和音箱，还有绘图仪、各种数—模转换器（DAC）等。

从信息的输入/输出角度来说，磁盘驱动器和磁带机既可看做输入设备，又可看做输出设备。

步骤三：了解计算机的软件系统

1．系统软件

为高效使用和管理计算机而编制的软件，主要包括操作系统、语言处理程序、系统支撑和服务程序，以及数据库管理系统等。

（1）操作系统

操作系统（Operating System，OS）是一组对计算机资源进行控制与管理的系统化程序集合，它是用户和计算机硬件系统之间的接口，为用户和应用软件提供了访问和控制计算机硬件的桥梁。操作系统的作用如图 1-6 所示。

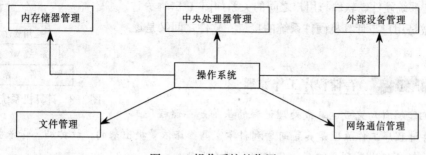

图 1-6 操作系统的作用

（2）语言处理程序

用各种程序设计语言（如汇编语言、Fortran、Delphi、C++、VB 等）编写的源程序，计算机是不能直接执行的，必须经过语言处理程序，即翻译（对汇编语言程序是汇编，对高级语言程序则是编译或解释）才能执行。

（3）系统支撑和服务程序

这些程序又称工具软件，如系统诊断程序、调试程序、排错程序、编辑程序、查杀病毒程序等，都是为维护计算机系统的正常运行或支持系统开发所配置的软件系统。

（4）数据库管理系统

数据库管理系统主要用来建立存储各种数据资料的数据库，并进行操作和维护。常用的数据库管理系统有微机上的 FoxBASE+、FoxPro、Access 和大型数据库管理系统，如 Oracel、DB2、Sybase、SQL Server 等，它们都是关系型数据库管理系统。

2．应用软件

为解决计算机各类应用问题而编写的软件称为应用软件，如 Microsoft Office、WPS Office、Adobe Photoshop 等。

总之，硬件建立了计算机的物质基础，而各种软件则扩大了计算机的功能。只有硬件和软件结合起来，才能完成各种功能，才是一个完整的计算机系统。计算机系统组成如图 1-7 所示。

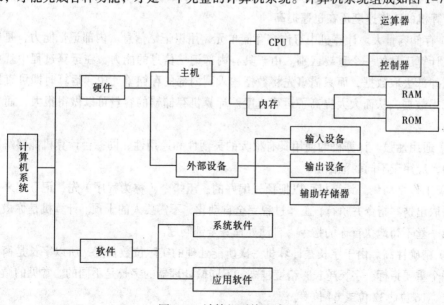

图 1-7 计算机系统组成

计算机系统硬件、软件与用户之间的关系如图 1-8 所示。软件可看做是用户与计算机硬件系统的接口，软件之间又是逐层依赖的。

图 1-8　计算机系统的功能模型

 **知识链接　存储程序工作原理**

计算机能够自动完成运算或处理过程的基础是存储程序工作原理。存储程序工作原理是美籍匈牙利科学家冯·诺依曼提出来的，故称冯·诺依曼原理。虽然现在计算机已经发展到第四代，但仍遵循这个原理。

存储程序工作原理的要点是，为解决某个问题，需事先编制好程序，程序可以用高级语言编写，但最终需要转换为机器指令，即程序是由一系列指令组成的。将程序输入到计算机并存储在外存储器中，控制器将程序读入内存储器中（存储原理）并运行程序，控制器按地址顺序取出存放在内存储器中的指令（按地址顺序访问指令），然后分析指令，执行指令的功能，遇到程序的转移指令时，则转移到转移地址，再按地址顺序访问指令（程序控制）。

计算机的工作过程如下：

（1）控制器控制输入设备或外存储器将数据和程序输入到内存储器。

（2）在控制器指挥下，从内存储器取出指令送入控制器。

（3）控制器分析指令，指挥运算器、存储器、输入/输出设备等执行指令的操作。

（4）运算结果由控制器控制送存储器保存或送输出设备输出。

（5）返回到第（2）步，继续执行下一条指令，如此反复，直到程序结束。

步骤四：计算机的特点和应用

1．计算机的特点

（1）运算速度快。计算机是采用高速电子器件组成的，能以极高的速度工作。现在普通的微型计算机每秒可执行几万条指令甚至更多，而巨型机则每秒执行数万亿条指令。随着新技术的开发，计算机的工作速度还在迅速提高。

（2）存储容量大。计算机中有许多存储单元，用以记忆信息。内部记忆能力，是电子计算机和其他计算工具的一个重要区别。由于具有内部记忆信息的能力，在运算过程中就可以不必每次都从外部去取数据，而只需事先将数据输入到内部的存储单元中，运算时即可直接从存储单元中获得数据，从而大大提高了运算速度。计算机存储器的容量可以做得很大，而且其记忆力特别强。

（3）通用性强。计算机的使用具有很大的灵活性和通用性，同一台计算机能够解决各式各样的问题，应用于不同的范围。

（4）工作自动化。计算机可以把预先编好的一组指令（称为程序）先"记"起来，然后自动地逐条取出这些指令并执行，工作过程完全自动化，不需要人的干预。计算机是你最忠实的朋友，它能一丝不苟地执行你的指令，自动处理好全部问题。

（5）精确性高。由于字长是计算机一次所能处理的实际位数长度，所以字长是衡量计算机性能的一个重要指标。字长越长，精度越高。不同微处理器的字长是不同的。常见的微处理器字长有 8 位、16 位、32 位或 64 位等。

2．计算机的应用

（1）科学计算。在科学研究、工程设计等过程中，常常需要在较短的时间内计算大量的数值，如果用人脑计算，不仅费时费力，而且不一定算得准确。如果使用计算机，那就省事多了。20世纪40年代，美国在原子能研究中，有一项要做900万道计算的计划，如果用人工计算，需要1 500名工程师计算一年。当时用一台计算机花了150h就出色地完成了任务。现在，科学家们经常使用计算机测算人造卫星的轨道、进行气象预报等，精确性大大地提高。

（2）信息管理。由于计算机要以大量存储文字、图像、声音信息，供用户随时存储、维护、查询和传输使用，因此，在电信、科研等部门，发挥了其重要的作用。

（3）过程控制。计算机可根据采集到的信息，在规定的时间及时处理信息，如实时信息处理售票系统和导弹发射、飞机飞行的实时控制等。

（4）计算机辅助系统。在设计过程中，可以让计算机利用事先存储在图形库中的基本图形去构成所需要的复杂的设计，并通过绘画仪直接打印出设计图纸，大大提高了工作质量和工作效率。这种设计已成功地应用到造船、机械、航天、建筑、服装等方面，设计的时间大大缩短，使我国造船工业达到世界先进水平。

计算机辅助设计（Computer Aided Design，CAD）是指利用计算机帮助设计人员进行产品设计和工程设计。

计算机辅助制造（Computer Aided Manufacturing，CAM）是指利用计算机进行生产设备的管理、控制和操作的过程。

计算机基础教育（Computer Based Education，CBE）是指用计算机对学生的教学、训练和教学事务的管理，包括计算机辅助教学（Computer Aided Instruction，CAI）和计算机管理教学（Computer Managed Instruction，CMI）。

另外还有计算机辅助测试（Computer Aided Test，CAT）和计算机集成制造系统（Computer Integrated Manufacturing System，CIMS）

（5）人工智能。计算机可以模拟人类某些智力活动。利用计算机可以进行图像和物体的识别，模拟人类的学习过程和探索过程。如机器翻译、智能机器人等，都是利用计算机模拟人类智力活动。

（6）计算机网络与通信。将全国各地的计算机通过电话交换网等方式连接起来，就可以构成一个巨大的计算机网络系统，做到资源共享，促进相互交流。

 **知识链接**

1．计算机的分类

（1）按处理的对象划分为模拟计算机、数字计算机和混合计算机。

（2）按计算机的用途划分为通用计算机、专用计算机。

（3）按计算机的规模划分为巨型机、大型机、中型机、小型机和微型机。

2．计算机发展趋势

（1）巨型化。随着科学技术发展的需要，许多部门要求计算机有更快的速度、更大的存储容量，从而使计算机向巨型化发展。

（2）微型化。计算机体积更小、重量更轻、价格更低、更便于应用于各个领域、各种场合。

目前市场上已出现的各种笔记本计算机、膝上型和掌上型计算机都是向着这一方向发展的产品。

（3）网格化。网格（Grid）技术，它把整个互联网虚拟成一台空前强大的一体化信息系统，在动态变化的网络环境中实现计算资源、存储资源、数据资源、信息资源、知识资源和专家资源的全面共享，从而让用户从中享受可灵活控制的、智能的、协作的信息服务，并获得前所未有的方便性和超强能力。目前，世界主要国家和地区都把发展网格技术放到了战略位置的高度，纷纷投入巨资，抢占战略的位置制高点。

（4）智能化。研究怎样让计算机做一些通常认为需要智能才能做的事情，又称机器智能，主要研究智能机器所执行的通常是人类具有的功能，如判断、图例、证明、识别、感知、理解、设计、思考、规划、学习和问题求解等思维活动。

步骤五：计算机的性能指标

一台微型计算机功能的强弱或性能的好坏，不是由某项指标来决定的，而是由它的系统结构、指令系统、硬件组成、软件配置等多方面的因素综合决定的。但对于大多数的普通用户来说，可以从以下几个指标来大体评价计算机的性能。

1．运算速度

运算速度是衡量计算机性能的一项重要指标。通常所说的计算机运算速度（平均运算速度），是指每秒所能执行的指令条数，一般用"百万条指令／秒"（Million Instruction Per Second，MIPS）来描述。同一台计算机，执行不同的运算所需的时间可能不同，因而对运算速度的描述常采用不同的方法。常用的有 CPU 时钟频率（主频）、每秒平均执行指令数（IPS）等。微型计算机一般采用主频来描述运算速度，例如，Pentium/133 的主频为 133 MHz，Pentium Ⅲ/800 的主频为 800 MHz，Pentium 4 1.5G 的主频为 1.5 GHz。一般来说，主频越高，运算速度就越快。

2．字长

一般来说，计算机在同一时间内处理的一组二进制数称为一个计算机的"字"，而这组二进制数的位数就是"字长"。在其他指标相同时，字长越大，计算机处理数据的速度就越快。早期的微型计算机的字长一般是 8 位和 16 位。目前 586（Pentium、Pentium Pro、Pentium Ⅱ、Pentium Ⅲ、Pentium 4）大多是 32 位，现在大多数都装 64 位的了。

3．内存储器的容量

内存储器，简称主存，是 CPU 可以直接访问的存储器，需要执行的程序与需要处理的数据就是存放在主存中的。内存储器容量的大小反映了计算机即时存储信息的能力。随着操作系统的升级，应用软件的不断丰富及其功能的不断扩展，人们对计算机内存容量的需求也不断提高。目前，运行 Windows 95 或 Windows 98 操作系统至少需要 16 MB 的内存容量，Windows XP 则需要128 MB 以上的内存容量。内存容量越大，系统功能就越强大，能处理的数据量就越庞大。

4．外存储器的容量

外存储器的容量通常是指硬盘容量（包括内置硬盘和移动硬盘）。外存储器容量越大，可存储的信息就越多，可安装的应用软件就越丰富。目前，硬盘容量一般为 10～60GB，有的甚至已达到 120GB。

以上只是一些主要性能指标。除了上述这些主要性能指标外，微型计算机还有其他一些指标，例如，所配置外围设备的性能指标以及所配置系统软件的情况等。另外，各项指标之间也不是彼此孤立的,在实际应用中,应该把它们综合起来考虑。

✉ 知识拓展

1. 主板

主板是微型计算机系统中最大的一块电路板,有时又称为母板或系统板,是一块带有各种插口的大型印刷电路板(PCB),集成有电源接口、控制信号传输线路(称为控制总线)和数据传输线路(称为数据总线)以及相关控制芯片等,如图1-9所示。

图1-9 计算机的主板

2. 总线(BUS)

计算机总线是一组连接各个部件的公共通信线。由于计算机中的各个部件是通过总线相连的,因此各个部件间的通信关系变成面向总线的单一关系。但是任一瞬间总线上只能出现一个部件发往另一个部件的信息,这意味着总线只能分时使用,而这是需要加以控制的。总线使用权的控制是设计计算机系统时要认真考虑的重要问题。

总线是一组物理导线,并非一根。根据总线上传送的信息不同,分为地址总线、数据总线和控制总线。

(1)地址总线

地址总线传送地址信息。地址是识别信息存放位置的编号,主存储器的每个存储单元及 I/O 接口中不同的设备都有各自不同的地址。地址总线是 CPU 向主存储器和 I/O 接口传送地址信息的通道,它是自 CPU 向外传输的单向总线。

(2)数据总线

数据总线传送系统中的数据或指令。数据总线是双向总线,一方面作为 CPU 向主存储器和 I/O 接口传送数据的通道;另一方面,是主存储器和 I/O 接口向 CPU 传送数据的通道,数据总线的宽度与 CPU 的字长有关。

(3)控制总线

控制总线传送控制信号。控制总线是 CPU 向主存储器和 I/O 接口发出命令信号的通道,又是外界向 CPU 传送状态信息的通道。

我们通常用总线宽度和总线频率来表示总线的特征。总线宽度为一次能并行传输的二进制位数，即 32 位总线一次能传送 32 位数据，64 位一次能传送 64 位数据。总线频率则用来表示总线的速度，目前常见的总线频率为 66MHz、100MHz、133MHz 或更高。

总线在发展过程中已逐步形成标准化，有代表性的系统总线标准早期的主要是 ISA、EISA、VESA，而现在配置较多的是 PCI、AGP、PCI-E、USB 和 IEEE1394 总线等。

- ISA（Industry Standard Archiitecture，工业标准）总线是一种 16 位的总线结构，适用范围广，很多的接口卡都是根据 ISA 标准生产的。
- PCI（Peripheral Component Interconnection，外部设备互联）总线是一种 32 位的高性能总线，可扩展到 64 位，与 ISA 总线兼容。目前，高性能微型机主板上都设有 PCI 总线。该总线标准性能先进，成本较低，可扩充性好，特别是对于微软提出的"即插即用"方案的很好支持，现已成为奔腾级以上普遍采用的外设接插总线。
- AGP（Accelerated Graphics Port，图形加速接口）总线是随着三维图形的应用而发展起来的一种总线标准。三维图形对计算机的速度提出了很高的要求，使得 PIC 总线传送速度变得很紧张，AGP 在图形与内存之间提供了一条直接的访问途径。
- EISA（Extended Industry Standard Architecture，扩展工业标准结构）总线是对 ISA 总线的扩展。

任务二　计算机中信息的表示

✉ 技能要点

- 能掌握进制的概念及二、八、十、十六进制之间的转换。
- 能掌握二进制的运算规则。
- 能掌握计算机中数据的单位：位、字节、KB、MB、GB、TB、计算机中字的概念。
- 能掌握字符在计算机中的表示：数字编码、字符编码、汉字编码。

✉ 任务背景

"窦文轩同学，明天有一个电脑公司招聘软件管理员，你去看看吧。"班主任挺热心。

窦文轩一点热情也提不起来。

第二天傍晚，窦文轩闷闷不乐地来到网吧。

一叶知秋 17:19:35

今天忙什么呢？

窦文轩 17:19:45

别提了。

一叶知秋 15:19:55

不会又去面试了吧？而且还是失败？

窦文轩　17:20:15

你都快成了我身上的虫了!

一叶知秋　17:20:36

你打比方能不能高雅点儿? 我能帮你什么吗?

窦文轩　17:20:56

你会二进制与十进制的转换吗?

一叶知秋　17:21:36

哈哈, 这个问题当初也把我难坏了。不过现在可是没问题。

窦文轩　17:21:56

唉, 就算现在学会了, 也晚啦, 面试失败。

一叶知秋　17:22:15

别这么说啊, 万一下次还问类似的问题呢?

"进制之间的转换.doc（20.4KB）"。正等待接收或取消　文件传输

✉ 任务分析

　　字符和数在计算机内都是以二进制形式表示的。不同进制之间如何转换、字符在计算机内的表示方法、计算机中的数据单位, 这都是我们必须掌握的。

✉ 任务实施

步骤一：计算机中的数制

1. 数制、数码、基数、位权的概念

　　数制：是指用进位的方法进行计数, 简称进制。在一般情况下, 人们习惯于用十进制来表示数。其实在现实生活中也使用其他进制, 如用六十进制计时, 用十二进制作为月到年的进制等。在计算机科学中, 不同情况下允许采用不同数制表示数据。计算机内用二进制数码表示各种数据, 但是在输入、显示或打印输出时, 人们习惯于用十进制计数。在计算机程序编写中, 有时还采用八进制和十六进制, 这样就存在着同一个数可以用不同的数制表示及它们之间相互转换的问题。在介绍各种数制之前, 首先介绍数制中的几个名词术语。

　　数码：一组用来表示某种数制的符号。如 1、2、3、4、A、B、C、I、II、III、IV 等。

　　基数：数制使用的数码个数称为"基数"或"基", 常用"R"表示, 称 R 进制。如二进制的数码是 0、1, 基为 2。

　　位权：指数码在不同位置上的权数。在进位计数制中, 处于不同数位的数码代表的数值不同。例如十进制数 111, 个位数上的 1 权值为 10^0, 十位数上的 1 权值为 10^1, 百位数上的 1 权值为 10^2。

2. 常见的进位计数制

（1）十进制（Decimal System）

　　十进制数是人们最熟悉的一种进位计数制, 它由 0、1、2、…、8、9 十个数码组成, 即基数为 10。十进制的特点为：逢十进一, 借一当十。一个十进制数各位的权值是以 10 为底的幂。

（2）二进制（Binary System）

二进制由 0、1 两个数码组成，即基数为 2。二进制的特点为：逢二进一，借一当二。一个二进制数各位的权值是以 2 为底的幂。

（3）八进制（Octal System）

八进制由 0、1、2、3、4、5、6、7 八个数码组成，即基数为 8。八进制的特点为：逢八进一，借一当八。

（4）十六进制（Hexadecimal System）

十六进制由 0、1、2、3、4、5、6、7、8、9、A、B、C、D、E、F 十六个数码组成，即基数为 16。十六进制的特点为：逢十六进一，借一当十六。

不同进制间的转换关系如表 1-1 所示。

表 1-1　不同进制间的转换关系

十进制	二进制	八进制	十六进制	十进制	二进制	八进制	十六进制
0	0	0	0	9	1001	11	9
1	1	1	1	10	1010	12	A
2	10	2	2	11	1011	13	B
3	11	3	3	12	1100	14	C
4	100	4	4	13	1101	15	D
5	101	5	5	14	1110	16	E
6	110	6	6	15	1111	17	F
7	111	7	7	16	10000	20	10
8	1000	10	8	17	10001	21	11

3. 二进制的运算规则

在计算机中，采用二进制数可以非常方便地实现各种算术运算和逻辑运算。

（1）算术运算规则

加法规则：0＋0=0；0＋1=1；1＋0=1；1+1=10（向高位有进位）

减法规则：0−0=0；10−1=1（向高位借位）；1−0=1；1−1=0

乘法规则：0×0=0；0×1=0；1×0=0；1×1=1

除法规则：0/1=0；1/1=1

（2）逻辑运算规则

逻辑与运算（AND）：0∧0=0；0∧1=0；1∧0=0；1∧1=1

逻辑或运算（OR）：0∨0=0；0∨1=1；1∨0=1；1∨1=1

逻辑非运算（NOT）!1=0；!0=1

逻辑异或运算（XOR）0⊕0=0；0⊕1=1；1⊕0=1；1⊕1=0

知识链接　**数值的表示**

计算机中，所有的数据都以二进制表示。数的正、负号也用"0"和"1"表示。通常规定一个数的最高位作为符号位，"0"表示正，"1"表示负。

采用二进制表示信息，原因有以下四点：

（1）电路简单。计算机是由逻辑电路组成的，逻辑电路通常有两个状态。如开关的"通"和"断"，电压的"高"和"低"。这两种状态正好用二进制的 0 和 1 来表示。

（2）工作可靠。这两种状态表示两个数据，数据的传输和处理不容易出错，电路更加可靠。

（3）简化运算。二进制算法简单。

（4）逻辑性强。二进制只有两个数码，正好代表逻辑代数的 true（真）和 false（假）。

步骤二：计算机中的数制转换

1．将二进制数 1111.11 转换为十进制数

对于任何一个二进制数、八进制数、十六进制数，可以写出它的位权展开式，再按十进制进行求和运算即可转换为十进制数。

$(1111.11)_2=1 \times 2^3 + 1 \times 2^2 + 1 \times 2^1 + 1 \times 2^0 + 1 \times 2^{-1} + 1 \times 2^{-2}=15.75$

2．将十进制数 100.125 转换为二进制数

十进制数的整数部分和小数部分在转换时需作不同的计算，分别求值后再组合。整数部分采用除 2 取余法，即逐次除以 2，直至商为 0，得出的余数倒排，即为二进制各位的数码。小数部分采用乘 2 取整法，即逐次乘以 2，从每次乘积的整数部分得到二进制数各位的数码，如图 1－10 所示。

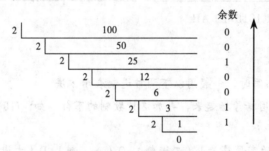

图 1-10　十进制整数转换为二进制数

对于小数部分 0.125 的转换如图 1-11 所示。

$$0.125 \times 2=0.250 \qquad \cdots\cdots 0$$
$$0.25 \times 2=0.5 \qquad \cdots\cdots 0$$
$$0.5 \times 2=1 \qquad \cdots\cdots 1$$

图 1-11　十进制小数转换为二进制数

由上得知　0.125D=0.001B

由整数和小数组合，得出 100.125D=1100100.001B

3．二进制数转换成八进制数

二进制数转换成八进制数的方法是：将二进制数从小数点开始，对二进制整数部分向左每三位分成一组，对二进制小数部分向右每三位分成一组，不足三位的分别向高位或低位补 0 凑成三位。每一组有三位二进制数，分别转换成八进制数码中的一个数字，全部连接起来即可。

反过来，将八进制数转换成二进制数，只要将每一位八进制数转换成相应的三位二进制数，依次连接起来即可，参见表1-2。

表1-2　二进制数与八进制数转换

二进制三位分组	011	111	101	101
转换为八进制数	3	7	5	5

所以，11111101.101B=375.5O

4．二进制数与十六进制数的相互转换

二进制数与十六进制数的相互转换方法和二进制数与八进制数的转换方法类似。二进制数转换十六进制数，只要把每四位分成一组，再分别转换成十六进制数码中的一个数字，不足四位分别向高位或低位补0凑成四位，全部连接起来即可。反之，十六进制数转换成二进制数，只要将每一位十六进制数转换成四位二进制数，依次连接起来即可。

其他数制之间的转换可以通过二进制数作为中间桥梁，先转化为二进制数，再转化为其他进制数。二进制数与十六进制数之间的转换参见表1-3。

表1-3　二进制数与十六进制数转换

二进制四位分组	1011	0001	1010
转换为十六进制	B	1	A

所以，10110001.101B=B1.AH

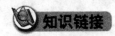 知识链接

不同的数制在书写时，一般用以下两种进制表示方法：

（1）把一串数用括号括起来，再加这种数制的下标。如：$(10)_{16}$、$(100100)_{2}$、$(120)_{8}$，十进制可以省略。

（2）用进位制的字母符号B（二进制）、O（八进制）、D（十进制）、H（十六进制）来表示，十进制可以省略。如：十六进制数A2A0C可表示为A2A0CH。

步骤三：计算机中数据的单位

计算机中的数据都要采用不同的二进制位来表示。为了方便表示数据量的多少，引入了数据单位的概念。

位（bit）：简记为b，也称为比特，是计算机存储数据的最小单位。一个二进制位只能表示0或1，要想表示更大的数，就得把更多的位组合起来，每增加一位，所能表示的数就增大一倍。

字节（Byte）：来自英文Byte，简记为B，规定1B=8bit。字节是存储信息的基本单位。微机存储器是由一个个存储单位构成的，每一个存储单位的大小就是一个字节。存储器容量的大小也以字节数来度量。我们还经常使用其他的度量单位，如KB、MB、GB和TB，其换算关系为：1TB=1 024GB；1GB=1 024MB；1MB=1 024KB；1KB=1 024B。

字（Word）：计算机处理数据时，CPU通过数据总线一次存取加工和传送的数据称为字，计

算机的运算部件能同时处理的二进制数据的位数称为字长。一个字通常由一个字节或若干字节组成。由于字长是计算机一次所能处理的实际位数长度，所以字长是衡量计算机性能的一个重要标准。字长越长，速度越快，精度越高。不同微处理器的字长是不同的。常见的微处理器字长有 8 位、16 位、32 位和 64 位等。

步骤四：文字信息的表示

1．字符编码

目前采用的字符编码主要是 ASCII 码，它是美国标准信息交换码（American Standard Code for Information Interchange），ASCII 码是一种西文机内码，有 7 位和 8 位两种，7 位标准 ASCII 码用一个字节（8 位）表示一个字符，并规定其最高位为 0，实际只用到 7 位，可表示 128 个不同字符，其中包括：数字 0～9、26 个大写英文字母、26 个小写英文字母，以及各种标点符号、运算符号和控制命令符号等，同一个字母的 ASCII 码值小写字母比大写字母大 32。

2．汉字编码

所谓汉字编码，就是采用一种科学可行的办法，为每个汉字编一个唯一的代码，以便计算机辨认、接受和处理。

（1）汉字交换码

由于汉字数量极多，一般用连续的两个字节（16 个二进制位）来表示一个汉字。1980 年，我国颁布了一个汉字编码字符集标准，即 GB 2312—1980《信息交换用汉字编码字符集·基本集》，该标准编码简称国际标码，是我国大陆地区及新加坡等海外华语地区通用的汉字交换码。GB 2312—1980 收录了 6 763 个汉字以及 682 个符号，共 7 445 个字符，奠定了中文信息处理的基础。

（2）汉字机内码

国标码 GB 2312 不能直接在计算机中使用，因为它没有考虑与基本的信息交换代码 ASCII 码的冲突。比如："大"的国标码是 3473H，与字符组合 "4S" 的 ASCII 码相同，"嘉"的汉字编码为 3C4EH，与字值为 3CH 和 4EH 的两个 ASCII 字符 "<" 和 "N" 混淆。为了能区分汉字与 ASCII 码，在计算机内部表示汉字时把交换码（国标码）两个字节最高位改为 1，称为"机内码"。这样，当某字节的最高位是 1 时，必须和下一个最高位同样为 1 的字节结合起来，代表一个汉字，而某字节的最高位是 0 时，就代表一个 ASCII 码字符，以和 ASCII 码相区别，这样最多能表示 $2^7 \times 2^7$ 个汉字。GBK 18030 编码的机器码最高字节的最高位是 1，而低字节的最高位可以是 0，能表达 $2^7 \times 2^8$ 个汉字。

机内码是计算机内处理汉字信息时所用的汉字代码。在汉字信息系统内部，对汉字信息的采集、传输、存储、加工运算的各个过程中都要用到机内码。机内码是真正的计算机内部用来存储和处理汉字信息的代码。

（3）汉字形码

所谓汉字形码实际是用来将汉字显示到屏幕上或打印到纸上所需要的图形数据。

汉字形码记录汉字的外形，是汉字的输出形式。记录汉字字形通常有两种方法：点阵法和矢量法，分别对应的字形编码为点阵码和矢量码。所有的不同字体、字号的汉字字形构成汉字库。

任务三　计算机硬件组装

✉ 技能要点

- 能掌握硬件的基本组成及每个组成部分的特点。
- 能掌握组装前的准备事宜。
- 能动手组装电脑。

✉ 任务背景

窦文轩终于意识到自己计算机水平的不足了。他决定大干一场。

"老爸，你可不能见死不救！如果我再没有一台属于自己的计算机，工作八成就要黄了！"窦文轩一脸的沮丧。

电话那头传来窦文轩老爸的声音："难道你们班里同学们都买电脑了？"

"……"窦文轩无话可说。

"如果你真的能痛改前非，我还是可以支持你的。"

"老爸万岁！"

"先别高兴得太早，价钱可不能太贵，我就给你3 000元。"

窦文轩看着存折上的3 000元，心里发愁："好像联想的最便宜的也要3 999元吧？一点儿也不考虑我们穷学生！"

🧑 一叶知秋 18:19:40

你可以自己组装一台啊，我这里有份资料，你先学习一下。

"微机组装.doc（20.4KB）"。正等待接收或取消　文件传输

✉ 任务分析

要想能够顺利地组装一台电脑，除了需要了解计算机的基本组成部件，以及计算机各部件的特征与性能外，还要熟悉装机前的准备工作。

✉ 任务实施

步骤一：装机前的准备工作

1. 工具准备

常言道"工欲善其事，必先利其器"，没有顺手的工具，装机也会变得麻烦起来，那么哪些工具是装机之前需要准备的呢？

（1）十字螺丝刀

（2）平口螺丝刀

（3）镊子

（4）钳子

（5）散热膏

2．材料准备

（1）准备好装机所用的配件

配件有 CPU、主板、内存、显卡、硬盘、软驱、光驱、机箱电源、键盘鼠标、显示器、各种数据线及电源线等。

（2）电源排型插座

（3）器皿

（4）工作台

3．装机过程中的注意事项

（1）防止静电。由于我们穿着的衣物会相互摩擦，很容易产生静电，而这些静电电压很高，可能将集成电路内部击穿，这是非常危险的。为此，最好在安装前，用手触摸一下接地的导电体或洗手以释放掉身上携带的静电。

（2）防止液体进入计算机内部。由于液体可能造成短路而使器件损坏，因此在安装计算机元、器件时，也要严禁液体进入计算机内部的板卡上。

（3）使用正常的安装方法，不可粗暴安装。在安装的过程中一定要注意正确的安装方法，对于不懂、不会的地方要仔细查阅说明书，不要强行安装，稍微用力不当就可能使引脚折断或变形。对于安装后位置不到位的设备不要强行使用螺丝钉固定，否则容易使板卡变形，日后易发生断裂或接触不良的情况。

（4）把所有零件从盒子里拿出来，按照安装顺序排好，仔细阅读说明书，有没有特殊的安装需求。

（5）以主板为中心，把所有东西排好。在主板装进机箱前，先装上处理器与内存；要不然过后会很难装，可能还会损坏主板。此外在安装 AGP 与 PCI 卡时，要确定其安装牢不牢固，防止上螺丝时，卡会跟着翘起来。如果撞到机箱，松脱的卡会造成运作不正常，甚至损坏。

（6）测试前，建议只装必要的周边设备——主板、处理器、散热片、风扇、硬盘、光驱以及显卡。其他如 DVD、声卡、网卡等，在确定没有问题的时候再装。此外第一次安装好后把机箱关上，但不要上螺丝，因为如果哪儿没装好，还要打开机箱，直到完全没有问题为止。

步骤二：CPU 的安装

主板安装好后机箱内空间变得狭小，影响 CPU 等部件的顺利安装，为此，在将主板装进机箱前最好先将 CPU、CPU 风扇和内存安装好。

（1）稍向外、向上用力拉开 CPU 插座上的锁杆与插座呈 90°角，以便让 CPU 能够插入处理器插座。

（2）然后将 CPU 的定位角对准插座的定位角，使针脚有缺针的部位对准插座上的缺口。

（3）CPU 只能在方向正确时才能被插入插座中，然后轻轻按下锁杆。如图 1-12 所示为安装后的 CPU。

（4）在 CPU 的核心上均匀涂上足够的散热膏（硅脂）。但要注意不要涂得太多，只要均匀地涂上薄薄一层即可。

CPU 的安装一般很简单，但 CPU 风扇的安装较复杂，其步骤如下：

（1）首先在主板上找到 CPU 和它的支撑机构的位置。

（2）接着将散热片平稳定位在支撑机构上。

（3）向下压风扇直到它的四个卡子嵌入支撑机构对应的孔中。

（4）再将两个压杆压下以固定风扇，需要注意的是，每个压杆都只能沿一个方向压下，如图 1-13 所示。

图 1-12　安装后的 CPU

图 1-13　安装风扇

（5）最后将 CPU 风扇的电源线接到主板上三针的 CPU 风扇电源接头上即可，如图 1-14 所示。

步骤三：安装内存

现在常用的内存有 168 线的 SDRAM 内存和 184 线的 DDR 内存两种，其主要外观区别在于 SDRAM 内存金手指上有两个缺口，而 DDR 内存只有一个。

下面就以 184 线的 DDR 内存安装为例进行讲解，其外观如图 1-15 所示。

（1）安装内存前先要将内存插槽两端的白色卡子向两边扳动，将其打开，这样才能将内存插入。然后再插入内存条，内存条的一个凹槽必须直线对准内存插槽上的一个凸点（隔断）。

（2）再向下按入内存，在按的时候需要稍稍用力。

（3）以使紧压内存的两个白色的固定杆弹回，确保内存条被固定住，即完成内存的安装，如图 1-15 所示。

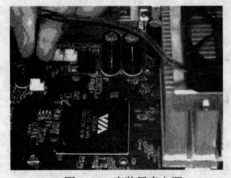
图 1-14　安装风扇电源

图 1-15　安装内存

提示： SDRAM 内存的安装和 DDR 内存的安装方法基本一样。

步骤四：安装电源

一般情况下，在购买机箱的时候，电源大多已安装好。不过，有时机箱自带的电源品质太差，或者不能满足特定要求，则需要更换电源。由于电脑中的各个配件基本上都已模块化，因此更换起来很容易，电源也不例外，下面，就来看看如何安装电源。

安装电源很简单，先将电源放进机箱内的电源位置，并将电源上的螺丝固定孔与机箱上的固定孔对正。然后再拧上一颗螺钉（固定住电源即可），将剩余的三颗螺钉孔对正位置，以对角线方式拧上剩下的螺钉即可。

需要注意的是：在安装电源时，首先要做的是将电源放入机箱内，这个过程中要注意电源放入的方向，有些电源有两个风扇，或者有一个排风口，则其中一个风扇或排风口应对着主板，放入后稍稍调整，让电源上的四个螺钉孔和机箱上的固定孔分别对齐。

步骤五：主板的安装

在主板上装好 CPU、CPU 风扇和内存后，我们即可将主板装入机箱中。

1．安装主板

（1）首先将机箱或主板附带的固定主板用的螺丝柱和塑料钉旋入主板和机箱的对应位置。

（2）然后再将机箱上使用的 I/O 接口的对应密封片撬掉。

提示：可根据主板接口的情况，将机箱后相应位置的挡板去掉。这些挡板与机箱是直接连接在一起的，需要先用螺丝刀将其顶开，然后用尖嘴钳将其扳下。外加插卡位置的挡板可根据需要决定是否保留，不要将所有的挡板都取下。

（3）然后将主板对准 I/O 接口放入机箱，如图 1-16 所示。

图 1-16　安装主板

（4）最后，将主板固定孔对准螺丝柱和塑料钉，然后用螺丝将主板固定好。

（5）将电源插头插入主板上的相应插口中。只需将电源上同样外观的插头轻松插入相应接口即可。

2．连接机箱连接线

下面先来了解一下机箱连接线。

（1）PC 喇叭的四芯插头，实际上只有 1、4 两根线，1 线通常为红色，它是接在主板 Speaker

插针上，在主板上有标记，通常为 Speaker。在连接时，注意红线对应 1 的位置（注：红线对应 1 的位置——有的主板将正极标为 "1" 有的标为 "+"，适情况而定）。

（2）Reset 接头连着机箱的 Reset 键，它要接到主板的 Reset 插针上。主板上 Reset 插针的作用是这样的：当它们短路时，电脑就重新启动。Reset 键是一个开关，按下它时产生短路，手松开时又恢复开路，瞬间的短路恢复后可使电脑重新启动。

（3）ATX 结构的机箱上有一个总电源的开关接线，是个两芯的插头，它和 Reset 的接头一样，按下时短路，松开时开路，按一下，电脑的总电源就被接通了。

（4）这个三芯插头（有的为两芯分开插头）是电源指示灯的接线，使用 1、3 位，1 线通常为绿色。在主板上，插针通常标记为 Power，连接时注意绿色线对应于第一针（+）。当它连接好后，电脑一打开，电源灯就一直亮着，指示电源已经打开了。如图 1-17 所示为电源 LED。

（5）硬盘指示灯的两芯接头，1 线为红色。在主板上，这样的插针通常标着 IDE LED 或 HD LED 的字样，连接时要红线对 1 或+。这条线接好后，当电脑在读、写硬盘时，机箱上的硬盘的灯会亮。这个指示灯只能指示 IDE 硬盘，对 SCSI 硬盘是不行的。

图 1-17　电源 LED

接下来还需将机箱上的电源、硬盘、喇叭、复位等控制连接端子线插入主板上的相应插针上。连接这些指示灯线和开关线是比较烦琐的，因为不同的主板在插针的定义上是不同的，需要查阅主板说明书才能清楚，所以建议最好在将主板放入机箱前就将这些线连接好。另外主板的电源开关、Reset（复位开关）等设备是不分方向的，只要弄清插针就可以插好。而 HDD LED（硬盘灯）、Power LED（电源指示灯）等，由于使用的是发光二极管，所以插反是不能闪亮的，一定要仔细核对说明书上对该插针正、负极的定义。如图 1-18 所示为连好后的前面板线。

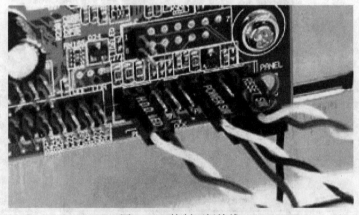

图 1-18　控制面板接线

步骤六：安装外部存储设备

外部存储设备包含硬盘、光驱（CD-ROM、DVD-ROM、CD-RW）等。

1．安装硬盘

（1）安装外部存储设备时的基础知识

① 每个 IDE 口都可以有（而且最多只能有）一个 Master 盘（主盘）。

② 当两个 IDE 口上都连接有设置为 Master 时，早期的主板通常总是尝试从第一个 IDE 口上的"主"盘启动。而现在的主板，一般都可以通过 CMOS 的设置，指定哪一个 IDE 口上的硬盘是启动盘。

③ ATX 电源在关机状态时仍保持 5V 电压，在进行零、配件安装、拆卸及外部电缆线插、拔时必须先关闭电源插座开关或拔下机箱电源线。

④ 有些机箱的驱动器托架安排得过于紧凑，而且位置距离机箱电源非常近，安装多个驱动器时比较费劲。建议先在机箱中安装好所有驱动器，然后再进行线路连接工作，以免先安装的驱动器连线挡住了安装下一个驱动器所需的空间。

⑤ 为了避免因驱动器的震动造成的存取失败或驱动器损坏，建议在安装驱动器时在托架上安装并固定所有的螺丝。

⑥ 为了方便安装及避免机箱内的连接线过于杂乱无章，在机箱上安装硬盘、光驱时，连接同一 IDE 口的设备应该相邻。

⑦ 电源线的安装是有方向的，反了插不上。

⑧ 考虑到以后可能需要安装多个硬盘或光驱，组装计算机前最好准备两条 IDE 设备信号线（俗称"排线"），每条线带三个接口（一个连接主板 IDE 端口，另外两个用来连接硬盘或光驱）。

（2）单硬盘的安装

第一步，单手捏住硬盘两侧（注意手指不要接触硬盘底部的电路板，以防身上的静电损坏硬盘），对准安装插槽后，轻轻地将硬盘往里推，直到硬盘的四个螺丝孔与机箱上的螺丝孔对齐为止。

第二步，硬盘到位后，就可以上螺丝了。注意，由于硬盘在工作时其内部的磁头会高速旋转，因此必须保证硬盘安装到位，确保固定。硬盘的两边各有两个螺丝孔，最好能上四个螺丝，并且在上螺丝时，四个螺丝的进度要均衡，切勿一次性拧好一边的两个螺丝，然后再去拧另一边的两个。如果一次就将某个螺丝或某一边的螺丝拧得过紧的话，硬盘可能就会受力不对称，影响数据的安全。安全硬盘如图 1-19 所示。

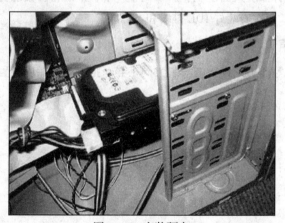

图 1-19　安装硬盘

第三步，先将 IDE 线在硬盘上的 IDE 口上插好，然后再将其插紧在主板 IDE 接口中，最后再将 ATX 电源上的扁平电源线接头在硬盘的电源插头上插好即可。需要注意的是，如果 IDE 线无防反插凸块，在安装 IDE 线时需本着以 IDE 线上有"红线一端对电源接口"的原则来进行安装。

2．安装光驱

（1）光驱的跳线：光驱的跳线非常重要，特别是当光驱与硬盘共用一条数据线的时候，最好把光驱设置成从盘，如果设置不正确就会无法识别光驱。IDE 线只独立连接一个光驱的时候，只需将它设置为主盘就行。

（2）将光驱装入机箱：先拆掉机箱前方的一个 5 寸固定架面板，然后把光驱滑入。把光驱从机箱前方滑入机箱时要注意光驱的方向，现在的机箱大多数只需要将光驱平推入机箱就行了。但是有些机箱内有轨道，那么在安装光驱的时候就需要安装滑轨。安装滑轨时应注意开孔的位置，并且螺钉要拧紧，滑轨上有前后两组共八个孔位，大多数情况下，接近弹簧片的一对孔与光驱的前两个孔对齐，当滑轨的弹簧片卡到机箱里，听到"咔"的一声响，光驱就安装完毕，如图 1-20 所示。

图 1-20　安装光驱

（3）固定光驱：在固定光驱时，要用细纹螺钉固定，每个螺钉不要一次拧紧，要留一定的活动空间。如果在安装第一颗螺钉的时候就固定，那么当安装其他三颗螺钉的时候，有可能因为光驱有微小位移而导致光驱上的固定孔和框架上的开孔之间错位，螺钉拧不进去，而且容易滑丝。正确的方法是把四颗螺钉都旋入固定位置后，调整一下，最后再拧紧螺钉。

（4）安装连接线：依次安装好 IDE 排线和电源线。

步骤七：安装显卡、声卡、网卡

显卡、声卡、网卡等插卡式设备的安装大同小异，把卡插入相应位置，上紧螺丝即可。

实　验　指　导

实验一　计算机指法练习

一、实验目的

1．掌握键盘的基本键区。

2．熟练掌握盲打技巧。

二、实验内容

1．键盘的键位，如图 1-21 所示。

图 1-21　键盘

（1）第一区：打字键区

打字键区是键盘上占面积最大的一个区域，这个区域内的键与一般英文打字机的键位是一样的。打字键区是键盘上最主要和最常用的部分，不论输入英文还是中文，主要都靠这个区域中的键。这个区主要是一些英文字母键、数字键、符号键和控制键。

打字区中一些比较常用的字符键和控制键如下：

①　空格键（键盘下部最长的键）

当按下此键时，它会把一个空格信息送往计算机，同时在屏幕上当前光标位置处不显示任何符号只是形成一个小空白。如果是在"改写"状态下的话，那原来在当前光标所在位置的字符就会被替换。

②　上挡切换键【Shift】（打字键区下方左右各有一个，两个键的功能是一样的）

当不是处于大写锁定状态时，按下该键并同时按其他某个键，便可实现该键的另一种功能（比如想输入数字【1】上面的感叹号）或使小写状态临时转换为大写状态（按一次只对一个字符有效，需要连续使用时需按多次或按着不放）。

③　控制键【Ctrl】（打字键区下方左右各有一个，两个键的功能是一样的）

这个键总是与其他键同时使用，以实现各种功能，这些功能是被操作系统或其他应用软件定义的。比如【Ctrl+X】、【Ctrl+C】、【Ctrl+V】组合键的功能分别为剪切、复制和粘贴。（注：+ 号的意思是按住【Ctrl】键不放的同时按另一个键，然后同时放开两个键）

④　转换键【Alt】（打字键区下方左右各有一个，两个键的功能是一样的）

这个键也总是与其他键同时使用，一般是快捷选取某个菜单或某个按钮或选项，比如当前窗体中有"文件"菜单的话，一般按快捷键【Alt+F】就可以打开文件菜单；当前窗体中有"确定"按钮的话，一般按快捷键【Alt+O】就可以实现"确定"按钮的功能。如果读者有留意的话就会发现，这些项后面带下画线的字母就是它的快捷键字母。

⑤　大写锁定键【Caps Lock】

这个键可将字母输入设置设为大写状态，但对其他键无影响。当处于大写锁定状态时，按住【Shift】键再按字母键会变成临时输入小写状态。当设置为大写状态时，键盘右上角的"Caps Lock"指示灯会亮，灯灭表示当前是小写状态。

⑥　回车键【Enter】

这个键一般用来确认。按了该键后，焦点所在的控件对应的功能会被调用，比如将焦点移到一个按钮上，然后按【Enter】键，就等于是用鼠标单击该按钮；用方向键将焦点移到一个命令上按【Enter】键，就等于选择该命令，相应的功能也会被启用。

⑦　退格键（打字键区右上角的一个键，一般标有"←"或"←Back Space"）

用这个键可以删除当前光标位置的左边一个字符，并将光标左移一个字符。

⑧　跳格键【Tab】

这个键用来将光标右移到下一个跳格位置，按住【Shift】再按该键时，就是向左跳。在程序窗口中，它也可以作为移动当前焦点用，按下它时，焦点就移到下一个控件上，按【Enter】键就可以启用焦点所在控件的功能。

（2）第二区：功能键区

为了给输入命令提供方便，键盘上特意设置了一些功能键，它们的具体功能由操作系统或应用程序来定义。功能键区的键位于打字键区的上方，包括【F1】～【F12】键、取消键【Esc】、暂停键【Pause Break】、打印屏幕键【Print Screen】、滚动锁定键【Scroll Lock】等16个键。在这组键中，【F1】～【F12】键可以与【Alt】、【Ctrl】等键组合使用，构成更多的功能组合键，由于具体功能是由应用程序定义的，所以在此无法详细说明功能，请留意相应软件的帮助文件或命令右侧显示的快捷键。

（3）第三区：编辑键区

编辑键区中共有十个键，分别是插入键【Insert】、删除键【Delete】、移到行首键【Home】、移到行尾键【End】、向前翻页键【Page Up】、向后翻页键【Page Down】和四个方向键，这些都是与编辑有关的键，用户可以在大部分对文本进行编辑的场合中使用，因为它的功能是固定并通用的，一般不会由于软件的不同而造成功能的差异（除非软件重新对这些键进行了功能定义，但这类软件极少）。

下面简单介绍一下各个键的功能：

①　插入键【Insert】

这个键是一个状态表示键，它开启时，在字符中间输入新字符时，右边的所有字符顺序向右移一个位置，以腾出空间来放新插入的字符。当它关闭时，新插入的字符将替换掉右边的一个字符。重复按它可以在两种状态之间转换，只要不再按它，那它的当前状态是固定的，不必像使用【Shift】键一样每次都要按，它并没有指示灯，要在使用中感觉它的状态。

②　删除键【Delete】

用来删除当前光标位置右边的一个字符，字符被删除后，光标右边所有字符向左移一个字符，以填充刚被删除的字符的空位。

③　移到行首键【Home】

按此键时光标移到本行的第一个字符处。

④　移到行尾键【End】

按此键时光标移到本行的最后一个字符处。

⑤　向前翻页键【Page Up】和向后翻页键【Page Down】

这两个键常用来实现光标的快速移动，比如在分页的文本框中，按【Page Up】键可以快速地移动到上一页中；按【Page Down】键可以快速地移动到下一页中。

⑥ 上下左右四个方向键

按键后，光标向相应方向移动一行或一列。

（4）第四区：辅助键区

第四个区为数字辅助键盘区，位于键盘的右方。这组键大部分有两个功能，它们被数字锁定键【Num Lock】控制着。当键盘右上方的数字锁定指示灯亮时，这组键专门用来输入数字和进行四则运算，这时这组键中包括【0】～【9】十个数字键，还有加、减、乘、除四个符号及一个【Enter】键。当再按下【Num Lock】键，使指示灯灭时，本区等同于编辑键区，其功能与上述的第三区（编辑键区）相同，只是有些键的标识用了缩写形式。读者可以根据需要重复按【Num Lock】键来进行功能的转换。

2．指法练习

（1）打字的基本要求

① 打字的姿势

正确的打字姿势是熟练掌握打字技术的前提。正确的打字姿势要求操作者正对键盘端坐，腰部挺直，两膝平放，双脚自然踏放在地板上，上身微向前倾。操作者的中轴线正对打字键盘区的中心位置。座位高低要合适，要使两肘与键盘处于相同水平线上。上身与键盘相距 20cm，大臂自然下垂，小臂与大臂自然呈 90°，并微靠近身躯，小臂与手腕不应拱起或接触键盘。手掌与键盘斜度相等，并与键盘相距 2～3cm，手指自然弯曲，掌心向下，似握着一个鸡蛋，使手指与字键垂直，并轻轻放在基本键位上，双眼视线落在左侧或右侧的原稿上。

② 打字的要领

打字者在操作时必须集中精力，击键要果断、迅速，击键后要立即弹起，手指返回原位，犹如手指触在针尖上一样，不能出现按键或凿键的错误动作。击键的力量也要均匀，但力量不应过大，否则会缩短键盘的使用寿命。击键时不能同时击打两个字符键，应击完一键再击另一键，以免造成输入错误。在此还要强调一点，打字时，眼睛只能看原稿和屏幕上的显示，切不可只图一时方便而看着键盘打字，尤其是初学者应该特别注意，若养成看着键盘打字的错误习惯，不仅打字速度不能提高而且还会造成许多不便。学习者在练习打字时，还应避免一些不正确的动作和方法，如口念原稿、窥视键盘及手腕放在支撑物上。应不断总结打错字的原因，并及时纠正，做到循序渐进。

（2）打字的基本指法

标准的指法是根据字键的使用频率，把各个键按分布情况合理地分配给双手的各手指进行击键的科学方法。按照标准的指法打字，可以有效地提高打字的速度。标准的指法中，打字机键盘区分成了九个区域，由十个手指分管，左手小拇指分管五个键，分别为【1】、【Q】、【A】、【Z】和【Shift】键。同时左边的一些控制键由于使用频率不是很高，也由该手指分管。左手无名指分管四个键，分别为【2】、【W】、【S】和【X】键。左手中指分管四个键，分别为【3】、【E】、【D】和【C】键。左手食指分管八个键，分别为【4】、【R】、【F】、【V】、【5】、【T】、【G】和【B】键。右手食指分管八个键，分别为【6】、【Y】、【H】、【N】、【7】、【U】、【J】和【M】键。右手中指分管四个键，分别为【8】、【I】、【K】和【，】键。右手小拇指分管比较多，除【O】、【－】、【＝】、【P】、【[】、【]】、【；】、【/】和右【Shift】键外，也可用左手大拇指击键。在各个键中【A】、【S】、【D】、【F】、【J】、【K】、【L】和【；】被称为基本键，而其他的键被称为范围键。在操作中，手指放在基本键上，基本键上的手指不能随意乱放；击键时，每个手指只能击打自己分管的字键，不能越区击键。

（3）利用金山打字通软件进行指法练习。

软件的下载地址：http://www.kingsoft.com/index.shtml

实验二　组装计算机

一、实验目的

1. 了解计算机硬件的基本组成。
2. 掌握计算机硬件组装的基本知识与过程。

二、实验内容

在硬件机房组装一台计算机。

1. 安装 CPU。
2. 安装内存。
3. 安装主板。
4. 安装硬盘。
5. 安装光驱。
6. 安装扩展卡。
7. 连线。

习　题

一、判断题

1. （　　）网络适配器是将计算机与网络连接起来的器件。
2. （　　）个人计算机属于大型计算机。
3. （　　）硬盘装在机箱内，所以属于内存储器。
4. （　　）计算机断电后，外存中的信息会丢失。
5. （　　）计算机越大，功能便越强。
6. （　　）操作系统的五项功能是中央处理器控制和管理、存储器控制和管理、设备控制和管理、文件控制和管理、作业控制和管理。
7. （　　）关机时关闭显示器即可。
8. （　　）液晶显示器的色彩表现力比 CRT 显示器好。
9. （　　）世界上第一台计算机主要应用于科学研究。
10. （　　）计算机内部采用十进制数表示各种数据。
11. （　　）当计算机断电以后，存储在 RAM 中的一小部分数据仍然存在。
12. （　　）两个显示器屏幕尺寸相同，则分辨率也一样。
13. （　　）一台 32 位计算机的字长是 32 位，但这台计算机中一个字节仍是 8 位。
14. （　　）软盘与光盘的区别在于软盘移动方便，光盘移动不方便。

15. (　　) 操作系统对硬盘的管理属于"存储管理"功能。
16. (　　) 二进制数 101110–01011 = 100011。
17. (　　) 标准 ASCII 码共有 256 个。
18. (　　) 计算机只能处理文字、字符和数值信息。
19. (　　) 造成微机不能正常工作的原因只可能是硬件故障。
20. (　　) 键盘上的【Ctrl】键是起控制作用的，它必须与其他键同时按下才起作用。
21. (　　) 同一目录下可以存放两个内容不同但文件名相同的文件。
22. (　　) 3.5 英寸软盘的写保护口滑块推下，露出空孔时，磁盘便处于写保护状态，即只读不写。
23. (　　) 在一般情况下，键盘上两个回车键的作用是一样的。
24. (　　) 决定显卡档次和主要性能的部件是显示控制芯片。
25. (　　) 防止系统软盘感染病毒比较好的方法是不要把软盘和有病毒的软盘放在一起。
26. (　　) 计算机病毒是一种程序。
27. (　　) 计算机病毒不会感染处于写保护状态的软盘。
28. (　　) 突然关机有可能造成硬盘上的磁道损坏。
29. (　　) 处于写保护软盘上的文件照样能被删除。
30. (　　) 计算机的中央处理器简称为 ALU。
31. (　　) 电子计算机主要是以电子元件划分发展阶段的。
32. (　　) 计算机的硬件系统由控制器、显示器、打印机、主机和键盘组成。
33. (　　) 计算机的内存储器与硬盘存储器相比，内存储器存储量大。
34. (　　)【Shift】是上挡键，主要用于辅助输入字母。
35. (　　) 构成计算机的物理实体称为计算机系统。
36. (　　) CPU 的中文名称是微处理器。
37. (　　) 使用 CD-ROM 能把硬盘上的文件复制到光盘上。

二、选择题

1. 为了避免混淆，二进制数在书写时通常在右侧加上字母（　　）。
   A. E　　　　　　　　B. B　　　　　　　　C. H　　　　　　　　D. D
2. 运用计算机进行图书资料处理和检索，是计算机在（　　）方面的应用。
   A. 数值计算　　　　B. 信息处理　　　　C. 人工智能　　　　D. 企事业管理
3. 硬盘在使用过程中一定要防止（　　）。
   A. 震动　　　　　　B. 灰尘　　　　　　C. 静电　　　　　　D. 噪音
4. 电子数字计算机工作最重要的特征是（　　）。
   A. 高速度　　　　　B. 高精度　　　　　C. 存储程序自动控制　D. 记忆力强
5. 计算机能直接识别的语言是（　　）。
   A. 汇编语言　　　　B. 自然语言　　　　C. 机器语言　　　　D. 高级语言
6. 下列存储器中，存储速度最快的是（　　）。
   A. 软盘　　　　　　B. 硬盘　　　　　　C. 光盘　　　　　　D. 内存
7. 1MB 等于（　　）。
   A. 1 000B　　　　　B. 1 024B　　　　　C. 1 000 × 1 000B　　D. 1 024 × 1 024B

8. 如果按字长来划分，微型机可分为 8 位机、16 位机、32 位机、64 位机和 128 位机等。所谓 32 位机是指该计算机所用的 CPU（　　　）。

    A. 一次能处理 32 位二进制数　　　　　　B. 具有 32 位的寄存器

    C. 只能处理 32 位二进制定点数　　　　　D. 有 32 个寄存器

9. 下列关于操作系统的叙述中，正确的是（　　　）。

    A. 操作系统是软件和硬件之间的接口　　　B. 操作系统是源程序和目标程序之间的接口

    C. 操作系统是用户和计算机之间的接口　　D. 操作系统是外设和主机之间的接口

10. 硬盘和软盘驱动器属于（　　　）。

    A. 内存储器　　　　B. 外存储器　　　　C. 只读存储器　　　　D. 半导体存储器

11. 网上黑客是指（　　　）的人。

    A. 总在晚上上网　　　　　　　　　　　　B. 匿名上网

    C. 不花钱上网　　　　　　　　　　　　　D. 在网上私闯他人计算机系统

12. 能将源程序转换成目标程序的是（　　　）。

    A. 调试程序　　　　B. 解释程序　　　　C. 编译程序　　　　D. 编辑程序

13. 个人计算机（PC）是除了主机外，还包括外部设备的微型计算机，而其必备的外部设备是（　　　）。

    A. 键盘和鼠标　　　B. 显示器和键盘　　C. 键盘和打印机　　D. 显示器和扫描仪

14. 电子计算机技术在半个世纪中虽有很大进步，但至今其运行仍遵循着一位科学家提出的基本原理。他就是（　　　）。

    A. 牛顿　　　　　　B. 爱因斯坦　　　　C. 爱迪生　　　　　D. 冯·诺依曼

15. 计算机病毒是指（　　　）。

    A. 带细菌的磁盘　　　　　　　　　　　　B. 已损坏的磁盘

    C. 具有破坏性的特制程序　　　　　　　　D. 被破坏了的程序

16. 某片软盘上已染有病毒，为防止该病毒传染计算机系统，正确的措施是（　　　）。

    A. 删除软盘上所有程序即删除病毒　　　　B. 在该软盘缺口处贴上写保护

    C. 将软盘放一段时间后再用　　　　　　　D. 将该软盘重新格式化

17. 系统软件中最重要的是（　　　）。

    A. 操作系统　　　　B. 语言处理程序　　C. 工具软件　　　　D. 数据库管理系统

18. SRAM 存储器是（　　　）。

    A. 静态随机存储器　　　　　　　　　　　B. 静态只读存储器

    C. 动态随机存储器　　　　　　　　　　　D. 动态只读存储器

19. 一个完整的计算机系统包括（　　　）。

    A. 计算机及其外部设备　　　　　　　　　B. 主机、键盘和显示器

    C. 系统软件与应用软件　　　　　　　　　D. 硬件系统与软件系统

20. 计算机的软件系统包括（　　　）。

    A. 程序与数据　　　　　　　　　　　　　B. 系统软件与应用软件

    C. 操作系统与语言处理程序　　　　　　　D. 程序、数据与文档

21. 以下属于微型计算机冷启动方式的是（　　　）。

    A. 按【Ctrl+Alt+Del】组合键　　　　　　B. 按【Ctrl+Break】组合键

C. 按"Reset"按钮　　　　　　　　　D. 打开电源开关启动

22. 在 PC 中，80386、80486、Pentium（奔腾）等是指（　　　）。

A. 生产厂家名称　B. 硬盘的型号　　　C. CPU 的型号　　　D. 显示器的型号

23. 某计算机的型号为 486/33，其中 33 的含义是（　　　）。

A. CPU 的序号　　B. 内存的容量　　　C. CPU 的速率　　　D. 时钟频率

24. 断电时计算机（　　　）中的信息会丢失。

A. 软盘　　　　　B. 硬盘　　　　　　C. RAM　　　　　　D. ROM

25. 微型计算机的性能主要取决于（　　　）的性能。

A. RAM　　　　　B. CPU　　　　　　C. 显示器　　　　　D. 硬盘

26. （　　　）是计算机感染病毒的途径。

A. 从键盘输入命令　　　　　　　　　B. 运行外来程序

C. 软盘已发霉　　　　　　　　　　　D. 将内存数据复制到磁盘

27. 对计算机软件正确的认识应该是（　　　）。

A. 计算机软件受法律保护是多余的　　B. 正版软件太贵，软件能复制不必购买

C. 受法律保护的计算机软件不能随便复制　D. 正版软件只要能解密就能用

28. 所谓"裸机"是指（　　　）。

A. 单片机　　　　　　　　　　　　　B. 单板机

C. 不装备任何软件的计算机　　　　　D. 只装备操作系统的计算机

29. 你认为，以下说法中最能准确反映计算机主要功能的是（　　　）。

A. 可以高速度运算　　　　　　　　　B. 能代替人的脑力劳动

C. 可以存储大量信息　　　　　　　　D. 是一种信息处理机

30. 计算机之所以称为"电脑"，是因为（　　　）。

A. 计算机是人类大脑功能的延伸　　　B. 计算机具有逻辑判断功能

C. 计算机有强大的记忆能力　　　　　D. 计算机有自我控制功能

31. 在计算机行业中，MIS 是指（　　　）。

A. 管理信息系统　B. 数学教学系统　　C. 多指令系统　　　D. 查询信息系统

32. CAI 是指（　　　）。

A. 系统软件　　　　　　　　　　　　B. 计算机辅助教学软件

C. 计算机辅助管理软件　　　　　　　D. 计算机辅助设计软件

33. 所谓媒体是指（　　　）。

A. 表示和传播信息的载体　　　　　　B. 字处理软件

C. 计算机输入与输出信息　　　　　　D. 计算机屏幕显示的信息

34. 计算机与计算器的最大区别是（　　　）。

A. 计算机比计算器的运算速度快　　　B. 计算机比计算器大

C. 计算机比计算器贵　　　　　　　　D. 计算机能够存放并执行复杂的程序

35. 目前计算机的应用领域大致可分为三个方面，下列答案中正确的是（　　　）。

A. 计算机辅助教学 专家系统 人工智能　B. 数值处理 人工智能 操作系统

C. 实时控制 科学计算 数据处理　　　D. 工程计算 数据结构 文字处理

36. 既是输入设备又是输出设备的是（   ）。

    A. 磁盘驱动器   B. 显示器   C. 键盘   D. 鼠标

37. 当运行某个程序时，发现存储容量不够。解决的办法是（   ）。

    A. 把磁盘换成光盘   B. 把软盘换成硬盘

    C. 使用高容量磁盘   D. 扩充内存

38. 下列属于应用软件的是（   ）。

    A. Windows   B. UNIX   C. Linux   D. Word

39. 为预防计算机被计算机病毒感染，下列做法不合理的是（   ）。

    A. 不使用来历不明的光盘和软盘   B. 不上网

    C. 经常使用最新杀病毒软件检查   D. 不轻易打开陌生人的电子邮件

40. 计算机的存储系统一般指主存储器和（   ）。

    A. 显示器   B. 寄存器   C. 辅助存储器   D. 鼠标

41. 下列逻辑运算中结果正确的是（   ）。

    A. $1 \times 0 = 1$ B. $0 \times 1 = 1$ C. $1 + 0 = 0$ D. $1 + 1 = 1$

42. 下列十进制数与二进制数转换结果正确的是（   ）。

    A. $(8)_{10} = (110)_2$ B. $(4)_{10} = (1000)_2$

    C. $(10)_{10} = (1100)_2$ D. $(9)_{10} = (1001)_2$

43. 动态 RAM 的特点是（   ）。

    A. 工作中需要动态地改变存储单元内容   B. 工作中需要动态地改变访存地址

    C. 每隔一定时间需要刷新   D. 每次读出后需要刷新

44. 操作系统是一种（   ）。

    A. 系统软件   B. 操作规范   C. 编译系统   D. 应用软件

45. 汉字的外码又称（   ）。

    A. 交换码   B. 输入码   C. 字形码   D. 国标码

46. 通常所说的区位、全拼双音、双拼双音、智能全拼、五笔字型和自然码是不同的（   ）。

    A. 汉字字库   B. 汉字输入法   C. 汉字代码   D. 汉字程序

47. 主机中包括主板、多功能卡、硬盘驱动器、开关电源、扬声器、显卡和（   ）。

    A. 显示器   B. 键盘   C. 鼠标   D. 软盘驱动器

48. 防止软盘感染病毒的有效方法是（   ）。

    A. 对软盘进行格式化   B. 对软盘进行写保护

    C. 保持软盘盘片清洁卫生   D. 不要把未染毒软盘与已染毒软盘放在一起

49. 微机机箱面板上的 "Reset" 按钮的作用是（   ）。

    A. 暂停运行   B. 复位启动   C. 热启动   D. 清屏

50. 微型计算机硬件系统中最核心的部件是（   ）。

    A. 主板   B. CPU   C. 内存储器   D. I/O 设备

51. 配置高速缓冲存储器（Cache）是为了解决（   ）。

    A. 内存与辅助存储器之间速度不匹配问题

    B. CPU 与辅助存储器之间速度不匹配问题

C. CPU 与内存储器之间速度不匹配问题

D. 主机与外设之间速度不匹配问题

52. 一张 3.5 英寸软盘的存储容量是（　　　）。

    A. 1.44MB　　　　B. 1.44KB　　　　C. 1.2MB　　　　D. 1.2KB

53. I/O 设备直接（　　　）。

    A. 与主机相连接　B. 与 CPU 相连接　C. 与主存储器相连接　D. 与 I/O 接口相连接

54. 若修改文件，则该文件必须是（　　　）。

    A. 可读的　　　　B. 可读/写的　　　　C. 写保护的　　　　D. 读保护的

55. 若微机系统需要"热启动"，应同时按下（　　　）组合键。

    A.【Ctrl+Alt+Break】　　　　　　　　B.【Ctrl+Alt+Del】

    C.【Ctrl+Alt+Esc】　　　　　　　　　D.【Ctrl+Shift+Del】

56. 下列外部设备中，属于输入设备的是（　　　）。

    A. 鼠标　　　　B. 投影仪　　　　C. 显示器　　　　D. 打印机

57. 某微型计算机的型号规格标有 Pentium III 600 字样，其中 Pentium III 是指（　　　）。

    A. 厂家名称　　　B. 机器名称　　　C. CPU 型号　　　D. 显示器名称

58. 主要逻辑元件采用晶体管的计算机属于（　　　）。

    A. 第一代　　　　B. 第二代　　　　C. 第三代　　　　D. 第四代

59. 液晶显示器简称为（　　　）。

    A. CRT　　　　B. VGA　　　　C. LCD　　　　D. TFT

60. 当软盘被写保护后，它（　　　）。

    A. 不能读/写　　　B. 只能写　　　C. 只能读　　　D. 可读也可写

61. 内存是指（　　　）。

    A. ROM　　　　B. RAM　　　　C. ROM 和 RAM　　　D. ROM 中的一部分

三、填空题

1. 硬盘属于计算机的＿＿＿＿部件。

2. 可以将各种数据转化为计算机能处理的形式并输入到计算机中去的设备称为＿＿＿＿。

3. 在系统软件中，必须首先配置＿＿＿＿。

4. 磁盘驱动器属于＿＿＿＿设备。

5. 一台微型计算机必须具备的输出设备是＿＿＿＿。

6. 微型计算机的核心部件的英语简称是＿＿＿＿。

7. 在内存中，有一小部分用于永久存放特殊的专用数据，对它们只取不存，这部分内存中文全称为＿＿＿＿，英文简称为 ROM。

8. 鼠标是一种＿＿＿＿设备。

9. 在多媒体环境下工作的用户，除基本配置外，至少还需配置光驱、＿＿＿＿和音箱。

10. 计算机中的存储容量以＿＿＿＿为单位。

11. 标准键盘的回车键上一般都标着＿＿＿＿。

12. 一个完整的计算机系统包括＿＿＿＿系统和软件系统。

13. 计算机中数据的表示形式是＿＿＿＿。

14. 微型计算机中 1KB 表示的二进制位数是_____。

15. 微型计算机的性能产要取决于_____。

16. 使用超大规模集成电路制造的计算机应该归属于_____代计算机。

17. 计算机的存储器完整的应包括内存储器和_____。

18. 微型计算机中的 CPU 是由_____、控制器和寄存器组成的。

19. 微型计算机能处理的最小数据单位是_____。

20. 第一台电子计算机诞生的国家是_____。

21. 计算机系统中的硬件主要包括运算器、控制器、_____、输入设备和输出设备五大部分。

22. 刚输入的信息在保存以前，存放在内存中，为防止断电后丢失，应在关机前将信息保存到_____中。

23. 在 Windows 中，鼠标的单击是指_____。

24. 大部分内存对数据可存可取，这部分内存称为_____，简称为 RAM。

25. 计算机在工作状态下想重新启动，可采用热启动，即同时按下【Ctrl】、【Del】和_____三个键。

26. 运算器是能完成算术运算和_____运算的设备。

27. _____是系统软件的核心部分。

28. Windows 2000 属于_____软件 (系统软件或应用软件)。

29. 目前，在软盘、硬盘和光盘中，存取速度最慢的是_____。

30. 把文字、图形、声音和活动图像集中在一起的计算机系统称为_____计算机。

31. PC 即_____计算机，其英文是_____。

32. ROM 是指_____存储器。

33. RAM 是指_____存储器。

34. 目前，在软盘、硬盘和光盘中，存取速度最快的是_____。

35. 键盘、扫描仪和光笔等为计算机的_____设备。

36. 显示器为计算机的_____设备。

37. 计算机中使用的数制为_____进制。

38. 专门为某一应用目的而设计的软件是_____。

39. 人们根据特定的需要，预先为计算机编制的指令序列称为_____。

40. 世界上公认的第一台电子计算机于_____年在美国诞生。

41. 病毒的防护方法有四种：分别为加强管理、安装防病毒卡、使用_____和手工消毒。

42. 一个字节为_____位二进制位。

43. 外存储器相对于内存储器的特点是容量_____、速度慢。

44. Word 和 Excel 属于_____软件。

45. _____是计算机系统中物理设备的总称。

46. 当处于大写锁定状态下，_____键会将大写转换成小写。

47. 开机和关机的顺序分别是_____、_____和_____、_____。

48. 计算机中表示存储空间大小的最基本的容量单位，称为字节，用英文_____来表示。

49. 计算机病毒有六个显著的特点，它们分别是_____、传染性、潜伏、非法性、寄生性和破坏性。

50. 操作系统具有三大功能：一是计算机系统软硬件资源的管理者；二是＿＿＿＿＿与用户之间的接口；三是提供软件的开发与运行环境。

51. 计算机病毒按危害性分类为＿＿＿＿＿病毒和恶性病毒。

52. 每张磁盘只有一个＿＿＿＿＿目录，可有多个＿＿＿＿＿目录。

53. USB 允许外部设备连接，具有＿＿＿＿＿的功能。

54. 对一个文件来说，必须有＿＿＿＿＿名。

55. 计算机病毒传播主要是利用＿＿＿＿＿和利用磁性存储介质进行传播。

56. 计算机重新启动的方法有两种：＿＿＿＿＿和热启动。

57. 为了确定唯一的文件，必须用文件标识符，它由＿＿＿＿＿和文件名组成。

58. 完整的磁盘文件名由＿＿＿＿＿和＿＿＿＿＿组成。

第 2 章

Windows XP 操作系统

任务一　安装 Windows XP

✉ 技能要点

- 能掌握中文版 Windows XP 系统的安装方法。
- 能掌握中文版 Windows XP 系统的特点。
- 能掌握 Windows XP 系统的桌面。
- 能掌握桌面上的图标说明与排列。
- 能掌握任务栏的组成。
- 能掌握中文版 Windows XP 系统的窗口。

✉ 任务背景

一叶知秋 15:19:35

电脑安装好了？

窦文轩 15:19:40

嗯。就是不能用，还没有安装软件。

一叶知秋 15:19:55

那就快装啊！怎么又跑网吧来了？

窦文轩 15:20:20

不会啊。

一叶知秋 15:20:35

……

认真学习吧。

"安装 Windows XP.doc（20.4KB）"。正等待接收或取消　文件传输

✉ 任务分析

要想安装 Windows XP 操作系统，必须了解必要的安装流程，以及相关的操作技能。掌握 Windows XP 系统的操作界面。

✉ 任务实施

步骤一：BIOS 启动项调整

在安装系统之前首先需要在 BIOS 中将光驱设置为第一启动项。进入 BIOS 的方法随不同 BIOS 而不同，一般来说在启动计算机自检通过后按【Del】键或者是【F2】键进入。进入 BIOS 以后，找到"Boot"项目，然后在列表中将第一启动项设置为"CD-ROM"（注：CD-ROM 表示光驱）即可。不同品牌的 BIOS 设置有所不同，详细内容请参考主板说明书。

步骤二：选择系统安装分区

放入 Windows XP 系统的安装盘，从光驱启动系统后，就会看到（见图 2-1）Windows XP 系统安装欢迎界面。根据屏幕提示，按【Enter】键来继续进入下一步安装进程。

接着会看到 Windows XP 的用户许可协议页面（见图 2-2）。当然，这是由微软所拟定的，普通用户是没有办法同微软来讨价还价的。如果要继续安装 Windows XP 系统，就必须按【F8】键同意此协议来继续安装。

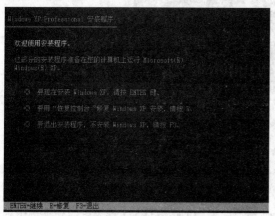

图 2-1　欢迎界面

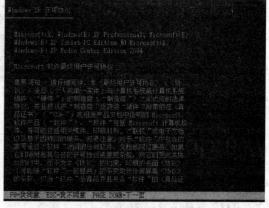

图 2-2　许可协议

现在进入实质性的 Windows XP 安装过程了（见图 2-3）。新买的硬盘还没有进行分区，首先要进行分区。按【C】键进入硬盘分区划分的界面。如果硬盘已经分好区的话，那就不用再进行分区了。

在这里把整个硬盘都分成一个区（见图 2-4），当然在实际使用过程中，应当按照需要把一个硬盘划分为若干个分区。关于安装 Windows XP 系统的分区大小，如果没有特殊用途的话以 10GB 为宜。

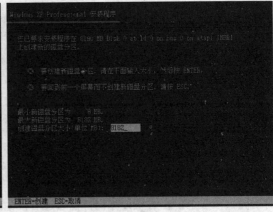

图 2-3　分区 1　　　　　　　　　图 2-4　分区 2

分区结束后，就可以选择要安装系统的分区了。选择好某个分区以后，按【Enter】键即可进入下一步（见图 2-5）。

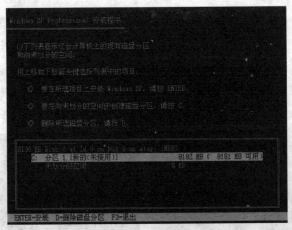

图 2-5　分区 3

步骤三：选择文件系统

在选择好系统的安装分区之后，就需要为系统选择文件系统了，在 Windows XP 中有两种文件系统供选择：FAT32 和 NTFS。从兼容性上来说，FAT32 稍好于 NTFS；而从安全性和性能上来说，NTFS 要比 FAT32 好很多。作为普通 Windows 用户，推荐选择 NTFS 文件系统。在本例中也选择 NTFS 文件系统，如图 2-6 所示。

进行完这些设置之后，Windows XP 系统安装前的设置就已经完成了，接下来就是复制文件，如图 2-7 所示。

在进行完系统安装前的设置之后，接下来系统就要真正地安装到硬盘上了，虽然 Windows XP 的安装过程基本不需要人工干预，但是有些地方，例如：输入序列号、设置时间、网络和管理员密码等项目还是需要人工干预的。

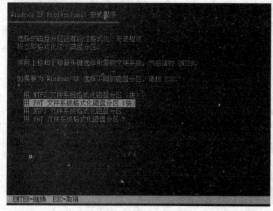

图 2-6 选择文件系统

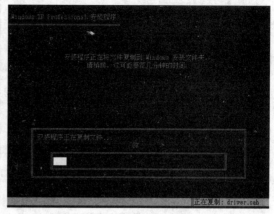

图 2-7 复制文件

Windows XP 系统采用的是图形化的安装方式，在安装界面中，左侧标识了正在进行的内容，右侧则是用文字列举着相对于以前版本来说 Windows XP 系统所具有的新特性，如图 2-8 所示。

步骤四：区域和语言选项

Windows XP 系统支持多区域以及多语言，在安装过程中，第一个需要设置的就是区域以及语言选项了。如果没有特殊需要的话，直接单击"下一步"按钮即可，如图 2-9 所示。

单击图 2-9 中的"自定义"按钮即可进入自定义选项卡。Windows XP 系统内置了各个国家的常用配置，只需要选择某个国家，即可完成区域的设置。而语言的设置，主要涉及默认的语言以及输入法的内容，单击"语言"选项卡即可进行相应设置。

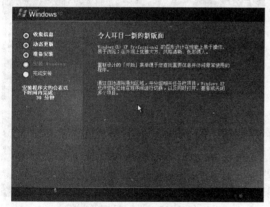

图 2-8 安装文件

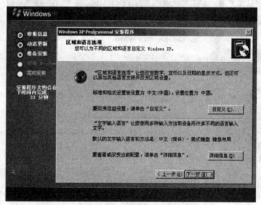

图 2-9 配置区域语言

步骤五：输入个人信息

个人信息包括：姓名和单位。对于企业用户来说，这两项内容可能会有特殊的要求，对于个人用户来说，在这里填入你希望的任意内容即可，如图 2-10 所示。

步骤六：输入序列号

在这里需要输入 Windows XP 的序列号才能进行下一步的安装，一般来说可以在系统光盘的包装盒上找到该序列号，如图 2-11 所示。

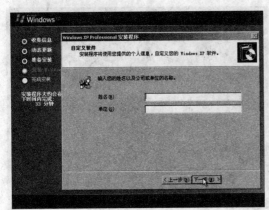 

图 2-10　输入个人信息　　　　　　　　　　图 2-11　输入序列号

步骤七：设置系统管理员密码

　　在安装过程中 Windows XP 系统会自动设置一个系统管理员账户。在这里，就需要为这个系统管理员账户设置密码（见图 2-12）。由于系统管理员账户的权限非常大，所以这个密码尽量设置得复杂一些。

步骤八：设置日期和时间

　　接下来要进行设置的是系统的日期以及时间（见图 2-13）。当然，如果是在中国使用的话，那就直接单击"下一步"按钮就可以了。

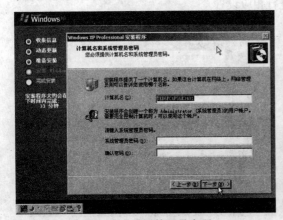 

图 2-12　设置管理员密码　　　　　　　　　图 2-13　设置日期及时间

步骤九：设置网络连接

　　网络是 Windows XP 系统的一个重要组成部分，也是目前生活所离不开的。在安装过程中就需要对网络进行相关的设置（见图 2-14）。如果读者是通过 ADSL 等常见的方式上网的话，选择"典型设置"单选按钮即可。

　　在网络设置部分还需要选择计算机的工作组或者计算机域（见图 2-15）。对于普通的家庭用户来说，在这一步直接单击"下一步"按钮就可以了。

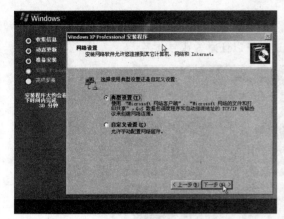

图 2-14　设置网络

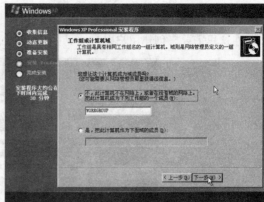

图 2-15　设置域

在重新启动计算机后，就可以看到 Windows XP 的欢迎使用界面了，如图 2-16 所示。

图 2-16　启动欢迎界面

步骤十：设置 Internet 网络连接

在这里需要选择计算机连到网络的方式，一般家庭用户选择"数字用户线（DSL）"单选按钮即可，如果是局域网用户的话那就选择"局域网 LAN"单选按钮，如图 2-17 所示。

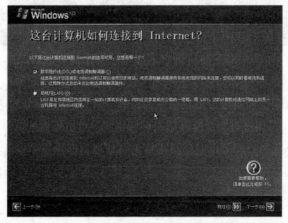

图 2-17　配置 Internet

步骤十一：创建用户账号

在这里需要来创建用户账号（见图 2-18），这里可以任意为账号命名。

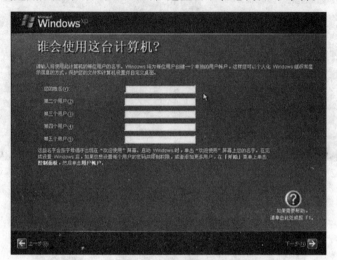

图 2-18　创建账号

进行完以上步骤之后，终于看到了期盼已久的"蓝天、绿地"，此时整个 Windows XP 的安装就完成了，如图 2-19 所示。

图 2-19　进入桌面

📧 知识拓展

一、认识中文版 Windows XP

Microsoft 公司自从推出 Windows 95 获得巨大成功之后，在近几年又陆续推出了 Windows 98、Windows Me 以及 Windows 2000 三种用于计算机的操作系统。各种版本的操作系统都以其直观的操作界面和强大的功能使众多的计算机用户能够方便、快捷地使用自己的计算机，为人们的工作和学习提供了很大的便利。

Microsoft 公司于 2001 年又推出了其最新的操作系统——中文版 Windows XP，这次不再按照惯例以年份数字为产品命名，XP 是 Experience（体验）的缩写，Microsoft 公司希望这款操作系统能够在全新技术和功能的引导下，给 Windows XP 的广大用户带来全新的操作系统体验。根据用户对象的不同，中文版 Windows XP 可以分为家庭版的 Windows XP Home Edition 和办公扩展专业版的 Windows XP Professional。

中文版 Windows XP 系统大大增强了多媒体性能，对其中的媒体播放器进行了彻底地改造，使之与系统完全融为一体，用户无需安装其他的多媒体播放软件，使用系统的"娱乐"功能，就可以播放和管理各种格式的音频和视频文件。

总之，在新的中文版 Windows XP 系统中增加了众多的新技术和新功能，使用户能轻松地完成各种管理和操作。

二、Windows XP 的启动和退出

计算机的启动过程，就是将启动盘中的操作系统装入内存，然后正常运行的过程。

1．启动 Windows XP

在启动时首先显示登录界面，选择相应的用户就可以进入了。

2．中文版 Windows XP 的退出

当用户要结束对计算机的操作时，一定要先退出中文版 Windows XP 系统，然后再关闭显示器，否则会丢失文件或破坏程序，如果用户在没有退出 Windows XP 系统的情况下就关机，系统将认为是非法关机，当下次再开机时，系统会自动执行自检程序。

（1）中文版 Windows XP 的注销

由于中文版 Windows XP 是一个支持多用户的操作系统，当登录系统时，只需要在登录界面上单击用户名前的图标，即可实现多用户登录，各个用户可以进行个性化设置而互不影响。

为了便于不同的用户快速登录来使用计算机，中文版 Windows XP 系统提供了注销的功能，应用注销功能，使用户不必重新启动计算机就可以实现多用户登录，这样既快捷方便，又减小了对硬件的损耗。

中文版 Windows XP 的注销，可执行以下操作：

① 当用户需要注销时，在"开始"菜单中单击"注销"按钮，这时桌面上会出现一个对话框，询问用户是否确认要注销，用户单击"注销"按钮，系统将执行"注销"功能，单击"取消"按钮，则取消此次操作。

② 用户单击"注销"按钮后，桌面上出现另一个对话框，"切换用户"指在不关闭当前登录用户的情况下而切换到另一个用户，用户可以不关闭正在运行的程序，而当再次返回时系统会保留原来的状态。而"注销"将保存设置关闭当前登录用户，如图 2-20 所示。

（2）关闭计算机

当用户不再使用计算机时，可单击"开始"按钮，在"开始"菜单中单击"关闭计算机"按钮，这时系统会弹出一个"关闭计算机"对话框，用户可在此做出选择，如图 2-21 所示。

图 2-20　Windows XP 系统"注销"对话框　　　　图 2-21　"关闭计算机"对话框

- 待机：当用户选择"待机"选项后，系统将保持当前的运行，计算机将转入低功耗状态，当用户再次使用计算机时，在桌面上移动鼠标即可以恢复原来的状态，此选项通常在用户暂时不使用计算机，而又不希望其他人在自己的计算机上任意操作时使用。
- 关闭：选择此项后，系统将停止运行，保存设置后退出，并且会自动关闭电源。用户不再使用计算机时选择该选项可以安全关机。
- 重新启动：此选项将关闭并重新启动计算机。

用户也可以在关机前关闭所有的程序，然后按【Alt+F4】组合键快速调出"关闭计算机"对话框进行关机。

三、Windows XP 系统的桌面

"桌面"就是在安装好中文版 Windows XP 系统后，用户启动计算机登录到系统后看到的整个屏幕界面，它是用户和计算机进行交流的窗口，上面可以存放用户经常用到的应用程序和文件夹图标，用户可以根据自己的需要在桌面上添加各种快捷图标，在使用时双击图标就能够快速启动相应的程序或文件。

通过桌面，用户可以有效地管理自己的计算机，与以往任何版本的 Windows 系统相比，中文版 Windows XP 系统桌面有着更加漂亮的画面、更富个性的设置和更为强大的管理功能。

1. 桌面上的图标说明与排列

"图标"是指在桌面上排列的小图像，它包含图形和说明文字两部分，如果用户把鼠标放在图标上停留片刻，桌面上会出现对图标所表示内容的说明或者是文件存放的路径，双击图标就可以打开相应的内容。

"我的文档"图标：用于管理"我的文档"下的文件和文件夹，可以保存信件、报告和其他文档，它是系统默认的文档保存位置。

"我的电脑"图标：可以实现对计算机硬盘驱动器、文件夹和文件的管理，在其中用户可以访问连接到计算机的硬盘驱动器、照相机、扫描仪及其他硬件以及相关信息。

"网上邻居"图标：提供了网络上其他计算机上文件夹和文件访问以及相关信息，在双击展开的窗口中用户可以进行查看工作组中的计算机、查看网络位置及添加网络位置等工作。

"回收站"图标：暂时存放着用户已经删除的文件或文件夹等一些信息，当用户还没有清空回收站时，可以从中还原删除的文件或文件夹。

"Internet Explorer"图标：用于浏览互联网上的信息，通过双击该图标可以访问网络资源。

当用户在桌面上创建了多个图标时，如果不进行排列，会显得非常凌乱，这样不利于用户选择所需要的项目，而且影响视觉效果。使用排列图标命令，可以使用户的桌面看上去整洁而富有条理。用户需要对桌面上的图标进行调整位置时，可在桌面上的空白处右击，在弹出的快捷菜单

中选择"排列图标"命令，在其级联菜单项中包含了多种排列方式，如图 2-22 所示。

- 名称：按图标名称开头的字母或拼音顺序排列。
- 大小：按图标所代表文件大小的顺序来排列。
- 类型：按图标所代表文件的类型来排列。
- 修改时间：按图标所代表文件的最后一次修改时间来
  排列。

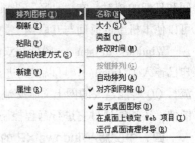

当用户选择"排列图标"级联菜单其中的命令后，在其
旁边出现"√"标志，说明该命令被选中，再次选择这个命
令后，"√"标志消失，即表明取消了此命令。

图 2-22 "排列图标"级联菜单

如果用户选择了"自动排列"命令，在对图标进行移动时会出现一个选定标志，这时只能在
固定的位置将各图标进行位置的互换，而不能拖动图标到桌面上任意位置。

而当选择了"对齐到网格"命令后，如果调整图标的位置时，它们总是成行成列地排列，也
不能移动到桌面上的任意位置。

选择"在桌面上锁定 Web 项目"命令可以使活动的 Web 页变为静止的图画。当用户取消选
择"显示桌面图标"命令后，桌面上将不显示任何图标。

2．任务栏的组成

任务栏可分为"开始"菜单按钮、快速启动工具栏、窗口按钮栏和通知区域等几部分，如图
2-23 所示。

图 2-23 任务栏

"开始"菜单按钮：单击此按钮，可以打开"开始"菜单，在用户操作过程中，要用它打开
大多数的应用程序。

快速启动工具栏：由一些小图标按钮组成，单击它们可以快速启动程序。一般情况下，它
们包括网上浏览工具 Internet Explorer 图标、收发电子邮件的程序 Outlook Express 图标和显示桌
面图标等。

窗口按钮栏：当用户启动某项应用程序而打开一个窗口后，在任务栏上会出现相应的有立体
感的按钮，表明当前程序正在被使用，在正常情况下，按钮是向下凹陷的，而把程序窗口最小化
后，按钮则是向上凸起的，这样可以使用户观察更方便。

语言栏：可以选择各种语言输入法，单击 ▦ 按钮，在弹出的菜单中进行选择可以切换为中
文输入法，语言栏可以以"最小化"按钮的形式在任务栏中显示，单击右上角的"还原"按钮，
它也可以独立于任务栏之外。

隐藏和显示按钮： ◀ 按钮的作用是隐藏不活动的图标和显示隐藏的图标。如果用户在任务
栏属性中选择"隐藏不活动的图标"复选框，系统会自动将用户最近没有使用过的图标隐藏起来，
以使任务栏的通知区域不至于很杂乱，它在隐藏图标时会出现一个小文本框提醒用户。

音量控制器：即桌面上小喇叭形状的按钮，单击它后会出现一个音量控制对话框，用户可以
通过拖动上面的小滑块来调整扬声器的音量。

日期指示器：在任务栏的最右侧，显示了当前的时间，把鼠标在上面停留片刻，会出现当前

的日期，双击后打开"日期和时间属性"对话框，在"时间和日期"选项卡中，用户可以完成时间和日期的校对，在"时区"选项卡中，用户可以进行时区的设置，而使用与 Internet 时间同步可以使本机上的时间与互联网上的时间保持一致。

Windows Messenger 图标：双击这个小图标，可以打开"Windows Messenger"窗口，如果用户已连入了 Internet，可以在此进行登录设置，用户既可以用"Windows Messenger"进行像现在流行 QQ 所能实现的网上文字交流或者语音聊天，也可以轻松地实现视频交流，看到对方的即时图像，还能够通过它进行远程控制。

四、中文版 Windows XP 的窗口及对话框

当用户打开一个文件或者应用程序时，都会出现一个窗口，窗口是用户进行操作时的重要组成部分，熟练地对窗口进行操作，会提高用户的工作效率。

1．窗口的组成

在中文版 Windows XP 系统中有许多种窗口，其中大部分都包括了相同的组件，如图 2-24 所示是一个标准的窗口，它由标题栏、菜单栏、工具栏等几部分组成。

标题栏：位于窗口的最上部，它标明了当前窗口的名称，左侧有控制菜单按钮，右侧有最小、最大化或还原以及关闭按钮。

菜单栏：在标题栏的下面，它提供了用户在操作过程中要用到的各种访问途径。

工具栏：在其中包括了一些常用的功能按钮，用户在使用时可以直接从上面选择各种工具。

状态栏：在窗口的最下方，标明了当前有关操作对象的一些基本情况。

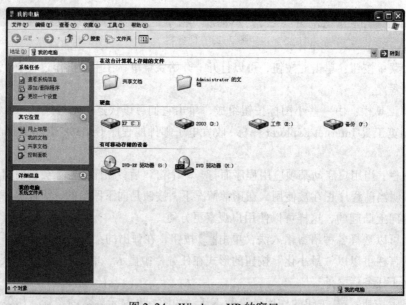

图 2-24　Windows XP 的窗口

工作区域：在窗口中所占的比例最大，显示了应用程序界面或文件中的全部内容。

滚动条：当工作区域的内容太多而不能全部显示时，窗口将自动出现滚动条，用户可以通过拖动水平或者垂直的滚动条来查看所有的内容。

在中文版 Windows XP 系统中，有的窗口左侧新增加了链接区域，这是以往版本的 Windows 系统所不具有的，它以超级链接的形式为用户提供了各种操作的便利途径。

一般情况下，链接区域包括几种选项，用户可以通过单击选项名称的方式来隐藏或显示其具体内容。

"任务"选项：为用户提供常用的操作命令，其名称和内容随打开窗口的内容变化而变化。当选择一个对象后，在该选项下会出现可能用到的各种操作命令，可以在此直接进行操作，而不必在菜单栏或工具栏中进行，这样会提高工作效率，其类型有"文件和文件夹任务"、"系统任务"等。

"其他位置"选项：以链接的形式为用户提供了计算机上其他的位置，在需要使用时，可以快速转到有用的位置，打开所需要的其他文件，例如"我的电脑"、"我的文档"等。

"详细信息"选项：显示了所选对象的大小、类型和其他信息。

2．窗口的操作

窗口操作在 Windows XP 系统中是很重要的，不但可以通过鼠标使用窗口上的各种命令来操作，而且可以通过键盘来使用快捷键操作。基本的操作包括打开、缩放、移动等。

（1）当需要打开一个窗口时，可以通过下面两种方式来实现：

① 选中要打开的窗口图标，然后双击打开。

② 在选中的图标上右击，在弹出的快捷菜单中选择"打开"命令，如图 2-25 所示。

（2）移动窗口

用户在打开一个窗口后，不但可以通过鼠标来移动窗口，而且可以通过鼠标和键盘的配合来完成。移动窗口时用户只需要在标题栏上按住鼠标左键拖动，移动到合适的位置后再松开，即可完成移动的操作。

用户如果需要精确地移动窗口，可以在标题栏上右击，在弹出的快捷菜单中选择"移动"命令，当屏幕上出现相应的标志时，再通过按键盘上的方向键来移动，到合适的位置后用鼠标单击或者按【Enter】键确认，如图 2-26 所示。

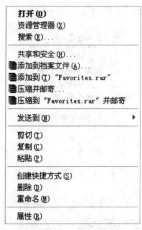

图 2-25　快捷菜单

图 2-26　快捷菜单

（3）缩放窗口

窗口不但可以移动到桌面上的任何位置，而且还可以随意改变大小将其调整到合适的尺寸。

① 当用户只需要改变窗口的宽度时，可把鼠标放在窗口的垂直边框上，当鼠标指针变成双向的箭头时，可以任意拖动。如果只需要改变窗口的高度时，可以把鼠标放在水平边框上，当指针变成双向箭头时进行拖动。当需要对窗口进行等比缩放时，可以把鼠标放在边框的任意角上进行拖动。

② 用户也可以用鼠标和键盘的配合来完成，在标题栏上右击，在弹出的快捷菜单中选择"大小"命令，屏幕上出现相应标志时，通过键盘上的方向键来调整窗口的高度和宽度，调整至合适位置时，用鼠标单击或者按【Enter】键结束。

（4）最大化、最小化窗口

当用户在对窗口进行操作的过程中，可以根据自己的需要，把窗口最小化、最大化等。

最小化按钮：在暂时不需要对窗口操作时，可把它最小化以节省桌面空间，用户直接在标题栏上单击此按钮，窗口会以按钮的形式缩小到任务栏。

最大化按钮：窗口最大化时铺满整个桌面，这时不能再移动或者是缩放窗口。用户在标题栏上单击此按钮即可使窗口最大化。

还原按钮：当把窗口最大化后想恢复原来打开时的初始状态，单击此按钮即可实现对窗口的还原。用户在标题栏上双击可以进行窗口最大化与还原两种状态的切换。每个窗口标题栏的左方都会有一个表示当前程序或者文件特征的控制菜单按钮，单击即可打开控制菜单，它和在标题栏上右击所弹出的快捷菜单的内容是一样的，如图 2-27 所示。

用户也可以通过快捷键来完成以上的操作。按【Alt+空格】组合键来打开控制菜单，然后根据菜单中的提示，在键盘上输入相应的字母，比如最小化输入字母"N"，通过这种方式可以快速完成相应的操作。

3. 窗口的排列

当用户在对窗口进行操作时打开了多个窗口，而且需要全部处于全显示状态时，就涉及排列的问题，在中文版 Windows XP 系统中为用户提供了 3 种排列的方案可供选择。

在任务栏上的非按钮区右击，弹出一个快捷菜单，如图 2-28 所示。

图 2-27　控制菜单

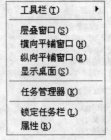

图 2-28　任务栏快捷菜单

- 层叠窗口：把窗口按先后的顺序依次排列在桌面上，当用户在任务栏快捷菜单中选择"层叠窗口"命令后，桌面上会出现排列的结果，其中每个窗口的标题栏和左侧边缘是可见的，用户可以任意切换各窗口之间的顺序，如图 2-29 所示。
- 横向平铺窗口：各窗口并排显示，在保证每个窗口大小相同的情况下，使得窗口尽可能往水平方向伸展，用户在任务栏快捷菜单中执行"横向平铺窗口"命令后，在桌面上即可出现排列后的结果，如图 2-30 所示。

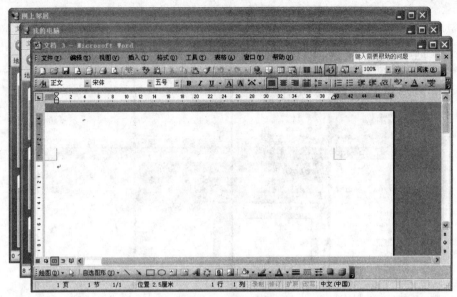

图 2-29　层叠窗口

图 2-30　横向平铺窗口

- 纵向平铺窗口：在排列的过程中，使窗口在保证每个窗口都显示的情况下，尽可能往垂直方向伸展，用户选择相应的"纵向平铺窗口"命令即可完成对窗口的排列，如图 2-31 所示。

在选择了某项排列方式后，在任务栏快捷菜单中会出现相应的撤销该选项的命令，例如，用户执行了"层叠窗口"命令后，任务栏的快捷菜单会增加一项"撤销层叠"命令，当用户执行此命令后，窗口恢复原状。

图 2-31　纵向平铺窗口

4．对话框的使用

对话框的组成和窗口有相似之处，例如都有标题栏，但对话框要比窗口更简洁、更直观、更侧重于与用户的交流，它一般包含有标题栏、选项卡和标签、文本框、列表框、命令按钮、单选按钮和复选框等几部分。

- 标题栏：位于对话框的最上方，系统默认的是深蓝色，上面左侧标明了该对话框的名称，右侧有"关闭"按钮，有的对话框还有"帮助"按钮。
- 选项卡和标签：在系统中有很多对话框都是由多个选项卡构成的，选项卡上写明了标签，以便于进行区分。用户可以通过各个选项卡之间的切换来查看不同的内容，在选项卡中通常有不同的选项区域。例如在"显示属性"对话框中包含了"主题"、"桌面"等 5 个选项卡，在"屏幕保护程序"选项卡中又包含了"屏幕保护程序"、"监视器的电源"两个选项区域，如图 2-32 所示。

图 2-32　"显示属性"对话框

- 文本框：在有的对话框中需要用户手动输入某项内容，还可以对各种输入内容进行修改和删除操作。一般在其右侧会带有下三角按钮，可以单击下三角按钮在展开的下拉列表框中查看最近曾经输入过的内容。比如在桌面上单击"开始"按钮，选择"运行"命令，可以打开"运行"对话框，这时系统要求用户输入要运行的程序或者文件名称，如图 2-33 所示。
- 列表框：有的对话框在列表框下已经列出了众多的选项，用户可以从中选取，但是通常不能更改。比如前面所讲到的"显示属性"对话框中的"桌面"选项卡，系统自带了多张图片，用户是不可以进行修改的。
- 命令按钮：指在对话框中圆角矩形并且带有文字的按钮，常用的有"确定"按钮、"应用"按钮和"取消"按钮等。
- 单选按钮：通常是一个小圆形，其后面有相关的文字说明，当选中后，在圆形中间会出现一个绿色的小圆点，在对话框中通常是一个选项区域中包含多个单选按钮，当选中其中一个后，其他的选项就不能被选中。
- 复选框：通常是一个小正方形，在其后面也有相关的文字说明，当用户选择后，在正方形中间会出现一个绿色的"√"标志，它是可以任意被选择的。

另外，在有的对话框中如"变幻线设置"对话框，还有调节数字的"微调"按钮，它由向上和向下两个箭头组成，用户在使用时分别单击箭头即可增加或减少数字，如图 2-34 所示。

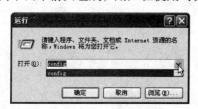

图 2-33　"运行"对话框

图 2-34　"变幻线设置"对话框

对话框不能像窗口那样任意改变大小，在标题栏上也没有"最小化"、"最大化"按钮，取而代之的是"帮助"按钮，当用户在操作对话框时，如果不清楚某选项或者按钮的含义，可以在标题栏上单击"帮助"按钮，这时在鼠标旁边会出现一个问号，然后用户可以在自己不明白的对象上单击，就会出现一个对该对象进行详细说明的文本框，在对话框内任意位置或者在文本框内单击，说明文本框消失。

用户也可以直接在选项上右击，这时会弹出一个文本框，再次单击这个文本框，会出现和使用"帮助"按钮一样的效果。

任务二　Windows XP 的文件操作

✉ 技能要点

- 能对文件和文件夹进行操作。
- 能掌握资源管理器。
- 能复制文件、删除文件、移动文件。
- 能对磁盘进行管理。

✉ 任务背景

窦文轩的班主任张老师给他介绍了一个报社的工作。

"小窦，把昨天的稿子给我送过来。"主任在电话那头说。

"还没有打印呢。"窦文轩

"……你把它复制到优盘送过来就行啦。"

"……我现在有点事，能不能……"

"下班以前给我拿过来。"主任不满地挂上了电话。

窦文轩忙了一身大汗，硬是没找到文件的存放位置。

"但愿一叶知秋在。"窦文轩连忙打开 QQ。

👓 窦文轩 15:19:40

在吗？

😎 一叶知秋 15:19:35

有事？

👓 窦文轩 15:19:40

老板让我把文件复制过去，我不会啊。再说文件也找不到了。

😎 一叶知秋 15:19:35

你知道稿子的名字吗？

👓 窦文轩 15:19:40

知道。

😎 一叶知秋 15:19:35

那我说，你操作。

……半个小时过去了。

👓 窦文轩 15:19:40

谢谢你啊，要不然工作差点就保不住了。

😎 一叶知秋 15:19:35

你基础太差了，我这里有份资料，你没事多看看吧。、

"Windows XP 的文件操作.doc（20.4KB）"。正等待接收或取消　文件传输

✉ 任务分析

存放在计算机中的所有程序以及各种类型的数据，如游戏、图形和音乐等，都是以文件的形式存储在磁盘上的，可见，文件的组织和管理是操作系统要完成的主要功能之一，是非常重要的知识部分。

步骤一：设置文件和文件夹

文件就是用户赋予了名字并存储在磁盘上信息的集合，它可以是用户创建的文档，也可以是可执行的应用程序或一张图片、一段声音等。文件夹是系统组织和管理文件的一种形式，是为了方便用户查找、维护和存储而设置的，用户可以将文件分类地存放在不同的文件夹中。在文件夹

中可存放所有类型的文件和下一级文件夹、磁盘驱动器及打印队列等内容。

1．创建新文件夹

用户可以创建新的文件夹来存放具有相同类型或相近形式的文件，执行以下操作步骤创建新文件夹：

（1）双击"我的电脑"图标，打开"我的电脑"对话框，如图 2-35 所示。

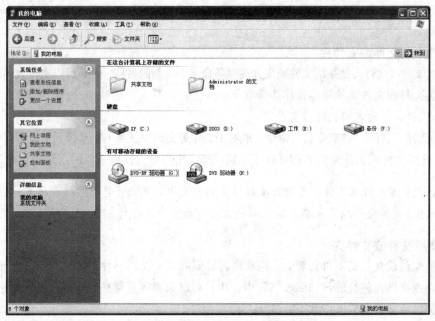

图 2-35 "我的电脑"对话框

（2）双击要新建文件夹的磁盘，打开该磁盘。

（3）选择"文件"｜"新建"｜"文件夹"命令，或右击，在弹出的快捷菜单中选择"新建"｜"文件夹"命令即可新建一个文件夹。

（4）在新建的文件夹名称文本框中输入文件夹的名称，按【Enter】键或用鼠标单击其他空白地方即可。

2．移动和复制文件或文件夹

在实际应用中，有时用户需要将某个文件或文件夹移动或复制到其他地方以方便使用，这时就需要用到移动或复制命令。移动文件或文件夹就是将文件或文件夹放到其他地方，执行移动命令后，原位置的文件或文件夹消失，出现在目标位置；复制文件或文件夹就是将文件或文件夹复制一份，放到其他地方，执行复制命令后，原位置和目标位置均有该文件或文件夹。

移动和复制文件或文件夹的操作步骤如下：

（1）选择要进行移动或复制的文件或文件夹。

（2）选择"编辑"｜"剪切"或"复制"命令，或右击，在弹出的快捷菜单中选择"剪切"或"复制"命令。

（3）选择目标位置。

（4）选择"编辑"｜"粘贴"命令，或右击，在弹出的快捷菜单中选择"粘贴"命令即可。

技能链接 选择文件或文件夹技巧

若要一次移动或复制多个相邻的文件或文件夹，可按住【Shift】键选择多个相邻的文件或文件夹；若要一次移动或复制多个不相邻的文件或文件夹，可按住【Ctrl】键选择多个不相邻的文件或文件夹；若非选文件或文件夹较少，可先选择非选文件或文件夹，然后单击"编辑"|"反向选择"命令即可；若要选择所有的文件或文件夹，可选择"编辑"|"全部选定"命令或按【Ctrl+A】组合键。

3．重命名文件或文件夹

重命名文件或文件夹就是给文件或文件夹重新命名一个新的名称，使其可以更符合用户的要求。重命名文件或文件夹的具体操作步骤如下：

（1）选择要重命名的文件或文件夹。

（2）选择"文件"|"重命名"命令，或右击，在弹出的快捷菜单中选择"重命名"命令。

（3）这时文件或文件夹的名称将处于编辑状态，用户可直接输入新的名称进行重命名操作。

注意：也可在文件或文件夹名称处直接单击两次（两次单击的时间间隔应稍长一些，以免使其变为双击），使其处于编辑状态，输入新的名称进行重命名操作。

4．删除文件或文件夹

当有的文件或文件夹不再需要时，用户可将其删除掉，以利于对文件或文件夹进行管理。删除后的文件或文件夹将被放到"回收站"中，用户可以选择将其彻底删除或还原到原来的位置。

删除文件或文件夹的操作如下：

（1）选定要删除的文件或文件夹。若要选定多个相邻的文件或文件夹，可按住【Shift】键进行选择；若要选定多个不相邻的文件或文件夹，可按住【Ctrl】键进行选择。

（2）选择"文件"|"删除"命令，或右击，在弹出的快捷菜单中选择"删除"命令。

（3）弹出"确认文件夹删除"对话框（若删除文件则会弹出"确认文件删除"对话框），如图2-36所示。

图2-36 "确认文件夹删除"对话框

（4）若确认要删除该文件或文件夹，可单击"是"按钮；若不删除该文件或文件夹，可单击"否"按钮。

注意：从网络位置删除的项目、从可移动媒体（例如3.5英寸磁盘）删除的项目或超过"回收站"存储容量的项目将不被放到"回收站"中，而被彻底删除，不能还原。

5．删除或还原"回收站"中的文件或文件夹

"回收站"为用户提供了一个安全的删除文件或文件夹的解决方案，用户从硬盘中删除文件

或文件夹时，Windows XP 会将其自动放入"回收站"中，直到用户将其清空或还原到原位置。

删除或还原"回收站"中的文件或文件夹的操作步骤如下：

（1）双击桌面上的"回收站"图标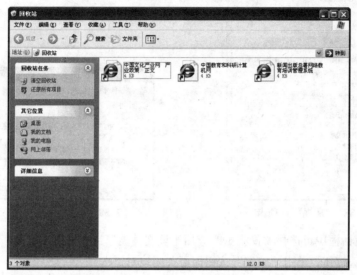。

（2）打开"回收站"对话框，如图 2-37 所示。

图 2-37　"回收站"窗口

（3）若要删除"回收站"中所有的文件和文件夹，可选择"回收站任务"窗格中的"清空回收站"选项；若要还原所有的文件和文件夹，可选择"回收站任务"窗格中的"恢复所有项目"选项；若要还原文件或文件夹，可选中该文件或文件夹，选择"回收站任务"窗格中的"恢复此项目"选项，若要还原多个文件或文件夹，可按住【Ctrl】键，选择文件或文件夹

注意：删除"回收站"中的文件或文件夹，意味着将该文件或文件夹彻底删除，无法再还原；若还原已删除文件夹中的文件，则该文件夹将在原来的位置重建，然后在此文件夹中还原文件；当回收站充满后，Windows XP 将自动清除"回收站"中的空间以存放最近删除的文件和文件夹。也可以选中要删除的文件或文件夹，将其拖到"回收站"中进行删除。若想直接删除文件或文件夹，而不将其放入"回收站"中，可在拖到"回收站"时按住【Shift】键，或选中该文件或文件夹后按【Shift+Del】组合键。

6．更改文件或文件夹属性

文件或文件夹包含 3 种属性：只读、隐藏和存档。若将文件或文件夹设置为"只读"属性，则该文件或文件夹不允许更改和删除；若将文件或文件夹设置为"隐藏"属性，则该文件或文件夹在常规显示中将不被看到；若将文件或文件夹设置为"存档"属性，则表示该文件或文件夹已存档，有些程序用此选项来确定哪些文件需做备份。

更改文件或文件夹属性的操作步骤如下：

（1）选中要更改属性的文件或文件夹。

（2）选择"文件"|"属性"命令，或右击，在弹出的快捷菜单中选择"属性"命令，打开属性对话框。

（3）选择"常规"选项卡，如图 2-38 所示。

（4）在该选项卡的"属性"选项区域中选定需要的属性复选框。

（5）单击"应用"按钮，将弹出"确认属性更改"对话框，如图图 2-39 所示。

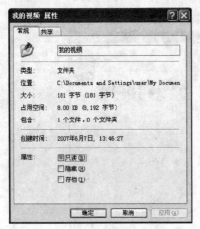

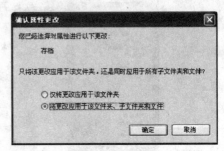

图 2-38　"常规"选项卡　　　　　　　　图 2-39　"确认属性更改"对话框

（6）在该对话框中可选择"仅将更改应用于该文件夹"或"将更改应用于该文件夹、子文件夹和文件"单选按钮，单击"确定"按钮即可关闭该对话框。

（7）在"常规"选项卡中，单击"确定"按钮即可应用该属性。

7. 搜索文件、文件夹

有时候用户需要察看某个文件或文件夹的内容，却忘记了该文件或文件夹存放的具体的位置或具体名称，这时候 Windows XP 系统提供的搜索文件或文件夹功能就可以帮用户查找该文件或文件夹。

搜索文件或文件夹的具体操作如下：

（1）单击"开始"按钮，在弹出的菜单中选择"搜索"命令。

（2）打开"搜索结果"窗口，如图 2-40 所示。

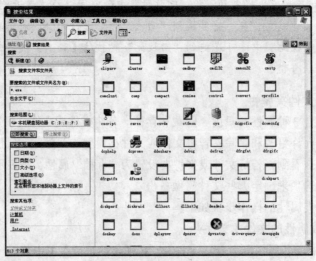

图 2-40　"搜索结果"窗口

（3）在"要搜索的文件或文件夹名为"文本框中，输入文件或文件夹的名称。

（4）在"包含文字"文本框中输入该文件或文件夹中包含的文字。

（5）在"搜索范围"下拉列表框中选择要搜索的范围。

（6）单击"立即搜索"按钮，即可开始搜索，Windows XP 系统会将搜索的结果显示在"搜索结果"对话框右边的空白区域内。

（7）若要停止搜索，可单击"停止搜索"按钮。

（8）双击搜索后显示的文件或文件夹，即可打开该文件或文件夹。

步骤二：使用资源管理器

打开资源管理器的步骤如下：

（1）单击"开始"按钮，弹出"开始"菜单。

（2）选择"更多程序"｜"附件"｜"Windows 资源管理器"命令，弹出 Windows 资源管理器窗口，如图 2-41 所示。

图 2-41 资源管理器窗口

（3）在该窗口中，左边的窗格显示了所有磁盘和文件夹的列表，右边的窗格用于显示选定的磁盘和文件夹中的内容。

（4）在左边的窗格中，若驱动器或文件夹前面有"＋"号，表明该驱动器或文件夹有下一级子文件夹，单击该"＋"号可展其所包含的子文件夹，当展开驱动器或文件夹后，"＋"号会变成"－"号，表明该驱动器或文件夹已展开，单击"－"号，可折叠已展开的内容。例如，单击左边窗格中"我的电脑"前面的"＋"号，将显示"我的电脑"中所有的磁盘信息，单击需要的磁盘前面的"＋"号，将显示该磁盘中所有的内容。

（5）若要移动或复制文件或文件夹，可选中要移动或复制的文件或文件夹，右击，在弹出的快捷菜单中选择"剪切"或"复制"命令。

（6）单击要移动或复制到的磁盘前的加号，打开该磁盘，选择要移动或复制到的文件夹。

（7）右击，在弹出的快捷菜单中选择"粘贴"命令即可。

注意：用户也可以通过右击"开始"按钮，在弹出的快捷菜单中选择"资源管理器"命令，打开 Windows 资源管理器，或右击"我的电脑"图标，在弹出的快捷菜单中选择"资源管理器"命令打开 Windows 资源管理器。

✉ 知识拓展

一、写字板

"写字板"是一个使用简单，但却功能强大的文字处理程序，用户可以利用它进行日常工作中文件的编辑。它不仅可以进行中英文文档的编辑，而且还可以图文混排，插入图片、声音、视频剪辑等多媒体资料。

当用户要使用写字板时，可执行以下操作：

在桌面上单击"开始"按钮，在弹出的"开始"菜单中选择"所有程序"|"附件"|"写字板"命令，这时就可以进入"写字板"，如图 2-42 所示。

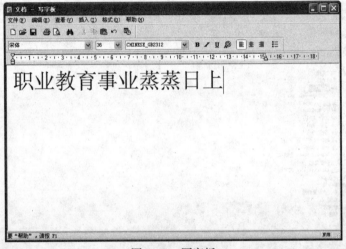

图 2-42　写字板

从图中用户可以看到，它由标题栏、菜单栏、工具栏、格式栏、水平标尺、工作区和状态栏几部分组成。写字板的界面和使用方法与本书后面章节介绍的 Word 非常相似，在此不再多讲述。

二、记事本

记事本用于纯文本文档的编辑，功能没有写字板强大，适于编写一些篇幅短小的文件，由于它使用方便、快捷，应用也是比较多的，比如一些程序的 README 文件通常是以记事本的形式打开的。

在 Windows XP 系统中的"记事本"又新增了一些功能，比如可以改变文档的阅读顺序，可以使用不同的语言格式来创建文档，能以若干不同的格式打开文件。

启动记事本时，用户可依以下步骤来操作：

单击"开始"按钮，选择"所有程序"|"附件"|"记事本"命令，即可启动记事本，如图 2-43 所示，它的界面与写字板的界面基本一样。

关于记事本的一些操作几乎都和 Word 一样，在这里不再过多讲述。

为了适应不同用户的阅读习惯，在记事本中可以改变文字的阅读顺序，在工作区域右击，弹出快捷菜单，选择"从右到左的阅读顺序"命令，则全文的内容都移到了工作区的右侧。

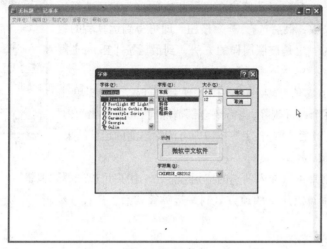

图 2-43　记事本

在记事本中用户可以使用不同的语言格式创建文档，而且可以用不同的格式打开或保存文件，当用户使用不同的字符集工作时，程序将默认保存为标准的 ANSI（美国国家标准化组织）文章。

用户可以用不同的编码进行保存或打开，如 ANSI、Unicode、big-endian Unicode 或 UTF-8 等类型。

三、画图

"画图"程序是一个位图编辑器，可以对各种位图格式的图画进行编辑，用户可以自己绘制图画，也可以对扫描的图片进行编辑修改，在编辑完成后，可以以 bmp，jpg，gif 等格式存档，用户还可以发送到桌面和其他文本文档中。

图 2-44　画图

单击"开始"按钮，选择"所有程序"|"附件"|"画图"命令，即可启动画图，如图 2-44 所示。

下面简单介绍程序界面的构成：

- 标题栏：标明了用户正在使用的程序和正在编辑的文件。
- 菜单栏：提供了用户在操作时要用到的各种命令。
- 工具箱：包含 16 种常用的绘图工具和一个辅助选择框，为用户提供多种选择。
- 颜料盒：由显示多种颜色的小色块组成，用户可以随意改变绘图颜色。
- 状态栏：它的内容随光标的移动而改变，标明了当前鼠标所处位置的信息。
- 绘图区：处于整个界面的中间，为用户提供画布。

四、计算器

1．标准计算器

在处理一般的数据时，用户使用"标准计算器"就可以满足工作和生活的需要了，单击"开始"按钮，选择"所有程序"|"附件"|"计算器"命令，即可打开"计算器"窗口，系统默认

为"标准计算器",如图 2-45 所示。

计算器窗口包括标题栏、菜单栏、数字显示区和工作区几部分。工作区由数字按钮、运算符按钮、存储按钮和操作按钮组成,当用户使用时可以先输入所要运算算式的第一个数,在数字显示区内会显示相应的数,然后选择运算符,再输入第二个数,最后选择"="按钮,即可得到运算后的数值,在键盘上输入时,也是按照同样的方法,到最后按【Enter】键即可得到运算结果。

当用户在进行数值输入过程中出现错误时,可以单击"Backspace"按钮逐个进行删除,当需要全部清除时,可以单击"CE"按钮,当一次运算完成后,单击"C"按钮即可清除当前的运算结果,再次输入时可开始新的运算。

图 2-45　标准计算器

计算器的运算结果可以导入到别的应用程序中,用户可以选择"编辑"|"复制"命令把运算结果粘贴到别处,也可以从别的地方复制好运算算式后,选择"编辑"|"粘贴"命令,在计算器中进行运算。

2.科学计算器

当用户从事非常专业的科研工作时,要经常进行较为复杂的科学运算,可以选择"查看"|"科学型"命令,弹出科学计算器窗口,如图 2-46 所示。

图 2-46　科学计算器窗口

此窗口增加了数制选项、单位选项及一些函数运算符号,系统默认的是十进制,当用户改变其数制时,单位选项、数字区、运算符区的可选项将发生相应的改变。

用户在工作过程中,也许需要进行数制的转换,这时可以直接在数字显示区输入所要转换的数值,也可以利用运算结果进行转换,选择所需要的数制,在数字显示区会出现转换后的结果。

另外,科学计算器可以进行一些函数的运算,使用时要先确定运算的单位,在数字区输入数值,然后选择函数运算符,再单击"="按钮,即可得到结果。

五、录音机

使用"录音机"可以录制、混合、播放和编辑声音文件（.wav 文件）,也可以将声音文件链接或插入到另一文档中。

1. 使用"录音机"进行录音

使用"录音机"进行录音的操作如下：

（1）单击"开始"按钮，选择"所有程序"|"附件"|"娱乐"|"录音机"命令，打开"声音-录音机"窗口，如图 2-47 所示。

（2）单击"录音"按钮 ● |，即可开始录音。最多录音的长度为 60s。

（3）录制完毕后，单击"停止"按钮 ▣ 即可。

（4）单击"播放"按钮 ▶ |，即可播放所录制的声音文件。

注意："录音机"通过麦克风和已安装的声卡来记录声音。所录制的声音以波形（.wav）文件保存。

图 2-47 "声音—录音机"窗口

2. 调整声音文件的质量

用"录音机"所录制下来的声音文件，用户还可以调整其声音文件的质量。调整声音文件质量的具体操作如下：

（1）打开"录音机"窗口。

（2）选择"文件"|"打开"命令，双击要进行调整的声音文件。

（3）选择"文件"|"属性"命令，打开"声音的属性"对话框，如图 2-48 所示。

（4）在该对话框中显示了该声音文件的具体信息，在"格式转换"选项区域的"选自"下拉列表框中，各选项功能如下：

全部格式：显示全部可用的格式。

播放格式：显示声卡支持的所有可能的播放格式。

录音格式：显示声卡支持的所有可能的录音格式。

（5）选择一种所需格式，单击"立即转换"按钮，打开"声音选定"对话框，如图 2-49 所示。

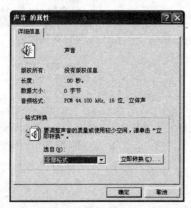

图 2-48 "声音的属性"对话框

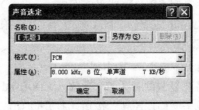

图 2-49 "声音选定"对话框

（6）在该对话框中的"名称"下拉列表框中可选择"无题"、"CD 音质"、"电话质量"和"收音质量"选项。在"格式"和"属性"下拉列表框中可选择该声音文件的格式和属性。注意"CD 音质"、"收音质量"和"电话质量"具有预定义格式和属性（例如，采样频率和信道数量），无法指定其格式及属性。如果选择"无题"选项，则能够指定格式及属性。

（7）调整完毕后，单击"确定"按钮即可。

六、Windows Media Player

（1）使用 Windows Media Player 播放多媒体文件、CD 唱片的操作步骤如下：

① 单击"开始"按钮，选择"所有程序"|"附件"|"娱乐"|"Windows Media Player"命令，打开"Windows Media Player"窗口，如图 2-50 所示。

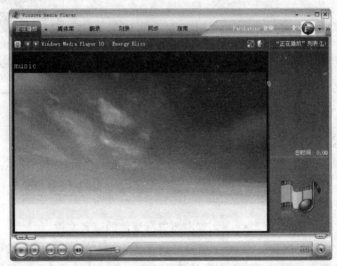

图 2-50　"Windows Media Player"窗口

② 若要播放本地磁盘上的多媒体文件，可选择"文件"|"打开"命令，选中该文件，单击"打开"按钮或双击即可播放。

③ 若要播放 CD 唱片，可先将 CD 唱片放入 CD-ROM 驱动器中，单击"CD 音频"按钮，再单击"播放" 按钮即可。

（2）更换 Windows Media Player 面板

Windows Media Player 提供了多种不同风格的面板供用户选择。要更换 Windows Media Player 面板，可执行以下操作：

① 打开 Windows Media Player 窗口。

② 选择"外观选择器"选项，如图 2-51 所示。

（3）复制 CD 音乐到媒体库中

利用 Windows Media Player 复制 CD 音乐到本地磁盘中，可执行以下操作：

① 打开 Windows Media Player 窗口。

② 将要复制的音乐 CD 盘放入 CD-ROM 中。

③ 单击"CD 音频"按钮，打开该 CD 的曲目库。

④ 清除不需要复制的曲目库的复选标记。

⑤ 单击"复制音乐"按钮，即可开始进行复制。

⑥ 复制完毕后，单击"媒体库"按钮，即可看到所复制的曲目及其详细信息。

图 2-51　"外观选择器"选项

⑦ 选择一个曲目，单击"播放"按钮或右击在弹出的快捷菜单中选择"播放"命令即可播放该曲目，也可在弹出的快捷菜单中选择"将其添加到播放列表中"命令，或将其删除。

任务三　控制面板的使用

✉ 技能要点

- 能进行显示属性的设置。
- 能进行语言和区域的设置。
- 能进行系统日期和时间的设置。
- 能进行鼠标的设置。
- 能添加删除程序。

✉ 任务背景

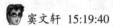 窦文轩　15:19:40

你不是说你是上海的吗？怎么我计算机中显示你跟我是同一个地方的？

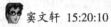 一叶知秋　15:19:55

……可能是网络有问题吧。我确实是上海的。

窦文轩　15:20:10

嗯。

一叶知秋　15:20:20

你组装的电脑没事了？

窦文轩　15:20:55

我正要问你呢。怎么我的电脑有的时候特别卡？是不是设置得不对？

一叶知秋　15:21:15

你说的情况我也不太清楚。你自己看看这份资料吧！

　　"控制面板的使用.doc（20.4KB）"。正等待接收或取消　文件传输

✉ 任务分析

控制面板中包含了许多 Windows XP 操作系统提供的实用程序，通过这些实用程序可以更改系统的外观和功能，对计算机的硬、软件系统进行设置。例如，可以管理打印机、扫描仪、相机、调制解调器、显示设备、多媒体设备、键盘和鼠标等，还可以增加或删除程序，管理文件夹、文字服务等，对系统的有关设置大多是通过控制面板进行的。

✉ 任务实施

步骤一：控制面板的启动与视图模式

1．控制面板的启动

（1）选择"开始"|"控制面板"命令。

（2）双击桌面上"我的电脑"图标，在左侧窗格"其他位置"选项区域选择"控制面板"选项。

（3）在"资源管理器"中，选择"控制面板"选项。

2．控制面板的视图

控制面板包括两种视图模式：分类视图和经典视图。分类视图将项目按照分类进行组织，分类视图和经典视图可以互相切换。分类视图切换到经典视图的方法是：选择窗口信息区的"切换到经典视图"选项，反之同理。

步骤二：显示器属性的设置

1．打开显示器属性对话框，任选其一

（1）在"控制面板"的分类视图下，选择"外观和主题" | "更改计算机的主题"选项。

（2）在"控制面板"的经典视图中，双击"显示"图标。

（3）在桌面空白处右击，在弹出的快捷菜单中选择"属性"命令。

2．显示器属性设置操作

显示器属性选项卡："主题"、"桌面"、"屏幕保护程序"、"外观"、"壁纸自动换"和"设置"6张选项卡。

（1）设置桌面主题：单击"主题"选项卡，在"主题"下拉列表框中，选择"Windows 经典"、"Windows XP"等选项进行主题画面的相互切换。

（2）更改桌面背景和颜色：选择"桌面"选项卡，设置桌面背景和颜色。其中单击"位置"下三角按钮设置背景的显示方式，如"居中"、"平铺"和"拉伸"；单击"颜色"下三角按钮出现颜色调色板设置桌面颜色（颜色在桌面的最底层，只有没有覆盖时才能显示效果）。

选择已有背景：在"背景"列表框中选择一种已有的背景。

选择已存图片：单击"浏览"按钮，通过对话框，选择自己喜欢的已存背景图片。

选择网上图片：右击网页上的背景图片，在快捷菜单中选择"设置为背景"命令。

（3）设置屏幕保护程序：在"显示属性"对话框中选择"屏幕保护程序"选项卡。

设置屏幕保护程序：在"屏幕保护程序"下拉列表框中选择一种屏幕保护程序，单击"预览"按钮，可以查看效果；如果选择"字幕"选项并单击"设置"按钮，会出现"字幕设置"对话框，可以输入字幕的内容，选择背景颜色，设置字幕滚动速度、字幕的位置以及文字的格式。此外，还可以利用数字增减按钮或直接输入的方法修改等待的时间。

个人图片作为屏幕保护程序：在"屏幕保护程序"下拉列表框中选择"图片收藏幻灯片"选项，单击"设置"按钮，弹出"图片收藏屏幕保护程序选项"对话框，单击"浏览"按钮选定图片的文件夹，并定义图片的大小及设置其他选项。

密码设置：单击"电源"按钮，弹出"电源选项属性"对话框，选择"高级"选项卡，选择"在计算机从待机状态恢复时，提示输入密码"复选框。

（4）设置外观：在"显示属性"对话框中选择"外观"选项卡。

① 外观的设置选项含义如下：

- 窗口和按钮：下拉列表框中有"Windows XP 样式"和"Windows 经典样式"以供选择。
- 色彩方案：分为"Windows XP 样式"的色彩方案和"Windows 经典样式"的色彩方案。
- 字体大小：分为"Windows XP 样式"的字体大小和"Windows 经典样式"的字体大小。

② 改变屏幕视觉效果：在"外观"选项卡上单击"效果"按钮，弹出"效果"对话框。该对话框各选项含义如下：

- 为菜单和工具提示使用下列过渡效果：淡入、淡出效果和滚动效果。
- 使用下列方式使屏幕字体的边缘平滑：标准和清晰。
- 使用大图标：选择该复选框，可以使桌面上显示大图标。
- 在菜单下显示阴影：可以在菜单下投射出轻微的阴影，赋予菜单三维外观。
- 拖动时显示窗口内容：选择该复选框，移动或调整窗口大小时显示窗口的内容。

③ 高级设置：在"外观"选项卡上单击"高级"按钮，弹出"高级外观"对话框，利用该对话框可以对窗口的外观进行重新设置。

配置显示器的分辨率和颜色质量：在"显示属性"对话框中单击"设置"标签，显示"设置"选项卡，使用"颜色质量"下拉列表框，可以改变颜色的设置；使用"屏幕分辨率"的滑动块来改变分辨率的设置；还可以单击"高级"按钮，弹出对话框，对显示器进行其他设置。

步骤三：语言和区域设置

（1）启动语言和区域设置：在"控制面板"的"分类视图"中选择"日期、时间、语言和区域设置"选项，在弹出窗口中选择"更改数字、日期和时间的格式"选项和"添加其他语言"选项。

（2）选择区域：在对话框的"区域选项"选项卡的"位置"下拉列表框中选择。

（3）设置数字、日期、时间、货币格式：单击格式方案右边的"自定义"按钮，弹出的对话框中有"数字"、"货币"、"时间"、"日期"和"排序"5 张选项卡，分别进行设置。

（4）选择语言：选择"语言"选项卡，单击"详细信息"按钮，弹出"文字服务和输入语言"对话框，利用该对话框可以完成以下工作：

选择"默认输入语言"：在"默认输入语言"选项区域的下拉列表框中选择一种已安装的输入语言作为默认输入语言。

添加输入法：单击"添加"按钮，弹出"添加输入语言"对话框可以选择输入语言和添加输入法。

删除输入法：在"已安装的服务"栏中，选择一种要删除的输入法，单击"删除"按钮。

设置输入法属性：在"已安装的服务"选项区域的列表框中，选择一种要设置属性的输入法，单击"属性"按钮，弹出对话框进行设置。

设置在桌面上显示语言栏：在"首选项"选项区域中单击"语言栏"按钮，弹出"语言栏设置"对话框，设置"在桌面上显示语言栏"和"在任务栏中显示其他语言栏图标"。

设置切换输入法快捷键：在"首选项"选项区域中单击"键设置"按钮，弹出"高级键设置"对话框进行设置。

步骤四：系统日期和时间设置

（1）日期和时间设置的启动：

在"日期、时间、语言和区域设置"窗口中，在"选择一个任务"选项区域中选择"更改日期和时间"选项。

在任务栏上双击数字时钟。

在"控制面板"的"经典视图"中，双击"日期和时间"图标。

（2）更改日期和时间：选择"时间和日期"选项卡，可以修改日期和时间。

（3）选择时区：在"时区"选项卡的下拉列表框中可以选择所在时区。

（4）设置与 Internet 时间服务器同步：在"Internet 时间"选项卡选择"自动与 Internet 时间服务器同步"复选框，在"服务器"下拉列表框中选择时间服务器，单击"立即更新"按钮。

步骤五：鼠标的设置

在"控制面板"的"分类视图"中选择"打印机和其他硬件"选项，在弹出窗口中单击"鼠标"图标，弹出"鼠标属性"对话框，包括"鼠标键"、"指针"、"指针选项"、轮和"硬件"5 张选项卡。

"鼠标键"选项卡：更改左右手习惯、改变双击速度、单击锁定。

"指针"选项卡：可在选项卡的"方案"下拉列表框中选择一种鼠标指针的形状方案；还可以在"自定义"列表框中选择一种指针样式。

"指针选项"选项卡：可以改变鼠标指针的移动速度和是否加上鼠标的轨迹。

步骤六：安装和删除字体

（1）打开"字体"窗口：

在"控制面板"的"分类视图"中选择"外观和主题"选项，再选择左侧窗格"请参阅"选项区域中的"字体"选项，打开"字体"窗口。

先打开"我的电脑"或"资源管理器"窗口，再打开 C：\Windows\Fonts 文件夹。

（2）查看字体：利用"字体"窗口的"查看"菜单，可以查看这些字体的"字体名"、"文件名"、"文件大小"等。双击字体名称会出现该字体的样本窗口。

（3）添加新字体：在窗口中选择"文件"|"安装新字体"命令，弹出"添加字体"对话框，选择字体所在的文件夹，在"字体列表"列表框中选择要添加的字体再选择"将字体复制到 Fonts 文件夹"复选框，单击"确定"按钮。

（4）字体的删除：在"字体"窗口的字体列表中，选择要删除的字体，单击"文件"菜单的"删除"命令；直接按【Del】键；右击在弹出的快捷菜单中选择"删除"命令。

步骤七：添加/删除程序

在"控制面板"的"分类视图"中单击"添加/删除程序"图标或在"控制面板"的经典视图中双击"添加或删除程序"图标，弹出"添加或删除程序"窗口。内有 3 个按钮："更改或删除程序"、"添加新程序"、"添加/删除 Windows 组件"。

（1）更改或删除程序：如果需要更改或删除程序，在"添加或删除程序"窗口选择要更改或删除的程序，会显示该程序占有的硬盘空间、使用的频率、上次使用的日期，还有"更改"和"删除"按钮或"更改/删除"按钮。

更改程序：单击"更改"按钮，弹出"安装"窗口，可以选择"添加或删除功能"、"重新安装或修复"或"卸载"选项。

删除程序：单击"删除"按钮，弹出"添加或删除程序"对话框，单击"是"按钮即可删除程序。

（2）添加新程序：如果要添加新程序，可以单击"添加新程序"按钮，弹出"添加或删除程序"窗口，有"从 CD-ROM 或软盘安装程序"和"从 Microsoft 添加程序"这两个选项。

（3）添加/删除 Windows 组件：单击"添加/删除 Windows 组件"按钮，出现"Windows"组件向导”对话框，其中“组件”列表框中列出了 Windows XP 系统的所有组件。每个组件前面有一个复选框，复选框中有“√”的表示该组件已经安装；如果复选框中有“√”，但带有阴影，表示部分安装；若没有选中标记，表示没有安装。在列表框中选择某一组件后，单击“详细信息”按钮，可以显示组件的更详细的资料。安装组件的方式是选中组件前面的复选框，使复选框中有“√”，单击“下一步”按钮进入安装进程，安装程序根据请求进行配置更改，接着弹出“插入磁盘”对话框，插入安装盘，单击“确定”按钮，可以完成对组件的安装。

步骤八：打印机

在 Windows XP 系统中，大多数打印机可以即插即用。但仍有非即插即用的打印机，这种打印机需要用户自己安装打印驱动程序。

（1）打印驱动程序的安装：

在“控制面板”中单击“打印机和其他硬件”图标，在弹出“打印机和其他硬件”窗口的“选择一个任务”选项区域中，选择“添加打印机”选项，弹出“添加打印机向导”对话框。

单击“下一步”按钮，如果添加的打印机直接与用户自己的计算机连接，就选择“连接到此计算机的本地打印机”单选按钮，然后单击“下一步”按钮。

为打印机选择使用的端口，单击“下一步”按钮。

在“厂商”列表框中选择厂商，在“打印机”列表框中选择打印机（驱动程序不在列表框中，而是厂商提供，就单击“从磁盘安装”按钮，从随机带来的盘中安装驱动程序），单击“下一步”按钮。

在文本框中输入打印机名，可以利用默认名称，单击“下一步”按钮。

设置该打印机是否共享，单击“下一步”按钮。

选择是否打印测试页，单击“下一步”按钮，最后单击“完成”按钮。

（2）设置默认打印机：如果计算机安装了多个打印驱动程序，在打印时应设置默认打印机。选择要设置为默认打印机的图标，选择“文件”菜单的“设为默认打印机”命令，或右击要设置为默认打印机的图标，在弹出的快捷菜单中选择“设为默认打印机”命令，这时选择的打印机图标上出现一个“√”，表示已被设置为默认的打印机。

（3）设置打印首选项：选择已安装的打印机，选择“文件”菜单中的“打印首选项”命令，弹出“打印首选项”对话框。

通过对话框的“布局”选项卡，可以设置打印方向是纵向还是横向。设置页序是从前向后还是从后向前。还可以设置每张纸打印的页数。

单击“高级”按钮，弹出“高级选项”对话框，可以设置打印纸张及打印质量。

通过“文件”菜单，还可以设置“暂停打印”、“脱机使用打印机”、打印机的共享等。

（4）使用打印管理器：选择某一打印机图标，然后选择“文件”菜单的“打开”命令，或右击打印机的图标，在弹出的快捷菜单中选择“打开”命令，都可以打开“打印管理器”窗口。

“打印机”菜单：主要有“设为默认打印机”、“打印首选项”、“暂停打印”、“取消所有文档”、“共享”、“脱机使用打印机”、“属性”等命令。利用这些命令，可以干预打印的进程。

"文档"菜单：主要有"暂停"命令，可以暂停打印；"继续"命令，继续打印；"取消"命令，取消打印；"属性"命令，设置打印布局、纸张、质量等。

步骤九：添加新硬件

在计算机系统中，添加新的硬件，需要为其安装驱动程序。有的硬件接入计算机以后，系统可以自动为其安装驱动程序，即为即插即用。有些硬件，特别是新型硬件，系统不能自动为其安装驱动程序，需要用户自己安装。

（1）即插即用的硬件设备：对于即插即用的硬件设备，连接到计算机以后，系统会显示"发现新硬件"的提示，并且会自动为新硬件安装驱动程序。例如：刚刚插入优盘，过一会儿，弹出提示，提示已经为新硬件安装驱动程序，可以使用了。有时需要插入磁盘才能安装驱动程序，系统会提示，按提示要求插入带有相应驱动程序的磁盘或光盘，系统会自动安装。

（2）利用"添加硬件向导"：可以使用控制面板的"添加硬件向导"安装。

步骤十：添加新用户

计算机通过设置用户的账户和密码，限制登录到计算机上的用户，可以保证计算机的安全。

（1）用户账户类型：独立计算机上的用户账户有两种类型，分别是计算机管理员账户和受限制账户。还有一种在计算机上没有账户的用户可以使用来宾账户。

① 计算机管理员账户拥有的权限。

创建和删除计算机上的用户账户。

为计算机上其他用户创建账户密码。

更改其他人的账户名、图片、密码和账户类型。

当该计算机上拥有其他计算机管理员账户时，可以将自己的账户类型更改为受限制账户类型。

② 受限制账户拥有的权限。

更改或删除自己的密码，无法更改自己的账户名或账户类型。

更改自己的图片、主题和桌面设置。

查看自己创建的文件。

在共享文档文件夹中查看文件。

受限制账户无法安装软件或硬件，可以访问已经安装在计算机上的程序。

③ 来宾账户的特点。来宾账户在计算机上没有用户账户，没有密码，可以快速登录，以检查电子邮件或者浏览 Internet。

（2）添加新用户：在控制面板中单击"用户账户"图标，在弹出的"用户账户"窗口中选择"创建一个新账户"选项，弹出窗口中输入账户名称，单击"下一步"按钮，选择一个账户类型，单击"创建账户"按钮。

（3）用户账户的管理：用户账户的管理包括创建、更改账户，名称和类型，创建、更改和删除密码，更改图片，删除账户等。对于管理员账户，拥有进行以上操作的全部权限。对于受限账户，只能创建、更改和删除自己的密码和更改自己的图片。来宾账户只能更改自己的图片。

实 验 指 导

实验一　安装 Windows XP

一、实验目的

1. 掌握 Windows XP 的安装。
2. 掌握 Windows XP 的新属性。

二、实验内容

1. BIOS 启动项调整。
2. 选择分区进行安装。
3. 选择文件系统。
4. 区域和语言设置。
5. 输入个人信息。
6. 输入序列号。
7. 设置系统管理员密码。
8. 设置日期和时间。
9. 设置网络连接。
10. 设置 Internet 网络连接。
11. 创建用户账号。

实验二　文件和文件夹的管理

一、实验目的

1. 掌握文件的复制。
2. 掌握文件的移动。
3. 掌握文件的删除。
4. 掌握文件夹的创建。

二、实验内容

1. 在网络上下载腾讯 QQ 2007 版本，并保存在 C 盘的根目录。
2. 把 QQ 软件移动到 D 盘根目录。
3. 复制 QQ 软件到 E 盘的 AA 文件夹内（可以自己创建名为 AA 的文件夹）。
4. 删除 D 盘根目录的 QQ 软件。

实验三　使用控制面板

一、实验目的

掌握控制面板的应用。

二、实验内容

1. 把屏幕的分辨率设为 800×600，16 位增强色。
2. 在网上下载一幅分辨率为 800×600 的风景图片，并设置该图片为桌面背景。
3. 把麦克风设置为声音的输入源。
4. 调整系统时间为 2007-6-24。
5. 为系统创建名为 HAPPYBOY 的用户。

习　题

一、选择题

1. 在 Windows XP 系统中，"回收站"是（　　　）。
   A. 内存中的一块区域　　　　　　　　B. 硬盘中的特殊文件夹
   C. 软盘上的文件夹　　　　　　　　　D. 高速缓存中的一块区域
2. 在 Windows XP 系统中，多个窗口之间进行切换，可使用（　　　）组合键。
   A.【Alt+Tab】　　B.【Alt+Ctrl】　　C.【Alt+Shift】　　D.【Ctrl+Tab】
3. 在 Windows XP 系统中删除硬盘上的文件或文件夹时，如果用户不希望将它移至回收站而直接彻底删除，则可在选中后按（　　　）键和【Del】键。
   A.【Ctrl】　　　B. 空格　　　　　C.【Shift】　　　D.【Alt】
4. 在 Windows XP 系统中，设置计算机硬件配置的程序是（　　　）。
   A. 控制面板　　　B. 资源管理器　　　C. Word　　　　D. Excel
5. 在"资源管理器"左边窗口中，若显示的文件夹图标前带有加号(+)，意味着该文件夹（　　　）。
   A. 含有下级文件夹　B. 仅含文件　　　C. 是空文件夹　　　D. 不含下级文件夹
6. 在 Windows XP 系统中，如果要把 C 盘某个文件夹中的一些文件复制到 C 盘另外的一个文件夹中，若采用鼠标操作，在选定文件后（　　　）鼠标至目标文件夹。
   A. 直接拖动　　　B. 按【Ctrl】键+拖动　C. 按【Alt】键+拖动　D. 单击
7. 从文件列表中同时选择多个不相邻文件的正确操作是（　　　）。
   A. 按住【Alt】键，用鼠标单击每一个文件名
   B. 按住【Ctrl】键，用鼠标单击每一个文件名
   C. 按住【Ctrl+Shift】组合键，用鼠标单击每一个文件名
   D. 按住【Shift】键，用鼠标单击每一个文件名
8. 在 Windows XP 系统中，下列关于滚动条操作的叙述，不正确的是（　　　）
   A. 单击滚动条上的滚动三角按钮可以实现一行行滚动
   B. 拖动滚动条上的滚动框可以实现快速滚动
   C. 滚动条有水平滚动条和垂直滚动条两种
   D. 在 Windows XP 系统上每个窗口都具有滚动条
9. 在 Windows XP 系统中通常有（　　　）两种窗口。
   A. 文档窗口和对话框　　　　　　　　B. 文本框和列表框
   C. 文档窗口和应用程序窗口　　　　　D. 应用程序窗口和对话框

10. 下列有关 Windows XP 系统剪贴板的说法正确的是（　　　）

    A. 剪站板是一个在程序或窗口之间传递信息的临时存储区

    B. 没有剪贴板查看程序，剪贴板不能工作

    C. 剪贴板内容不能保留

    D. 剪贴板每次可以存储多个信息

11. 下面哪一组功能组合键用于输入法之间的切换（　　　）

    A.【Shift+Alt】　　　B.【Ctrl+Alt】　　　C.【Alt+Tab】　　　D.【Ctrl+Shift】

12. 在 Windows XP 系统窗口菜单命令项中，若选项呈浅淡色，这意味着（　　　）。

    A. 该命令项当前暂不可使用

    B. 该命令选项出了差错

    C. 该命令项可以使用，变浅淡色是由于显示故障所致

    D. 该命令项实际上并不存在，以后也无法使用

13. 在 Windows XP 系统中，为保护文件不被修改，可将它的属性设置为（　　　）

    A. 只读　　　　　B. 存档　　　　　C. 隐藏　　　　　　　D. 系统

14. 在"我的电脑"窗口中改变一个文件或文件夹的名称，可以采用的方法是：先选取该文件夹
    或文件，再（　　　）。

    A. 单击该文件夹或文件的名称　　　　B. 单击该文件夹或文件的图标

    C. 双击该文件夹或文件的名称　　　　D. 双击该文件夹或文件的图标

15. 在 Windows XP 系统的界面中，当一个窗口最小化后，其图标位于（　　　）。

    A. 标题栏　　　　B. 工具栏　　　　　C. 任务栏　　　　　D. 菜单栏

16. 在 Windows XP 系统中，设置屏幕保护最简单的方法是在桌面上右击，在弹出的快捷菜单中
    选择（　　　）命令，然后进入对话框选择"屏幕保护程序"标签即可。

    A."属性"　　　　B."活动桌面"　　　　C."新建"　　　　D."刷新"

17. 在 Windows XP 系统中，利用键盘，按快捷键（　　　）可以实行中西文输入方式的切换。

    A.【Alt+空格】　　B.【Ctrl+空格】　　C.【Alt+Esc】　　D.【Shift+空格】

18. 在 Windows XP 系统中，窗口与对话框在外观上最大的区别在于（　　　）。

    A. 是否能改变大小　　　　　　　　B. 是否可移动

    C. 是否具有"关闭"按钮　　　　　　D. 选择的项目是否很多

19. 操作系统的作用是（　　　）

    A. 把源程序译成目标程序　　　　　B. 便于进行数据管理

    C. 控制和管理系统资源　　　　　　D. 实现硬件之间的连接

20. 下列关于操作系统的叙述中，正确的是（　　　）。

    A. 操作系统是软件和硬件之间的接口　　B. 操作系统是源程序和目标程序之间的接口

    C. 操作系统是用户和计算机之间的接口　　D. 操作系统是外设和主机之间的接口

21. 删除 Windows XP 系统桌面上某个应用程序的图标，意味着（　　　）。

    A. 该应用程序连同其图标一起被删除　　B. 只删除了该应用程序，对应的图标被隐藏

    C. 只删除了图标，对应的应用程序被保留　　D. 该应用程序连同其图标一起被隐藏

22. "画图"中，选择"编辑"|"复制"菜单命令，选定的对象将被复制到（　　　）中。

    A. 我的文档　　　　B. 桌面　　　　　　C. 剪贴板　　　　　D. 其他的图画

23. 用"画图"程序绘制的图形，所保存文件的扩展名是（　　　）。

    A. wav　　　　　　B. doc　　　　　　C. bmp　　　　　　D. txt

24. Windows XP 系统启动后出现的画面之所以称为"桌面系统"是因为（　　　）。

    A. 桌面上有一个办公桌的图案

    B. 用户可以在此画面上设置各种快捷菜单

    C. 画面上提供了进入计算机系统操作的途径，就像一个日常的办公桌

    D. 画面上可以安装"Office 办公系列"软件

25. 屏幕保护的作用是（　　　）。

    A. 保护用户视力　　B. 节约电能　　　　C. 保护系统显示　　D. 保护整个计算机系统

26. 删除当前输入的错误字符，可直接按（　　　）。

    A.【Enter】键　　　B.【Esc】键　　　　C.【Shift】键　　　D.【Back Space】键

27. Windows XP 系统下，凡菜单命令名后带有"…"的表示为（　　　）。

    A. 本命令有子菜单　　　　　　　　　B. 本命令有对话框

    C. 本命令可激活　　　　　　　　　　D. 本命令不可激活

28. 在使用 Windows XP 系统过程中，若鼠标出现故障，在不能使用鼠标的情况下，可以打开"开始"菜单的键盘操作是（　　　）。

    A. 按【Ctrl+Shift】组合键　　　　　B. 按【Ctrl+Esc】组合键

    C. 按空格键　　　　　　　　　　　　D. 按【Shift+Tab】组合键

29. 当一个应用程序窗口被最小化后，该应用程序将（　　　）

    A. 终止运行　　　　B. 继续运行　　　　C. 暂停运行　　　　D. 以上三者都有可能

30. 在 Windows XP 系统中，控制菜单图标位于窗口的（　　　）。

    A. 左上角　　　　　B. 左下角　　　　　C. 右下角　　　　　D. 右下角

31. 在 Windows XP 系统中，标题行通常为窗口（　　　）的横条。

    A. 最底端　　　　　B. 最顶端　　　　　C. 第二条　　　　　D. 次底端

32. 在 Windows XP 系统中，如果想同时改变窗口的高度或宽度，可以通过拖放（　　　）来实现。

    A. 窗口边框　　　　B. 窗口角　　　　　C. 滚动条　　　　　D. 菜单栏

33. Windows XP 系统资源管理器"编辑"菜单中的"复制"命令含义是（　　　）。

    A. 将文件或文件夹从一个文件夹复制到另一个文件夹

    B. 将文件或文件夹从一个文件夹移到另一个文件夹

    C. 将文件或文件夹从一个磁盘复制到另一个磁盘

    D. 将文件或文件夹送入剪贴板

34. "我的电脑"是用来管理用户计算机资源的，有关"我的电脑"功能正确的是（　　　）。

    A. 可对文件进行复制、删除、移动等操作且可对文件夹进行复制、删除、移动等操作

    B. 可对文件进行复制、删除、移动等操作但不能对文件夹进行复制、删除、移动等操作

    C. 不能对文件进行复制、删除、移动等操作但可对文件夹进行复制、删除、移动等操作

    D. 不能对文件进行复制、删除、移动等操作也不能对文件夹进行复制、删除、移动等操作

35. 在 Windows XP 系统中，可以由用户设置的文件属性为（　　　）。
　　A. 存档、系统和隐藏　　　　　　　B. 只读、系统和隐藏
　　C. 只读、存档和隐藏　　　　　　　D. 系统、只读和存档

36. Windows XP 系统中的任务栏可用于（　　　）。
　　A. 启动应用程序　B. 切换当前应用程序　C. 修改程序项的属性　D. 修改程序组的属性

37. 下列关于 Windows XP 系统中的"回收站"的叙述中，错误的是（　　　）。
　　A. "回收站"可以暂时或永久存放硬盘上被删除的信息
　　B. 放入"回收站"的信息可以恢复
　　C. "回收站"所占据的空间是可以调整的
　　D. "回收站"可以存放软盘上被删除的信息

38. 若要在"开始"菜单的第一组菜单项中添加快捷方式的最简便的方法是，将创建快捷方式的对象拖动到（　　）上即可。
　　A. 开始菜单　　　　B. 任务栏　　　　　C. 窗口　　　　　　　D. 快速启动栏

39. 在 Windows XP 系统中，当一个窗口已经最大化后，下列叙述中错误的是（　　　）。
　　A. 该窗口可以被关闭　　　　　　　B. 该窗口可以移动
　　C. 该窗口可以最小化　　　　　　　D. 该窗口可以还原

40. 在"开始"菜单的"我最近的文档"命令中最多可显示最近操作过的（　　　）个文档文件。
　　A. 0　　　　　　　　B. 5　　　　　　　　C. 15　　　　　　　D. 20

41. 在资源管理器中选定了文件或文件夹后，若要将它们移动到另一个驱动器的文件夹中，其操作为（　　　）。
　　A. 按下【Shift】键，拖动鼠标　　　　B. 按下【Ctrl】键，拖动鼠标
　　C. 直接拖动鼠标　　　　　　　　　D. 按下【Alt】键，拖动鼠标

42. 图标是 Windows 操作系统中的一个重要概念，它表示 Windows 的对象。它可以指（　　　）。
　　A. 文档或文件夹　B. 应用程序　　　C. 设备或其他的计算机 D. 以上都正确

43. 在 Windows 环境中，每个窗口最上面有一个"标题栏"，把鼠标光标指向该处，然后拖放，则可以（　　　）。
　　A. 变动该窗口上边缘，从而改变窗口大小 B. 移动该窗口
　　C. 放大该窗口　　　　　　　　　　D. 缩小该窗口

44. 下列文件格式在 Windows XP 系统的媒体播放器中不能播放的有（　　　）。
　　A. avi　　　　　　　B. mid　　　　　　　C. wav　　　　　　D. rm

45. 在 Windows XP 系统的"资源管理"窗口中，左部显示的内容是（　　　）。
　　A. 所有未打开的文件夹　　　　　　B. 系统的树形文件夹结构
　　C. 打开的文件夹下的子文件夹及文件　D. 所有已打开的文件夹

46. 在 Windows XP 系统中有两个管理文件的程序组，它们是（　　　）。
　　A. "我的电脑"和"控制面板"　　　　B. "资源管理器"和"控制面板"
　　C. "我的电脑"和"资源管理器"　　　D. "控制面板"和"开始"菜单

47. 窗口的名称显示在窗口的（　　　）上。
　　A. 状态栏　　　　B. 标题栏　　　　　C. 工作区　　　　　D. 菜单栏

48. 在 Windows XP 系统中，用户同时打开的多个窗口，可以层叠式或平铺式排列，要想改变窗口的排列方式，应进行的操作是（　　　）。
    A. 右击"任务栏"空白处，然后在弹出的快捷菜单中选取要排列的方式
    B. 右击桌面空白处，然后在弹出的快捷菜单中选取要排列的方式
    C. 先打开"资源管理器"窗口，选择其中的"查看"菜单下的"排列图标"命令
    D. 先打开"我的电脑"窗口，选择其中的"查看"菜单下的"排列图标"命令

49. 在 Windows XP 系统的"回收站"中存放的（　　　）。
    A. 只能是硬盘上被删除的文件或文件夹
    B. 只能是软盘上被删除的文件或文件夹
    C. 可以是硬盘或软盘上被删除的文件或文件夹
    D. 可以是外存储器中被删除的文件或文件夹

50. 在 Windows XP 系统中的"开始"菜单下的"文档"菜单中存放的是（　　　）。
    A. 最近建立的文档
    B. 最近打开过的文件夹
    C. 最近打开过的文档
    D. 最近运行过的程序

51. 表示文件 ABC.Bmp 存放在 F 盘的 T 文件夹中的 G 子文件夹的正确路径是（　　　）。
    A. F:\T\G\ABC　　　B. T:\ABC.Bmp　　　C. F:\T\G\ABC.Bmp　　　D. F:\T:\ABC.Bmp

52. 在查找文件时，通配符*与?的含义是（　　　）。
    A. *表示任意多个字符，? 表示任意一个字符
    B. ? 表示任意多个字符，*表示任意一个字符
    C. *和? 表示乘号和问号
    D. 查找*.?与?.*的文件是一致的

53. 关于快捷方式的说法，正确的是（　　　）。
    A. 它就是应用程序本身
    B. 是指向并打开应用程序的一个命令
    C. 其大小与应用程序相同
    D. 如果应用程序被移动，快捷方式仍然有效

54. 把 Windows XP 系统的窗口和对话框作一比较，窗口可以移动和改变大小，而对话框（　　　）。
    A. 既不能移动，也不能改变大小
    B. 仅可以移动，不能改变大小
    C. 仅可以改变大小，不能移动
    D. 既可移动，也能改变大小

55. 桌面上的图标（　　　）。
    A. 只有图形标志可以更改
    B. 只有文字标志可以更改
    C. 图形标志和文字标志均能更改
    D. 图形标志和文字标志可以任改一个

56. "我的电脑"是一个（　　　）。
    A. 系统文件夹
    B. 用户自己创建的文件夹
    C. 文档文件
    D. 应用文件

57. 当（　　　），屏幕保护程序开始运行。
    A. 用户停止操作时
    B. 计算机系统处于等待时
    C. 用户停止操作，并延迟 5min 后
    D. 用户停止操作，并延迟一定时间后

58. 下面是关于 Windows XP 系统文件名的叙述，错误的是（　　　）。
    A. 文件名中允许使用汉字
    B. 文件名中允许使用多个圆点分隔符
    C. 文件名中允许使用空格
    D. 文件名中允许使用竖线（"|"）

59. 计算机正常启动后，在屏幕上首先出现的是（　　）。

    A. Windows 的桌面　　　　　　　　　　B. 关闭 Windows 的对话框

    C. 有关帮助的信息　　　　　　　　　　D. 出错信息

60. "开始"菜单右边的三角符号表示（　　）。

    A. 选择此项将出现对话框　　　　　　　B. 不能使用

    C. 选择此项将出现其子菜单　　　　　　D. 正在起作用

61. 单击资源管理器的文件夹左边的"+"，将出现（　　）。

    A. 显示该文件夹的内容　　　　　　　　B. 隐藏该文件夹下的内容

    C. 收缩该文件夹　　　　　　　　　　　D. 删除该文件夹

62. 在资源管理器中，复制文件命令的组合键是（　　）。

    A. 【Ctrl+S】　　　　B. 【Ctrl+Z】　　　　C. 【Ctrl+C】　　　　D. 【Ctrl+D】

63. 下面关闭资源管理器的方法错误的是（　　）。

    A. 双击标题栏

    B. 单击标题栏控制菜单图标，再选择下拉菜单中的"关闭"命令

    C. 双击标题栏上的控制菜单图标

    D. 单击标题栏上的"关闭"按钮

64. 窗口左上角的一个小图标称为（　　）。

    A. "还原"按钮　　B. "最大化"按钮　　C. 菜单控制图标　　D. "关闭"按钮

65. 改变鼠标设置应在（　　）下进行。

    A. 桌面　　　　　　B. 任务栏　　　　　　C. 控制面板　　　　D. 资源管理器

66. 执行菜单命令的方法是（　　）。

    A. 单击已打开菜单的标题　　　　　　　B. 单击未打开菜单的标题

    C. 单击已打开菜单标题下的菜单命令行　D. 单击菜单控制图标

67. 资源管理器中的移动．复制命令（　　）。

    A. 只能对文件夹　　　　　　　　　　　B. 只能对文件

    C. 既可对文件夹，也可以对文件　　　　D. 只能对文本文件

68. 添加新硬件是在（　　）里进行操作。

    A. 控制面板　　　　B. 资源管理器　　　　C. 附件　　　　　　D. 多媒体

69. 收缩文件夹的方法是（　　）。

    A. 单击文件夹前的"–"　　　　　　　　B. 单击文件夹前的"+"

    C. 双击文件图标　　　　　　　　　　　D. 单击文件夹图标

70. 当文件夹被移动时，其下的（　　）。

    A. 文件被一起移动，文件夹不动　　　　B. 文件夹被一起移动，文件不动

    C. 文件和文件夹一起被移动　　　　　　D. 文件和文件夹在原处仍存在

71. 欲显示工具按钮，应在（　　）菜单下选择工具栏。

    A. "查看"　　　　　B. "文件"　　　　　C. "编辑"　　　　　D. "格式"

72. 设置屏幕保护程序口令的目的是（　　　）。
    A. 保护显示器　　　　　　　　　　　B. 防止其他人员使用计算机
    C. 延长保护时间　　　　　　　　　　D. 延长等待时间

73. 粘贴命令的组合键是（　　　）。
    A. 【Ctrl+V】　　　B. 【Ctrl+C】　　　C. 【Alt+V】　　　D. 【Alt+C】

74. 用鼠标选定文件夹内待复制的一个或多个文件或文件夹，同时按住鼠标右健并拖到目标文件夹下，可完成（　　　）。
    A. 只能是文件和文件夹的复制　　　　B. 只能是文件和文件夹的移动
    C. 文件或文件夹的移动或复制　　　　D. 只能建立快捷方式

二、判断题

1. （　　）"回收站"被清空后，"回收站"图标不会发生变化。
2. （　　）右击文件图标，可在文件的"属性"中查看文件的字数和行数等。
3. （　　）Windows XP 系统是 16 位的操作系统。
4. （　　）Windows XP 系统中鼠标和键盘均可用。
5. （　　）Windows XP 系统支持长文件名。
6. （　　）Windows XP 系统中文件名只能有 8 个字符。
7. （　　）记事本与写字板都可以进行文字编辑。
8. （　　）需退出 Windows XP 系统关闭计算机时可直接关掉主机电源。
9. （　　）开始菜单中运行命令通常用于安装应用程序。
10. （　　）文件夹中只能包含文件。
11. （　　）文件就是文档。
12. （　　）在任何情况下，使用鼠标总比键盘方便。
13. （　　）文件包括应用程序和文档。
14. （　　）窗口的大小可以通过鼠标拖动来改变。
15. （　　）程序、文档、文件夹和驱动器都有其对应的图标。
16. （　　）对话框由命令按钮组成。
17. （　　）在 Windows 系统下，当前窗口仅有一个。
18. （　　）灰色命令项表示当前条件下该命令不能被执行。
19. （　　）创建文件必须在 Word 或写字板中进行。
20. （　　）完成文件的复制只需用到"编辑"菜单中的"复制"命令。
21. （　　）完成文件的移动只需用到"编辑"菜单中的"剪切"命令。
22. （　　）只要不清空回收站，总可以恢复被删除的文件。
23. （　　）所有非 Windows 系统应用程序不能在 Windows 系统中使用。
24. （　　）剪贴板可以共享，其上信息不会改变。
25. （　　）剪切或复制的信息有两类：文本和图形。
26. （　　）在剪切或复制时，必须要启动剪贴板查看程序。
27. （　　）Windows 系统的显示环境分为三个层次：桌面、窗口和对话框。
28. （　　）桌面上可以含有三类图标：特殊文件夹、文件夹和文件和快捷方式图标。

29. （　　） 快捷方式就是原对象，删除它，就删除了原文件。

30. （　　） 快捷方式只是指向对象的指针，其图标左下角有一个小箭头。

31. （　　） 硬盘就是 C 盘。

32. （　　） 在 Windows XP 系统中选定文件后，按下【Del】键，就可进行永久删除。

33. （　　）"资源管理器"中某些文件夹左端有一个"＋"，表示该文件夹包含子文件夹。

34. （　　）"资源管理器"的左窗格只显示文件夹。

35. （　　） 桌面背景的墙纸和图案可以选择，但不能创建。

36. （　　） 墙纸的排列方式有"平铺"和"拉伸"和"居中"三种。

37. （　　） 用鼠标左键双击和右键双击均可打开一个文件。

38. （　　） 键盘中的【Ctrl】键单独使用时，计算机无任何反应。

39. （　　） 桌面上的任务栏可根据需要移动到桌面上的任意位置。

40. （　　） 使用控制面板改变系统的设置后，这些更改对以后的运行一直保持有效，直到再次改变。

41. （　　） 前台窗口是用户当前所操作的窗口，后台窗口是关闭的窗口。

42. （　　） 在 Windows XP 系统中，用户可以在"桌面"上任意添加新的图标，也可以任意删除"桌面"上的图标。

43. （　　） 在屏幕中适当的地方右击，都会弹出同一个"快捷菜单"。

44. （　　） 对话框窗口的最小化形式是一个图标。

45. （　　） 在 Windows 系统中为了重新排列桌面上的图标，首先进行的操作是用鼠标右键单击"任务栏"空白处。

46. （　　） 在 Windows XP 系统中，若在某一文档中连续进行了多次剪切操作，关闭该文档后，"剪贴板"中存放的是空白。

47. （　　） 在 Windows XP 系统的窗口中，选中末尾带有省略号（…）的菜单意味着该菜单项已被选用。

48. （　　） 在 Windows XP 系统桌面上删除一个文件的快捷方式丝毫不会影响原文件。

49. （　　） 在桌面上不能为同一个应用程序创建多个快捷方式。

50. （　　） 在 Windows 系统中只能将文件复制到软盘，不能在同一软盘驱动器中进行全盘复制。

51. （　　） 在 Windows XP 系统中必须退出中文输入法或切换到英文输入法才能输入西文。

52. （　　） 用鼠标移动窗口，只需在窗口中按住鼠标左按钮不放，拖动鼠标，使窗口移动到预定位置后释放鼠标即可。

53. （　　） 磁盘上不再需要的软件卸载，可以直接删除软件的目录及程序文件。

54. （　　） 在 Windows XP 系统的"资源管理器"同一驱动器中的同一目录中，允许文件重名。

55. （　　） 磁盘上刚刚被删除的文件或文件夹都可以从"回收站"中恢复。

56. （　　） 在 Windows XP 系统中如果多人使用同一台计算机，可以自定义多用户桌面。

57. （　　） 当改变窗口的大小，使窗口中的内容显示不下时，窗口中会自动出现垂直滚动条或水平滚动条。

58. （　　）Windows XP 系统的任务栏只能位于桌面的底部。

59. （　　） 窗口和对话框中的"？"按钮是为了方便用户输入标点符号中的问号设置的。

60. （　　） 在 Windows XP 系统中，对文件夹也有类似于文件一样的复制、移动、重新命名以及删除等操作，　但其操作方法与对文件的操作方法是不相同的。

61. （   ）在 Windows XP 系统资源管理器中，按【Esc】键可删除文件。

62. （   ）在 Windows XP 系统资源管理器中，改变文件属性可以选择"文件"菜单中的"属性"命令。

63. （   ）在 Windows XP 系统资源管理器中，单击第一个文件名后，按住【Shift】键，再单击最后一个文件，可选定一组连续的文件。

64. （   ）在 Windows XP 系统资源管理器中，选择"编辑"菜单中的"剪切"命令只能剪切文件夹。

65. （   ）在 Windows XP 系统资源管理器中，创建新的子目录，可以选择"文件"菜单中的"新建"级联菜单下的"文件夹"命令。

66. （   ）在 Windows XP 系统中，单击资源管理器中的"帮助"菜单，可显示提供给用户使用的各种帮助命令。

67. （   ）在 Windows XP 系统资源管理器中，当删除一个或一组子目录时，该目录或该目录组下的所有子目录及其所有文件将被删除。

68. （   ）在 Windows XP 系统资源管理器中，若想格式化一张磁盘，应在"编辑"菜单中选择"格式化磁盘"命令。

69. （   ）在 Windows XP 系统中在使用"资源管理器"时，激活工具栏的步骤是"资源管理器"｜"文件"｜"工具栏"。

70. （   ）在 Windows XP 系统的资源管理器中，选择"文件"菜单中的"新建"命令，可删除文件夹或程序项。

71. （   ）用全拼输入法，不能一下子就输出一个词组。

72. （   ）回收站可存放被删除的文件但不可以存放被删除的文件夹。

73. （   ）在 Windows XP 系统中，按住鼠标左键在不同驱动器不同文件夹内拖动某一对象，结果是复制该对象。

74. （   ）在 Windows XP 系统中，如果需要彻底删除某文件或者文件夹，可以按【Shift+Del】组合键。

75. （   ）在 Windows XP 系统的资源管理器中，对打开的磁盘无法格式化。

76. （   ）在 Windows XP 系统中"开始"菜单所有命令都可以移动和重新组织。

77. （   ）在 Windows XP 系统的"附件"中，可以通过"画图"软件来创建、编辑和查看图片。

78. （   ）Windows XP 系统回收站中的文件被删除后，也能恢复。

79. （   ）Windows XP 系统中在回收站中的文件不能被直接打开。

80. （   ）启动 Windows XP 系统后，出现在屏幕的整个区域称为桌面。

81. （   ）Windows XP 系统中"快捷方式"的目的是允许一个对象同时在两个地方存在。

82. （   ）Windows XP 系统中"快捷方式"是一种快捷方式类型的文件，其扩展名为 ink。

83. （   ）在 Windows XP 系统中 midi 是以特定格式存储图像的文件类型。

84. （   ）在 Windows XP 系统中，删除桌面上的快捷方式图标，则它所指向的项目同时也被删除。

85. （   ）Windows XP 系统是 Intel 公司的产品。

86. （   ）Windows XP 系统中【Ctrl+V】组合键的功能同菜单中的粘贴功能相同。

87. （   ）Windows XP 系统中【Ctrl+C】组合键的功能同菜单中的复制功能相同。

88. （   ）在 Windows XP 系统的中文输入状态时，要输入一些特殊符号，可以打开输入法中的软键盘。

89. （　　） Windows XP 系统中的剪贴板是内存中一个临时存放信息的特殊区域。

90. （　　） 在 Windows XP 系统的"资源管理器"窗口右部，若已单击了第一个文件，又按住【 Ctrl 】键并单击了第五个文件，则有五个文件被选中。

91. （　　） Windows XP 系统中，能弹出对话框的操作是选择了带省略号的命令。

三、填空题

1. Windows XP 系统桌面的最下面是一个_____栏，它的最左端是"开始"按钮，这个按钮的右边是快速启动工具栏区和已打开的程序文件按钮图标，它的最右端是提示区。

2. 窗口的右上角一般有三个小按钮，分别为"最小化"按钮、"最大化按钮或还原"按钮和_____按钮。

3. 当用户打开多个窗口时，只有一个窗口处于_____状态，称之为当前窗口，并且这个窗口覆盖在其他窗口之上。

4. 菜单中若某命令为灰底色，则说明当前条件下该命令_____。

5. 菜单中若某命令后边有符号"…"，说明选定此命令后会出现_____。

6. 在 Windows XP 系统中进入和退出中文输入法按【 Ctrl 】+_____组合键 。

7. 在 Windows XP 系统中改变输入法按【 Ctrl 】+_____组合键。

8. 在 Windows XP 系统中如果要选定几个连续的图标，可用鼠标单击第一个图标，然后按住_____键，再单击最后的那个图标。

9. 如果要选定的是几个不连续的图标，可按住_____键不放，再单击各个图标。

10. _____是 Windows XP 系统的控制设置中心，其中各个对象组成对计算机的硬件驱动组合、软件设置以及 Windows XP 系统的外观设置。

11. 一般地来说，硬盘上的文件或文件夹删除后都放在_____中。

12. 如果在删除文件或文件夹时，不希望将它们放到回收站中，可在选择"删除"命令或拖动到回收站的同时按住_____键。

13. 剪贴板是一个在 Windows XP 系统应用程序文件之间传递信息的_____。

14. 如果要将整个屏幕的信息以位图形式复制到剪贴板中，一般可以按_____键。

15. 如果要将当前窗口的信息以位图形式复制到剪贴板中，可以按_____ +_____组合键。

16. 将应用程序信息移到剪贴板的操作，称为_____或复制。

17. 记事本程序默认的文档扩展名是_____。

18. 对话框除了有标题栏、控制图标等与程序窗口相同的部分以外，还可能或多或少具有以下部分：若干_____按钮和五种类型的矩形框分别是文本框、列表框、下拉式列表框、单选框和复选框。

19. 在 Windows XP 系统中，文件名的长度可达到_____个字符。

20. Windows XP 系统中不同类型的图标表示不同类型的对象，最常见的图标对象有程序图标、_____图标、文件图标和驱动器图标。

21. "回收站"里面存放着用户_____了的文件。

22. _____上的文件或文件夹删除后不会放在回收站中。

23. 在 Windows XP 系统中每打开一个应用程序时，在_____中就会添加这个应用程序的图标按钮。

24. Windows XP 系统自带的画图程序位于_____组中。

25. 在资源管理器中，文件和文件夹的排序方式有四种，它们分别是按_____、按名称、按大小以及按类型，可在"查看"菜单中的"排列图标"级联菜单中选择。

26. 在 Windows XP 系统中，当多个窗口同时打开时，可用鼠标单击在_____中的按钮的方式切换。

27. 在 Windows XP 系统中，当多个窗口同时打开时，可用【Alt】+_____或【Alt+Tab】组合键在各个窗口之间切换。

28. 智能 ABC 汉字输入法有_____和"双打"两种工作方式。

29. "回收站"里面存放着用户删除的文件。如果想再用这些文件，可以从回收站中执行"还原"操作。如果不再用这些文件，可以_____。

30. 为调整显示器的属性，除了可用控制面板中的"显示"命令外，还可以用在_____右击，在弹出来的快捷菜单中选择"显示"命令。

31. 桌面上的快捷方式图标的左下角有一个小箭头，描述快捷方式的小文件放在\Windows\Desktop文件夹中，但是它所指向的文件仍然保存在_____上。

32. 资源管理器窗口左边的窗格是一个层次结构，桌面位于最高层，"我的电脑"和"网上邻居"等内容位于_____层。

33. 在全屏幕方式的 MSDOS 提示符环境下要返回到 Windows XP 系统的图形化界面，输入_____命令。

34. 要想使本机联结的打印机能通过网上邻居被其他人使用，必须将该打印机设置成_____状态。

35. 要想使用网上邻居的打印机，在添加打印机时要选择添加_____图标。

36. 在 Windows XP 系统中，将选定的内容剪切到剪贴板中的组合键是【Ctrl】+_____。

37. 在 Windows XP 系统中，将选定的内容复制到剪贴板中的组合键是【Ctrl】+_____。

38. 在 Windows XP 系统中，将剪贴板中粘贴到当前位置的组合键是【Ctrl】+_____。

39. 在 Windows XP 系统以及它的各种应用程序中，获取联机帮助的组合键是_____。

40. 关闭窗口的组合键是_____+_____。

41. 选定全部内容的组合键是_____+_____。

42. 在工作区中，将已选定的内容取消而将未选定的内容选定的操作叫做_____。

43. 对话框和非最大/最小化的窗口非常相似，不同之处是_____不能调整大小。

44. 对话框和窗口的标题栏非常相似，不同的是对话框的标题栏左上角没有控制图标，右上角没有改变_____的按钮。

45. 要查看系统硬件配置等信息，可在_____中选择"系统"命令，或用右击桌面上的_____图标。

46. Windows XP 系统是多用户操作系统，要想为本机增添新用户，在_____中选择"用户"命令。

47. 在 Windows XP 系统中，要删除或添加 Windows 组件，可在控制面板中选择_____命令。

48. 要显示"我的电脑"中有关文档和文件夹目录的详细情况，可在_____菜单中选择_____命令。

49. "我的电脑"窗口中文档的详细资料一般包括"名称"、"大小"、_____和"修改时间"这四项。

50. 要想按某种顺序排列"我的电脑"中的对象，可在_____菜单中选择"排列图标"命令。

51. 在 Windows XP 系统中，一般情况下，不显示具有_____属性的文档的目录资料。

52. 要设置和修改文件夹或文档的属性，可右击该文件夹或文档的图标，再选择_____命令。

53. 为方便左手习惯的人使用鼠标，可在_____中选择"鼠标"命令，再选择"左手习惯"选项后，单击"确定"按钮。

54. 窗口在非最大或最小情况下，可用鼠标左键拖动_____完成窗口大小的调整。

55. 窗口在非最大或最小情况下，可用鼠标左键拖动_____完成窗口位置的调整。

56. 在 Windows XP 系统中，要删除已经安装好的应用程序，可在控制面板中选择_____命令。

第 3 章

字处理软件 Word 2003

任务一 Word 2003 的概述与基本操作

✉ 技能要点

- 能掌握 Word 的启动及退出。
- 能掌握 Word 文档的建立、打开及保存。
- 能掌握 Word 文档的文字及符号录入的方法。
- 能掌握 Word 文档中选定、剪切及复制的方法。
- 能掌握 Word 文本的查找与替换。

✉ 任务背景

"小窦啊，你去网上搜集一些 2008 年奥运吉祥物的素材。整理好了给我，记住不要弄得跟上次一样乱七八糟，要用 Word 编辑。"主任特别嘱咐。（上次窦文轩用记事本整理的文件，差点没把主任气疯了。）

"好的，没事我就出去了。"出了门，窦文轩的脑袋大了三圈。

窦文轩离校实习的时候，带出的那本教材，正好能派上用场。

"不能什么事都问一叶知秋，小心把我看扁了。"窦文轩决定自己试试。

✉ 任务分析

在 Word 2003 中编辑素材并保存起来，这是使用 Word 进行文档处理最基础也是最重要的一项工作。这里要涉及到文档的建立、文字录入、特殊符号录入、选定、移动、复制、查找与替换、保存等操作方法。完成后的效果如下图 3-1 所示。

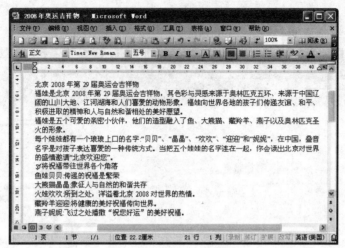

图 3-1　素材录入的效果

✉ 任务实施

步骤一：建立并保存文档

1．启动 Word 2003

选择"开始"｜"程序"｜"Microsoft Office"｜"Microsoft Office Word 2003"命令，即可完成启动，如图 3-2 所示。如果在桌面上存在 Word 2003 的图标，也可以通过双击图标的方式启动。

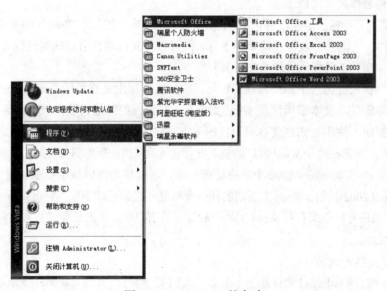

图 3-2　Word 2003 的启动

2．Word 2003 用户界面

启动 Word 后，便可进入 Word 工作环境，如图 3-3 所示。其中包括以下一些组成部分：标题栏、菜单栏、工具栏、状态栏、滚动条等。

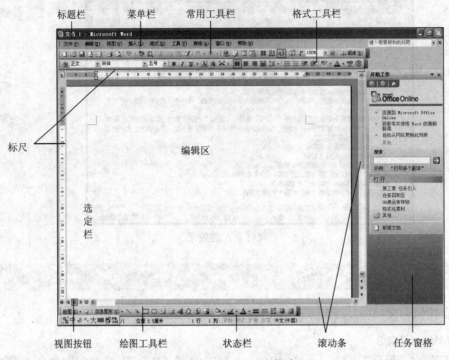

图 3-3　word 文档窗口

（1）标题栏　标题栏位于窗口的最上方，用来显示文档的名称。如图 3-3 所示的窗口中，标题栏显示的文档名称是"文档 1"。

（2）菜单栏　菜单栏位于标题栏下方，它由 9 组菜单组成，包含了 Word 2003 所有的操作命令。

（3）工具栏　工具栏一般位于菜单栏下方，但可以将其拖动到窗口的其他位置。图 3-3 所示的工具栏是"常用"工具栏和"格式"工具栏。

（4）标尺　标尺分为水平标尺和垂直标尺，它的主要作用是查看所编辑文档的宽度和高度。

（5）文本编辑区　文本编辑区是 Word 文档录入与编辑的区域，该区域也称为文档窗口。

（6）视图按钮　视图按钮在文本编辑区的下方，它主要实现文档在不同视图之间的转换。

（7）状态栏　状态栏位于 Word 窗口的最下方，它显示了当前所编辑文档的主要属性及信息。

（8）滚动条　与 Windows 2000 中的滚动条一样，通过移动可以显示更多的文档内容。

（9）自 Word 2002 开始，Word 中新增的任务窗格就一直被延续下来。它可以方便用户的使用，Word 中最常用的任务被组织在与 Word 文档一起显示的窗口中。单击任务窗格右上角的"关闭"按钮，可以将其关闭。

3．Word 文档的建立

启动 Word 时，Word 会自动打开一个名为"文档 1"的空白文档，如图 3-3 所示。除此之外，在 Word 中创建文档的方法还有以下几种：

- 使用"文件"｜"新建"命令，选择相应的模板来建立。
- 单击常用工具栏的"新建空白文档"按钮，即可创建另一空白的新文档。
- 使用【Ctrl+N】组合键，可以建立一个新的空白文档。

- 在"任务窗格"中选择"新建文档"选项，单击"空
  白文档"命令，也可建立一个新的空白文档，如图
  3-4 所示。

4．文档保存

新建一个文档后，不要急于录入内容，正确的做法是
先进行保存，以免输入过程中出现问题而导致新建文档的
内容丢失。这样不但有利于文档长久保存，而且便于以后
再次使用。

图 3-4　利用"任务窗格"新建文档

当新建的文档第一次保存时，可通过选择"文件"菜单中的"保存"或"另存为"命令，也
可单击工具栏中的"保存"按钮，弹出"另存为"对话框，如图 3-5 所示。

图 3-5　"另存为"对话框

默认情况下，Word 2003 也将文档保存在"我的文档"文件夹中。在"保存位置"下拉列表
框中选择其他的文件夹；在"文件名"下拉列表框输入要保存的文件名；"保存类型"表示要保
存的文件类型，Word 默认的扩展名为 doc，并自动添加，若用户要保存为其他类型的文件，从该
下拉列表框选择所需的文件类型。

当某个文档已经命名，再对其进行操作，在操作结束后，也必须将它存盘保存下来。这时，
可通过单击工具栏中的"保存"按钮或选择"文件"菜单中的"保存"命令实现；如果不想影响
原文件还要保存修改后的内容，这时需要选择"文件"|"另存为"命令，弹出"另存为"对话框，
如图 3-5 所示，后续操作同初次保存所述。

技能链接　Word 文档的自动保存

在文档输入或编辑过程中，对于已命名的正在编辑的文档，系统能够每隔一定时间自动保存，
操作方法如下：

选择"工具"菜单中的"选项"命令打开如图 3-6 所示的"选项"对话框，在"保存"选项
卡中设定自动保存的时间间隔，系统默认为 10 分钟。

步骤二：进行文本录入

1．页面设置

在平时写文章时，要先准备好尺寸大小合适的写作用纸。同样，使用计算机写文档时也应该先确定文档编辑区的尺寸和规格，这就是页面设置。它关系到该文档以后的输出效果。

（1）选择"文件"菜单中的"页面设置"命令或双击标尺都可以打开"页面设置"对话框，如图 3-7 所示。该对话框共有 4 个选项卡"页边距"、"纸张"、"版式"和"文档网格"。

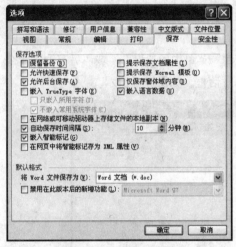 

图 3-6　"选项"对话框　　　　　　　图 3-7　"页面设置"对话框

（2）纸张选项卡，设置纸张大小。在 Word 中，一般默认为 A4 型号的纸张，此外还提供了A3 纸、A5 纸、16 开纸、32 开及大 32 开等许多类型的纸张供用户使用。

在此，选择"letter"类型的纸张，其他为默认值。

（3）页边距决定了版心大小，主要用来设置页面中上下左右 4 个页边距的大小及纸张的方向。

在此，使用系统默认的设置。

（4）版式选项卡

可进行页眉页脚的设置和文档垂直对齐方式等设置。

（5）文档网格选项卡

如果文档中需要每行固定字符数或者每页固定行数，可以使用文档网格实现。

2．文字录入

在命名为"2008 奥运吉祥物"的文档的首行首列有一个闪烁的竖线，称为"插入点"，它指示文字的输入位置。每输入一个文字，插入点会自动向后移动一个字符，输完一行文字后，插入点会自动移动到下一行的最前面。在这个插入点后输入关于 2008 年奥运吉祥物的文字，如图 3-8所示。

在文字输入过程中要注意以下几个问题：

- 输入文本时，在每行的结尾处 Word 会自动换行，因此不要在行尾按【Enter】键，直到一段文本输入结束后才按【Enter】键。

- 输入文本时，文本的对齐可以使用文本缩进，尽可能少的使用空格对齐，特别是居中对齐更不能使用空格。

- 输入文本的过程中，可使用【Del】键删除光标右侧的字符，使用【Back Space】键（即键盘上标有"←"标志的按键）删除光标左侧的字符。
- 为防止由于死机或断电而导致输入的文字丢失，因此要在输入过程中经常地保存文件。养成一个良好的保存习惯在 Word 使用中是非常重要的。
- 在文字输入过程中有两种工作状态，一是"插入状态"，就是常用的在插入点处直接输入文字的状态，它不影响已经输入的文字；二是"改写状态"，在这个状态输入的文字将自动替换插入点后已经输入的文字。单击"改写"按钮或按【Insert】键，可在"插入"和"改写"两种状态间进行切换。
- 输入文本时，会遇到类似"※"、"≈"、"℃"、"☺"这样的特殊符号，此时可以使用"插入符号"或"插入特殊符号"功能。

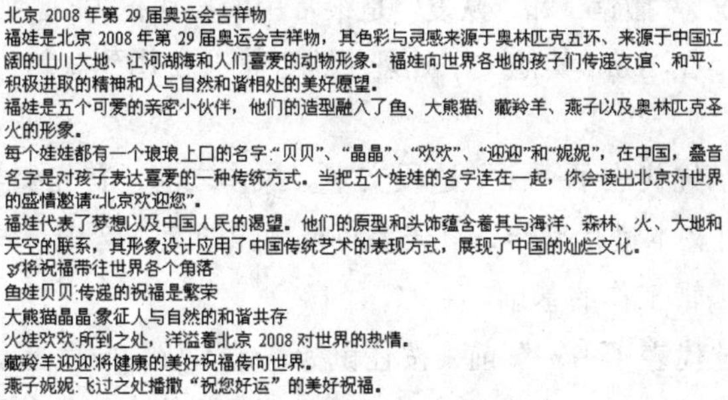

北京 2008 年第 29 届奥运会吉祥物

福娃是北京 2008 年第 29 届奥运会吉祥物，其色彩与灵感来源于奥林匹克五环、来源于中国辽阔的山川大地、江河湖海和人们喜爱的动物形象。福娃向世界各地的孩子们传递友谊、和平、积极进取的精神和人与自然和谐相处的美好愿望。

福娃是五个可爱的亲密小伙伴，他们的造型融入了鱼、大熊猫、藏羚羊、燕子以及奥林匹克圣火的形象。

每个娃娃都有一个琅琅上口的名字"贝贝"、"晶晶"、"欢欢"、"迎迎"和"妮妮"，在中国，叠音名字是对孩子表达喜爱的一种传统方式。当把五个娃娃的名字连在一起，你会读出北京对世界的盛情邀请"北京欢迎您"。

福娃代表了梦想以及中国人民的遇望。他们的原型和头饰蕴含着其与海洋、森林、火、大地和天空的联系，其形象设计应用了中国传统艺术的表现方式，展现了中国的灿烂文化。

☺将祝福带往世界各个角落

鱼娃贝贝 传递的祝福是繁荣

大熊猫晶晶 象征人与自然的和谐共存

火娃欢欢:所到之处，洋溢着北京 2008 对世界的热情。

藏羚羊迎迎 将健康的美好祝福传向世界。

燕子妮妮:飞过之处播撒"祝您好运"的美好祝福。

图 3-8   文字录入

3. 录入符号与特殊符号

如果在文档中有特殊的符号"☺"，该符号在键盘上是无法直接输入的，这时就需要通过"插入符号"的方法进行输入，操作步骤如下：

（1）选择"插入"|"符号"命令，在弹出的"符号"对话框中选择"符号"选项卡，如图 3-9 所示。

（2）在"字体"下拉列表框中选择"Webdings"选项，可以看到所需要的符号"☺"，如图 3-9 所示，然后双击该符号。

（3）关闭"符号"对话框。

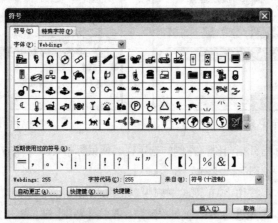

图 3-9   "符号"对话框

技能链接　　**输入特殊符号的方法**

对于一些常用的特殊符号，还可以通过选择"插入"|"特殊符号"命令，直接进行选择。在出现的"插入特殊符号"对话框中单击"特殊符号"标签，选择"★"，然后单击"确定"按钮，这时会在文档中插入"★"。

步骤三：进行基本编辑处理

1．撤销与恢复

在上一步插入特殊符号的操作中，所插入的符号"★"，文档中是没有的。

可以单击"常用"工具栏中"撤销"按钮，"撤销"为取消前次的操作。如果在文字输入过程中出现输入错误的情况，"撤销"和"恢复"是很常用的操作，"恢复"为恢复到撤销前的状态。不但应用在文字输入中，在 Word 其他文字处理中也经常会使用到。

2．选定

效果图中并没有"福娃代表了……"这段文字。操作之前，首先要学会选定。

在 Word 中，若要对文本进行操作，首先要将被操作的文本选中，使其以反白显示，这就是"选定"，它是进行各种编辑工作的基础。

先将光标移到"福娃代表了……"前，按住鼠标左键不放，向后拖动鼠标直到段尾，松开鼠标左键，所需要的文本即被选取。这是最基本也最常用的操作方法，如图 3-10 所示。

文本的选定可以单独使用鼠标或键盘，也可以使用鼠标与键盘的组合。

- 选定指定的内容：按住鼠标左键拖动选择文字。
- 选定一句：按住【Ctrl】键，并单击句子内的任何位置。
- 选定一行：将鼠标指针指向段落左侧的选定栏，使鼠标指针变成向右箭头后单击，如图 3-11 所示就是选定一行的示例。

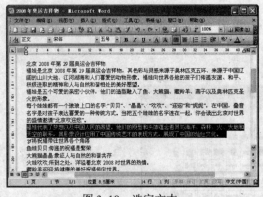

图 3-10　选定文本

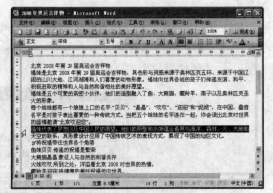

图 3-11　利用选定栏选定文本

- 选定一段：将鼠标指针指向段落左侧的选定栏，使鼠标指针变成向右箭头后双击。
- 选定全文：选择"编辑"|"全选"命令。
- 选定纵向矩形文本：按住【Alt】键，按住鼠标左键不放并拖动选择文字，如图 3-12 所示。
- 选定不连续的文本：先选定第一个文本区域，按住【Ctrl】键，再选定其他的文本区域（见图 3-13），这是 Word 2003 的功能之一。

若想取消选取，在文档编辑区的任意位置单击，或者按一下键盘上的任意一个方向键即可。另外利用键盘选取文本的快捷方式请参见表 3-1。

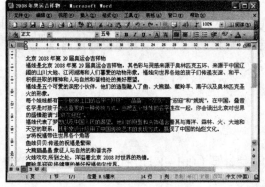

图 3-12　选定矩形块文本

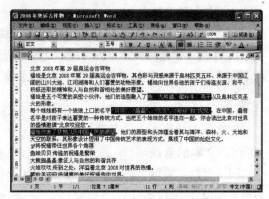

图 3-13　选定不连续文本块

表 3-1　利用键盘选取文本的快捷方式

操作方法	选取结果
【Shift＋←】（此处的【←】键是左方向键）	选取光标左侧的一个字符
【Shift＋→】	选取光标右侧的一个字符
【Shift＋↑】	选取光标之前到上一行与光标所在位置对应的所有字符
【Shift＋↓】	选取光标之后到下一行与光标所在位置对应的所有字符
【Shift＋Ctrl＋←】	选取光标左侧的一个词
【Shift＋Ctrl＋→】	选取光标右侧的一个词
【Shift＋End】	选取光标处至该行结尾处的所有字符
【Shift＋Home】	选取光标处至该行开始处的所有字符
【Ctrl＋A】	选取全文

3. 文本的移动

选定"福娃代表了……"段落后，把它移动到文章的最后。移动文本可以使文档内容的文字顺序重新排列，它可以将文本从某一位置移动到目标位置，而原位置的文本不再存在，这需要通过"剪切"和"粘贴"命令进行操作，操作步骤如下：

（1）选定"福娃代表了……" 段落。

（2）选择"编辑"|"剪切"命令。

（3）单击文档末的位置。

（4）选择"编辑"|"粘贴"命令。

文本移动的其他方法有：

- 选定要移动的文本，拖动鼠标至目标位置。
- 选定要移动的文本后右击，在弹出的快捷菜单中选择"剪切"命令，将鼠标定位到目标位置，后右击，选择"粘贴"命令。
- 选定要移动的文本，单击常用工具栏中"剪切"和"粘贴"按钮进行移动。

- 选定要移动的文本，按快捷键【Ctrl + X】剪切文本，将鼠标定位到目标位置，按快捷键【Ctrl + V】粘贴文本。

4．文本的删除

当需要删除大量的文字时，如刚移动的"福娃代表了……"段落需要删除，如果按【Back Space】或【Del】键逐字删除是很不方便的，此时可以选定"福娃代表了……"段落，通过选择"编辑" | "清除"命令或按【Back Space】或【Del】键删除文本。

步骤四：查找和替换

把文章中的英文"："替换为中文的"："。

1．文本的查找

（1）选择"编辑"菜单中的"查找"命令（其快捷键是【Ctrl + F】），打开"查找和替换"对话框，如图 3-14 所示。

图 3-14　"查找和替换"对话框

（2）在"查找内容"文本框内输入英文"："，然后单击"查处下一处"按钮，则被查找的内容会以"反白"的方式显示出来。

2．文本的替换

（1）选择"替换"选项卡，如图 3-15 所示，在"替换为"文本框中输入中文的"："。

（2）单击"查找下一处"按钮则被找到的符合条件的文本将以"反白"的方式显示，再单击"替换"按钮，则该文本被替换。

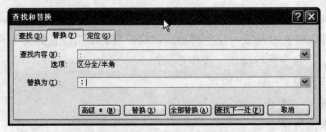

图 3-15　"替换"选项卡

（3）若要对文章中所有的查找内容进行替换，只需单击"全部替换"按钮即可。

步骤五：保存并退出文档

"2008 年奥运吉祥物"中所有素材输入与编辑完成后，就可保存后退出 Word。若要退出 Word 2003，可以选择以下 3 种常用方法之一：

- 单击 Word 工作窗口右上角的"关闭"按钮。

- 选择"文件"|"退出"命令。
- 双击 Word 工作窗口左上角的控制菜单图标。

至此，任务一的工作全部结束。

✉ 知识拓展

1．Word 2003 的功能

Word 是微软公司的 Office 系列办公组件之一，是目前世界上最流行的文字处理软件。Word 除了进行常用文档的制作和编辑之外，还能对表格、图形以及 Web 页进行处理，并支持 Internet。

2．文件的打开

使用下列方法中的任一种，都可以打开文件。

（1）在 Word 2003 窗口中单击"打开"按钮或选择"文件"|"打开"命令，将会出现"打开"对话框，如图 3-16 所示，在"查找范围"下拉列表框中选择"文稿编辑"文件夹，在文件夹列表框中双击"2008 年奥运吉祥物"文件名或单击"2008 年奥运吉祥物"文件名后再单击"打开"按钮。

（2）在"文件"菜单的底部列出了最近使用过的文件的名称，欲打开"2008 年奥运吉祥物"文件，只需单击"1 C:\...\2008 年奥运吉祥物"如图 3-17 所示。

图 3-16　"打开"对话框

图 3-17　最近使用过的文件列表

（3）单击"开始"按钮，在"我最近的文档"列表中选择"2008 年奥运吉祥物"文件，即可打开文档。

3．文本的复制

文本的复制是 Word 2003 中常用的一种操作，它是在所需位置处生成一个文本的副本，而原位置的文本仍然存在。例如，将已经输入的文档中第一段文字，放在另外一个文档中，通过文本的复制，就不需重新录入就可完成这项任务。其操作步骤如下：

（1）使用鼠标在第一段中三击，选定第一段。

（2）选择"编辑"|"复制"命令，如图 3-18 所示。此时从视觉效果上看窗口中没任何变化，但实际上选定的文本被存放到了剪贴板中。

（3）单击需要粘贴的位置。

（4）选择"编辑"|"粘贴"命令，即可完成文本复制。

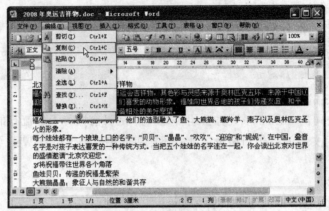

图 3-18　复制文本

复制文本的其他方法有如下几种：

- 选定要复制的文本，按住【Ctrl】键的同时拖动鼠标至目标位置。
- 选定要复制的文本，右击在弹出的快捷菜单中选择"复制"命令，将鼠标定位到目标位置后右击，在弹出的快捷菜单中选择"粘贴"命令。
- 选定要复制的文本，单击常用工具栏中"复制"和"粘贴"按钮进行复制。
- 选定要复制的文本，按【Ctrl + C】组合键复制文本，将鼠标定位到目标位置，按【Ctrl + V】组合键粘贴文本。

4．文档的视图方式

所谓视图，是指文档在 Word 应用程序窗口中的显示形式。在 Word 应用程序窗口的左下角有 5 个控制按钮 ，单击这 5 个按钮可以实现视图之间的切换。还可以通过单击"视图"菜单，从其下拉菜单中选择各种视图命令。这 5 种视图方式分别为：普通视图、Web 版式视图、页面视图、大纲视图、阅读版式视图。这些视图各有特点，下面分别进行介绍。

（1）普通视图

普通视图只显示文本格式，可以快捷地进行文档的输入和编辑。当文档满一页时，就会出现一条虚线，该虚线称为分页符。在普通视图下，不显示页边距、页眉和页脚、背景、图形和分栏等情况。由于普通视图不显示附加信息，因此具有占用计算机内存少、处理速度快的特点。在普通视图下可以快速的输入、编辑和设置文本格式。

（2）Web 版式视图

在 Web 版式视图中，可以创建能显示在屏幕上的 Web 页或文档，可看到背景和为适应窗口大小而自动换行显示的文本，且图形位置与在 Web 浏览器中的位置一致，即模拟该文档在 Web 浏览器上浏览的效果。当切换到其他视图方式下，文档的背景不显示，回到 Web 版式视图下背景将重新显示。

（3）页面视图

在页面视图下，可以看到的屏幕布局与将来的打印机上打印出的结果完全一样。在这种视图方式下，页与页之间是不相连的，可以看到文档在纸张上的确切位置。页面视图可用于编辑页眉和页脚、调整页边距、处理分栏和编辑图形对象等。Word 默认的视图方式即为页面视图，是使用最多的视图方式。

（4）大纲视图

在页面视图下，编辑几十页乃至几百页的长文档大纲（即文档的各级标题）是一件很麻烦的事情。而在大纲视图下，编辑长文档大纲的操作就变得简单了。在大纲视图中，既可以查看文档的大纲，还可以通过拖动标题来移动、复制和重新组织大纲，也可以通过折叠文档来查看主要标题，或者展开文档以查看所有标题以及正文内容。大纲视图中不显示页边距、页眉和页脚、图片和背景。

（5）阅读版式视图

在 Word 2003 中增加了独特的阅读版式视图，该视图方式下最适合阅读长篇文章。阅读版式视图将原来的文章编辑区缩小，而文字大小保持不变。如果字数多，它会自动分成多屏。在该视图下同样可以进行文字的编辑工作，但视觉效果好，眼睛不会感到疲劳。要使用阅读版式视图方式，只需在打开的 Word 文档中，单击工具栏上"阅读"按钮，或者按【Alt+R】组合键就能开始阅读了。阅读版式视图会隐藏除"阅读版式视图"和"审阅"工具栏以外的所有工具栏，这样的好处是扩大显示区且方便用户进行审阅编辑。

任务二　格式化文档

✉ 技能要点

- 能掌握 Word 中字体、字形、字号、字的颜色等的设置方法。
- 能掌握 Word 中左右缩进、首行缩进、悬挂缩进的设置方法。
- 能掌握 Word 行间距、段间距的设置方法。
- 能掌握 Word 中分栏、项目符号和编号及首字下沉的设置方法。
- 能掌握 Word 格式刷及样式的使用。

✉ 任务背景

"小窦啊。"这是主任习惯性的开场白。

窦文轩知道要大事不好。

"你还是有进步的！"主任先夸奖一顿，然后话锋一转"可是文章处理得不够漂亮啊。"

"那我就再改改？"窦文轩试探着。

"要好好改，好好向老同志学习！"

"……知道了。"

✉ 任务分析

对文本内容做字符及段落格式编排，这是 Word 2003 中经常要做的一项工作。可以设置字体、字形、字号、字的颜色等；对段落的设置，如左右缩进量、行间距、段间距等；还有分栏及项目符号和编号的使用；还可以使用样式或模板等来快速地美化文字。编排后达到如图 3-19 所示的效果。

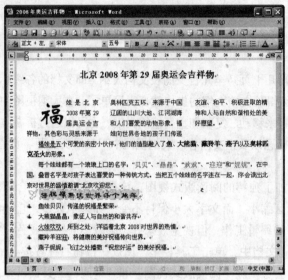

图 3-19　文档格式化后的效果

✉ 任务实施

步骤一：打开文件

启动 Word，打开"2008 年奥运吉祥物.doc"文档。

步骤二：使用"格式"工具栏设置字符格式

在 Word 文档中，文字是整个文档中最主要的部分，因而文字的格式设置显得尤为重要，它主要指对文字的字体、字形、字号、字体颜色、字间距等进行设置。"格式"工具栏中与文字设置相关的按钮如图 3-20 所示。

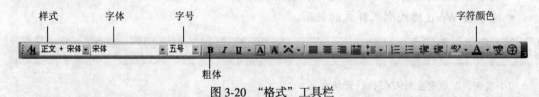

图 3-20　"格式"工具栏

1．设置字体

新建一个文档后，系统一般默认为宋体，在 Word 2003 中提供了很多种中文字体和西文字体，用户可以选择自己需要的字体。

操作步骤如下：

（1）选定需要设置字体的文本，这里选择第三段中娃娃的名字"贝贝、晶晶、欢欢、迎迎、妮妮"。

（2）工具栏中带有下三角按钮可打开相应的下拉列表框以供选择。单击"字体"按钮后的下三角按钮▼就会弹出"字体"下拉列表框，如图 3-21 所示。

图 3-21　"字体"下拉列表框

（3）在弹出的下拉列表框中选择需要的字体，这里选择"华文中宋"。

2．设置字形

在 Word 中一般默认的字形是"常规"，此外还提供"加粗"、"倾斜"和"加粗又倾斜"3 种字形。字形按钮是开关按钮，单击选中此功能后，再次单击就会取消此功能。

操作步骤如下：

（1）选择第三段中娃娃的名字"贝贝、晶晶、欢欢、迎迎、妮妮"，保持选定的状态。

（2）单击"格式"工具栏中"加粗"按钮 **B**。

要将第二段中的文字"鱼"产生既加粗又倾斜的效果，可单击"加粗"按钮后再单击"倾斜"按钮，效果如图 3-22 所示。

$$\boldsymbol{\textit{鱼}}$$

图 3-22　"加粗倾斜"效果

3．设置字号

字号大小有两种表达方式，分别用"号"和"磅"为单位。以"号"为单位的字号中，初号字最大，八号字最小；以"磅"为单位的字体中，72 磅最大，5 磅最小。当然还可以输入比初号字和 72 磅字更大的特大字。根据页面的大小，文字的磅值最大可以达到 1 638 磅。

操作步骤如下：

（1）保持"贝贝、晶晶、欢欢、迎迎、妮妮"选定的状态。

（2）单击"格式"工具栏中"字号"的下三角按钮。

（3）在弹出的下拉列表框中选择需要的字号，这里选择"小四号"。

（4）要将第二段中的文本"鱼"改成 11 磅的字，可在选定后，拖动"字号"下拉列表框中的垂直滚动条，待看到"11"选项后选择。

（5）选定符号鸽子，设置为二号字。

4．设置字的颜色

在输入文本时用户可能已经发现了文字的颜色通常是黑色的，但在 Word 文档中可以采用不同颜色的文字。

操作步骤如下：

（1）保持"贝贝、晶晶、欢欢、迎迎、妮妮"选定的状态。

（2）单击"格式"工具栏中"字体颜色"的下三角按钮。

（3）在弹出的"字体颜色"列表框中选择需要的颜色，这里选择"橙色"，如图 3-23 所示。

图 3-23　"字体颜色"列表框

如果在"字体颜色"列表框中没有需要的颜色，可以选择"其他颜色"选项，在出现的"颜色"对话框中可以使用标准颜色，也可以自定义颜色，最后单击"确定"按钮即可。

"格式"工具栏上的各种工具按钮，来设置文本的颜色、字体、字形、字号、加粗、倾斜、下画线等。这种方法快捷方便，但不能设置特殊效果。特殊效果可以通过"字体"对话框来设置。

步骤三：使用"字体"对话框来设置字符格式

1．设置字体

（1）选定"将祝福带往世界各个角落"。

（2）在"格式"菜单或右击弹出的快捷菜单中均有"字体"命令，单击即可打开"字体"对话框。该对话框共有 3 个选项卡，选择"字体"选项卡，如图 3-24 所示。在此，可以对文字进行字体、字形、字号、字体颜色、下画线及下画线颜色、着重号的设置，还可以给文字设置为阴影、空心字、上标、下标等效果，在底部的"预览"区中可以看到各种设置产生的效果。

图 3-24 "字体"对话框中的"字体"选项卡

（3）在"字体"选项卡中，设置中文字体为隶书、字号为四号，其他为默认值。

2．设置字符间距

（1）选定"将祝福带往世界各个角落"。

（2）选择"字符间距"选项卡，如图 3-25 所示。在此，可以进行字符缩放比例、字符间距、字符位置的设置，在"磅值"微调框中输入值或利用增减按钮来调整间距和位置。

- 字符缩放：字符高度不变，只改变字符的宽度。
- 字符间距：字符之间的距离以"标准"距离为基准"加宽"或"紧缩"。
- 字符位置：字符在垂直方向的位置，以基线为基准"提升"或"降低"。

图 3-25 "字符间距"选项卡

（3）设置间距为加宽，磅值为 1 磅。

（4）选定"祝福"，设置位置提升，磅值为 2 磅。

技能链接   **使用"格式"工具栏调整缩放和间距**

使用"格式"工具栏上的工具按钮 ⚄ ，可以设置字符的缩放比例。方法是：单击按钮 ⚄ 右边的下三角按钮，在弹出的下拉列表框中可以直接选择合适的比例，或者单击"其他"按钮，可根据需要进行缩放及调整间距等。

3. 设置文字效果

（1）选定"将祝福带往世界各个角落"。

（2）选择"文字效果"选项卡，如图 3-26 所示。在此，可以对文字进行诸如赤水情深、礼花绽放、七彩霓虹、闪烁背景等动态效果的设置，应用了动态效果的文字可以在屏幕上显示、可以打印，但无法打印动态效果。

（3）设置文字效果为礼花绽放。

图 3-26 "文字效果"选项卡

步骤四：设置段落格式

在 Word 中，段落是其重要组成部分。所谓的段落是指文档中两次回车符之间的所有字符，包括段后的回车符。设置不同的段落格式，可以使文档布局合理、层次分明。段落格式主要是指段落中行距的大小、段落的缩进、对齐方式等。

1. 设置对齐方式

对齐方式是指段落中的文字在水平方向的分布规则，Word 2003 中段落的对齐方式有左对齐、居中、右对齐、两端对齐和分散对齐 5 种，工具栏对齐方式按钮如图 3-27 所示。

- 左对齐：文本与左页边距对齐，右边可不对齐。
- 居中：文本位于左、右页边距的正中。
- 右对齐：文本与右页边距对齐，左边可不对齐。
- 两端对齐：将所选段落（除末行外）的左右两边同时对齐。
- 分散对齐：调整字间距，使所选段落各行（包括末行）等宽。

图 3-27 对齐按钮

操作步骤：

（1）选定需要设置对齐方式的文本，这里选择标题"北京 2008 年第 29 届奥运会吉祥物"这一段。

（2）单击"格式"工具栏中的"居中"按钮。

2．设置缩进方式

段落的缩进是指段落与页边距之间的距离，Word 2003 中段落的缩进方式有左缩进、右缩进、首行缩进和悬挂缩进 4 种。

- 左缩进：段落的左边与页面左边的距离，并可以保持段落的首行缩进或悬挂缩进的量不变。
- 右缩进：段落的右边与页面右边的距离。
- 首行缩进：段落第一行的第一个字与页面右边的距离。
- 悬挂缩进：除第一行外，段落其他各行相对于第一行缩进的距离。

操作步骤：

（1）选定需要首行缩进的文本，这里选择前三段。

（2）选择"格式"|"段落"命令，弹出"段落"对话框，选择"缩进和间距"选项卡，如图 3 - 28 所示。

（3）在"特殊格式"的下拉列表框中选择"首行缩进"选项，默认缩进两个字符，如果需要，可以调整后面的"度量值"，左右缩进量保持默认值。

（4）设置完成，最后单击"确定"按钮。

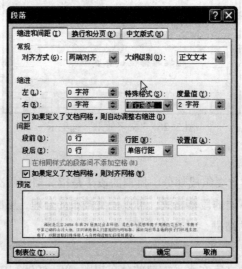

图 3-28　首行缩进

技能链接　设置段落缩进的其他方法

使用标尺上的缩进标记（见图 3-29），在选定需要设置缩进的段落后，按住鼠标左键拖动标尺上的缩进标记可以方便地改变缩进量，标尺上这几种缩进所对应的标记分别代表了段落不同部分的位置。

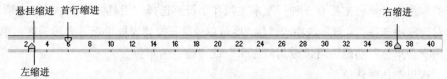

图 3-29　水平标尺上的缩进标记

还可以通过格式栏上的减少或增加缩进量两个按钮来调整。

3．设置行间距

行间距是指段落中行与行之间的距离，它有单倍行距、1.5 倍行距、2 倍行距、最小值、固定值、多倍行距 6 种方式。

- 单倍行距：系统默认为单倍行距，它是可以根据文字大小自动调整为最佳行距。
- 1.5 倍行距：单倍行距的 1.5 倍。
- 2 倍行距：单倍行距的 2 倍。
- 最小值：自动调整到能容纳本行最大字体或图形的最小行距。
- 固定值：不需要系统调整的固定行距。
- 多倍行距：单倍行距的若干倍，可通过右边"设置值"微调框来设置。

操作步骤：

（1）选定需要调整行间距的文本，这里选择整篇文档。

（2）选择"格式"｜"段落"命令，弹出"段落"对话框，选择"缩进和间距"选项卡。

（3）在"间距"选项区域的"行距"的下拉列表框中选择"固定值"选项，在"设置值"微调框中设置值为"18 磅"，如图 3-30 所示。

（4）设置完成，最后单击"确定"按钮。

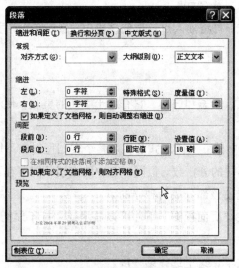

图 3-30　设置行距

4．设置段间距

段间距是指段落与段落之间的距离，分段前、段后两种间距。"段前"是指当前段与前一段之间的距离，"段后"则是指当前段与下一段之间的距离。

缩进的常用度量单位主要有 3 种：厘米、磅和字符。选择"工具"菜单中的"选项"命令，在弹出的对话框中选择"常规"选项卡，在"度量单位"下拉列表框中选择合适的度量单位即可。清除"使用字符单位"功能，可以改为"厘米"或"磅"为单位。

在此，这里选择默认值。

技能链接　　段落格式的设置

（1）如果对同一文本对象进行左右缩进、首行缩进、行间距、段间距等多项设置时，可在"段落"对话框中各项设置均完成后，最后单击"确定"按钮即可

（2）在进行段落设置之前，一般不需要选定文字内容，只要将插入点置于所需设置的段落即可；但如果要对多段或全文进行统一的段落设置，则需要选定这些段落或全文。

步骤五：设置首字下沉

首字下沉是对段落的第一个字做技术处理，增大第一个字的字号，给人一种字符下沉的感觉，引起读者的注意，使得本段或本文也更加醒目。

操作步骤如下：

（1）将插入点置于第一段或选定第一段。

（2）选择"格式"|"首字下沉"命令，弹出"首字下沉"对话框，如图 3-31 所示。

（3）在"位置"选项区域中选择"下沉"样式，选择"字体"为"华文新魏"，"下沉行数"调整为"3 行"。

（4）设置完成后，单击"确定"按钮。

（5）选定首字，设置字号为"50"。

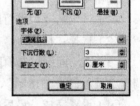

图 3-31　"首字下沉"对话框

要取消首字下沉和悬挂，可将插入点定位到该段中，然后在"首字下沉"对话框中选择"无"选项即可。

步骤六：设置分栏

分栏经常用于排版报纸、杂志和词典，它有助于版面的美观，便于阅读，同时对换行较多的版面起到节约纸张的作用。

Word 2003 可以在文档中建立不同版式的栏。整个文档可以在不同的部分具有不同的分栏效果，在同一页中也可以有不同的分栏数。但同一节中的文档不能存在不同的栏，所以要修改文档某部分的分栏数时，应该先使该部分成为独立的节。

分栏功能的效果只有在"页面视图"下才可以显示或"打印预览"多栏文本。

操作步骤如下：

（1）选定需要分栏的文本，这里选择第一段。

（2）选择"格式"|"分栏"命令，弹出"分栏"对话框，如图 3-32 所示。

（3）在"预设"选项区域中选择"三栏"选项，其他项为默认。

（4）设置完成，最后单击"确定"按钮。

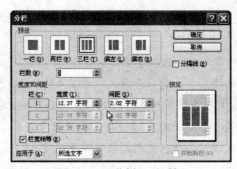

图 3-32　"分栏"对话框

技能链接　**分栏的其他方法**

使用"常用"工具栏中的"分栏"按钮，利用随之打开的多栏格式示意图设定栏数，如图 3-33 所示。

如果想取消段落的分栏，首先选定已分栏的段落后，在"分栏"对话框中选择"一栏"选项就可完成。

图 3-33　多栏格式

步骤七：设置项目符号

使用项目符号，可以使文档有条理、层次清晰、可读性强。项目符号使用的是符号，出现在段落前。

操作步骤如下：

（1）选定需要设置项目符号的文本，这里选择最后五段。

（2）选择"格式"|"项目符号和编号"命令，弹出"项目符号和编号"对话框，选择"项目符号"选项卡，如图 3-34 所示。

（3）选择第二行第一列的项目符号样式，如图 3-34 所示。

（4）单击"自定义"按钮，弹出"自定义项目符号列表"对话框，如图 3-35 所示。

图 3-34　"项目符号和编号"对话框

图 3-35　"自定义项目符号列表"对话框

（5）在此可以设置"缩进位置"、"制表位位置"和"缩进位置"，这里选择默认值。

（6）设置完成，最后单击"确定"按钮。

技能链接　自定义项目符号

在如图 3-34 所示的"项目符号"选项卡中，如是没有用户想要的符号样式，可以采用"自定义"方式完成，这时只要选择任意一种符号样式，右下角的"自定义"按钮就会被激活，单击"自定义"按钮，出现"自定义项目符号列表"对话框，然后单击"字符"或"图片"按钮，就会给出许多符号或图形以供选择，这时就可以寻找需要的符号完成设置。

如果想取消项目符号，通常可以先选定已加项目符号的段落，然后在"项目符号"选项卡中选择"无"选项即可。

也可以通过单击"格式"工具栏上的工具按钮 ，设定简单的项目符号。如果想取消项目符号，可再次单击此按钮。

步骤八：格式复制

格式复制是指复制文本的格式信息，如字体、字形、字号、字体颜色、字间距、行间距等，而不是复制文字内容。格式刷是系统提供的专门用于格式复制的一个工具按钮，它位于"常用"工具栏中，形如 。在对第二段完成字体和段落的设置后，如果要把第二段中"鱼"的格式复制到"大熊猫"、"藏羚羊"、"燕子"、"奥林匹克圣火"上，首先要选定"鱼"，然后双击"格式刷"按钮，将格式刷状鼠标指针，在"大熊猫"、"藏羚羊"、"燕子"、"奥林匹克圣火"文字上刷一下即可完成，如图 3-36 所示。

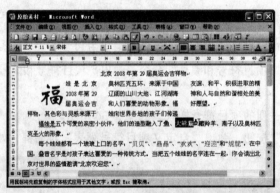

图 3-36　格式刷的使用

对于"格式刷"按钮有单击和双击两种操作方式。单击"格式刷"按钮，只复制一次格式即退出复制状态；双击"格式刷"按钮，可连续复制多次。若想退出复制状态，再次单击"格式刷"按钮即可。

另外还可使用【Ctrl+Shift+C】、【Ctrl+Shift+V】组合键。

步骤九：应用样式

在 Word 中提供了许多标准样式，如正文样式、标题样式等，用户对文档设置格式时可以直接套用这些现成的样式，这样一方面可以减少排版的工作量，提高工作效率，另一方面还能保证文档格式的统一。

样式分为字符样式和段落样式。应用字符样式必须选定该字符文本，而套用段落格式可以选定该段落，也可以将插入点置于该段落。

如果要使 "2008 年奥运吉祥物" 的标题使用 "标题 3" 的样式，操作步骤如下：

（1）选定标题。

（2）单击 "格式" 工具栏中 "样式" 的下三角按钮。

（3）在弹出的 "样式" 列表框中选择 "标题 3" 样式，如图 3-37 所示。设置标题居中显示。

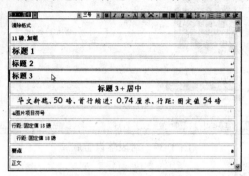

图 3-37　"样式" 列表框

技能链接　应用样式的其他方法

应用样式除了可以使用按钮完成，还可以使用菜单形式来实现。

选定需要应用样式的字符或段落后，选择 "格式" | "样式和格式" 命令在 "样式和格式" 任务窗口中进行设置，选择所需要的样式即可。

步骤十：设置边框底纹

在 Word 2003 中文版中，可以为选定的字符、段落、页面及各种图形设置各种颜色的边框和底纹，从而美化文档，使文档格式达到理想的效果。

（1）选定要添加边框和底纹的第二段和第三段，选择 "格式" 菜单中的 "边框和底纹" 命令，弹出如图 3-38 所示的 "边框和底纹" 对话框。

图 3-38　对段落设置边框

（2）在 "设置" 选项区域中选择 "方框" 选项，"线型" 列表框中选择 "点画线" 选项，"颜色" 下拉列表框中选择 "茶色" 选项，"宽度" 下拉列表框中选择 "1 1/2 磅"。

（3）选择 "底纹" 选项卡，在 "图案" 选项区域中的 "样式" 下拉列表框中选择 "10%" 样式，如图 3-39 所示。

（4）设置应用于"文字"，单击"确定"按钮。（如果选择应用于段落，结果会如何？）

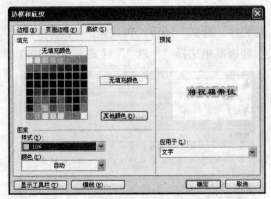

图 3-39　对段落设置底纹

步骤十一：保存并退出文档

单击"保存"按钮后，再选择"文件"|"退出"命令即可。

这样，第二个任务已经完成。

✉ 知识拓展

1．设置编号

在文档中，有时需要对一些段落添加编号，使得这些内容有了一定的顺序关系。

例如：给后五段加上 1，2，3，…这样的编号，操作步骤如下：

（1）选定最后五段内容。

（2）选择"格式"|"项目符号和编号"命令，会出现"项目符号和编号"对话框，单击"编号"标签，如图 3-40 所示。

（3）选择所需样式，如果没有此样式，可单击"自定义"按钮，在弹出的对话框中设置。

（4）在如图 3-41 所示的"自定义编号列表"对话框，可以调整"编号格式"、"编号位置"、"文字位置"等设置。

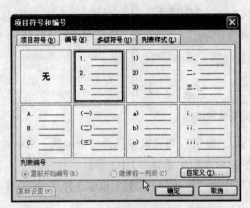

图 3-40　"项目符号和编号"对话框

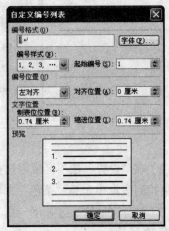

图 3-41　"自定义编号"对话框

2. 样式

（1）利用"样式和格式"任务窗格来应用样式

① 单击要应用样式的段落中的任意位置。

② 选择"格式"菜单中的"样式和格式"命令，可在窗口右侧显示"样式和格式"任务窗格，如图 3-42 所示。

③ 在"样式和格式"任务窗格中选取所需要的样式即可。

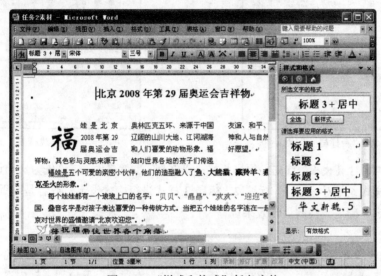

图 3-42　"样式和格式"任务窗格

（2）新建样式

如果 Word 系统提供的标准样式不能满足用户的需求，用户可以根据自己的需要来创建新样式。

操作步骤：

① 在图 3-42 所示的"样式和格式"任务窗口中，单击"新样式"按钮，打开"新建样式"对话框，如图 3-43 所示。

② 在"名称"文本框中输入新建样式的名称，根据需要选择"样式类型"、"基准样式"及"后续段落样式"等内容。

③ 单击"格式"按钮，进行格式设置。

④ 设置结束后，单击"确定"按钮。

（3）修改和删除样式

对于已存在的样式，用户可以进行修改，在"样式和格式"任务窗口中，右击需要修改的样式，选择"修改样式"命令，在"修改样式"对话框中进行设置，如图 3-44 所示，最后单击"确定"按钮即可。

对于一些已经不需要的样式，用户可以将其删除。在"样式和格式"任务窗口中，右击要删除的样式，选择"删除"命令。

3. 模板

（1）利用文档创建新模板

开始使用 Word 2003 时，实际上已经启用了模板，该模板用 Word 所提供的普通模板（即 Normal

模板）。用户还可以自己创建新模板，最常用的创建新模板的方法是利用文档创建新模板。

图 3-43 "新建样式"对话框

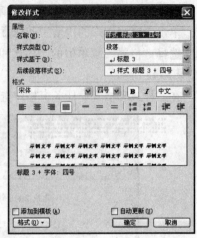

图 3-44 "修改样式"对话框

要利用文档创建新模板，首先必须排版好一篇文档，也就是说，应该先为文档设置一些格式，定制一些标题样式，如对标题 1、标题 2、标题 3 样式进行格式设定，或者是对页码和页眉页脚的样式进行设定，确定文档的最终效果。

操作步骤：

① 打开已经设置好并准备作为模板保存的文档，选择"文件"菜单中"另存为"命令。

② 在"另存为"对话框中，如图 3-45 所示，在"保存类型"下拉列表框中选择"文档模板"选项；在"文件名"下拉列表框中为该模板命名，并确定保存位置。默认情况下，Word 会自动打开"Templates"文件夹让用户保存模板，单击"保存"按钮即可。

这样，一个新的文档模板就保存好了，模板文件的扩展名为 dot。

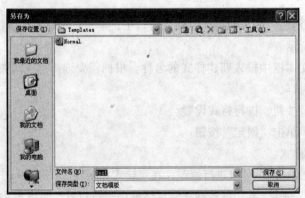

图 3-45 保存新建模板

（2）自定义模板

自定义模板就是直接设计所需要的模板文件。

① 选择"文件"菜单中的"新建"命令，显示"新建文档"任务窗格。

② 在"模板"选项区域选择"本机上的模板"选项，打开"模板"对话框，如图 3-46 所示。

③ 单击选中"空白文档"图标，选择"模板"单选按钮，再单击"确定"按钮。

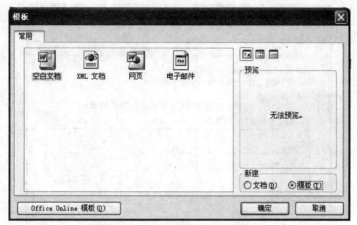

图 3-46　设置自定义模板选项

④ 在打开的"模板 1"模板窗口中，使用与文档窗口相同的操作方法，对页面、特定的各种文字样式、背景、插入的图片、快捷键、页眉和页脚等进行设置。

⑤ 所有设置完成后，单击"常用"工具栏中的"保存"按钮，打开"另存为"对话框，在"文件名"下拉列表框中输入模板文件名（如"会议通知"），最后单击"确定"按钮。

任务三　表格处理

✉ 技能要点

- 能掌握 Word 表格的创建方法。
- 能掌握 Word 表格的编辑方法。
- 能掌握 Word 表格的格式化方法。

✉ 任务背景

"小窦啊。"

窦文轩头开始疼了。

"如果你能在文章中加上个奥运门票的价格表，不就更有吸引力了？"

"好的，我一定改！"窦文轩擦了擦额头的汗，恭敬地说。

✉ 任务分析

表格是一种简明、直观的表达方式，一个简单的表格远比一大段文字更有说服力，更能表达清楚一个问题。在 Word 2003 中，用户不仅可以随心所欲地制作表格，还可以对表格进行编辑和格式化。包括表格的创建、内容的录入、表格的选定、调整行高与列宽、文字的对齐方式、边框底纹等操作。效果如图 3-47 所示。

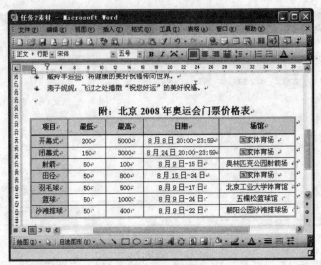

图 3-47　插入表格

📨 任务实施

步骤一：打开文件并输入表格题目

为了使文章更具有吸引力，附加一个"2008 年奥运门票价格表"，所以要打开"2008 年奥运吉祥物.doc"文档。然后输入表格题目，操作步骤如下：

（1）将插入点置于文档最后，按两次【Enter】键后，再删除一个段落，这样既增加一个空段落，又取消了项目符号与编号功能。

（2）在空段落处输入"附：北京 2008 年奥运会门票价格表"。

（3）选定"附：北京 2008 年奥运会门票价格表"，设置字号为小三，加粗，居中显示，如图 3-48 所示。

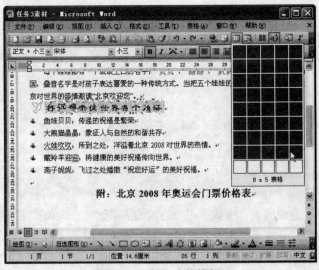

图 3-48　插入表格模板

步骤二：创建一个表格

方法 1：使用"插入表格"按钮创建表格

创建表格最简单的方法就是使用常用工具栏上的"插入表格"按钮。其操作步骤如下：

（1）单击表格题目的后面，即需要制作表格的位置。

（2）单击"常用"工具栏中的"插入表格"按钮，在弹出的表格模板上按住鼠标左键拖动来选择表格的行数和列数。

（3）松开鼠标，这时在文档中插入点位置出现一个八行五列的表格，如图 3-49 所示。

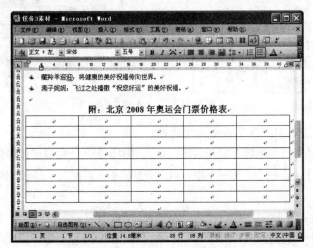

图 3-49　插入八行五列的表格

方法 2：使用"插入"|"表格"命令创建表格

操作步骤如下：

（1）将插入点置于要插入表格的位置。

（2）选择"表格"|"插入"|"表格"命令，在弹出的"插入表格"对话框中（见图 3-50）设置要插入的行、列数，单击"确定"按钮，所需表格就插入到文档中了。

方法 3：使用"表格和边框"按钮创建表格

对于一些比较复杂或格式不固定的表格，也可以通过"绘制表格"来创建，绘制时先绘制表格的外边框线，再画内边框线。

操作步骤如下：

图 3-50　菜单命令插入表格

（1）选择"视图"|"工具栏"|"表格和边框"命令或选择"表格"|"绘制表格"命令，打开"表格和边框"工具栏。

（2）单击常用工具栏中的"表格和边框"按钮　，按下鼠标左键从需要制作表格的左上角位置拖动至右下角，即可绘出表格的外边框。

（3）在表格的边框内，从需要画线位置的开始处水平拖动鼠标可画出行线，垂直拖动鼠标可画出列线，沿对角拖动可画出斜线。

（4）如果想擦除一些不需要的线，可单击"表格和边框"工具栏中的"擦除"按钮　，这时鼠标指针变为橡皮状，在要擦除的线上拖动或单击，即可擦除。

步骤三：输入表格内容

创建表格完成后，接下来要输入表格内容，在表格中输入内容与在文档中输入内容的方法相同，只需将插入点移至要输入内容的单元格内，然后输入内容即可，如图 3-51 所示。

附：北京 2008 年奥运会门票价格表

项目	最低	最高	日期	场馆
开幕式	200	5000	8 月 8 日 20:00-23:59	国家体育场
闭幕式	150	3000	8 月 24 日 20:00-23:59	国家体育场
射箭	50	100	8 月 9 日-15 日	奥林匹克公园射箭场
田径	50	800	8 月 15 日-24 日	国家体育场
羽毛球	50	500	8 月 9 日-17 日	北京工业大学体育馆
篮球	50	1000	8 月 9 日-24 日	五棵松篮球馆
沙滩排球	50	400	8 月 9 日-22 日	朝阳公园沙滩排球场

图 3-51　输入表格内容

在输入表格内容过程中要注意以下几个问题：

（1）插入点的移动可以用鼠标在需要编辑的单元格中单击，还可以通过键盘中的按键来实现。

- 【↑】、【↓】、【←】、【→】键：可以分别将插入点向上、向下、向左、向右移动一个单元格。
- 【Tab】键：按一下【Tab】键，插入点移到下一个单元格；如果插入点在最后一个单元格中再按【Tab】键时，表格结尾会增加一空行。按【Shift+Tab】组合键，插入点移到上一个单元格。
- 【Home】键和【End】键：插入点分别移动到单元格数据之首和单元格数据之尾。
- 【Alt+Home】组合键和【Alt+End】组合键：插入点移动到本行中第一个单元格之首和本行末单元格之首。
- 【Alt+Page Up】组合键和【Alt+Page Down】组合键：插入点移动到本列中第一个单元格之首和本列末单元格之首。

（2）在单元格中输入内容时，当所输入内容超过单元格的宽度，它会自动换行，单元格的行高也会自动调整，只有在需要开始一个新段落时才按【Enter】键，否则可能给排版带来麻烦。

（3）为了排版的方便，在每个单元格输入内容的开始尽量不要输入空格，这样有利于排版时对齐方式的设置。

（4）如果表格在文档开始处，表格前需增加一个空段落，以便输入标题，可以将插入点定位在第一个单元格的开始处，按【Enter】键即可。

步骤四：编辑表格

1．表格的选定操作

在编辑表格时，一般要首先进行选定操作，表格的选定操作是最基本最常用的操作之一，它的操作方法与文本的选定方法非常相似。

（1）选定一行：将鼠标移到行左侧的选定栏，指针形状变为⤢状，单击即可。

（2）选定一列：如果将鼠标移到列上面的表格边框线处时，指针形状变为↓状，单击即可。

（3）选定单元格：鼠标指针指向单元格的左边框线变为➚状，单击即可选定一个单元格；如果接着拖动鼠标，可以选择一个单元格区域。

（4）选定多行：选定一行后垂直拖动鼠标即可选定多行。

（5）选定多列：选定一列后水平拖动鼠标即可选定多列。

（6）选定整个表格：将鼠标指针移到表格区域，在表格的左上角出现全选的标记，单击该标记即可选定整个表格；在数字小键盘区被锁定情况下，按【Alt+5】（数字小键盘上的【5】键）组合键也可以选定整个表格。

表格选定操作也可以利用菜单来完成。将插入点移到表格内要选定的行、列或单元格内，选择"表格"|"选定"命令即可。

2．用鼠标调整行高或列宽

通常情况下，系统会根据表格字体的大小自动调整表格的行高，各列的列宽都是相同的，我们需要调整行高和列宽。

表格中，需要把第一行的行高加大，第四列和第五列的列宽加大。

操作步骤如下：

（1）鼠标移到要调整行高的行边框线上，鼠标指针变成 ⇥ 状时按住鼠标左键拖动，同时行边框线上出现一条虚线，按住鼠标左键拖动到需要的位置即可。

（2）列宽的调整与行高的调整相似，鼠标移到要调整列宽的列边框线上，鼠标指针变成 ⇼ 状时按住鼠标左键拖动，同时列边框线上出现一条虚线，按住鼠标左键拖动到需要的位置即可。

3．平均分布各列、各行

在前面调整了之后，会发现第三列被缩窄了，第二行给挤扁了，我们可以通过 Word 中的"平均分布各列"功能可以快速地将连续的几列调整为相同的宽度。操作步骤如下：

（1）选定第一列至第三列。

（2）选择"表格"|"自动调整"命令。

（3）在级联菜单中选择"平均分布各列"命令即可，如图 3-52 所示。

（4）第四列和第五列，重复上述操作，平均分布两列。

Word 中的"平均分布各行、各列"功能可以用快捷方式来实现，操作步骤如下：

（1）选定第二行至第五行。

（2）在选定区域右击，弹出快捷菜单，如图 3-53 所示。

（3）选择"平均分布各行"命令即可。

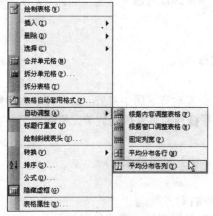

图 3-52　平均分布各列

图 3-53　快捷键平均分布各行

4．精确调整行高和列宽

如果要精确地设定表格的行高或列宽，在选定了要调整的行或列后，可以使用下列方法进行调整：

选择"表格"菜单中的"表格属性"命令，或者右击表格，从弹出的快捷菜单中选择"表格属性"命令，均可弹出"表格属性"对话框。在"表格属性"对话框中的各选项卡中精确设定高度或宽度值。

步骤如下：

（1）选定前三列，打开"表格属性"对话框，在"列"选项卡中指定列宽为"2.05"，如图3-54所示。

（2）选定后两列，打开"表格属性"对话框，在"列"选项卡中指定列宽为"4.1"。

（3）选定第一行，打开"表格属性"对话框，在"行"选项卡中指定行高为"0.8"，如图3-55所示。

图3-54　设置列宽

图3-55　设置行高

步骤五：格式化表格

格式化表格是 Word 中的一项重要的表格操作，主要设置表格及单元格的边框和底纹格式，设置表格中文字的字符格式、对齐方式、文字方向等，从而美化表格，使人赏心悦目。用户一方面可以根据自己的喜好进行设置，也可以利用系统提供的表格样式进行套用。

1．设置表格内文字格式

设置表格内文字格式与前面讲到的文档中文字格式设置的方法完全相同。如果要将表格中第一行的文字加粗，操作步骤如下：

（1）选定第一行。

（2）在"格式"工具栏中单击"加粗"按钮即可。

2．设置表格内文字对齐方式

在表格的单元格中文字的对齐方式除了通常的左对齐、居中对齐、右对齐、两端对齐和分散对齐外，还有专门用于单元格的对齐方式，对水平排列和垂直排列的单元格的文字共有9种对齐方式，它们分别是：

"靠上两端对齐"▤，"中部两端对齐"▤，"靠下两端对齐"▤。

"靠上居中"▤，"中部居中"▤，"靠下居中"▤。

"靠上右对齐"▤，"中部右对齐"▤，"靠下右对齐"▤。

表格中单元格的文字在水平方向和垂直方向都是居中的，操作步骤如下：

（1）选定整个表格。

（2）在弹出的快捷菜单中选择"单元格对齐方式"命令，打开一个级联菜单，如图 3-56 所示。

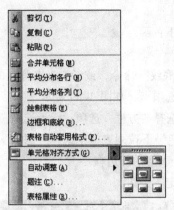

图 3-56　设置单元格对齐方式

（3）选择中部居中对齐方式。

也可以使用"表格和边框"工具栏中的"对齐方式"下三角按钮，实现单元格的对齐方式，如图 3-57 所示。

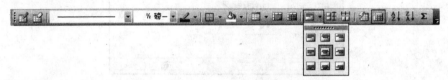

图 3-57　"对齐方式"下拉列表框

3. 设置表格的对齐方式

表格的对齐方式是指表格相对于整个页面的位置，有左对齐、居中和右对齐 3 种对齐方式。

如果要将表格设置为"居中"对齐方式，操作步骤如下：

（1）选定整个表格。

（2）选择"表格"|"表格属性"命令，在弹出的对话框中选择"表格"选项卡，如图 3-58 所示。

（3）在"对齐方式"选项区域中选择"居中"选项即可。

图 3-58　"表格"选项卡

4．设置表格的边框底纹

在 Word 2003 中建立的表格具有 0.5 磅的单线边框。用户可以根据需要修改表格的边框，并可为单元格设置底纹。

修改外边框线，操作步骤如下：

（1）选定整个表格。

（2）选择"格式"｜"边框和底纹"命令，或者右击在弹出的快捷菜单中选择"边框和底纹"命令。在对话框中选择"边框"选项卡，如图 3-59 所示。

（3）在"设置"选项区域中选择"方框"选项，或者选择"自定义"选项；在"线型"列表框中选择"双线"选项；在"颜色"下拉列表框中选择"深黄"选项；在"宽度"下拉列表框中选择"1/4 磅"选项；应用于整个表格的外边框。

（4）完成设置后，单击"确定"按钮。

图 3-59 "边框"选项卡

Word 2003 中的"表格和边框"工具栏提供了丰富的按钮，也可对选中的表格边框线做线型、粗细、边框颜色、内边框线和底纹颜色等进行设置。

修改内边框线，操作步骤如下：

（1）选定第一行。

（2）选择"视图"｜"工具栏"｜"表格和边框"命令，弹出"表格和边框"工具栏，如图 3-60 所示。

（3）在"线型"下拉列表框中选择"单实线"选项，在"粗细"下拉列表框中选择"1 1/2 磅"选项，在"边框颜色"下拉列表框中选择"深黄"选项，在"边框线"下拉列表框选择"下边框"选项。

图 3-60 利用"表格和边框"工具栏设置边框

添加底纹效果，操作步骤如下：

（1）选定第一列，按【Ctrl】键选定第一行。

（2）选择"格式"｜"边框和底纹"命令，或者右击在弹出的快捷菜单中选择"边框和底纹"命令，在弹出的对话框中选择"底纹"选项卡，如图 3-61 所示。

（3）在"图案"选项区域中的"样式"下拉列表框中选择"10%"选项。

（4）其他选项选择默认值。

（5）完成设置后，单击"确定"按钮。

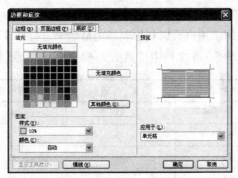

图 3-61　"底纹"选项卡

5．表格的自动套用

设置一个美观的表格往往比创建表格还要麻烦，为了加快表格的格式化速度，Word 2003 提供了"表格自动套用格式"功能，使用该功能可以快速格式化表格，方法如下：

（1）单击表格中的任一单元格。

（2）选择"表格"菜单中的"表格自动套用格式"命令（或单击"表格和边框"工具栏上的"表格自动套用格式"按钮 ），打开如图 3-62 所示的对话框。

（3）在该对话框中列出了 Word 2003 提供的 30 多种表格样式，其中每种样式均包括边框格式、底纹格式、字体等。既可套用所选样式的全部格式，也可套用部分格式。

如果所提供的样式的字体或边框等某些方面感到不满意，可以套用部分式样，操作步骤如下：

（1）选定整个表格。

（2）选择"表格"|"表格自动套用格式"命令。

（3）在"表格样式"列表框中选择合适的样式。

（4）单击"修改"按钮，出现"修改样式"对话框，如图 3-63 所示。

（5）在对话框中修改相应的项目后，单击"确定"按钮即可。

如果在表格中，不使用自动套用格式，单击工具栏上的"撤销"按钮就可撤销刚才的操作，恢复以前设置的格式。

这样，"2008 年奥运吉祥物"的版面内容更加充实了。

图 3-62　"表格自动套用格式"对话框

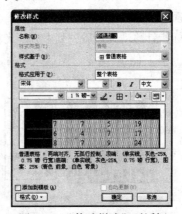

图 3-63　"修改样式"对话框

✉ 知识拓展

一、不规则表格的编辑操作和图表的建立

表格的形式是多种多样的，用户可以利用表格的命令来进行修改设置。

比如：新建一个 Word 文档，在文档中按照图 3-64 所示的内容创建表格。

姓　　名	高等数学	英　　语	计算机基础	辅助制图
王晓辉	70	81	90	84
张天成	69	75	78	80
李宜城	85	91	95	86
林　飞	90	86	88	92
陈　程	84	82	90	88

图 3-64　例表 1

按照图 3-65 所示的内容，对"例表 1"进行格式化处理，生成的图表如图 3-66 所示。

成　绩　表					
科目 姓名	高等数学	英语	计算机基础	辅助制图	平均分
张天成	69	75	78	80	75.50
王晓辉	70	81	90	84	81.25
陈　程	84	82	90	88	86.00
李宜城	85	91	95	86	89.25
林　飞	90	86	88	92	89.00
各科平均分	79.60	83.00	88.20	86.00	

2007 年 7 月 4 日星期三

图 3-65　例表 2

按照"例表 2"的格式，对"例表 1"进行修改，操作步骤如下：

1. 插入列

将鼠标指针移动到最后一列上方，光标变为 ↓ 后单击，将最后一列选中。选择"表格"|"插入"|"列（在右侧）"命令，则插入一列，输入标题"平均分"，如图 3-67 和 3-68 所示。

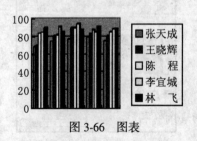

图 3-66　图表

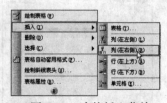

图 3-67　表格插入菜单

姓　　名	高等数学	英　　语	计算机基础	辅助制图	平　均　分
王晓辉	70	81	90	84	
张天成	69	75	78	80	
李宜城	85	91	95	86	
林　飞	90	86	88	92	
陈　程	84	82	90	88	

图 3-68　插入一列

2．插入行

将鼠标指针移动到第一行最左端外侧，选中第一行。选择"表格"｜"插入"｜"行（在上方）"命令，则插入一行。

3．合并单元格

选中刚插入的行，选择"表格"｜"合并单元格"命令，则第一行的所有单元格合并。在该单元格中输入"成绩表"。

4．插入末行

将鼠标指针移动到最后一行最左端外侧，选中最后一行。选择"表格"｜"插入"｜"行（在下方）"命令，则插入末行。或者将鼠标指针移动到最后一行最右端外侧，单击即可插入一行。在末行的第一个单元格中输入"各科平均分"。

5．插入斜线表头

在"姓名"单元格中的"姓名"之前增加一个段落标记。在新增段落中输入文字"科目"。设置"科目"为"右对齐"，设置"姓名"为"左对齐"。单击"表格和边框"工具栏中的"绘制表格"按钮，在"科目"和"姓名"之间添加一条斜线即可。

还可以通过选择"表格"｜"绘制斜线表头"命令实现，操作步骤如下：

（1）单击要添加斜线表头的表格。

（2）选择"表格"菜单中的"绘制斜线表头"命令，出现"插入斜线表头"对话框，如图 3-69 所示。

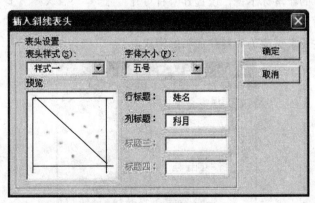

图 3-69　绘制斜表头

（3）在"表头样式"下拉列表中，选择所需样式，如选择"样式一"选项。

（4）在各个标题文本框中输入所需的标题内容。

（5）设置完成后，单击"确定"按钮。

6．计算平均分

将光标定位在需要计算结果的单元格中，选择"表格"|"公式"命令，打开"公式"对话框，如图 3-70 所示。将"公式"文本框中"="的原公式删除，在"粘贴函数"下拉列表框中选择"AVERAGE"选项，并在其后的括号内输入"left"，其代

图 3-70　公式对话框

表计算该单元格左侧单元格的平均值。在"数字格式"下拉列表框中选择"0.00"选项，含意为保留两位小数，单击"确定"按钮，则计算出的结果会自动显示在该单元格内。

7．计算各科平均值

其算法同上，需要注意的是用"above"替代"left"，含意为计算该单元格左侧单元格平均值。

8．排序

选中第二列"高等数学"的成绩，选择"表格"|"排序"命令，打开"排序"对话框，如图 3-71 所示。设置"主要关键字"为"高等数学"，"类型"为"数字"，选择"升序"，单击"确定"按钮。

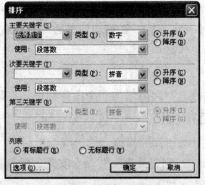

图 3-71　排序对话框

9．插入日期

单击表格最下方的段落标示符，设置其"右对齐"。选择"插入"|"日期和时间"命令，打开"日期和时间"对话框，如图 3-72 所示。选择合适的日期格式，单击"确定"按钮即可。将插入的日期和时间按要求更改为倾斜并加粗的格式。

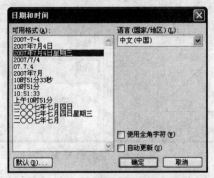

图 3-72　"日期和时间"对话框

10．插入图表

选中表格中含有姓名的行（共五行），选择"插入"|"图片"|"图表"命令，文档中会出现一个图表及一个 Excel 文档窗口。在文档空白处单击，则图表自动插入到文档中。选中图表后单击"格式"工具栏上的"居中"按钮，使图表居中对齐。

11．保存文档

将该文档结果保存为"成绩表"。

二、表格的其他操作

1．删除单元格

（1）选定要删的单元格。

（2）选择"表格"|"删除"|"单元格"命令，出现"删除单元格"对话框，如图 3-73 所示。

（3）在对话框中有如下 4 个选项：

- 右侧单元格左移：删除后，同行中的后续单元格依次左移填充删除区域。
- 下方单元格上移：删除后，同列中的后续单元格依次上移填充删除区域。
- 删除整行：删除选定区域所在的整行。
- 删除整列：删除选定区域所在的整列。

（4）在上述 4 个选项中进行选择后，单击"确定"按钮。

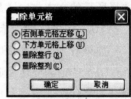

图 3-73　删除单元格

2．删除行、列

选择"表格"|"删除"|"行（列）"命令即可。

3．删除表格

（1）选定整个表格。

（2）选择"表格"|"删除"|"表格"命令或单击"剪切"按钮即可。

在表格的编辑中，选定表格后，按【Del】键或选择"编辑"|"清除"|"内容"命令的结果是删除表格中所填内容，不是删除表格。

4．拆分单元格

要将单元格分隔成若干个单元格，可用"绘制表格"在单元格中画线来完成，最为快捷的方法是使用拆分单元格功能。

（1）选定要拆分的单元格。

（2）选择"表格"|"拆分单元格"命令或单击"表格和边框"工具栏中的"拆分单元格"按钮 ▦ 即可。

5．移动和复制表格

移动和复制表格的方法同文本移动和复制的方法相同。

6．改变表格大小

在文档中可以对表格任意的缩放，从而改变它的尺寸大小。选定表格后，就会发现表格的右下角有一个空心的小方块为控点，只要将鼠标指向控点，指针变为双向箭头时，拖动鼠标可以改变表格的大小。

还可通过方法改变表格大小：

（1）通过手动改变行高、列宽的办法来实现。

（2）通过"表格"菜单中的"表格属性"命令进行设置。

7. 拆分和合并表格

在表格处理时，有时要将一个表格拆分成两个表格，可以先选定要拆分的位置后，选择"表格"|"拆分表格"命令；要将两个连续的表格合并成一个表格，只要将插入点定位在第一个表格的最后，按【Del】键即可。

8. 标题行重复

在制作的表格超过一页时，第二页将没有标题行，这样给用户带来一些不便。如果使用 Word 中的"标题行重复"功能，就可以解决上述问题，自动将选中的标题行区域内容放在每页表格的开始处。操作步骤如下：

（1）选定需要重复的标题行区域。

（2）选择"表格"菜单中的"标题行重复"命令。

9. 表格中的文字方向

表格中的文本一般为横向排列的，有时需要纵向排列的文本，在选定文本后右击，在弹出的快捷菜单中选择"文字方向"命令，将会出现"文字方向-表格单元格"对话框（见图 3-74），选择所需的文本方向，最后单击"确定"按钮。

10. 文字转换为表格

如果有一些排列规则的文本，则可以方便地将其转换为表格。操作步骤如下：

（1）选定需要转换成表格的文本，选择"表格"菜单中的"转换"命令，在其级联菜单中选择"文字转换成表格"命令，如图 3-75 所示。

图 3-74　文字方向对话框

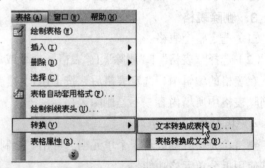

图 3-75　文本转换成表格命令

（2）在如图 3-76 所示的对话框中，在"文字分隔位置"选项区域中选择要使用的分隔符，对话框中就会自动出现合适的列数、行数，还可以使用"自动套用格式"来格式化表格。

11. 表格转换成文字

Word 2003 可以将文档中的表格内容转换为由逗号、制表符、段落标记或其他指定字符分割的普通文本。操作步骤如下：

（1）将光标定位在需要转换为文本的表格中，选择"表格"菜单中的"转换"命令，在其级联菜单中选择"表格转换成文字"命令，如图 3-75 所示。

（2）选择合适的文字分隔符来分隔单元格的内容。如果想使用其他分隔符，可以在"其他字符"文本框中输入指定的分隔符，单击"确定"按钮即可。

12. 表格的环绕

如果希望文字能环绕在表格的周围，在表格中右击，在弹出的快捷菜单中选择"表格属性"

命令，打开"表格属性"对话框，如图 3-77 所示，在当前的"表格"选项卡中有一个"文字环绕"选项区域，选择"环绕"选项，单击"确定"按钮，回到编辑状态，拖动表格到文字的中间，文字就在表格的周围形成了环绕。

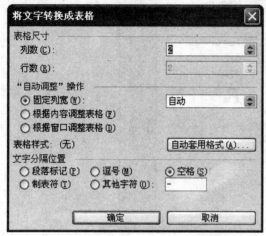

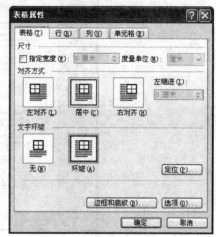

图 3-76　"文本转换成表格"对话框　　　　　图 3-77　"表格属性"对话框

任务四　美化文档

✉ 技能要点

- 能掌握 Word 中图片的插入及编辑的方法。
- 能掌握 Word 中艺术字的创建及编辑的方法。
- 能掌握 Word 中文本框的建立及编辑的方法。
- 能掌握 Word 中边框及底纹的设置方法。
- 能掌握 Word 中公式的插入、修改及删除的方法。

✉ 任务背景

"主任，您看这次可以了吗？"

窦文轩觉得文件已经修改得无懈可击了，不禁有点儿洋洋得意。

"还有点单薄啊。"主任戴上老花镜不紧不慢地说，"如果能加入些图片，做点特效就更好了。"

窦文轩立时感觉好像从珠峰掉到了吐鲁番盆地。

✉ 任务分析

使用 Word 2003 提供强大的图文混排的功能，在文档中能很方便地处理文字和图形。要完成文档中图文混排的效果，可以使用图片、艺术字、文本框、边框与底纹等操作进行图文混排，编排出完美的版面，效果如图 3-78 所示。

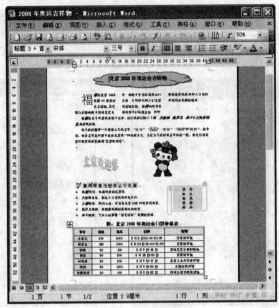

图 3-78　图文混排

✉ 任务实施

步骤一：打开文件

打开"2008 年奥运吉祥物.doc"文档。

步骤二：插入并编辑图片

在 Word 2003 的文档中可以插入多种类型的图形文件，对于插入的文件，用户可以方便地进行编辑处理。

1．插入图片

在 Word 中可以将其他应用程序创建的图形文件插入到文档中，图形文件可以是在画图程序绘制的图形，也可以是用扫描仪扫描保存下来的文件等。插入图形文件的操作步骤是：

（1）单击要插入图形的位置，"每个娃娃……"的段后。

（2）选择"插入"|"图片"|"来自于文件"命令，弹出"插入图片"对话框，如图 3-79 所示。

图 3-79　"插入图片"对话框

（3）在"查找范围"的下拉列表框中选择图形文件所在的位置，在列表框中单击图形文件的文件"熊猫"。

（4）单击"插入"按钮即可。

2. 插入剪贴画

Word 2003 提供了一个剪辑库，包含了大量的剪贴画、图片、声音和图像，用户可以直接从中选择需要的图片并插入到文档中。剪贴画默认的扩展名是 wmf。插入剪贴画有以下两种方法：

- 利用"绘图"工具栏中的"插入剪贴画"按钮 ▣。
- 利用"插入" | "图片" | "插入剪贴画"命令。

操作方法如下：

（1）选择"插入" | "图片" | "剪贴画"命令，将会弹出任务窗格，如图 3-80 所示。

（2）选择"管理剪辑"选项，在"收藏集列表"中打开"Office 收藏集"。

（3）选择"自然图形" | "杂项"选项，如图 3-81 所示，在右窗格中单击所需图片"云"的下三角按钮，在弹出的下拉列表框中选择"复制"选项。

（4）确定插入图片的位置。

（5）选择"编辑" | "粘贴"命令或单击"粘贴"按钮。

图 3-80 "剪贴画"任务窗格

图 3-81 插入剪贴画

3. 编辑图片

在文档中插入图片后，用户对图片的位置、大小及版式等可能感到不满意，这就需要对图片进行编辑，调整图片的位置，改变图片的尺寸，选择需要的版式等。

（1）调整图片的尺寸大小

插入图片后，如果感觉尺寸大小不合适，可以进行调整。要将前面插入的剪贴画的尺寸调整为宽 3.5 厘米，高 4 厘米的图片，操作步骤如下：

① 选定剪贴画。

② 选择"格式" | "图片"，或右击在弹出的快捷菜单中选择"设置图片格式"命令，弹出"设

置图片格式"对话框,选择"大小"选项卡,如图3-82所示。

③ 在"高度"微调框中输入"1.93厘米"或使用增减按钮调整为"1.93厘米",在"宽度"微调框中输入"11.75厘米"或根据高度自动调整宽度。

④ 设置完成,单击"确定"按钮即可。

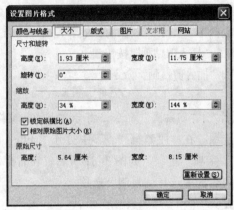

图3-82　设置图片大小

在调整图片大小时,如果对图片尺寸要求不是太精确,可采用鼠标拖动法来完成。

首先选定要调整尺寸的图片,然后将指针移到图片的尺寸控点上,当指针变为双向箭头时拖动鼠标,这时会出现一个虚框,当虚框大小合适时松开鼠标即可。

(2)设置图片的环绕方式

图片的环绕方式是指图片与文字的位置关系,在Word 2003中,图片的环绕方式有7种:四周型、紧密型、穿越型、上下型、浮于文字上方、衬于文字下方和嵌入型。有两种方式设置,一种菜单式,一种是图片工具栏式。对剪贴画和图片分别使用这两种方式进行设置。

将插入的剪贴画设置为衬于文字下方,操作步骤如下:

① 选定剪贴画。

② 选择"格式"|"图片"命令,或右击在弹出的快捷菜单中选择"设置图片格式"命令,将出现"设置图片格式"对话框。

③ 在"版式"选项卡中选择"衬于文字下方"选项,如图3-83所示。

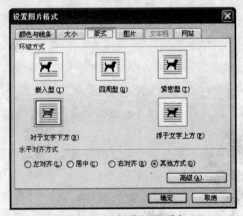

图3-83　"版式"选项卡

④ 完成设置后，单击"确定"按钮。

将插入的图片设置为浮于文字上方，操作步骤如下：

① 选定图片。

② 通过单击"图片"工具栏中的"文字环绕"按钮，如图 3-84 所示，在列表框中选择"浮于文字上方"选项来实现。

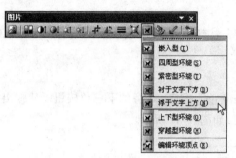

图 3-84　图片工具栏设置版式

（3）移动图片

将图片移动到文档中相应位置，最常用的方法是鼠标拖动：

首先选定剪贴画，这时在剪贴画四周出现 8 个小方块，称为尺寸控点，然后将鼠标指针指向图片，按下左键拖动，移动到标题处后松开鼠标。

选定插入的图形，按同样的方法移动到文档的右部。

移动图片的其他方法

- 选定图片后，按方向键（或【Ctrl】键+方向键）可以对图片进行微量移动。
- 打开"设置图片格式"对话框，在"版式"选项卡中单击"高级"按钮，选择"图片位置"选项卡，在此可精确定位。

步骤三：绘制简单图形

利用"绘图"工具栏中的"直线"按钮、"矩形"按钮或"椭圆"按钮，用户可以在文档中绘制出直线、方形或圆形等一系列简单图形。还可以使用自选图形来绘制图形。

（1）绘制自选图形的具体操作步骤如下：

① 单击"绘图"工具栏中的"自选图形"按钮，打开"自选图形"形状分类列表框。

② 选择"自选图形"形状分类列表框中的"星与旗帜"选项，从弹出的图形列表框中选择所需的图形"横卷形"选项，如图 3-85 所示。

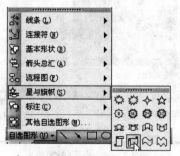

图 3-85　自选图形的绘制

③ 选择所需图形之后，屏幕上鼠标指针将显示为"+"字光标。单击并拖动鼠标直至图形变为所需大小后，释放鼠标左键，图形绘制完毕，并处于被选定状态。

④ 右击，在快捷菜单中选择"添加文字"命令，在其中分行输入文字"繁荣、欢乐、激情、健康、好运"，并设置字体为"华文新魏"、"居中"显示。

（2）编辑图形的操作步骤如下：

① 改变线型

选定线条，单击"线型"按钮≡，弹出"线型"列表框，如图 3-86 所示，选择"3 磅"实线线型。

② 改变线条颜色

选定线条，单击"线条颜色"按钮⊿·旁的下三角按钮，从弹出的"线条颜色"下拉列表框中选择需要的颜色"茶色"，如图 3-87 所示。

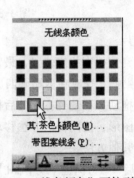

图 3-86　"线型"列表框　　　　　　　　图 3-87　"线条颜色"下拉列表框

（3）在自选图形中添加文字

右击自选图形，在弹出的快捷菜单中选择"添加文字"命令。插入点出现在自选图形中，输入文字"繁荣、欢乐、激情、健康、好运"，并设置字体为"华文新魏"、"居中"显示；为文字添加底纹颜色为自定义："红色"、"绿色"、"蓝色"分别为"230"、"230"、"200"，如图 3-88 所示。

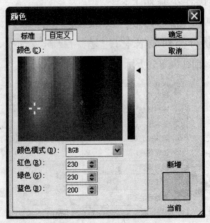

图 3-88　自定义颜色

知识链接　图片对象的两种形式

插入到文档中的图片对象有两种形式：一种是嵌入式对象，一种是浮动式对象。

嵌入式对象周围的 8 个尺寸柄是实心的，并带有黑色的边框，只能放置到有文档插入点位置，不能与其他对象组合，可以与正文一起排版，但不能实现环绕。

浮动式对象周围的 8 个尺寸柄是空心的，可以放置到页面的任意位置，并允许与其他对象组合，还可以与正文实现多种形式的环绕。

步骤四：插入并编辑艺术字

为了使文档更加精美，更加活泼，可以在文档中加入具有特殊效果的艺术字。艺术字是一种特殊的图形对象，可以对它进行移动、缩放、旋转、添加阴影等编辑操作。

1．插入艺术字

在文档中，插入艺术字"北京欢迎您"。操作步骤如下：

（1）选择"插入"|"图片"|"艺术字"命令，或者单击"绘图"工具栏上的"插入艺术字"按钮，会出现"艺术字库"对话框，如图 3-89 所示。

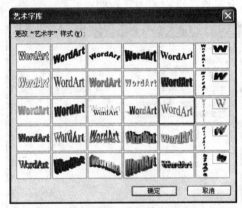

图 3-89　"艺术字库"对话框

（2）选择第三行第五列处的"艺术字"样式后，单击"确定"按钮。

（3）在"编辑艺术字文字"对话框，输入"北京欢迎您"。

（4）完成设置后，单击"确定"按钮，这时在文档中将出现插入的艺术字。

2．编辑艺术字

如果对插入的艺术字的样式、形状、位置、大小等不满意，可以使用"艺术字"工具栏（见图 3-90）对艺术字重新编辑，以达到满意的效果。

图 3-90　"艺术字"工具栏

"艺术字"工具栏中各功能按钮的作用从左到右依次是："插入艺术字"、"编辑文字"、"艺术字库"、"设置对象格式"、"艺术字形状"、"文字环绕"、"艺术字字母高度相同"、"艺术字竖排"、"对齐方式"、"字符间距"。

对于艺术字的移动、尺寸调整及环绕方式等与图片的设置完全相同，参见有关图片的操作方法，将插入的艺术字"北京欢迎您"移到文档位置，调整尺寸为高1.8厘米，宽3.86厘米。

设置完毕，这个任务也就完成了。

✉ **知识拓展**

一、插入并编辑文本框

1. 插入文本框

选择"插入"菜单里的"文本框"命令，从其级联菜单中选择"横排"或"竖排"命令，鼠标指针变成"+"状后在编辑区拖动即可。

2. 编辑文本框

将鼠标指针指向文本框，右击在弹出的快捷菜单中选择"设置文本框格式"命令，打开"设置文本框格式"对话框，选择"文本框"选项卡，如图3-91所示。在"上"、"下"、"左"、"右"4个文本框中输入数值，单击"确定"按钮，即可根据输入值文字与边框间的距离。还可以通过其他选项卡分别设置文本框的颜色和线条、大小以及环绕方式等。如果不想显示文字周围的边框，就需要把文本框的线条颜色设置为"无线条颜色"。

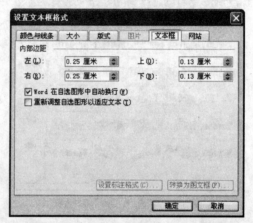

图3-91 "设置文本框格式"对话框

3. 文本框的链接

在Word 2003中，用户不但可以在文档中绘制多个文本框，还能够将它们链接起来。这样，第一个文本框装不下的文字会自动移到第二个文本框中，当删除前一个文本框的内容时，后一个文本框的内容将上移。

（1）在文档中建立两个文本框。

（2）右击第一个文本框，在弹出的快捷菜单中选择"创建文本链接"命令，鼠标指针变成一个杯子形状。

（3）将杯状指针指向第二个文本框架（该文本框必须为空）并单击，两个文本框间便建立了链接。

（4）在第一个文本框中输入文字。如果该文本框已满，超出的文字将自动输入下一个文本框。

二、插入公式

Word 2003 中提供了公式编排的功能，用户可以很方便地在文档中插入分式、根式或积分等数学公式，也可以编排像矩阵、方程组及更为复杂的公式。它作为一个特殊的对象，可以插入、修改和删除，也可以对公式中的内容进行字体大小、间距等格式调整。

公式的使用必须在系统已经安装了公式编辑器组件的前提下。安装公式编辑器可在安装 Office 2003 时，选中"公式编辑器"组件，也可以在安装 Office 2003 后，再添加"公式编辑器"组件。

如要插入公式，必须首先打开公式编辑器，操作步骤如下：

（1）单击文档中要插入公式处。

（2）选择"插入"|"对象"命令，弹出"对象"对话框，选择"新建"选项卡，如图 3-92 所示。

图 3-92　"对象"对话框

（3）在对话框中双击"Microsoft 公式 3.0"选项，或选择"Microsoft 公式 3.0"选项后单击"确定"按钮。这时打开公式编辑器，进入了公式编辑状态，如图 3-93 所示。

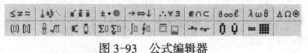

图 3-93　公式编辑器

（4）在公式编辑区中选择需要的公式模板，然后输入相应的数值即可。

（5）双击公式编辑区外任意处，可退出公式编辑状态。

若要修改公式，可在文档中插入的公式处双击，即可进入编辑修改状态。要删除公式可以在选定公式后，单击"剪切"按钮或按【Back Space】或【Del】键即可。

三、组合与取消组合图形

组合图形，操作步骤如下：

（1）按住【Shift】键，用鼠标左键依次单击要组合的图形。

（2）右击在弹出的快捷菜单中选择"组合"命令，再从其级联菜单中选择"组合"命令（见图 3-94），这样就可以将所有选中的图形组合成一个图形，组合后的图形可以作为一个图形对象进行处理。图 3-95 就是一个由多个基本形状组合而成的图形。

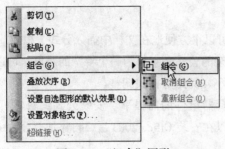

图 3-94 "组合"图形   图 3-95 绘制的图形

应当注意的是，如果需要将各种图形组合而成一个图形，首先要将嵌入式对象变成浮动式对象，然后才能进行组合。

解散组合的图形的过程称为"取消组合"。"取消组合"的操作方法如下：

右击要解散的组合图形，在弹出的快捷菜单中选择"组合"命令，从其级联菜单中选择"取消组合"命令即可。

任务五　编排文档页面格式并打印

✉ 技能要点

- 能掌握 Word 页眉及页脚的插入、修改及删除方法。
- 能掌握 Word 页码、脚注、尾注及批注的使用。
- 能掌握 Word 文档的打印预览及打印设置。
- 能掌握 Word 分页符及分节符的使用。

✉ 任务背景

"主任，您看这次……"

"还行，年轻人进步就是快啊。"主任高兴的说，"拿去给打印部打印吧。"

窦文轩的文章终于通过了。

✉ 任务分析

页面设置和打印是关系到整篇文档显示与输出效果的非常重要的操作内容。添加页眉、页脚，给文档内容加脚注，打印页面范围及打印份数的设置等操作，最终打印出满意的样稿。

✉ 任务实施

步骤一：打开文件

打开"2008 年奥运吉祥物.doc"文档。

步骤二：添加页眉、页脚

页眉、页脚的设置对文档的页面效果起到了重要的修饰作用，页眉位于页面的项端，而页脚则位于页面的底端，它们一般用来记录一些文档的附加信息，如：文档的标题、制作的时间、制作人、文档的页数及页码等，页眉和页脚的设置必须在页面视图下进行。

1．添加页眉和页脚

操作过程如下：

（1）选择"视图"|"页眉和页脚"命令，出现一个页眉编辑区域且同时打开了"页眉和页脚"工具栏，默认的是编辑页眉，这时插入点在编辑区中。

（2）输入页眉内容"2008 年奥运欢迎您""责任编辑：豆豆"，如图 3-96 所示。

（3）对页眉进行字体、字号、对齐方式等格式设置，加粗"2008 年奥运欢迎您"。

（4）单击"页眉和页脚"工具栏上的"在页眉和页脚间切换"按钮，切换到页脚的编辑状态，输入页脚内容"贝贝""晶晶""欢欢""迎迎"和"妮妮"。

（5）单击"页眉和页脚"工具栏的"关闭"按钮，也可以双击页眉或页脚编辑区域外任意一处，可以结束页眉或页脚的编辑，返回到文档的编辑状态。

2．要修改页眉或页脚的内容

可以双击页眉或页脚区域；也可选择"视图"|"页眉和页脚"命令，即可进入页眉的编辑状态。单击"页眉和页脚"工具栏中的"在页眉和页脚间切换"按钮，可转换到页脚编辑状态，在编辑区直接完成修改。

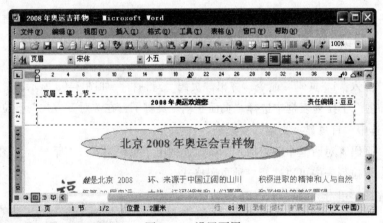

图 3-96　设置页眉

3．要删除页眉或页脚

可以按如下步骤操作：

（1）选择"视图"|"页眉和页脚"命令，也可以双击页眉或页脚区域。

（2）选定要删除的页眉或页脚内容，按【Delete】键。

（3）退出页眉或页脚编辑状态，返回到文档中。

4．页眉页脚其他的操作

（1）可以在页眉区输入文字或图形，也可以单击"页面和页脚"工具栏上的按钮插入页码、日期等。

（2）在弹出的"页面设置"对话框中选择"版式"选项卡，如图 3-97 所示。在该选项卡中可以设置页眉与页脚的"奇偶页不同"及"首页不同"。其主要是方便文档页码的排序。

（3）页面和页脚也可以添加边框及底纹，其方法与普通文档相同。

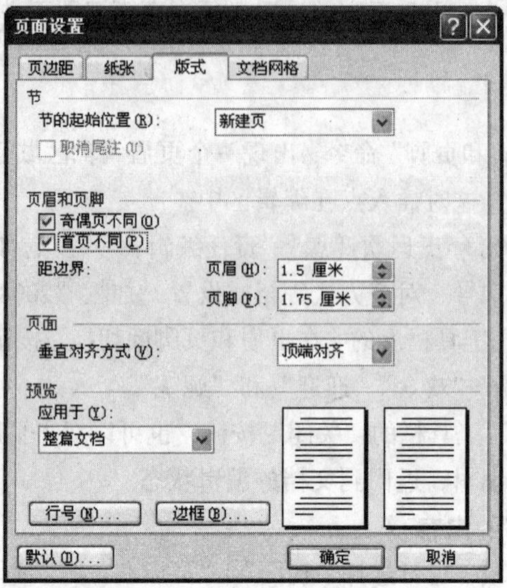

图 3-97　"版式"选项卡

步骤三：插入页码

对于篇幅比较长的文档，为了便于阅读，最好的方法是给每一页加上页码，页码可以在页眉或页脚的位置，页眉纵向中心、纵向内侧或纵向外侧的位置。此文档页码设置显示在页脚的右侧，操作步骤如下：

（1）选择"插入"|"页码"命令，弹出"页码"对话框，如图 3-98 所示。

（2）在"位置"下拉列表框中选择"页面底端（页脚）"，在"对齐方式"下拉列表框中选择"右侧"选项，选中"首页显示页码"复选框。

（3）单击"页码"对话框中的"格式"按钮，弹出"页码格式"对话框，如图 3-99 所示，在"数字格式"下拉列表中可以选择一种页码格式。

（4）设置完成，单击"确定"按钮。

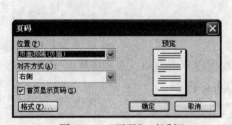

图 3-98　"页码"对话框

图 3-99　"页码格式"对话框

步骤四：打印预览

在 Word 中提供了打印预览功能，可以将要打印的文档通过打印预览在屏幕上浏览一下打印的效果，查看打印效果是否理想，提高编辑速度，减少不必要的浪费。

单击"常用"工具栏中的"打印预览"按钮，或选择"文件"|"打印预览"命令，即可

预览打印效果，如图 3-100 所示。

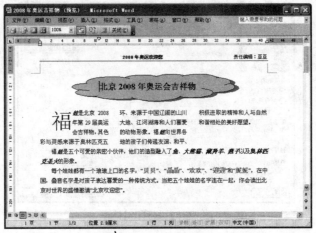

图 3-100　打印预览窗口

打印预览窗口与编辑窗口不同，原来的"常用"工具栏等消失，被"打印"工具栏取代，如图 3-101 所示。

图 3-101　"打印"工具栏

通过这些命令可以用不同的方式查看排版效果，或者调整版面等。利用水平标尺和垂直标尺，可调整文档内容与纸张的边距，并能直观地了解版心大小及页边距的距离。但如果要改变纸张的大小及调整字体的大小等，需要单击"打印"工具栏中的"关闭"按钮，返回到编辑窗口中才能进行。

步骤五：　打印文档

通过打印预览，对打印效果感到满意后，便可以打印文档了。Word 2003 可以打印整个文档，也可以打印某几页，同时还能打印多份文档。

要打印两份"2008 年奥运吉祥物"样稿，操作如下：

（1）选择"文件"｜"打印"命令，会弹出"打印"对话框，如图 3-102 所示。

（2）在"页面范围"选项区域中选择打印范围，选择"当前页"单选按钮，则打印当前窗口中所显示的内容；选择"页码范围"单选按钮，则需在后面的文本框中指定页码的范围，如果只打印第二页，可输入"2"，如果要打印第一页至第十页，可输入 1-10，若要打印第二页、第五页和第八页，可输入"2，5，8"即可；在文档中选择某些文本后，"所选内容"单选按钮被激活，选择"所选内容"单选按钮后，只打印文档中选定的内容。这里使用默认为"全部"单选按钮。

（3）打印内容：在"打印内容"下拉列表框中，可以选择打印"文档属性"、"样式"等选项。这里选择"文档"选项。

（4）打印：在"打印"下拉列表框中可以选择"范围中所有页面"、"奇数页"或"偶数页"选项。这里选择默认选项。

（5）在"副本"选项区域中的"份数"中设定为"2"。

（6）逐份打印：选中此复选框时，打印完整一份文档后接着再打印一份此文档；否则将打印完每一页足够的份数后才打印下一页。

（7）完成设置后，单击"确定"按钮即可。

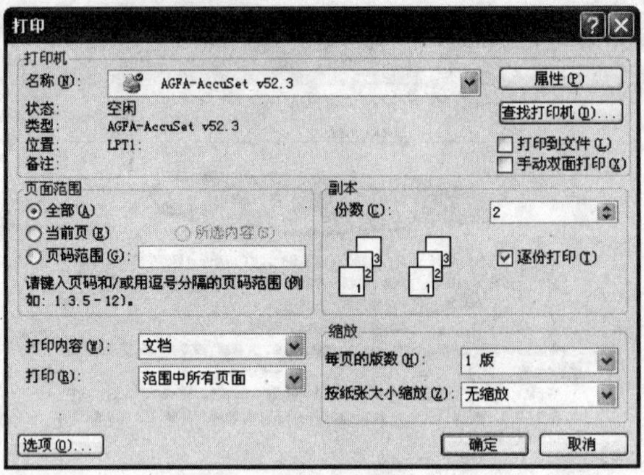

图 3-102　打印对话框

在打印过程中如果要取消对某个文档的打印有两种方法。一种是在没有启用后台打印的情况下，按【Esc】键即可；第二种方法是在启用了后台打印的情况下，双击状态栏上的打印机图标，在打印队列中选择文档名称，再选择"文档"菜单上的"取消"命令或右击在弹出的快捷菜单中选择"取消"命令，就可以取消打印某个文档。

使用"常用"工具栏中的"打印"按钮，它是按默认的打印设置打印出一份当前窗口的完整文档。

在 Word 中要连续打印多个文档，可以单击"打开"按钮或单击"文件—打开"，在"打开"对话框的列表框中选择多个文件，然后单击"打开"对话框中的"工具"按钮，选择"打印"即可。

至此，任务完成。

✉ 知识拓展

一、插入分隔符

1. 分页符

在编辑 Word 文档过程中，当一页内容排满后，会自动转入下一页，这是 Word 的自动分页功能。自动分页符是系统根据页面设置的参数自动插入的，但无法被删除。

如果要在 Word 文档的某个位置强制分页，可以在这个位置插入人工分页符，而此位置下面的内容会移到新的一页，当用户修改、删除或添加文本内容时，人工分页符标记会永远处于被插入的位置，不会随着内容的增减而变动。

插入人工分页符操作步骤：

（1）将插入点移到要强制分页的位置。

（2）选择"插入"|"分隔符"命令，弹出"分隔符"对话框，如图 3-103 所示。

（3）选择"分页符"单选按钮。

（4）完成设置后，单击"确定"按钮即可。

删除人工分页符：选定分页符，按【Back Space】键或【Del】键。

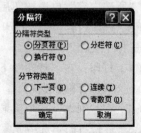

图 3-103　"分页符"对话框

2．分节符

有时候用户会在文档的不同部分使用不同的页面设置，比如，给两页设置不同的艺术型页面边框；又比如，希望将一部分内容变成分栏格式的排版。这时就可以通过将文档分节来达到目的。分节就是用特殊的分隔符将文档划分为几个部分，其中的每一部分称为一节，每节可以具有不同的页面设置，包括页边距、页眉、页码、分栏等格式。

分节符的插入和删除操作和分页符相似。

二、插入批注

所谓批注，就是给文档中某些内容加的注释文字。其操作步骤如下：

（1）选定需添加批注的文字。

（2）选择"插入"菜单中的"批注"命令即可打开"批注"窗口，此时选定文字加上了红色的底纹。

（3）在"批注"窗口中可以像编辑普通文本一样编辑批注文字。

三、插入脚注和尾注

在 Word 文档中，根据需要有时要对文档中的文本作一些注释，这就需要给文本添加脚注或尾注，脚注一般默认将注释内容放在文本所在页的底部，而尾注一般默认将注释内容放在文档的尾部。

在文档中添加脚注，操作过程如下：

（1）将插入点置于添加脚注的位置。

（2）选择"插入"|"引用"|"脚注和尾注"命令，弹出"脚注和尾注"对话框，如图 3-104 所示。

（3）在"位置"选项区域中选中"脚注"单选按钮，在"格式"选项区域中进行编号格式，自定义标记，起始编号，编号方式的设置，在这里使用默认的各种设置。

（4）设置完成后，单击"插入"按钮进入脚注的编辑区域，在这输入脚注的内容。即可完成脚注的插入。

图 3-104　"脚注和尾注"对话框

如果要修改脚注内容，可将插入点置于脚注编辑区域进行修改；要删除脚注，可将插入点置于文档中脚注标记处，与删除文字操作方法相同。

四、域

域是一种特殊的代码，用于指明在文档中插入何种信息。例如，使用域可以将日期和时间等插入到文档中，并使 Word 2003 能够自动更新日期和时间；插入公式域，自动更新计算的结果等。

在 Word 2003 中，域不是随时进行更新的，它是根据选择文档环境的变化而变化。例如，对于页码域，可以在自动分页时自动更新。有些域需要选择"更新域"命令才能进行更新。

五、索引和目录

（1）选择好光标插入点，选择"插入"菜单中的"索引和目录"命令，弹出"索引和目录"对话框。选择"目录"选项卡，如图 3-105 所示。

（2）在"格式"下拉列表框中选择目录格式；在"显示级别"微调框中输入要显示的标题级别；选中"显示页码"和"页码右对齐"复选框，则在生成的目录中自动生成页码，并且页码按常规显示，自动右对齐。

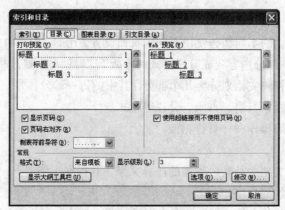

图 3-105　"索引和目录"对话框

（3）单击"确定"按钮，即可自动生成目录。

利用"索引和目录"命令还可以生成文档的索引、图表目录及引文目录等。

六、邮件合并

举个例子，春节将至，要给本单位所有人发出新年的问候。

1．主文档

书名号内为变化的信息，将被数据表中的相关字段代替。

尊敬的《姓名和称呼》:

值此新春之际，向您致以诚挚的问候，祝您新年快乐，万事如意！

此致

敬礼

王小虎

2007 年 1 月 24 日

2．准备数据源

这里有一份现成的数据表，即本单位人的信息汇总表。其中包括姓名、性别、系部、职称、答复情况、电子信箱联系方式等必要的信息。根据需求，将对这个数据表另存一份备份，删除其中多余的字段，并把性别一栏的"男"、"女"分别替换为"先生"、"女士"。

3．合并数据源

打开主文档，选择"工具"|"信函与邮件"|"邮件合并"命令，在 Word 工作区的右侧将会出现邮件合并的任务窗格。它将引导我们一步一步、轻松地完成邮件合并。在同一个菜单中，还可以选择"显示邮件合并工具栏"命令，方便操作。

（1）首先需要选择文档的类型，使用默认的"信函"即可，之后在任务窗格的下方单击"下一步：正在启动文档"按钮。

（2）由于主文档已经打开，选择"使用当前文档"单选按钮作为开始文档即可，进入下一步。

（3）选择收件人，即找到数据源。这里使用的是现成的数据表，选择"使用现有列表"单选按钮，并单击下方的"浏览"超链接，选择数据表所在位置并将其打开（如果工作簿中有多个工作表，选择数据所在的工作表并将其打开）。在随后弹出的"邮件合并收件人"对话框中，用户可以对数据表中的数据进行筛选和排序，具体操作方法与 Excel 表格类似，这里不多作叙述。完成之后进入下一步。

（4）撰写信函，这是最关键的一步。这时任务窗格上显示了"地址块"、"问候语"、"电子邮政"和"其他项目"4 个超链接。前三个的用途就如其名字一样显而易见，是常用到的一些文档规范，这里可以将数据源中的某个字段映射到标准库中的某个字段，从而实现自动按规范进行设置。不过，更灵活的做法是自己进行编排。在这个例子中，这里选择的就是"其他项目"超链接。选中主文档中将要被替换的部分，将其删除。单击任务窗格的"其他项目"超链接，在弹出的"插入合并域"对话框中，选择"姓名"这个字段，并单击"插入"按钮，继续选择"性别"这个字段并插入。重复这些步骤，将"系部"和"职称"的信息填入。用户可以看到，合并之后的文档中出现了 4 个引用字段，并且被书名号"包围"了。用户可以像编辑普通文字一样编辑这些引用字段，因此在插入字段的过程中，其实也可以一次性把需要的所有字段取出，再将其放到合适的位置。

（5）预览信函，可以看到许多已经填写完整的信函。如果在预览过程中发现了什么问题，还可以进行修改，如对收件人列表进行编辑以重新定义收件人范围，或者排除已经合并完成的信函中的若干信函。完成之后进入最后一步。

（6）现在用户可以直接将这一批信件打印出来了。

实 验 指 导

实验一　Word 2003 文档的基本操作

一、实验目的

1. 掌握 Word 2003 的启动和退出方法。
2. 掌握在 Word 2003 中输入中、英文字的方法。
3. 掌握 Word 2003 文档的创建、输入、打开、保存和关闭。
4. 掌握 Word 2003 文档的一般编辑方法：选定、插入、删除、剪切、粘贴、复制、移动、替换等。
5. 掌握在 Word 2003 中普通视图、页面视图、大纲视图、Web 版式视图、阅读版式。

二、实验内容

1. 启动 Windows 后，单击桌面上 Word 2003 快捷图标。尝试启动、退出 Word 2003，观察其启动、结束的情况是否正常，同时观察在正常启动后 Word 2003 的窗口状态、默认文档名、工具栏的组成等内容是否与教材讲解的一致。
2. 请用最便捷的方法和最恰当的编辑手段，使用宋体五号字，输入下述文字，如图 3–106 所示。
3. 保存文档为 "D:\个人姓名\test1.doc"。
4. 打开刚保存的 "test1.doc"。
5. 移动 "广告心理战——之史考特下海" 到文档首，作为标题。
6. 删除 "这些已成为商人们最为关心的问题"。

7. 复制"例如"开始的段落，放到文档末。

8. 撤销前面的复制命令。

9. 在 Word 2003 中普通视图、页面视图、大纲视图、Web 版式视图、阅读版式，查看不同的显示效果。

10. 把"university"替换成"大学"。

11. 保存文档并退出。

消费者真的捉摸不定吗？他们的购买行为无章可循吗？这些已成为商人们最为关心的问题。

心理研究发现，消费者的"喜怒无常"只是一种表象，在其行为背后，都有某种动机在支撑着。

例如，心理学家认为刷牙的原因会因人而异。有些人，确实意识到细菌的滋生，因而对腐蚀两字特别敏感。近年来有些牙膏广告强调"抗腐作用"就是利用了这些消费者的心理需求。

史考特是何许人也？

H·T·史考特（1869—1955）是世界著名的心理学家，广告心理战的创始人之一。

史考特出生于新教徒之家，一度立志要成为神学院的学生。

1901 年转入西北 university，成为西北 university 的终身教授。

他发现：

广告能否引起消费者的注意，是相对的。

感情诉求方式比理性说教更吸引人。

广告内容应当简明扼要、浅显易懂。

广告心理战——之史考特下海

图 3-106　文字输入

实验二　文档的格式化

一、实验目的

1. 掌握字符格式化的方法。
2. 掌握段落格式化的方法。
3. 掌握格式上的使用方法。
4. 掌握项目符号和编号的使用方法。
5. 掌握边框和底纹的使用方法。
6. 掌握首字下沉和中文版式的应用。

二、实验内容

1. 打开文档"test1.doc"。
2. 整篇文档字体设置为"华文中宋"。
3. 设置"喜怒无常"四个字为：黑体、蓝色、小四号、加着重号、位置提升 2 磅。
4. 利用格式刷复制"喜怒无常"的格式应用到"抗腐作用"。
5. 设置"例如"开始的段落为：左右缩进 2 字符，首行缩进 2 字符，段后距离 0.5 行，行间距为固定值 20 磅。
6. 选定"史考特是何许人也？"，设置文字效果为"赤水情深"，并添加字符阴影。
7. 设置标题为"标题二"格式，并居中显示。
8. 为"史考特是何许人也？"后面三段，设置项目符号为如图 3-107 所示的格式。
9. 为"他发现"的后面三段添加编号为如图 3-107 所示的格式。

10. 设置"例如"开始的段落为等宽的两栏，要显示分隔线。

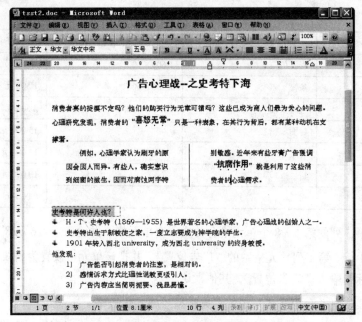

图 3-107　文档格式化

实验三　表格的制作和格式化

一、实验目的

1. 掌握 Word 2003 表格的创建方法。
2. 掌握 Word 2003 表格结构的设置与修改方法（插入、删除、合并、拆分等）。
3. 掌握 Word 2003 表格内部文字的编辑方法。

二、实验内容

1. 创建一个 3 列 8 行的表格。
2. 添加标题"广告收费表"并居中。
3. 表格内填入内容参见表 3-2。

表 3-2　广告收费表

广告位置	广告项目	价格（人民币）
展馆外	彩虹门	10 000 元
	条幅	1 500 元
	气球条幅	2 500 元
展会画册	封面	15 000 元
	封底	13 000 元
	封二	10 000 元
	封三	8 000 元

4. 在第 2 列和第 3 列之间增加一列表格并填入相应内容，参见表 3-3。

表 3-3　添加表格

广告位置	广告项目	规格（宽×高）（cm）	价格（人民币）
展馆外	彩虹门	1 600×700	10 000 元
	条幅	1 500×600	1 500 元
	气球条幅	600×3 000	2 500 元
展会画册	封面		15 000 元
	封底		13 000 元
	封二		10 000 元
	封三		8 000 元

5. 将表格第 3 列的第 5～8 个单元格合并成一个单元格，并输入"216×28"。

6. 删除第 1 行、第 1 列单元格中的"广告位置"，并把该单元格设置为斜线表头：行标题输入"说明"，列标题输入"广告位置"，其他默认。

7. 选择"表格自动套用格式"中的"典雅型"格式化表格。

8. 设置表格中所有单元格内容水平对齐，第 1 行第 2 列、第 1 行第 4 列、第 5 行第 3 列垂直居中。

9. 设置表格第 2 行"上框线"为双线，粗细为 1/2 磅。

10. 为第 1 行和第 1 列填充 15%的灰色。

11. 缩小第 2 列的宽度。

12. 合并第 1 列第 2～4 行为一个单元格，合并第 1 列第 5～8 行为一个单元格，内部的文字中部居中。

13. 把文档保存为"test3.doc"，最终效果如图 3-108 所示。

广告收费表

说明〵广告位置	广告项目	规格（宽×高）（cm）	价格（人民币）
展馆外	彩虹门	1 600×700	10 000 元
	条幅	1 500×600	1 500 元
	气球条幅	600×3 000	2 500 元
展会画册	封面	216×28	15 000 元
	封底		13 000 元
	封二		10 000 元
	封三		8 000 元

图 3-108　修改后的表格

实验四　文档的图文混排

一、实验目的

1. 熟练掌握在文档中插入各种对象的方法。
2. 掌握各种图形对象的格式设置。
3. 掌握嵌入式图片和浮动式图片的区别。
4. 掌握图形与文字的设置方法。

二、实验内容

1. 打开文档"test2.doc"。
2. 插入剪贴画，选择"背景"类别中的第二张，观察嵌入式格式。
3. 把图片改为浮动式，观察浮动式格式。
4. 设置建贴画大小为高：24.55cm，宽：14.61cm；版式为沉于文字下方。
5. 在文档的最后插入文档"test3.doc"。
6. 删除表格的标题"广告收费表"，在此处插入艺术字"广告收费表"作为标题，并居中显示。
7. 在第二段后面插入图形椭圆，椭圆线条粗细为 1.5 磅，颜色为玫瑰红；内部添加文字"椭圆"，颜色为深黄，并居中显示。
8. 椭圆右边插入一个文本框，内容为"文本框"，并居中显示；设置文本框的线条颜色为紫色，线型为短画线，粗细为 2 磅。
9. 在椭圆和文本框之间添加一个箭头。
10. 保存文档为"test4.doc"，效果如图 3-109 所示。

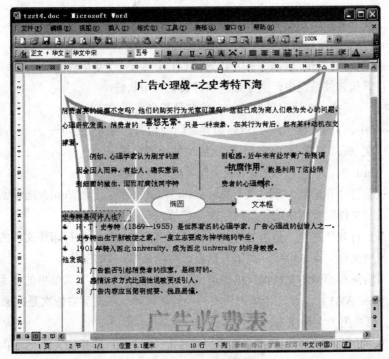

图 3-109　图文混排

实验五　文档版面设置和打印

一、实验目的

1. 掌握纸张大小、页边距的设置方法。
2. 掌握页眉页脚与页码的设置。
3. 掌握人工分页的方法。
4. 掌握打印预览的方法。
5. 掌握文件的打印方法。

二、实验内容

1. 打开文档"test4.doc"。
2. 设置上下边距为 2.5cm，左右边距为 2cm，方向纵向。
3. 设置页眉页脚，页眉中插入文件名，在右边插入剪贴画标志类别中的第一张，调整其大小在页脚中插入页码，并居中显示。
4. 手动分页，把表格连同标题放在下一页中。
5. 打印预览文档。
6. 打印文档的第一页，打印三份。

习　题

一、判断题

1. （　　） 文字处理软件的基本功能之一是对文字字符进行编辑。
2. （　　） Word 是文字处理软件。
3. （　　） 结束 Word 的工作，不能采用单击窗口右上角标有一个短横线的按钮的方法。
4. （　　） 在计算机软件系统中，文字处理软件属于应用软件。
5. （　　） "文件"下拉菜单底部所显示的文件名是正在使用的文件名。
6. （　　） Word 中，页边距是文字与纸张边界之间的距离，分为上、下、左、右四类。
7. （　　） 在中文 Word 下保存文件时，默认的文件扩展名是.doc。
8. （　　） 在 Word 中，当前正在被编辑的文档名显示在标题栏。
9. （　　） 通过单击"开始" | "程序" | "Microsoft Word"命令启动 Word，能够创建一个文档。
10. （　　） 单击"文件"菜单中的"打开"命令能够创建一个新文档。
11. （　　） 所谓"打开"文档，是指另外打开一个新文档窗口显示和打印该文档的内容。
12. （　　） 执行"文件"菜单中的"关闭"命令，将结束 Word 的工作。
13. （　　） 为当前正在编辑的文档设置保护措施，可以使用"工具"菜单里的命令。
14. （　　） 在 Word 2003 中，状态栏的左边有四个视图按钮，从左到右依次是普通视图、web 版式视图、页面视图、大纲视图。
15. （　　） 在 Word 中，要同时保存多个文档应按住【Shift】键，选择"文件"菜单中的"全部保存"命令。

16. （　　） 退出 Word 的键盘操作为按快捷键【Alt+F4】。

17. （　　） 在 Word 的"打印预览"模式下能够对页边距进行调整。

18. （　　） 在 Word 大纲视图中无法显示艺术字对象，也无法对其进行拼写检查。

19. （　　） 用户控制各种工具按钮是否显示的命令在"视图"菜单中。

20. （　　） 当鼠标指针通过 Word 编辑区时的形状为箭头。

21. （　　） Word 具有查找一个特定文档的功能，这个功能包含在"编辑"菜单中的"查找"对话框中。

22. （　　） 文本编辑区内有一个闪动的粗竖线，它表示插入点，可在该处输入字符。

23. （　　） 在 Word 文本区中显示的段落标记在输出到打印机时也会被打印出来。

24. （　　） 在 Word 的编辑状态下，当前输入的文字显示在插入点处。

25. （　　） 在 Word 的"编辑"菜单中，"粘贴"命令呈灰色则表示该命令不可用。

26. （　　） 当需要输入日期、时间等，可选择"插入"菜单中的"日期和时间"命令。

27. （　　） Word 2003 允许用鼠标和键盘来移动插入点。

28. （　　） 在 Word 2003 中，选定区域内的文本及对象以反相(黑底白字)显示以示区别。

29. （　　） "粘贴"命令的快捷键是【Ctrl+V】。

30. （　　） 打印范围不属于"打印"对话框里设置的内容

31. （　　） 在文档窗口中显示被编辑文档的同时，能显示页码、页眉、页脚的显示方式是页面视图方式。

32. （　　） 打算将文档中的一段文字从目前位置移到另外一处，第一步应当复制。

33. （　　） 在对文档进行编辑时，如果操作错误，可以单击"编辑"菜单里的"撤销"命令。

34. （　　） 单击"插入"菜单里的"文件"命令，不能建立另一个文档窗口。

35. （　　） 在 Word 工作过程中，删除插入点光标右边的字符，按删除键【Del】键。

36. （　　） 为了方便地输入特殊符号、当前日期时间等，可以采用插入菜单下的相应命令的方法。

37. （　　） 在 Word 的编辑状态下，文档中有一行被选择，当按下【Del】键删除该行。

38. （　　） 在 Word 编辑的内容中，文字下面有红色波浪下画线表示可能有拼写错误。

39. （　　） 在 Word 的编辑状态下，若要调整左、右边界，比较直接、快捷的方法是调整标尺上的左、右缩进游标。

40. （　　） 在 Word 中，要取消文档中某句话的粗体格式，应选中该句话，单击"格式"工具栏中"粗体"按钮。

41. （　　） 在 Word 中，可在"格式"工具栏中改变文档的字体大小。

42. （　　） 在 Word 文档中选中某句话，双击工具栏中的"斜体"按钮，则这句话的字符格式不变。

43. （　　） 在 Word 中，进行文本格式化的最小单元是字符。

44. （　　） 在 Word 中，删除某页的页码，将自动删除整篇文档的页码。

45. （　　） 在 Word 中，对文档设置页码时，可以对第一页不设置页码。

46. （　　） 在 Word 中，对图形对象可同时添加阴影效果和三维效果。

47. （　　） 在 Word 中，一旦进入"预览"窗口，"放大"（"缩小"）按钮即被选中，鼠标指针变为放大镜。

48. （　　） 在 Word 文档中，每个段落都有自己的段落标记，段落标记的位置在段落的结尾。

49. （　　） 在 Word 中，制表位能用来对齐文字。

50. （　　） 在 Word 中，剪切操作就是删除操作。

51. （　　） 在 Word 中，在正文区中拖动鼠标可实现对文本的快速选定。

52. （　　） 在 Word 中，通过水平标尺上的游标可以设置段落的首行缩进和左、右缩进。

53. （　　） 在 Word 中，两个段落之间的间距是通过设置"段落"对话框的"段前"和"段后"值来调整的。

54. （　　） 在 Word 中，设置文本对齐方式是属于段落格式编排。

55. （　　） 在 Word 中，如果用鼠标选择一整段，则只要在段内任意位置单击三次即可。

56. （　　） 在 Word 中，段落对齐方式有三种。

57. （　　） 在 Word 中，一个段落中的各行在格式编排时可根据所设定的页边距自动调整。

58. （　　） 在 Word 中，"纸张大小"的设置是在"页面设置"对话框中进行的。

59. （　　） 在 Word 的"页面设置"对话框中，可以设置每页的行数以及每行的字符数。

60. （　　） 当 Word 的文档内容没有达到一页大小时，可以在文档中插入手动分页符进行分页。

61. （　　） 在 Word 中，手动分页符是一个可以被删除的符号。

62. （　　） 在 Word 中，对于当前选定文本的字符格式修改将不会影响到其后再输入的文本。

63. （　　） 使用"删除"命令可从文档中删除数据并把它放到剪贴板中

64. （　　） Word 具有分栏功能，各栏的宽度可以不同。

65. （　　） 在文档中建立表格的命令应当到"编辑"菜单中去寻找。

66. （　　） 在 Word 中，图片周围不能环绕文字，只能单独在文档中占据几行位置。

67. （　　） 表格拆分指的是从某两列之间把原来的表格分为左右两个表格。

68. （　　） 在 Word 表格由若干行、若干列组成，行和列交叉所组成的矩形框称为单元格。

69. （　　） 在 Word 中，使用"插入"菜单中的"符号"命令，可以插入特殊字符和符号。

70. （　　） 在 Word 中，表格是由多个单元格组成，单元格中只能填充文字。

71. （　　） 在 Word 中，当插入点定位在表格的最后一个单元格时，若按【Tab】键则会为表格新增一列。

72. （　　） 在 Word 中，表格的行高可以通过拖动垂直标尺上的行标记来改变。

73. （　　） Word 文档中可以包含文字、表格、图片等内容。

74. （　　） 使用 Word 的绘图工具可以绘出矩形、直线、椭圆等多种形状的图形。

75. （　　） 在 Word 中，构成表格的基本单位是单元格。

76. （　　） 在 Word 中，要输入数学公式，可在"工具"菜单中选择"公式"按钮。

77. （　　） 执行"插入"菜单中的相应命令，不能把图形插入 Word 文档中。

二、选择题

1. Word 是一种（　　）。

A. 操作系统　　　　B. 多媒体制作软件　　C. 文字处理软件　D. 网络浏览器

2. 在 Word 中，每一页都要出现的一些信息应放在（　　）。

A. 文本框　　　　　B. 第一页　　　　　　C. 脚注　　　　　　D. 页眉／页脚

3. 要在 Word 文档中插入数学公式，可选择（　　）命令。

A."工具"｜"选项"　　　　　　　　　B."插入"｜"对象"

C."编辑"｜"粘贴"　　　　　　　　　D."文件"｜"打开"

4. 对于插入文档中的图片不能进行的操作是（　　　）。

    A. 放大或缩小　　　B. 修改图片中的图形　C. 移动　　　　　　　D. 剪裁

5. 在 Word 中，对文档进行打印预览，可单击工具栏上的（　　　）按钮。

    A. "新建"　　　　　B. "打印预览"　　　　　C. "保存"　　　　　　D. "打印"

6. 在 Word 文档中有一段落的最后一行只有一个字符，想把该字符合并到上一行，通过（　　　）方法无法达到目的。

    A. 减少页的左右边距　　　　　　　　　B. 减小段落的字间距

    C. 减小段落的字体的字号　　　　　　　D. 减小段落的行间距

7. 在 Word 中，当"常用"工具栏中的"粘贴"按钮呈灰色而不能使用时，表示的是（　　　）。

    A. 剪切板里没有内容　　　　　　　　　B. 在文档中没有选定内容

    C. 剪切板里有内容　　　　　　　　　　D. 在文档中已选定内容

8. 在 Word 中，下面关于"常用"工具栏中的"撤销"按钮所能执行功能的叙述中，正确的是（　　　）。

    A. 已经做的操作不能撤销　　　　　　　B. 只能撤销上一次存盘后的操作内容

    C. 只能撤销上一次的操作内容　　　　　D. 能撤销"可撤销操作列表"中的所有操作

9. 在 Word 的编辑状态下，设置了标尺，只显示水平标尺的视图方式是（　　　）。

    A. 普通视图　　　　B. 大纲视图　　　　　　C. 页面视图　　　　　D. 全屏幕方式

10. 在 Word 2003 的编辑状态下，设置了由多个行和列组成的表格。如果选中一个单元格，再按【Del】键，则（　　　）。

    A. 删除该单元格所在的行　　　　　　　B. 删除该单元格，右方单元格左移

    C. 删除该单元格的内容　　　　　　　　D. 删除该单元格，下方单元格上移

11. 对于打印预览，下面说法错误的是（　　　）。

    A. 可以不完全显示打印后的效果　　　　B. 显示打印后的效果

    C. 可以一次查看多页

    D. 选择"文件"菜单下的"打印预览"命令，可以使用打印预览的方式查看文档

12. Word 常用工具栏中的"格式刷"按钮可用于复制文本或段落的格式，若要将选中的文本或段落格式重复应用多次，应（　　　）操作。

    A. 单击格式刷　　　B. 右击格式刷　　　C. 双击格式刷　　　　D. 拖动格式刷

13. 下面说法正确的是（　　　）。

    A. 在 Word 2003 中，不可以对打印机进行设置

    B. Word 2003 文档转换成文本文件格式后，原来文档中所有数据丢失

    C. 对于 Word 2003 来说，可以在打印之前通过打印预览看到打印之后的效果

    D. 打印预览看到的效果和打印后的效果是不同的

14. 在 Word 2003 中，要为文档自动加上页码，可以选择（　　　）菜单中的"页码"命令。

    A. 文件　　　　　　B. 插入　　　　　　　　C. 编辑　　　　　　　D. 格式

15. 在 Word 文档窗口编辑区中，当前输入的文字被显示在（　　　）。

    A. 文档的尾部　　　B. 插入点的位置　　　C. 鼠标指针的位置　　D. 当前行的行尾

16. 在查找替换过程中，只替换当前被查到的字符串，应单击（　　　）按钮。

    A. "查找下一处"　　B. "全部替换"　　　　C. "替换"　　　　　　D. "格式"

17. 在 Word 的编辑状态，执行编辑命令"粘贴"后（   ）。
    A. 将文档中被选择的内容复制到当前插入点处
    B. 将剪贴板中的内容移到当前插入点处
    C. 将文档中被选择的内容移到剪贴板
    D. 将剪贴板中的内容复制到当前插入点处

18. Word 文档的文件扩展名是（   ）。
    A. exe   B. xls   C. com   D. doc

19. Word2003 文档转换成纯文本文件时，一般使用（   ）命令。
    A. "新建"   B. "全部保存"   C. "保存"   D. "另存为"

20. 要复制单元格的格式，最快捷的方法是利用工具栏上的（   ）按钮。
    A. "复制"   B. "格式刷"   C. "粘贴"   D. "恢复"

21. Word 中实现多个文档之间的切换，可以选择（   ）。
    A. "工具"菜单中的命令   B. "文件"菜单中的命令
    C. "窗口"菜单中的命令   D. "格式"菜单中的命令

22. Word 中"工具栏"命令位于（   ）菜单下。
    A. "文件"   B. "视图"   C. "编辑"   D. "插入"

23. Word 2003 中"项目符号"命令用于在什么前面添加项目符号（   ）。
    A. 行   B. 段落   C. 图形   D. 表格

24. 退出 Word 2003 可以直接按快捷键（   ）。
    A. 【Ctrl+F4】   B. 【Alt+F4】   C. 【F4】   D. 【Alt+X】

25. Word 2003 中在 Word 窗口的工作区中闪烁的垂直条表示（   ）。
    A. 光标位置   B. 键盘位置   C. 插入点   D. 鼠标位置

26. Word 2003 中在窗口中标题栏最右端的按钮表示（   ）。
    A. "最小化"按钮 B. "关闭"按钮   C. "最大化"按钮   D. "还原"按钮

27. Word 2003 中文本和图形的移动操作包含了（   ）。
    A. 复制   B. 剪切   C. 复制和粘贴   D. 剪切和粘贴

28. Word 2003 中，"复制"操作的快捷键为（   ）
    A. 【Ctrl + X】   B. 【Ctrl + C】   C. 【Ctrl + V】   D. 【Ctrl + Z】

29. Word 2003 中，"剪切"操作的快捷键为（   ）。
    A. 【Ctrl + X】   B. 【Ctrl + C】   C. 【Ctrl + V】   D. 【Ctrl + Z】

30. Word 2003 中，"撤销"操作的快捷键为（   ）。
    A. 【Ctrl + X】   B. 【Ctrl + C】   C. 【Ctrl + V】   D. 【Ctrl + Z】

31. 在 Word 中，选定矩形文本块的方法是（   ）。
    A. 拖动鼠标   B. 【Alt】键+ 拖动鼠标
    C. 【Shift】键+ 拖动鼠标   D. 【Ctrl】键+ 鼠标拖动

32. Word 2003 中，鼠标拖动选定文本的同时按【Ctrl】键执行的是（   ）。
    A 移动操作   B. 剪切操作   C. 复制操作   D. 粘贴操作

33. 在 Word 2003 中，如果想删除插入光标之后的一个字符可以按（　　）。

    A.【Back Space】键　　　　　　　　　B.【Insert】键

    C.【Del】键　　　　　　　　　　　　　D.【Enter】键

34. Word 2003 中，按快捷键【Ctrl + Home】可以将插入光标移动到（　　）。

    A. 行首　　　　　　B. 文档的开头　　　　C. 行尾　　　　　　D. 文档的结尾

35. Word 2003 中，按快捷键【Ctrl + A】将（　　）。

    A. 撤销上一步操作　　　　　　　　　　B. 选择整个文档

    C. 执行复制操作　　　　　　　　　　　D. 仅仅选择文档中的文字

36. 在 Word 中，每按一次【Back Space】键都会（　　）。

    A. 删除光标插入点前的一个汉字或字符　　B. 删除光标插入点后的一个汉字或字符

    C. 删除光标插入点前的一个词　　　　　　D. 当前选择文字前的一个汉字或字符

37. Word 2003 中将光标从表格中的当前单元格（有内容）移动到前一单元格按快捷键（　　）。

    A.【Shift+Tab】　　B.【←】　　　　　　C.【Tab】　　　　　D.【↑】

38. Word 2003 中拖动水平标尺左侧上面的倒三角游标可设定（　　）。

    A. 首行缩进　　　　B. 右缩进　　　　　　C. 左缩进　　　　　D. 首行及左缩进

39. Word 2003 给选定的段落、表格单元格、图文框添加的背景称为（　　）。

    A. 图文框　　　　　B. 表格　　　　　　　C. 底纹　　　　　　D. 边框

40. 在 Word 2003 中，如果要调整文档中的字间距，可使用（　　）菜单中的"字体"命令。

    A."编辑"　　　　　B."工具"　　　　　　C."视图"　　　　　D."格式"

41. 在 Word 2003 中，如果不用打开"文件"对话框就能直接打开最近使用过的 Word 文件的方法是（　　）。

    A."常用"工具栏按钮　　　　　　　　　C. 选择"文件"|"打开"命令

    B."文件"菜单中的文件　　　　　　　　D. 快捷键

42. Word 2003 中，选择（　　）菜单中的"自动更正"命令，可以打开"自动更正"对话框。

    A."编辑"　　　　　B."格式"　　　　　　C."插入"　　　　　D."工具"

43. Word 2003 中，如果要打开菜单栏中的菜单，可用键盘中（　　）键和各菜单名旁带有下画线的字母组合。

    A.【Shift】　　　　B.【Alt】　　　　　　C.【Ctrl】　　　　　D. 以上都可以

44. 在 Word 2003 中，如果双击左侧的选定栏，就选择（　　）。

    A. 一行　　　　　　B. 一段　　　　　　　C. 多行　　　　　　D. 一页

45. Word 2003 中，如果要在文档中建立书签，选择（　　）菜单中的"书签"命令。

    A."编辑"　　　　　B."格式"　　　　　　C."插入"　　　　　D."工具"

46. 在 Word 2003 中，利用"格式"菜单上的"字体"命令，（　　）文本属性不会作用到选定的文本上。

    A. 粗体　　　　　　B. 底纹　　　　　　　C. 斜体　　　　　　D. 加下画线

47. 在 Word 2003 中所有特殊符号都可以选择（　　）菜单中的"符号"命令打开的对话框来实现。

    A."编辑"　　　　　B."格式"　　　　　　C."插入"　　　　　D."工具"

48. 在 Word 2003 中，执行一次"拆分单元格"命令可以将一个单元格拆分成（　　）。
   A. 上下两个单独的单元格　　　　　　　　B. 最多两个单元格
   C. 左右两个单独的单元格　　　　　　　　D. 多个单元格

49. 在 Word 2003 中，选定一个图形时，图形周围显示一个带有（　　）个控点的虚线框。
   A. 9　　　　　　　　B. 8　　　　　　　　C. 4　　　　　　　　D. 6

50. 在 Word 2003 中，要给选中段落的左边添加边框，可单击"表格和边框"工具栏的（　　）按钮。
   A. "顶端框线"　　B. "内部框线"　　　C. "左框线"　　　　　　D. "外围"

51. 在 Word 2003 中，文本框的边框和底纹图案可以通过选择（　　）命令来实现。
   A. "格式"｜"边框和底纹"　　　　　　　B. "格式"｜"图形对象"
   C. "格式"｜"图文框"　　　　　　　　　D. 以上都可以

52. 在 Word 2003 中，要改变行间距，则应选择（　　）命令。
   A. "插入"菜单中的"分隔符"　　　　C. "格式"菜单中的"字体"
   B. "格式"菜单中的"段落"　　　　　D. "视图"菜单中的"缩放"

53. Word 2003 编辑过程中，欲把整个文本中的"计算机"都删除，最简单的方法是使用"编辑"菜单中的（　　）命令。
   A. "清除"　　　　B. "剪切"　　　　　C. "撤销"　　　　　　D. "替换"

54. 在 Word 2003 文档中要设置"页边距"，则应该选择（　　）。
   A. "文件"菜单中的"页面设置"命令　　B. "格式"菜单中的"段落"命令
   C. "文件"菜单中的"版本"命令　　　　D. "格式"菜单中的"字体"命令

55. 在 Word 2003 中，有关"样式"命令，以下说法中正确的是（　　）。
   A. "样式"命令只适用于文字，不适用于段落
   B. "样式"命令在"格式"菜单中
   C. "样式"命令在"工具"菜单中
   D. "样式"命令只适用于纯英文文档

56. 在 Word 2003 中，文档修改后换一个文件名存放，需用"文件"菜单中的（　　）命令。
   A. "保存"　　　　B. "打开"　　　　　C. "另存为"　　　　　D. "新建"

57. 下列操作中，执行（　　）不能在 Word 2003 文档中插入图片。
   A. 选择"插入"菜单中的"图片"命令
   B. 选择"插入"菜单中的"文件"命令
   C. 使用剪切板粘贴其他文件的部分图形或全部图形
   D. 选择"插入"菜单中的"对象"命令

58. 在 Word 2003 中，选定图形的简单方法是（　　）。
   A. 选定图形占有的所有区域　　　　　　B. 单击图形
   C. 双击图形　　　　　　　　　　　　　D. 选定图形所在的页

59. 下面关于表格中单元格的叙述，（　　）是错误的。
   A. 表格中行和列相交的格称为单元格
   B. 可以以一个单元格为设定范围，单元格是独立的格式设定范围
   C. 在单元格中既可以输入文本，也可以插入图形
   D. 表格的行才是独立的格式设定范围，单元格不是独立的格式设定范围

60. 如果要将文档中从现在开始输入的文本内容设置为粗体下画线，应当实行（　　　）。

    A. 单击 **A** 按钮　　　　　　　　　　B. 单击格式栏上的 **U** 按钮

    C. 单击格式栏上的 **B** 按钮　　　　　　D. 单击格式栏上的 **B** 按钮和 **U** 按钮

61. 在 Word 2003 编辑时，文字下面有绿色波浪下画线表示（　　　）。

    A. 已经修改过的文档　　　　　　　　C. 对输入的确认

    B. 可能有拼写错误　　　　　　　　　D. 可能有语法错误

62. 在 Word 2003 编辑时，查找和替换功能十分强大，不属于其中之一的是（　　　）。

    A. 能够查找文本和替换文本中的格式　　C. 能够查找和替换带格式及样式的文本

    B. 能够查找图形对象　　　　　　　　D. 能够用通配字符进行复杂的查找

63. 在 Word 2003 中，要使文字能够环绕图形，应设置的环绕方式为（　　　）。

    A. 嵌入型　　　　　B. 衬于文字上方　　　C. 四周型　　　　　　D. 衬于文字下方

64. 在 Word 2003 中，当选中文档内容后，按【Del】键，则（　　　）。

    A. 相当"编辑"菜单中的"剪切"功能　　B. 文档内容被清除，但不能恢复

    C. 相当"编辑"菜单中的"清除"功能　，但可被粘贴

    D. 选定内容被清除

65. 在 Word 2003 表格中，如果将一个单元格拆分为两个，原有单元格的内容将（　　　）。

    A. 一分为二　　　B. 部分拆分　　　C. 不会拆分　　　D. 有条件地拆分

66. 在 Word 2003 中，单击"格式"工具栏上的（　　　）按钮，可以使选中的文档内容以右缩进按钮为界对齐。

    A. "两端对齐"　　B. "左对齐"　　　C. "居中"　　　　D. "右对齐"

67. 在 Word 2003 中，在选定文档内容之后，单击工具栏上的"复制"按钮，是将选定的内容复制到（　　　）。

    A. 指定位置　　　B. 剪贴板　　　　C. 另一个文档中　　　D. 磁盘

68. 一般情况下，在 Word 2003 中对话框内容选定之后都需要单击（　　　）按钮，操作才会生效。

    A. "保存"　　　　B. "帮助"　　　　C. "确定"　　　　D. "取消"

69. 在 Word 2003 中，工具栏上标有剪刀图形的按钮的作用是（　　　）选定对象。

    A. 打开　　　　　B. 新建　　　　　C. 保存　　　　　D. 剪切

70. 在 Word 2003 中，如果要选定较长的文档内容，可先将光标定位于其起始位置，再按住（　　　）键，单击其结束位置即可。

    A. 【Ctrl】　　　　B. 【Alt】　　　　C. 【Shift】　　　　D. 【Insert】

71. 在 Word 2003 中，工具栏上标有百分比的列表框的作用是改变（　　　）的显示比例。

    A. 应用程序窗口　　B. 文档窗口　　　C. 工具栏　　　　D. 菜单栏

72. 在 Word 2003 中，如果将选定的文档内容置于页面的正中间，只需单击格式工具栏上的（　　　）按钮即可。

    A. "两端对齐"　　B. "左对齐"　　　C. "居中"　　　　D. "右对齐"

73. 在 Word 2003 中，（　　　）命令的作用是建立一个新文档。

    A. "打开"　　　　B. "新建"　　　　C. "保存"　　　　D. "打印"

74. 在 Word 2003 编辑文本时，编辑区自动产生在文本下方的"水波浪线"在打印时（　　　）出现在纸上。

    A. 不会　　　　　B. 一部分　　　　　C. 全部　　　　　D. 大部分

75. 一般情况下，在 Word 2003 中如果放弃对话框内容操作需单击（　　　）按钮。

    A. "取消"　　　　B. "帮助"　　　　C. "确定"　　　　D. "保存"

76. 在 Word 2003 中，工具栏上标有软磁盘图形的按钮的作用是（　　　）文档。

    A. 打开　　　　　B. 新建　　　　　C. 保存　　　　　D. 打印

77. 在 Word 2003 中，当建立一个新文档时，默认的文档格式为（　　　）。

    A. 两端对齐　　　B. 左对齐　　　　C. 居中　　　　　D. 右对齐

78. Word 2003 中，格式工具栏上按钮 **U** 的作用是使选定对象（　　　）。

    A. 变为斜体　　　B. 加下画线单线　　C. 变为粗体　　　D. 加下画波浪线

79. 在 Word 2003 中，如果使用了项目符号或编号，则项目符号或编号在（　　　）时会自动出现。

    A. 每次按【Enter】键　　　　　　　　B. 一行文字输入完毕并按【Enter】键

    C. 按【Tab】键　　　　　　　　　　　D. 文字输入超过右边界

80. 在 Word 2003 中，格式工具栏上按钮 **B** 的作用是使选定对象（　　　）。

    A. 变为斜体　　　B. 加下画单直线　　C. 变为粗体　　　D. 加下画波浪线

三、填空题

1. Word 中要使用"字体"对话框进行字符编排，可选择＿＿＿＿菜单中的"字体"命令，打开"字体"对话框。

2. Word 中用键盘选择文本，只要按＿＿＿＿键的同时进行光标定位的操作。

3. Word 格式栏上的 B、*I*、U，代表字符的粗体、＿＿＿＿、下画线标记。

4. 在 Word 中为了能在打印之前看到打印后的效果，避免重复打印，一般可采用＿＿＿＿的方法。

5. 在图形编辑状态中，单击"矩形"按钮，按下＿＿＿＿键的同时拖动鼠标，可以画出正方形。

6. ＿＿＿＿栏位于 Word 窗口的最下方，用来显示当前正在编辑的位置、时间、状态等信息。

7. Word 中将剪贴板中的内容插入到文档中的指定位置，叫做＿＿＿＿。

8. 在 Word 中删除表格中选定的整行时，可以选择"表格"菜单中的＿＿＿＿命令。

9. 在 Word 中把当前文件另存为一个新文件名，可选用"文件"菜单中的＿＿＿＿命令。

10. 在 Word 中按住＿＿＿＿键，单击图形，可选定多个图形。

11. 在 Word 中打印预览显示的内容和打印后的格式＿＿＿＿。（选择相同或不相同）

12. 在 Word 中删除表格中选定的整列时，可以使用"表格"菜单中的＿＿＿＿命令。

13. 在 Word 中导入图片分为两种＿＿＿＿和＿＿＿＿。

14. 在 Word 中删除表格选定的单元格时，可以使用＿＿＿＿菜单项中的"删除单元格"命令。

15. 在 Word 中将页面正文的顶部空白部分称为＿＿＿＿。

16. 在 Word 中将页面正文的底部页面空白称为＿＿＿＿。

17. 在 Word 中取消最近一次所做的编辑或排版动作，或删除最近一次输入内容的操作，叫做＿＿＿＿。

18. 在 Word 中，输入的字符替换或覆盖插入点后的字符的状态叫＿＿＿＿。

19. 在 Word 中，如果双击左端的选定栏，就选择＿＿＿＿。

20. 在 Word 中，可以通过使用＿＿＿＿对话框来添加边框。

21. 在 Word 中，拖动标尺左侧上面的倒三角可设定＿＿＿＿。

22. 在 Word 中，拖动标尺左侧下面的小方块可设定＿＿＿＿。

23. 在 Word 中，文档中两行之间的间隔叫＿＿＿＿。

24. 在 Word 中，新建 Word 文档的快捷键是＿＿＿＿。

25. 在 Word 中，与打印机输出完全一致的显示视图称为＿＿＿＿视图。

26. Word 中在＿＿＿＿视图模式下，分页符在屏幕上显示为一行虚线。

27. 在 Word 中，如果要在文档中选定的位置添加另一个 DOC 文件的全部内容，可使用"插入"菜单中的＿＿＿＿命令。

28. Word 是美国＿＿＿＿公司推出的办公应用软件的套件之一。

29. 在 Word 中，【Ctrl + Home】组合键可以将插入光标移动到＿＿＿＿。

30. 在 Word 中，如果要在文档中使用项目符号和编号，需使用＿＿＿＿菜单中的"项目符号和编号"命令。

31. Word 中要设置文字的边框，可以选择＿＿＿＿菜单中的"边框和底纹"命令。

32. 纯文本文档的扩展名为＿＿＿＿。

33. 启动 Word 后，Word 建立一个新的名为＿＿＿＿的空文档，等待输入内容。

34. 如果要将 Word 文档中的一个关键词改变为另一个关键词，需使用＿菜单中的"替换"命令。

35. 在 Word 中，如果要为文档自动加上页码，可以使用＿＿＿＿菜单中的"页码"命令。

36. 如果要设置 Word 文档的版面规格，需使用"文件"菜单中的＿＿＿＿命令。

37. 如果要退出 Word，最简单的方法是＿＿＿＿击标题栏上的控制框。

38. 如果要在 Word 文档中寻找一个关键词，需使用"编辑"菜单中的＿＿＿＿命令。

39. 如果在 Word 的"打印"对话框中选定＿＿＿＿，表示打印指定的若干页。

40. 要选择光标所在段落，可＿＿＿＿该段落。

41. 用户设置工具栏按钮显示的命令是在＿＿＿＿菜单中。

42. 在 Word "打印"对话框中选定＿＿＿＿，表示只打印光标所在的一页。

43. 在 Word 文档编辑过程中，如果先选定了文档内容，再按住 Ctrl 键并拖动鼠标至另一位置，即可完选定文档内容的＿＿＿＿操作。

44. 在 Word 中，按键＿＿＿＿与工具栏上的"粘贴"按钮功能相同。

45. 在 Word 中，如果要对文档内容（包括图形）进行编辑，都要先＿＿＿＿操作对象。

46. 在 Word 中，如果要选定整个表格，可以使用"表格"菜单中的＿＿＿＿命令。

47. 在 Word 中，在选定文档内容之后，单击工具栏上的"复制"按钮，是将选定的内容复制到＿＿＿＿。

48. 在 Word 窗口中菜单栏下面是＿＿＿＿栏。

49. 在 Word 文档编辑区的下方有一横向滚动条，可对文档页面作＿＿＿＿方向的滚动。

50. 在 Word 文档编辑区的右侧有一纵向滚动条，可对文档页面作＿＿＿＿方向的滚动。

51. 在 Word 中，如果要调整行距，可使用"格式"菜单中的＿＿＿＿命令。

52. 在 Word 文档中插入一个图形文件，可以使用"插入"菜单中的_____级联菜单下的"来自文件"命令。

53. 在 Word 中，按_____键可以选定文档中的所有内容。

54. 在 Word 中，按_____键与工具栏上的"保存"按钮功能相同。

55. 在 Word 中，单击"常用"工具栏中的"绘图"按钮，绘图工具栏会显示在屏幕的_____方。

56. 在 Word 中，"格式"工具栏上标有"B"字母按钮的作用是使选定对象_____。

57. 在 Word 中，"格式"工具栏上标有"I"字母按钮的作用是使选定对象_____。

58. 在 Word 中，给选定的段落、表单元格、图文框及图形四周添加的线条称为_____。

59. 在 Word 中，给选定的段落、表单元格、图文框添加的背景称为_____。

60. 在 Word 中，如果要调整文档中的字间距，可使用_____菜单中的"字体"命令。

61. 在 Word 中，如果将正在编辑的 Word 文档另存为纯文本文件，文档中原有的图形、表格的格式会_____。

62. 在 Word 中，如果放弃刚刚进行的操作（如粘贴），只需单击工具栏上的_____按钮即可。

63. 在 Word 中，如果打开了两个以上的文档，可在_____菜单中选择并切换到需要的文档。

第4章

电子表格系统 Excel 2003

任务一　创建图书销售表

✉ 技能要点

- 能启动、退出 Excel 2003。
- 能理解 Excel 工作簿、工作表、行、列、单元格及单元格区域的概念。
- 能建立、打开及保存 Excel 工作簿。
- 能选择、插入、删除、重命名、移动、复制和隐藏 Excel 工作表。
- 能选择、插入和删除 Excel 单元格、单元格区域、行和列。
- 能输入、编辑、查找和替换 Excel 数据。
- 能使用 Excel 2003 中的批注。

✉ 任务背景

　　窦文轩多少有点失落。好不容易熟悉了编辑的工作，又被借调到了会计部。

　　"主任，您看能不能继续让我做编辑啊？"窦文轩恳求地说。

　　"小窦啊，"主任语重心长地说，"这也是工作的需要嘛。再说了，不论在哪里，都是为了我们的工作啊！"

　　……一句话把他顶回去了。

　　"小窦，麻烦你把去年的计算机类图书的销售表整理出来，周末交。"会计主任一脸严肃地说。

　　"……好的。"窦文轩真想哭。

　　上次学 Word 就熬了几个通宵，这次估计需要拼命了。

✉ 任务分析

　　在 Excel 2003 下把有关图书销售的数据输入到计算机中并保存起来，这是首要工作，完成这项工作涉及到工作簿的建立和保存，工作表的编辑，单元格、单元格区域、行和列的选择，各种类型数据的输入、编辑、填充及删除。

销售表内容参见表 4-1。

表 4-1　2006 年计算机书籍销售表

编　号	图　书	出版社	第一季	第二季	第三季	第四季	年销量	售　价	年销售额
0101	操作系统	铁道	59	68	56	67		26 元	
0102	数据结构	铁道	50	60	70	60		23 元	
0103	VB	清华	60	50	56	53		28 元	
0201	操作系统	清华	50	40	32	45		25 元	
0202	VC	清华	50	45	30	40		20 元	
0301	数据结构	科学	20	24	35	31		21 元	
0302	VB	科学	23	43	35	34		18 元	
0303	操作系统	高教	43	34	23	35		17 元	
0401	VC	高教	20	24	30	27		19 元	
0402	VB	高教	30	23	24	20		20 元	
								总计	

日期	2007 年 1 月 3 日

图书的利润参见表 4-2。

表 4-2　图书利润表

编　号	进　价	销　量	售　价	利　润	总利润
0101	16 元		26 元		
0102	13 元		23 元		
0103	11 元		28 元		
0201	10 元		25 元		
0202	10 元		20 元		
0301	12 元		21 元		
0302	12 元		18 元		
0303	15 元		17 元		
0401	12 元		19 元		
0402	13 元		20 元		

✉ 任务实施

步骤一：建立并保存空白工作簿

1．Excel 2003 的启动

选择 Windows 窗口左下角的"开始"|"所有程序"|"Microsoft Office 2003"|"Excel 2003"
命令，即可启动 Excel 2003，如图 4-1 所示。

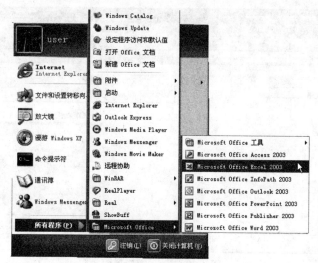

图 4-1 开始菜单

也可以通过双击 Excel 2003 的快捷方式图标启动，或者选择"开始"|"运行"命令（在"运行"对话框中输入"Excel"）启动。

2. 建立空白工作簿

启动 Excel 2003 后，系统会自动创建一个新工作簿，默认的文档名是"book1.xls"，如图 4-2 所示。

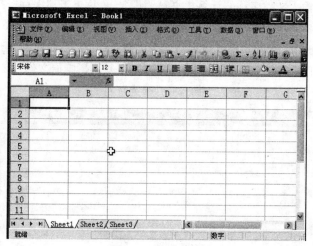

图 4-2 默认文档

新建工作簿方法：

（1）选择"文件"|"新建"命令。

（2）按【Ctrl+N】组合键。

（3）单击工具栏"新建"按钮。

技能链接　**认识 Excel 2003 窗口界面**

Excel 2003 窗口界面如图 4-3 所示。

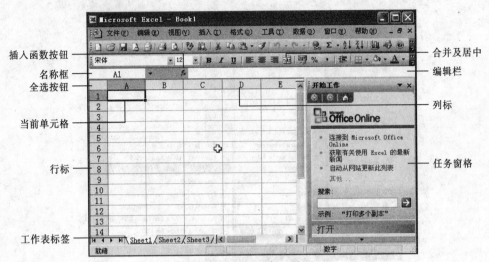

图 4-3 Excel 窗口界面

3．工作簿保存

新建一个工作簿后，不要急于录入内容，正确的做法是先进行保存，以免录入过程中出现问题而导致新建工作簿的内容丢失。这样不但有利于工作簿长久保存，而且便于以后再次使用。当新建的工作簿第一次保存时，选择"文件"|"保存"命令或"文件"|"另存为"命令，弹出"另存为"对话框，如图 4-4 所示，这时需在"保存位置"下拉列表中选择合适的文件夹，然后在"文件名"下拉列表框中输入文件名称"计算机书籍销售"，最后单击"保存"按钮即可。同样，也可以通过工具栏中的"保存"按钮和【Ctrl＋S】组合键实现保存的操作。对一个曾经保存过的工作簿再次进行编辑修改时，如果想把修改后的文档仍然保存到原文件中只需选择"文件"|"保存"命令或单击"常用"工具栏中的"保存"按钮即可；如果想不影响原文件还要保存修改后的内容，这时应选择"文件"|"另存为"命令，弹出"另存为"对话框。

图 4-4 "另存为"对话框

技能链接 打开工作簿的方法

（1）选择"文件"|"打开"命令。

（2）单击工具栏中的"打开"按钮。

（3）按【Ctrl+O】组合键。

步骤二：销售表数据输入

单击 Sheet1 标签（见图 4-3），将以下内容输入到第一个工作表。

1．按表格内容输入书名、出版社和编号，四个季度暂时不输入（文本（字符或文字）型数据及输入）

在 Excel 2003 中，文本可以是字母、汉字、数字、空格和其他字符，也可以是它们的组合。在默认状态下，所有文字型数据在单元格中均是左对齐；输入文字时，文字出现在活动单元格和编辑栏中。输入时注意以下几点：

（1）在当前单元格中，一般文字如字母、汉字等直接输入即可。

（2）如果把数字作为文本输入（身份证号码、电话号码、"=3+5"、"2/3" 等），应先输入一个半角字符的单引号 "'" 再输入相应的字符。例如 "'0101"。

技能链接　　向单元格输入数据的方式

（1）单击选择需要输入数据的单元格，然后直接输入数据，按回车键结束，输入的内容将直接显示在单元格内和编辑栏中。

（2）单击单元格，然后单击编辑栏，可在编辑栏中输入或编辑当前单元格的数据。

（3）双击单元格，单元格内出现插入光标，移动光标到所需位置，即可进行数据的输入或编辑修改。

（4）如果要同时在多个单元格中输入相同的数据，可选定相应的单元格，然后输入数据，按【Ctrl+Enter】组合键，即可将这些单元格输入相同的数据

2．输入四个季度（自动填充数据）

Excel 2003 有自动填充功能，可以自动填充一些有规律的数据。如：填充相同数据，填充数据的等比数列、等差数列和日期时间数列等。

自动填充是根据初值决定以后的填充项，方法为：将鼠标移动到初值所在的单元格填充柄上，如图 4-5 所示。

图 4-5　自动填充

当鼠标指针变成黑色十字形时，按住鼠标左键拖动到所需的位置，松开鼠标，即可完成自动填充，如图 4-6 所示。

图 4-6　自动填充

使用自动填充注意以下几点：

- 初值为纯数字型数据或文字型数据时，拖动填充柄在相应单元格中填充相同的数据（即复制填充）。若拖动填充柄的同时按住【Ctrl】键，可使数字型数据自动增"1"。
- 初值为文字型数据和数字型数据混合体，填充时文字不变，数字递增减。如初值为 A1，则填充为 A2、A3、A4 等。
- 初值为 Excel 预设序列中的数据，则按预设序列填充。
- 初值为日期时间型数据及具有增减可能的文字型数据，则自动增"1"。若拖动填充柄的同时按住【Ctrl】键，则在相应单元格中填充相同的数据。

技能链接　序列

1．输入任意等差、等比数列

先选定待填充数据区的起始单元格，输入序列的初始值。再选定相邻的另一个单元格，输入序列的第二个数值。这两个单元格中数值的差额将决定该序列的增长步长。选定包含初值和第二个数值的单元格，如图 4-7 所示。

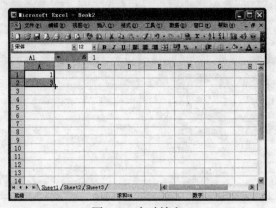

图 4-7　自动填充

　　用鼠标拖动填充柄经过待填充区域。如果要按升序排列，则从上向下或从左到右填充；如果要按降序排列，则从下向上或从右到左填充，如图 4-8 所示。

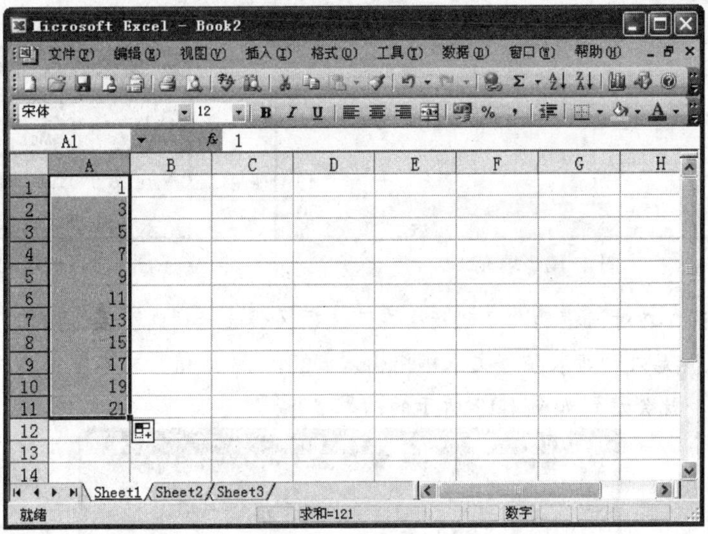

图 4-8　自动填充

　　如果要指定序列类型，则先按住鼠标右键，再拖动填充柄，在到达填充区域的最后单元格时松开鼠标右键，在弹出的快捷菜单中选择相应的命令，如图 4-9 所示。

图 4-9　指定序列类型

　　也可以在第一个单元格输入初值，如图 4-10 所示。

　　选择"编辑"|"填充"|"序列"命令，打开"序列"对话框，如图 4-11 所示。

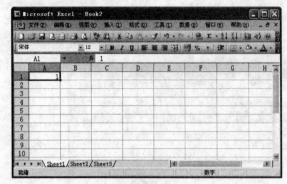
图 4-10　填充

图 4-11　"序列"对话框

产生一个序列，在对话框的"序列产生在"选项区域选择"列"单选按钮，选择的序列类型为"等比数列"，然后在"步长值"文本框中输入"2"，"终止值"文本框中输入"256"，最后单击"确定"按钮，就会看到如图 4-12 所示的结果。

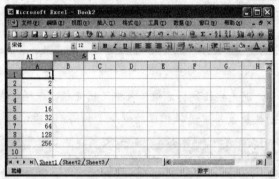
图 4-12　填充

2．创建自定义序列

用户可以通过工作表中现有的数据或输入序列的方式，创建自定义序列，并可以保存起来，供以后使用。

（1）利用现有数据创建自定义序列：

如果已经输入了将要用作填充序列的数据清单，则可以先选定工作表中相应的数据区域，如图 4-13 所示。

图 4-13　自定义序列

选择"工具"|"选项"命令，弹出"选项"对话框，在对话框中选"自定义序列"选项卡，单击"导入"按钮，即可使用现有数据创建自定义序列，如图 4-14 所示。

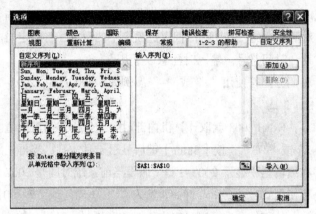

图 4-14　"选项"对话框

（2）利用输入序列方式创建自定义序列：

选择如图 4-14 所示"自定义序列"列表框中的"新序列"选项，然后在"输入序列"编辑列表框中，从第一个序列元素开始输入新的序列。在输入每个元素后，按回车键。单击"添加"按钮即可。

3．输入图书的销量和单价（数字（值）型数据）

在 Excel 2003 中，数字型数据除了数字 0 ~ 9 外，还包括+（正）、−（负号）、（、）、$、%、E、e 等特殊字符。输入数字型数据默认右对齐，数字与非数字的组合均作文本型数据处理。输入数字型数据时，注意以下几点：

- 输入分数时，应在分数前输入 0（零）及一个空格，如分数"2/3"应该输入"0 2/3"。如果直接输入"2/3"或"02/3"，则系统将把他视作日期，认为是 2 月 3 日。
- 输入负数时，应在负数前输入负号，或将其置于括号中。如"−8"或"（8）"。
- 在数字间可以用千分位号"，"隔开，如"12，002"。
- 单元格中的数字格式决定 Excel 2003 在工作中表示数字的方式。如果在"常规"规格的单元格中输入数字，Excel 2003 会将数字显示为整数、小数，或者当数字长度超出单元格宽度时以科学记数法表示。采用"常规"规格的数字长度为 11 位，其中包括小数点和类似"E"和"+"这样的字符。如果要输入并显示大于 11 位的数字，可以使用内置的科学记数格式（即指数格式）或自定义的数字格式。
- Excel 2003 将根据具体情况套用不同的数字格式。例如，如果输入"$ 16.88"，Excel 2003 将套用货币格式。如果要改变数字格式，则先选定包括数字的单元格，再选择"格式"菜单中的"单元格"命令，然后在选择"数字"选项卡，再根据需要选定相应的分类和格式。
- 无论显示的数字的位置如何，Excel 2003 都只保留 15 位的数字精度。如果数字长度超出了 15 位，则 Excel 2003 会将多余的数字位转换成 0（零）。

4．输入建表日期（日期和时间型数据的输入）

Excel 2003 将日期和时间视为数字处理。工作表中时间或日期的显示方式取决于所在单元格中的数字格式。在输入了 Excel 2003 可以识别的日期或时间型数据后，单元格格式显示为某种内置的日期或时间格式。在默认状态下，日期和时间型数据在单元格中右对齐。如果 Excel 2003 不能识别输入的日期或时间格式，输入的内容将被视作文本，并在单元格中右对齐。在控制面板的"日期和时间属性"对话框中的"日期和时间"选项卡中的设置，将决定当前日期和时间的默认格式，以及默认的日期和时间符号。输入时注意以下几点：

- 一般情况下，日期分隔符使用"/"或"–"。例如，2007/1/3、2007–1–3 或 3/Jan /2006 都表示 2007 年 1 月 3 日。

- 如果输入月和日，Excel 2003 就取计算机内部时钟的年份作为默认值。例如，在当前单元格中输入"1–3"或"1/3"，按【Enter】键后显示 1 月 3 日，当再把刚才的单元格变为当前单元格时，在编辑栏中显示 2007–1–3（假设当前系统时间是 2007 年）。

- 时间分隔符一般使用冒号"："。例如，输入"7：0：1"或"7：00：01"都表示 7 点零 1 秒。可以只输入时和分，也可以只输入小时数和冒号，还可以输入小时数大于 24 的时间数据。如果要基于 12 小时数输入时间，则在时间（不包括只有小时数和冒号的时间数据）后输入一个空格，然后输入 AM 或 PM（也可以是 A 或 P），用来表示上午或下午。否则，Excel 2003 将基于 24 小时制计算时间。例如，如果输入"3：00"而不是"3：00 PM"，将被视为"3:00 AM"。

- 如果输入当天的日期，则按【Ctrl+；】组合键（分号）；如果要输入当前的时间，则按【Ctrl+Shift+：】组合键（冒号）。

- 如果在单元格中既输入日期又输入时间，则中间必须空格隔开。

步骤三：利润表数据输入

单击"Sheet2"标签，选择第二个工作表。

1. 将利润表进价列输入到第二个工作表的相应列。

2. 将"Sheet1"中编号列和售价列复制到"Sheet2"中的相应列。

（1）选中"Sheet1"中相应的单元格区域。

（2）按【Ctrl+C】组合键。

（3）选定"Sheet2"中相应区域的第一个单元格。

（4）按【Ctrl+V】组合键。

还可以利用"编辑"菜单或者工具栏中快捷按钮进行操作。

技能链接　数据的其他编辑

1．数据修改

（1）在编辑栏修改。先选中要修改的单元格，然后在编辑栏中进行相应的修改，单击"√"（输入按钮）确认修改，单击"×"（取消按钮）（见图 4-15）或按【Esc】键放弃修改。

（2）直接在单元格中修改。双击单元格，然后进入单元格修改。

（3）以新数据代替旧数据，单击单元格，输入新的数据。

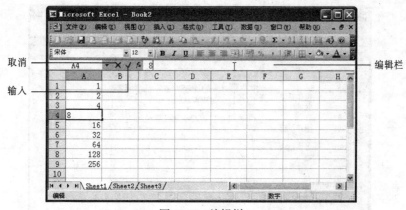

图 4-15　编辑栏

2. 数据删除

Excel 2003 中数据删除有两个概念，数据删除和清除。

数据清除的对象是数据，单元格本身不受影响。选择一个单元格区域后，选择"编辑"|"清除"命令，弹出一个级联菜单，如图 4-16 所示；或者选定区域后按【Del】键，相当于选择清除"内容"命令。也可以使用右键操作

图 4-16　数据清除

数据删除的对象是单元格。删除后选取的单元格连同里面的数据都从工作表中消失。选择一个单元格区域后，选择"编辑"|"删除"命令，弹出"删除"对话框，如图 4-17 所示。

3. 利用鼠标复制和移动复制

先选择源区域，按住【Ctrl】键的同时拖动源区域到目标位置释放鼠标。注意：鼠标应指向源区域的周围，变成一个右上角带有一个小十字的空心箭头。利用鼠标移动时不按【Ctrl】键。

图 4-17　"删除"对话框

步骤四：将 Sheet1 重命名为销售表，Sheet2 重命名为利润表

（1）双击相应的工作表标签，输入新名称覆盖原有名称即可。

（2）右击将改名的工作表标签，然后选择快捷菜单中的"重命名"命令，最后输入新的工作表名称。

（3）单击相应的工作表标签，选择"格式"|"工作表"|"重命名"命令，如图 4-18 所示。

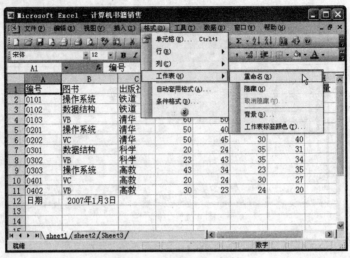

图 4-18　"重命名"命令

步骤五：删除 Sheet3

1. 单击"Sheet3"标签，选择"编辑"｜"删除工作表"命令。
2. 右击"Sheet3"标签，选择快捷菜单中的"删除"命令。

技能链接　工作表的选择、插入、移动和复制

1. 选择工作表

单击某个工作表标签，可以选择该工作表为当前工作表。按住 Ctrl 键分别单击工作表标签，可同时选择多个工作表。

2. 插入新工作表

（1）首先单击插入位置右边的工作表标签，然后选择"插入"｜"工作表"命令，新插入的工作表将出现在当前工作表之前。

（2）右击插入位置右边的工作表标签，选择快捷菜单中的"插入"命令，将出现"插入"对话框，选定工作表后单击"确定"按钮，如果要添加多张工作表，则同时选定与待添加工作表相同数目的工作表标签，然后在选择"插入"｜"工作表"命令。

3. 移动或复制工作表

（1）在同一个工作簿中移动或复制工作表。

如果要在当前工作簿中移动工作表，可以沿工作表标签栏拖动选定的工作表标签到目标位置；如果要在当前工作簿中复制工作表，则需要在拖动工作表的同时按住 Ctrl 键到目标位置。

（2）在不同工作簿之间移动或复制工作表。

① 打开各工作簿。

② 选中源工作表。

③ 选择"编辑"菜单中的"移动或复制工作表"命令，出现如图 4-19 所示的"移动或复制工作表"对话框。

④ 在该对话框的"工作簿"下拉列表框中，选择用于接收工作表的工作簿，在"下列选定工作表之前"列表框中，单击需要在其前面插入移动或复制工作表的工作表；如果要复制而非移动工作表，则需要选中"建立副本"复选框。

⑤ 单击"确定"按钮，关闭对话框。

4. 隐藏和取消隐藏工作表

（1）选择需要隐藏的工作表。

（2）选择"格式"│"工作表"│"隐藏/取消隐藏"命令。

图 4-19 "移动或复制工作表"对话框

步骤六：给利润表的编号列中的单元格添加批注，内容为图书和出版社名称

（1）单击需要添加批注的单元格。

（2）选择"插入"│"批注"命令，或使用右键利用快捷菜单选择。

（3）在弹出的批注框中输入批注文本，如图 4-20 所示。

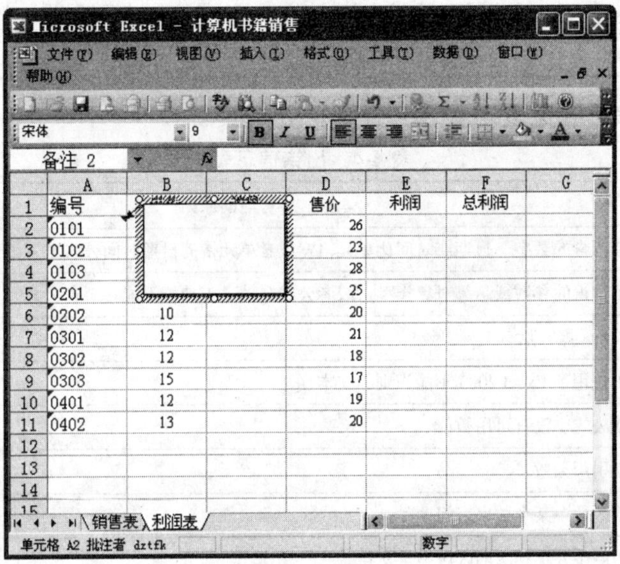

图 4-20 批注

（4）完成文本输入后，单击批注框外的工作表区域。

要编辑、删除、显示和隐藏批注可以进行如下操作：选定单元格后右击，在弹出的快捷菜单中选择相应的命令

步骤七：保存工作簿"计算机书籍销售"

至此，任务一的工作全部结束。

⊠ 知识拓展

一、常用的选择操作（参见表 4-3）

表 4-3　常用的选择操作

选择内容	具体操作
单个单元格	单击相应的单元格，或用箭头键移动到相应的单元格
某个单元格区域	单击选定该区域的第一个单元格，然后拖动鼠标直至选定最后一个单元格
工作表中的所有单元格	单击"全选"按钮
不相邻的单元格或单元格区域	先选定第一个单元格或单元格区域，然后按住【Ctrl】键，再选定其他的单元格或单元格区域
较大的单元格区域	单击选定区域的第一个单元格，然后按住【Shift】键再单击该区域的最后一个单元格（若此单元格不可见，可以用滚动条使之可见）
整行	单击行标
整列	单击列标
相邻的行或列	沿行标或列标拖动鼠标；或选定第一行或第一列，然后按住【Shift】键再选定其他行或列
不相邻的行或列	先选定第一行或第一列，然后按住【Ctrl】键再选定其他的行或列
增加或减少活动区域的单元格	按住【Shift】键并单击新选定区域的最后一个单元格，在活动单元格和所单击的单元格之间的矩形区域将成为新的选定区域

二、出错信息表（参见表 4-4）

表 4-4　出错信息表

错 误 值	可能的原因
######	单元格所含的数字、日期或时间比单元格宽或者单元格的日期时间公式产生了一个负值
#VALUE	使用了错误的参数或运算对象类型，或者公式自动更正功能不能使其更正公式
#DIV/0	公式被 0（零）除
#NAME?	公式中使用了 Excel 2003 不能识别的文本
#N/A	函数或公式中没有可用数值
#REE	单元格引用无效
#NUM	公式或函数中某个数字有问题
#NULL	试图为两个并不相交的区域指定交点

三、插入和删除行、列和单元格

1．插入行

（1）如果要在某一行上方插入一行，则选定该行标或者其中的任一单元格，选择"插入"|"行"命令，或右击在弹出的快捷菜单中选择"插入"|"行"命令。

（2）如果要插入 N 行，则选定需要插入的新行下边相邻的 N 行，选择"插入"|"行"命令。

2．插入列

（1）如果只需要插入一列，则选定需要插入的新列右侧相邻列或其任意单元格，选择"插入"|"列"命令。

（2）如果要插入 N 列，则选定需要插入的新列右侧相邻的 N 列，选择"插入"|"列"命令。

3．插入单元格

（1）在需要插入空单元格处选定相应的单元格区域。注意：选定的单元格数目应与待插入的空单元格数目相同。

（2）选择"插入"|"单元格"命令，弹出如图 4-21 所示的对话框。

（3）根据需要选择，单击"确定"按钮。

4．删除操作

（1）删除行、列：选中要删除的行或列，下面的行或右边的列将自动移动并填补空缺。

（2）删除单元格：选中要删除的单元格或单元格区域，选择"编辑"|"删除"命令或右击在弹出的快捷菜单中选择"删除"命令，弹出如图 4-22 所示的对话框，根据需要选择后单击"确定"按钮。

图 4-21　"插入"对话框

图 4-22　"删除"对话框

四、使用查找和替换功能

（1）选中整张工作表或者任意一个单元格。

（2）选择"编辑"|"替换"命令。

任务二　图书销售表数据分析

✉ 技能要点

- 会使用 Excel 2003 的公式。
- 会使用 Excel 2003 的函数。
- 能理解和使用单元格的相对引用和绝对引用。
- 会使用选择性粘贴。

✉ 任务背景

"小窦，"会计主任看着窦文轩的"工作成果"说，"麻烦你再做一个数据分析吧。"

"数据分析？"窦文轩小声嘀咕，"鬼才知道数据分析是什么东西。"

"你说什么？"

"没……没什么。我什么时候交给您？"

"下午吧。"

"……下午？"

"有问题？"

"没问题。"窦文轩心里大叫" My God ！"

☒ 任务分析

在 Excel 2003 中对数据进行分析，需要使用函数和公式，使用函数和公式有时需要进行单元格地址的引用，这就需要了解单元格地址的相对引用和绝对引用的概念。对包含公式和函数的单元格进行复制，可以只复制单元格全部内容也可以有选择的复制，这就需要使用选择性粘贴。

☒ 任务实施

步骤一：销售表数据分析

1. 计算各种图书的年销售量（使用函数）

Excel 2003 提供了许多内置函数，包括财务、日期与时间、数学与三角函数、统计、查找与引用、数据库等九类和几百种函数，为用户对数据进行运算和分析带来极大的方便。Excel 2003 函数由函数名、括号和参数组成。如："=SUM（B2：E2）"。当函数以公式的形式出现时，则应在函数名称前面输入等号"="。

具体应用步骤：

（1）选择目标单元格，如图 4-23 所示。

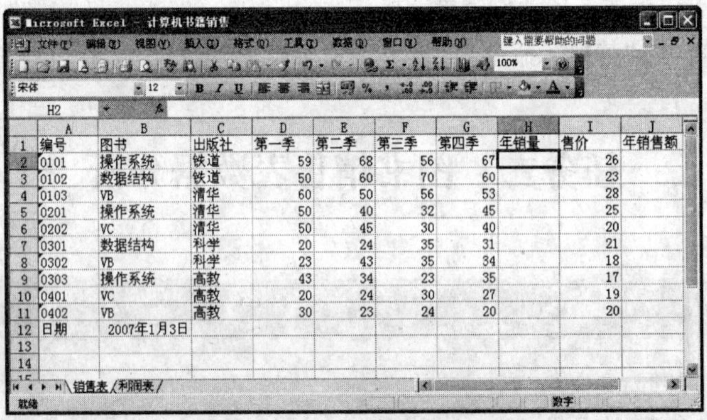

图 4-23 选择目标单元格

（2）单击"常用"工具栏中的"自动求和"按钮或选择"插入"|"函数"命令或按编辑栏"粘贴函数"按钮，打开"插入函数"对话框，如图 4-24 所示。

图 4-24 打开"插入函数"对话框

（3）选择"常用函数"中的"SUM"（求和函数）选项，单击"确定"按钮，弹出"函数参数"对话框，如图 4-25 所示。（注意：此时函数参数呈反白显示）

图 4-25　"函数参数"对话框

（4）单击地址引用按钮，出现地址引用状态，如图 4-26 所示。

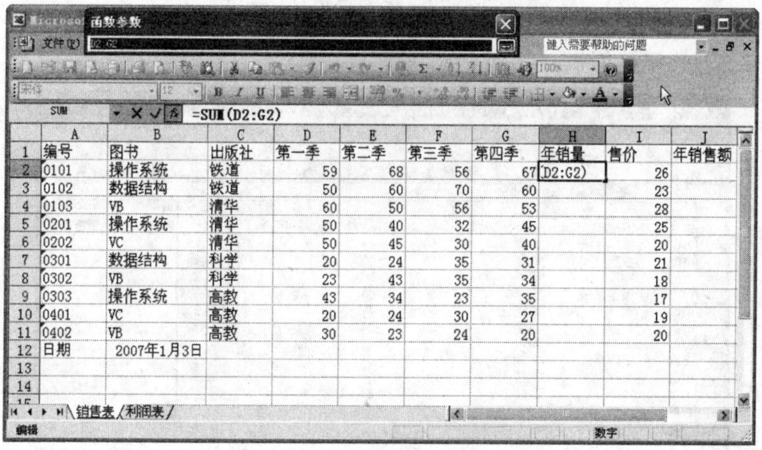

图 4-26　引用单元格地址

拖动鼠标引用相应单元格地址，再次单击地址引用按钮，回到"函数参数"对话框（见图 4-27）。注意此时函数参数常规显示。

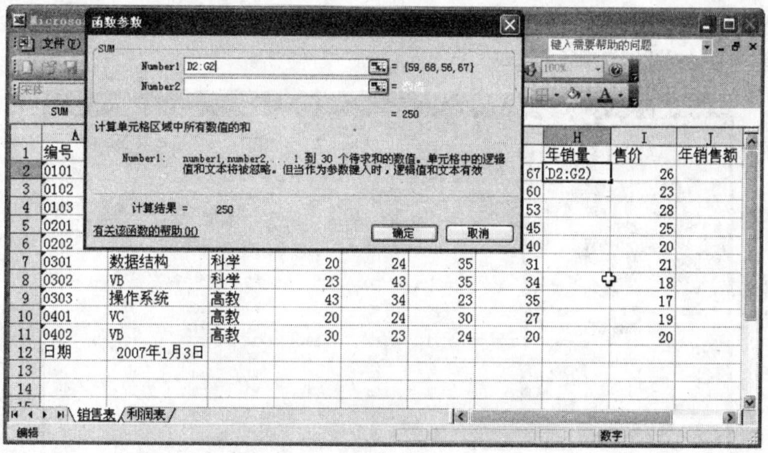

图 4-27　"函数参数"对话框

单击"确定"按钮，结果如图 4-28 所示。

（5）复制单元格，拖动 H2 填充柄（见图 4-28）至 H12。

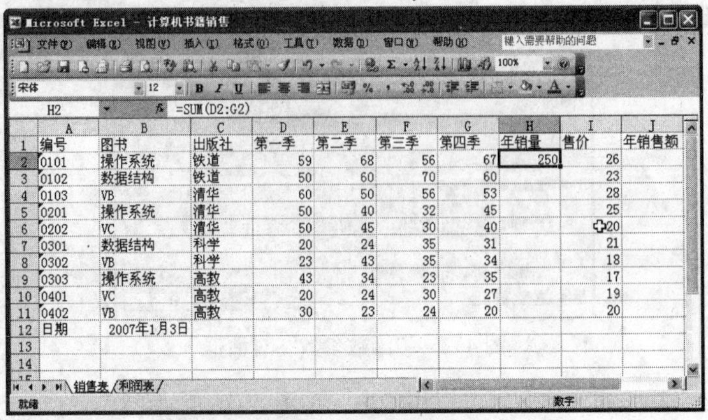

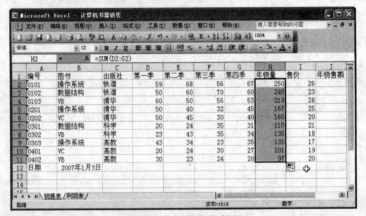

图 4-28   年销售量结果

计算出各种图书的年销售量，如图 4-29 所示。

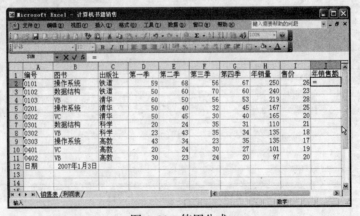

图 4-29   年销售量结果

2．计算各种图书的年销售总额（使用公式）

（1）选中年销售额列中的目标单元格。

（2）输入等号，如图 4-30 所示。

图 4-30   使用公式

Excel 2000 中的公式与数学表达式基本相同，有参与运算的数据和运算符组成，但 Excel 2003 的公式在输入时必须以“=”开头。

（3）单击年销售量列相应单元格。

（4）从键盘上输入*（乘号），如图 4-31 所示。

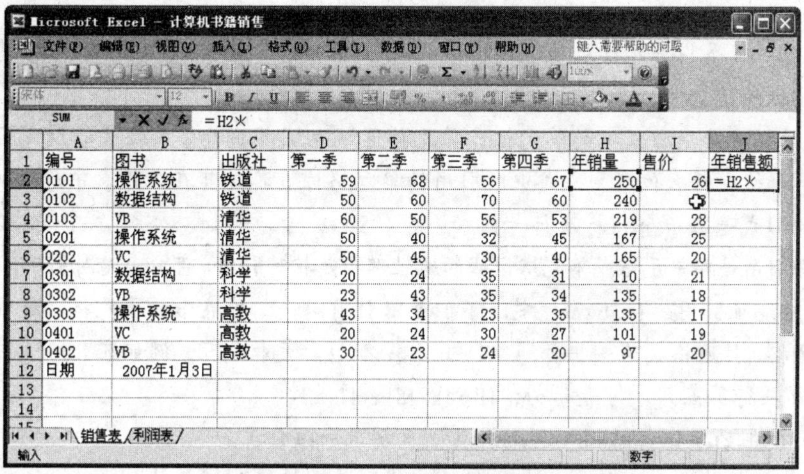

	A	B	C	D	E	F	G	H	I	J
1	编号	图书	出版社	第一季	第二季	第三季	第四季	年销量	售价	年销售额
2	0101	操作系统	铁道	59	68	56	67	250	26	=H2*
3	0102	数据结构	铁道	50	60	70	60	240		
4	0103	VB	清华	60	50	56	53	219	28	
5	0201	操作系统	清华	50	40	32	45	167	25	
6	0202	VC	清华	50	45	30	40	165	20	
7	0301	数据结构	科学	20	24	35	31	110	21	
8	0302	VB	科学	23	43	35	34	135	18	
9	0303	操作系统	高教	43	34	23	35	135	17	
10	0401	VC	高教	20	24	30	27	101	19	
11	0402	VB	高教	30	23	24	20	97	20	
12	日期	2007年1月3日								
13										
14										

图 4-31　引用单元格地址

（5）单击单价列相应单元格地址，按回车键结束，得到年销售总额。

（6）拖动填充控制柄复制公式，得到其他图书的年销售额。

Excel 2003 运算符类型有算术运算符、比较运算符、文本运算符和引用运算符。使用公式时注意以下几点：

- 算术运算符：“+”（加号）、“-”（减号或负号）、“*”（星号或乘号）、“/”（除号）、“%”（百分号）、“^”（乘方号）。完成基本的数学运算，返回值为数值。例如：在单元格中输入“=2+5”后按回车键，结果为“27”。
- 比较运算符：=（等号）、“>”（大于号）、“<”（小于号）、“>=”（大于等于号）、“<=”（小于等于号）、“<>”（不等于号）。用以实现两个值的比较，结果是一个逻辑值：“True”或“False”。例如：在单元格中输入“=3<8”，结果为“True”。
- 文本运算符：“&”。用来连接一个或多个文本数据以产生组合的文本。例如：在单元格中输入“=“职业”& “学院””（注意文本输入时需加英文引号）后按回车键，将产生“职业学院”的结果。输入“=“职业”&“技术”&“学院””，将产生“职业技术学院”的结果。
- 单元格引用运算符：“：”（冒号）。冒号是引用运算符，用于合并多个单元格区域，例如 B2：E2 表示引用 B2 到 E2 之间的所有单无格。

（2）公式中的运算符运算优先级为：“:”（冒号）→“%”（百分比）→“^”（乘幂）→*和/（乘和除）→“+”（加）→“&”（连接符）→“=”、“<”、“>”、“<=”、“>=”、“<>”（比较运算符）对于优先级相同的运算符，则从左到右进行计算。如果要修改计算顺序，则应把公式中需要首先计算的部分括在圆括号内。

（3）运算符必须是英文半角状态下输入。

（4）公式的运算对象尽量引用单元格地址，以便于复制引用公式。

知识链接　单元格的相对引用和绝对引用

单元格的引用是把单元格的数据和公式联系起来，标识工作表中单元格或单元格区域，指明公式中使用数据的位置。Excel 单元格的引用有两种基本方式：相对引用和绝对引用。Excel 默认为相对引用。

（1）相对引用是指单元格引用会随公式所在位置的变化变而改变，公式的值将会依据更改后的单元格地址的值重新计算。

（2）绝对引用是指公式中的单元格或单元格区域地址不随着公式位置的改变而发生改变。不论公式的单元格在什么位置，公式中所引用的单元格位置都是其在工作表中确切的位置。绝对单元格引用的形式是每一个列标及行号前加一个 "$" 符号，例如，公式 "=1.06*$C$4"。

（3）混合引用是指单元格或单元格区域的地址部分是相对引用，部分是绝对引用，如$B2、B$2。

（4）三维地址引用。在 Excel 中，不但可以引用同一工作表中的单元格，还能引用不同工作表中的单元格，引用格式为：[工作薄名]+工作表名！+单元格引用。例如在 Book1 中引用 Book2 的 Sheet1 的第三行第五列，可表示为；[Book2]Sheet1!E3。

计算所有图书的年销售总额（利用工具栏自动求和按钮）。

（1）在日期行前添加一行，并在此行的售价列单元格输入 "总计"。

（2）选中目标单元格。

（3）单击工具栏中的 "自动求和" 按钮，如图 4-32 所示。

（4）按【Enter】键。

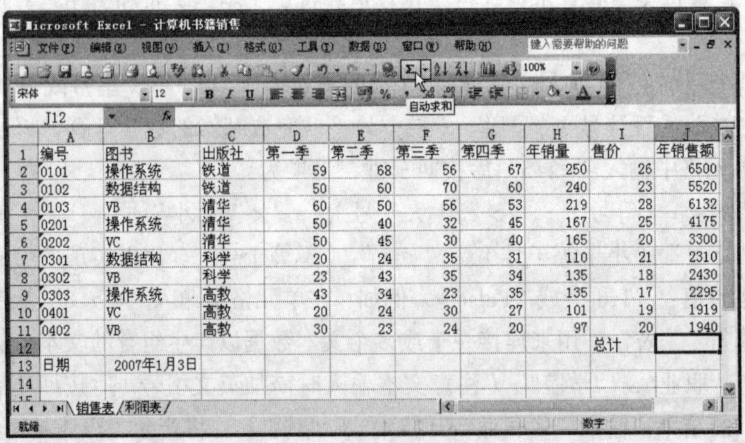

图 4-32　自动求和

步骤二：利润表数据分析

1. 将销售表中年销量列复制到利润表中（利用选择性粘贴）

（1）选择销售表中销量数值区域。

（2）按【Ctrl+C】组合键，或者选择 "编辑" ｜ "复制" 命令，或者右击在弹出的快捷菜单中选择 "复制" 命令。

（3）选中利润表中的销量列 C2 单元格。

（4）选择 "编辑" ｜ "选择性粘贴" 命令，或者右击在弹出的快捷菜单中选择 "选择性粘贴"

命令，弹出如图 4-33 所示的对话框，选择"数值"单选按钮

2．利用公式计算每种书的利润及总利润，使用公式

方法步骤如步骤一，如图 4-34 所示。

其中：利润=售价−进价

总利润=利润*销量

图 4-33　"选择性粘贴"对话框

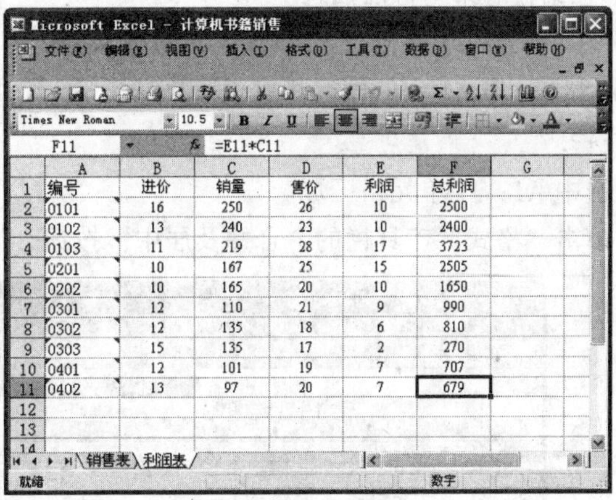

图 4-34　利润表

至此，任务二的工作全部完成。

任务三　　格式化图书销售表

✉ 技能要点

- 能格式化单元格数据。
- 能调整行高和列宽。
- 能使用自动套用格式。
- 能使用条件格式。

✉ 任务背景

"小窦，你过来一下。"

"好的。"窦文轩一路小跑的来到主任的计算机前面。

"做的还行，"主任比较满意。"就是还需要改一下，字太小了，有些地方要更改一下颜色，这样更醒目一些。老板最近心情不好，又眼花，如果让他看不清，恐怕……"

"对，多谢主任提醒。"窦文轩出了一身的冷汗。"我一定好好改！"

✉ 任务分析

要使 Excel 表格的外观更漂亮，需要调整单元格的格式，即单元格的格式化，还需要调整工作表的行高和列宽，也可以使用 Excel 2003 的自动套用格式功能。为了突出显示某些数据，可以

使用条件格式。

✉ 任务实施

步骤一：给销售表加上表标题

（1）在销售表第一行前插入一行。

（2）在单元格 A1 中输入"2006 年计算机书籍销售表"。

（3）使单元格 A1 中的内容相对于表格居中。

方法一：

① 选中 A1：J1 单元格区域。

② 单击"格式"工具栏的"合并及居中"按钮，如图 4-35 所示。

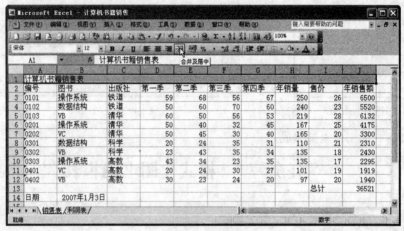

图 4-35　标题居中

方法二：

① 选中 A1：J1 单元格区域。

② 在"单元格格式"对话框，选择"对齐"选项卡，如图 4-36 所示。

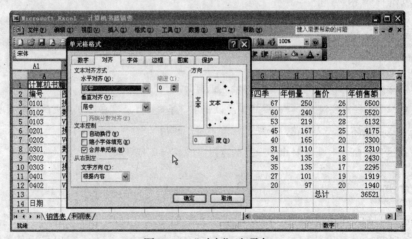

图 4-36　"对齐"选项卡

（3）选择"文本控制"选项区域中的"合并单元格"复选框及"水平对齐"下拉列表框中的"居中"选项。

技能链接　　使用"单元格格式"对话框

（1）选择要进行格式化的单元格或单元格区域。

（2）然后选择"格式"｜"单元格"（或者右击在弹出的快捷菜单中选择"设置单元格格式"命令），出现如图 4-37 所示的"单元格格式"对话框。

- 在"数字"选项卡中，可以对各种类型的数据进行相应的显示格式设置。
- 在"对齐"选项卡中，可以对单元格中的数据进行水平对齐、垂直对齐及方向的格式设置。
- 在"字体"选项卡中，可以对字体、字形、大小、颜色等进行格式定义。
- 在"边框"选项卡中，可以对单元格的外边框以及边框类型、颜色等进行格式定义。
- 在"图案"选项卡中，可以对单元格底纹的颜色和图案等进行定义。
- 在"保护"选项卡中，可以进行单元格的保护设置。

步骤二：将销售表售价列数字改为货币型，并且小数点后保留两位

（1）选中相应区域。

（2）打开"单元格格式"对话框，选择"数字"选项卡，"分类"列表框中选择"货币"选项，"小数位数"微调框选择"2"选项，"货币符号"下拉列表框选择人民币符号，如图 4-37 所示，单击"确定"按钮。

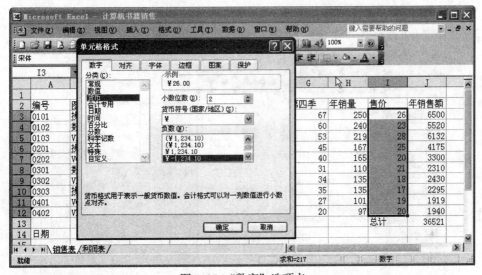

图 4-37　"数字"选项卡

步骤三：将年销售额列数字类型也修改为货币型（使用"格式刷"，快速复制格式）

（1）选中售价列某一数字单元格。

（2）单击"常用"工具栏的"格式刷"按钮，如图 4-38 所示。

（3）选择年销售额列数字区域。

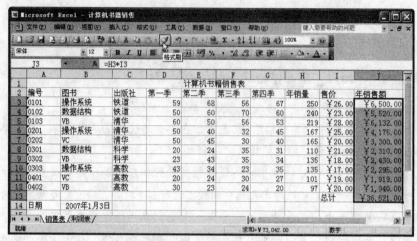

图 4-38　"格式刷"按钮

步骤四：合并销售表 A13:H13 单元格区域

（1）选中 A13:H13 单元格区域

（2）选择"格式"|"单元格"|"对齐"命令。

（3）选择"文本控制"选项区域中的"合并单元格"复选框。

步骤五：合并销售表 B14:J14 单元格区域

步骤六：给销售表加边框

（1）选中销售表有数据的单元格区域。

（2）打开"单元格格式"对话框，选择"边框"选项卡，如图 4-39 所示。

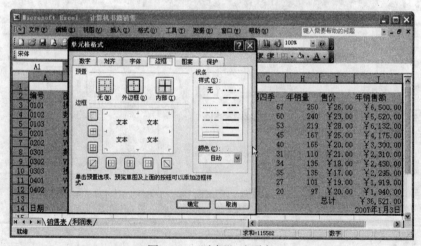

图 4-39　"边框"选项卡

（3）选择线条样式"细实线"，颜色"自动"。

（4）选择"预置"选项区域中的"外边框"选项。

（5）选择线条样式"细虚线"，颜色"酸橙色"。

（6）选择"预置"选项区域中的"内部"选项。

步骤七：设置销售表字体和颜色

（1）设置标题为"黑体"，字号"16 磅"。

① 选中标题所在的单元格

② 打开"单元格格式"对话框，选择"字体"选项卡。

③ "设置字体"设置"黑体"，字号"16 磅"。

④ 单击"确定"按钮。

也可以使用格式工具栏

（2）设置其他数据为"宋体"，字号"10 磅"，方法同上。

步骤八：设置销售表编号列左对齐，售价和年销售额右对齐，其他居中

利用"单元格格式"对话框中的"对齐"选项卡或者"格式"工具栏。

步骤九：给利润表加上标题，方法如步骤一

步骤十：将利润表售价列、利润列和总利润列数字类型设为货币，小数点后保留两位，方法如步骤三

技能链接　使用"格式"工具栏

先选择要进行格式化的单元格或单元格区域，然后单击"格式"工具栏中的相应按钮即可。

步骤十一：调整利润表单元格的行高为 14.5 和列宽为 10

工作表中所有单元格的行高和列宽在正常情况下都为默认值。若不能满足要求，则有必要对行高和列宽进行调整。

1．调整列宽

（1）拖动列标右边界来设置所需的列宽。

（2）双击列标右边的边界，使列宽适合单元格中的内容（即与单元格中的内容的宽度一致）。

（3）选定相应的列，选择"格式"|"列"|"列宽"命令，输入所需的宽度（用数字表示）。

（4）复制列宽。如果要将某一列的列宽复制到其他列中，则选定该列中的单元格，选择"常用"工具栏中的"复制"按钮，然后选定目标列，选择"编辑"|"选择性粘贴"命令，然后单击"列宽"选项。

2．调整行高

类似地，行高的调整也有三种方法。

（1）拖动行标题的下边界来设置所需的行高。

（2）双击行标题下方的边界，使行高适合单元格中的内容（行高的大小与该行字符的最大字号有关）。

（3）选定相应的行，选择"格式"|"行"|"行高"命令，输入所需的高度值（用数字表示）。

注意：不能用复制的方法来调整行高。

步骤十二：设置利润表中利润大于 10 元的以红色显示（利用条件格式）

在工作表中有时为了突出显示满足设定条件的数据，可以设置单元格的条件格式，用于对选定各单元格区域中的数据是否满足设定的条件动态地为单元格自动设置格式。

如果单元格中的值发生更改而不满足设定的条件，Excel 会暂停突出显示的格式。不管是否有数据满足条件或是否显示了指定的单元格式，条件格式在被删除前会一直对单元格起作用。设置条件格式的操作方法是：

（1）选择利润表中的利润列。

（2）选择"格式"|"条件格式"命令，打开"条件格式"对话框，如图 4-40 所示。

图 4-40　"条件格式"对话框

（3）在下拉列表中选择"单元格数值"选项，接着选择比较词组"大于或等于"，在其后的文本框中输入数值"10"。输入的数值可以是常数，也可以是公式，公式前要加上等号"="。

（4）单击"格式"按钮，打开其对话框，选择要应用的字体样式、字体颜色、边框、背景色或图案，指定是否带下画线。

（5）单击"确定"按钮。

注意：

1．如果要加入多个条件：单击"添加"按钮，"条件格式"对话框展开"条件 3"扩展框，然后重复上述步骤。最多可设定三个条件。

2．只有单元格中的值满足条件或是公式返回逻辑值真时，Excel 才应用选定的格式。

3．对已设置的条件格式可以利用"删除"按钮进行格式删除；单击"添加"按钮进行条件格式的添加。

至此，任务三的工作全部结束

✉ 知识拓展

1．自动套用格式

Excel 提供了多种已经设置好的表格格式，可以很方便地选择所需样式，套用到选定的工作表单元格区域。套用时可以全部套用，也可以部分套用。

使用自动套用格式的步骤如下：

（1）选择要自动套用表格格式的单元格区域。

（2）选择"格式"|"自动套用格式"命令，打开"自动套用格式"对话框，如图 4-41 所示。

（3）选择一种套用的格式。

（4）如果要部分套用，则单击"选项"按钮，在对话框的下方将弹出"要应用的格式"选项区域，取消选择不想应用版式的选项。

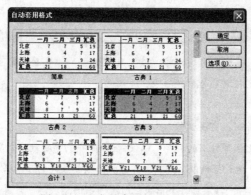

图 4-41 "自动套用格式"对话框

（5）单击"确定"按钮完成。

若要删除自动套用格式，则先选择要删除自动套用格式的区域，在"自动套用格式"对话框的列表框底端，选择"无"选项，单击"确定"按钮。

2．模版

（1）建立模板。

若某工作簿文件的格式以后经常使用，为了避免每次重复设置格式，可以把工作簿的格式做成模板并存储，以后每当要建立与之相同格式的工作簿时，直接调用该模板，可以快速建立所需的工作簿文件。

创建模板的方法是：

① 创建工作簿并将其格式化为所需格式，也可以打开符合要求的工作簿。

② 选择"文件"|"另存为"命令，打开"另存为"对话框。

③ 单击"保存类型"栏的下三角按钮，从弹出的下拉列表框中选择"模板"选项。在"文件名"下拉列表框中输入模板的文件名。在"保存位置"下拉列表框中选择系统约定存放的模板的"Templates"文件夹。

④ 单击"保存"按钮。

（2）使用模板建立新工作簿文件。

① 选择"文件"|"新建"命令，出现"新建工作簿"窗格。

② 选择其中一种模板，并单击"确定"按钮。

这样，就产生新工作簿文件，其中的工作表个数及其格式与所用模板一致。

任务四　分析各种书籍所获利润

✉ 技能要点

- 能创建和编辑数据清单。
- 能对 Excel 2003 数据排序。
- 能对 Excel 2003 数据筛选。
- 能对 Excel 2003 数据分类汇总。

✉ 任务背景

"简直就是一个懒鬼"，窦文轩非常气愤，心里默默地说。"难道你就不能自己算？"

难怪他生气，刚才会计主任又让他修改报表。

这不是折腾人吗？

都数不清了，每次费劲弄好，都再让修改。

这次，非要窦文轩分析比较每种书的利润，以便做2007年的销售计划。窦文轩决心把工作做得漂亮点儿，让主任没理由再折腾他。他计划做以下几项工作，找出销量最大的五本书，找出总利润最大的五本书，找出售价在20元以下的便宜书，再汇总每个出版社所有图书的总利润，计算每个科目书籍的平均销量。

✉ 任务分析

这次的任务涉及到数据清单的概念，要分别找出销量和总利润最大的五本书，需要使用 Excel 2003 中的排序功能，找出售价在 20 元以下的书需要使用筛选功能，汇总每个出版社图书的总利润以及每个科目书籍的平均销量需要使用分类汇总功能。

✉ 任务实施

步骤一：打开计算机销售工作簿，选中利润表

步骤二：将利润表的利润列和总利润列复制到销售表中的 K 列和 L 列

步骤三：在总计行上面插入空行

步骤四：找出销量最大的五本书

方法一：

（1）单击年销量列某一个单元格。

（2）单击"常用"工作栏上的"降序"按钮，如图 4-42 所示。

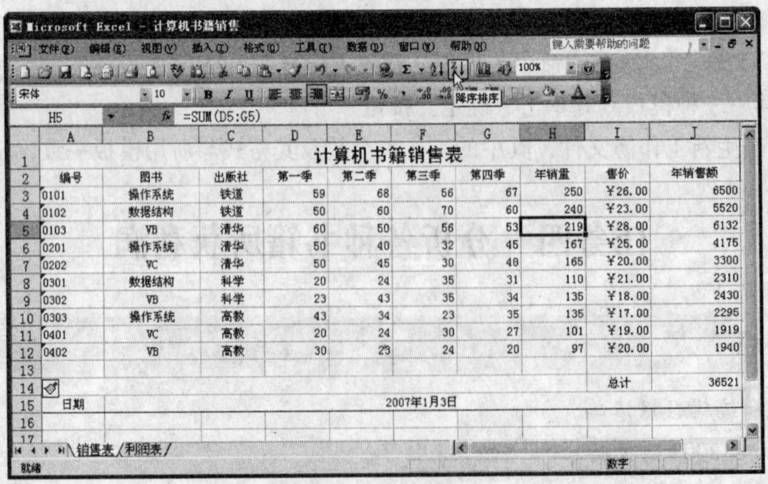

图 4-42　降序排列

方法二：

（1）单击数据清单中关键字段年销量列的任意一个单元格。

（2）选择"数据"|"排序"命令，弹出如图 4-43 所示的"排序"对话框。

（3）在"主要关键字"下拉列表中选择年销量，并且在他的右侧选中"升序"。

（4）单击"确定"按钮。

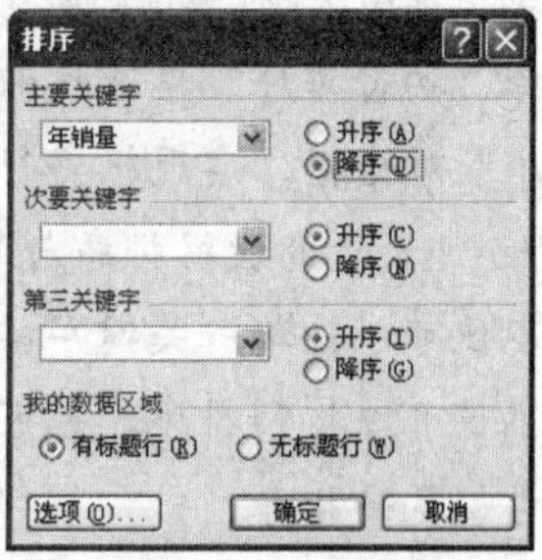

步骤四：在利润表后插入一个工作表，命名为销售分析表，记录销量最大的五本书的编号、书名和出版社

（1）选中利润表。

（2）插入新工作表，命名为销售分析表。

（3）将销售分析表拖动到利润表之后。

（4）复制销售表中的单元格区域 A2:C7 到销售分析表中，如图 4-44 所示。

（5）在编号前插入新列，并合并单元格区域 A2:A6，输入销量前五，如图 4-45 所示。

图 4-43　"排序"对话框

图 4-44　销量最大的五本书

图 4-45　输入"销量前五"

技能链接　按多个关键字段排序及按行排序

1. 按多个关键字段排序

在工作表中输入的数据往往是没有规律的，但在日常数据处理中，经常需要按某种规律排列数据。Excel 可以按字母、数字或日期等数据类型进行排序，排序有"升序"或"降序"两种方式，升序就是从小到大排序，降序就是从大到小排序。可以使用一列数据作为一个关键字段进行排序，也可以使用多列数据作为关键字段进行排序。

如果在排序时，数据清单中关键字段的值相同（此字段称为主关键字段），则需要再按另一个字段的值来排序（此字段称为次关键字段），依此类推，还有第三关键字段。

其操作过程是：

（1）单击要进行排序的数据清单中的任一单元格。

（2）选择"数据"|"排序"命令，弹出如图 4-43 所示的"排序"对话框。

（3）在"主要关键字"和"次要关键字"的下拉列表框中分别选择相应的字段名，并在他的右侧选中"升序"或"降序"单选按钮。

（4）单击"确定"按钮。

2．按行排序

在图 4-43 所示的"排序"对话框中，单击"选项"按钮，出现"排序选项"对话框（见图 4-46），在"方向"选项区域中，选择"按行排序"单选按钮后，单击"确定"按钮。出现按行"排序"对话框，实现根据行的内容进行排序的操作。

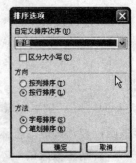

图 4-46　"排序选项"对话框

Excel 的数据排序与 Word 中的排序相比，排序方式灵活多样，不仅可以按单一关键字排序，也可以按第二、第三关键字排序；不仅可以按列排序，也可以按行排序，对于文本数据还可以按字母、笔画排序。

步骤五：按总利润列重新降序排序，找出获利最高的五本书，方法同步骤三，将结果记录在销售分析表中，如图 4-47 所示

	C	D	E	F	G	H	I
1		编号	图书	出版社			
2		0101	操作系统	铁道			
3		0102	数据结构	铁道			
4	销量前五	0103	VB	清华			
5		0201	操作系统	清华			
6		0202	VC	清华			
7		0103	VB	清华			
8		0201	操作系统	清华			
9	利润前五	0101	操作系统	人民			
10		0102	数据结构	人民			
11		0202	VC	清华			
12							

图 4-47　排序

步骤六：筛选出售价在 20 元以下的书，将结果记录在销售分析表中

（1）单击数据清单中任一个单元格。

（2）选择"数据"|"筛选"|"自动筛选"命令。每个字段名右侧都出现一个下三角按钮，如图 4-48 所示。

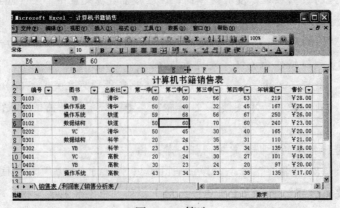

图 4-48　筛选

（3）单击售价右侧的下三角按钮，在下拉列表框中选择"自定义"选项，出现"自定义自动筛选方式"对话框，如图 4-49 所示。

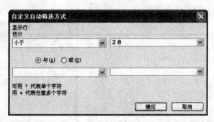

图 4-49　"自定义自动筛选方式"对话框

（4）设置"小于等于 20"，单击"确定"按钮，结果如图 4-50 所示。

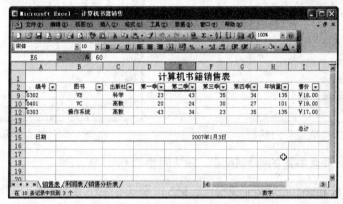

图 4-50　自动筛选结果

（5）将结果记录在销售分析表中。

① 选中销售表中 7、10、12 行中的编号，图书和出版社列。

② 选中销售分析表，在相应位置粘贴。

（6）设置销售分析表第一列"文本控制"为"自动换行"（在"单元格格式"对话框的"对齐"选项卡中进行设置），结果如图 4-51 所示。

步骤七：删除筛选结果

（1）选中"销售表"标签。

（2）选择"数据"|"筛选"|"自动筛选"命令，取消自动筛选。每个字段名右侧的下三角按钮消失。

步骤八：汇总每个出版社书籍的总获利

（1）按出版社列排序。

（2）选择"数据"|"分类汇总"命令，弹出如图 4-52 所示的"分类汇总"对话框。

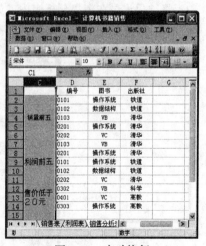

图 4-51　自动换行

（3）在"分类字段"下拉列表框中选择"出版社"选项，"汇总方式"下拉列表框中选择"求和"选项，"指定汇总项"列表框中选择"总利润"复选框，单击"确定"按钮。

（4）将结果记录在销售分析表中。

① 按住【Ctrl】键分别选择各出版社汇总结果。

② 切换到销售分析表中和原数据清单隔行粘贴，结果如图 4-53 所示。

图 4-52　"分类汇总"对话框

图 4-53　隔行粘贴

步骤九：汇总每个科目书籍的平均销量，方法同步骤八

（1）取消出版社利润汇总结果：选择"数据"|"分类汇总"命令，打开"分类汇总"对话框，单击"全部删除"按钮。

（2）重新分类汇总：按"图书列"排序，打开"分类汇总"对话框，在"分类字段"下拉列表框中选择"图书"选项，"汇总方式"下拉列表框中选择"平均"选项，"指定汇总项"列表框中选择"年销量"复选框。

3. 将结果记录在销售分析表中，如图 4-54 所示。

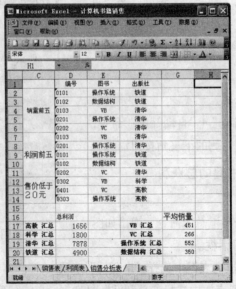

图 4-54　记录结果

步骤十：删除销售表分类汇总结果，删除销售表最后两列

至此，任务四的工作全部完成。

⊠ 知识拓展

数据清单的概念和创建规则

数据库（DataBase，DB）：是存储在计算机存储设备上，结构化的相关数据集合。它不仅包括描述事物的数据本身，而且还包括相关事物之间的联系。数据库中的数据往往不像文件系统那样，只面向某一特定应用，而是面向多种应用，可以被多个用户、多个应用程序共享。例如，某个企业、组织或行业所涉及的全部数据的汇集。可以对数据的增加、删除、修改和检索进行统一的控制。数据库管理系统（DataBase Management System，DBMS）则是能够对数据库进行加工、管理的软件，如 Visual FoxPro、Sybase 等都属于数据库管理系统。Excel 2003 的数据清单具有类似数据库的特点，可以实现数据的排序、筛选、分类汇总、统计和查询等数据库的管理功能

具有二维表性质的电子表格在 Excel 中被称为"数据清单"，数据清单类似于数据库表，可以像数据库一样使用，其中行表示记录，列表示字段。数据清单的第一行必须为本文类型，为相应列的名称。在此行的下面是连续的数据区域，每一列包含相同类型的数据，在执行数据库操作（如查询、排序等）时，Excel 2003 会自动将数据清单视作数据库，并使用下列数据清单中的元素来组织数据：数据清单中的列是数据库中的字段；数据清单中的列标志是数据库中的字段名称；数据清单中的每一行对应数据库中的一条记录。

用户在创建数据清单时应遵循以下规则：

（1）一个数据清单最好占用一个工作表。

（2）数据清单是连续的数据区域，不允许出现空行和空列。

（3）每一列包含相同类型的数据。

（4）将关键数据置于清单的顶部或底部：避免将关键数据放到数据清单的左右两侧，因为这些数据在筛选数据清单时可能会被隐藏。

（5）显示行和列：在修改数据清单之前，要确保隐藏的行或列已经被显示；如果清单中的行和列未被显示，那么数据有可能被删除。

（6）使用带格式的列标：要在清单的第一行中创建列标。Excel 2003 将使用列标创建报告并查找和组织数据。对于列标请使用与清单中数据不同的字体、对齐方式、格式、图案、边框或大小写类型等，在输入列标之前，要将单元格设置为文本格式。

（7）使清单独立：在工作表的数据清单与其他数据间至少应留出一个空列和一个空行。在执行排序、筛选或自动汇总等操作时，这将有利于 Excel 2003 检测和选定数据清单。

（8）不要在数据前面或后面输入空格：单元格开头和末尾的多余空格会影响排序与搜索。

下面学习如何对 Excel 数据库进行编辑和管理。

数据清单中的数据除了可以使用工作表进行编辑外，还可以使用"记录单"来进行。具体操作如下：

（1）选定数据清单中的任意一个单元格。

（2）选择"数据"|"记录单"命令，打开"记录单"对话框。

（3）查看、编辑记录。

对话框左侧显示第一条记录各字段的数据，右侧最上面显示当前数据清单中的总记录数和当前显示的是第几条记录，可以使用"上一条"和"下一条"按钮、垂直滚动条等来查看不同的记录。当记录很多时，还可以单击"条件"按钮，在实发工资栏中输入">1000"，则在对话框中就只显示符合条件的记录了。

（4）新建、删除记录。

新建记录：在对话框中单击"新建"按钮，记录单左边显示一条空白记录，然后依次输入新记录的各个字段的值，输入完毕，按【Enter】键。如此重复，可以添加多条记录。

删除记录：在"记录单"对话框中，定位到要删除的记录，单击"删除"按钮来删除当前记录。此操作不能撤销。

任务五　创建图书季度销售的图表

✉ 技能要点

- 能创建图表。
- 能编辑图表。

✉ 任务背景

"嗯，好。已经差不多了。"会计主任满意地说，"你可以再给这个表格插入个图表，分析一下各种书的季度销售情况，计算机书籍的销售和周围学校课程学期安排及计算机等级考试的有关时间，分析季度销量变化，我们才可以有的放矢啊。插个图表会更形象些，便于比较啊。"

窦文轩觉得自己快崩溃了，完成了这个工作，说什么也要调部门。不过做就要做好，绝不能让你小瞧我，哼，不就是图表嘛！

✉ 任务分析

这次的任务就是要用图表直观地显示各种书籍的季度销量，完成这项工作只需要在 Excel 2003 中直接插入图表就可以了，当然想要使图表的内容和外观完全合乎自己的心意，还需要对图表进行编辑。

✉ 任务实施

步骤一：建立图表

（1）销售表按编号升序排序。

（2）选择销售表中的编号列 2～12 行，按住【Ctrl】键选四个季度销量的 2～12 行。

（3）选则"插入"|"图表"命令，或单击"常用"工具栏中的"图表向导"按钮📊，弹出"图表向导-4 步骤之 1-图表类型"对话框，选择"柱形图"选项，如图 4-55 所示。Excel 提供的

图表有柱形图、条形图、折线图、饼图、XY 散点图、面积图、圆环图、雷达图、曲面图、气泡图、股价图、圆锥图、圆柱图和棱锥图等十几种类型，而且每种图表还有若干子类型。

（4）单击"下一步"按钮，弹出"图表向导－4步骤之2－图表数据源"对话框，在"系列产生在"选项区域中选择"行"单选按钮，如图 4-56 所示。

图 4-55　图表类型对话框

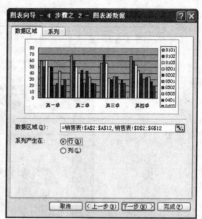

图 4-56　图表数据源对话框

该对话框有两个选项卡，可在对话框中设置图表使用的数据区域：

- 在"数据区域"选项卡"数据区域"文本框中自动显示第一步中选中的数据区域，用户可以进行修改。绘制图表所用的数据可以来自不同的区域，区域之间用逗号分隔。图表的数据不一定要来自活动工作表，可以指定任一工作表，甚至来自不同的工作簿。

- 在"系列产生在"选项区域中选择"行"或"列"单选按钮。所谓"系列"或"数据序列"，是指一组相关的数据点，它代表一行还是一列数据。在图表上，每一系列用单独的颜色或图案区分出来。在"系列"选项卡中，可以添加或删除数据系列。

（5）单击"下一步"按钮，弹出"图表向导－4步骤之3－图表选项"对话框，设置图表标题"季度销售表"，X轴"季度"，Y轴"销量"，设置数据标志显示为"值"，如图 4-57 所示。

该对话框包括六个选项卡：

"标题"：给整个图表和图表的 X 轴和 Y 轴添加或删除标题，标题的数据需要手动输入。

"坐标轴"：设置图表是否显示 X 轴和 Y 轴。

"网格线"：设置图表是否显示 X 轴方向和 Y 轴方向的网格线。

"图例"：设置是否显示图例和图例摆放的位置。

"数据标志"：设置是否给系列添加数据标志及数据标志的形式。

"数据表"：设置是否在图表的下面显示绘制图表所用的数据系列。

第五步：单击"下一步"按钮，弹出"图表向导－4步骤之4－图表位置"对话框如图 4-58 所示。在该对话框中规定图表的位置：如果选择"作为其中的对象插入"单选按钮，用户要给出所要嵌入的工作表的名称；如果选择"作为新工作表插入"单选按钮，系统给出新图表的默认名称"图表1"，用户可以采用，也可以更改。

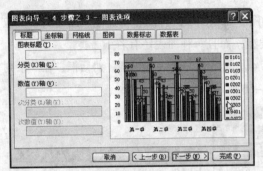

图 4-57　图表选项对话框

图 4-58　图表位置对话框

选择 "作为新工作表插入"单选按钮，命名为"季度销量图表"，结果如图 4-59 所示。

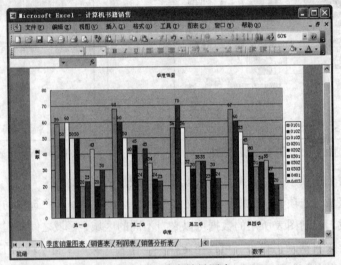

图 4-59　季度销量图表

据图可以直观地看到，每个季度销量最大的几本书。

至此，任务五的工作彻底完成。

✉ 知识拓展

编辑图表和格式化图表

在添加、删除和重组数据时，并不需要重建图表，只要进行一些适当的修改就可以了：在图表区域右击，从弹出的快捷菜单中选择相应的命令（图表类型、源数据、图表选项、位置），可以在这些对话框中进行设置，就会使图表达到自己满意的结果。

任务六　打印工作簿及图表

✉ 技能要点

● 会页面设置。

- 会预览工作表。
- 会打印工作表。

✉ 任务背景

"嗯，这次还有那么点儿意思。小窦，以后工作就要这样做，年轻人应该主动啊。"

"是，是，是，我一定努力。"窦文轩敷衍着。"哼，不管怎么说，我也要调动调动，再也不能在你手下干了。"

"你去把它打印出来，交我跟老板一人一份。"会计主任说。

"好的。"窦文轩领命而去。

✉ 任务分析

这次的任务是要把分析好的图书销售表打印出来，但是打印之前还需要对工作表进行版面的设置，这需要使用 Excel 2003 的页面设置、预览和打印功能。

✉ 任务实施

步骤一：页面设置

（1）切换到销售表。

（2）选择"文件"|"页面设置"命令，弹出"页面设置"对话框，如图 4-60 所示。

该对话框有四个选项卡。选择"页面"选项卡，弹出的对话框如图 4-60 所示，设置以下各项：

图 4-60　"页面"选项卡

- "方向"："纵向"表示从左到右按行打印；"横向"表示将数据旋转 90° 打印。
- "缩放比例"：根据实际需要指定缩放比例。
- "纸张大小"：选择纸张规格（如 A4、B5 等）。
- "打印质量"：在下拉列表框中选择一种选项，如"300 点/英寸"。数字越大，打印质量越高。
- "起始页码"：输入一个数字，确定工作表的起始页码。

选择"页边距"选项卡，弹出的对话框如图 4-61 所示。分别在"上、下、左、右"微调框中及"页眉、页脚"微调框中输入相应的数字，精确设置页边距及页眉、页脚的显示范围；在"居中方式"选项区域中选择"水平"或"垂直"复选框。

选择"页眉/页脚"选项卡，弹出的对话框如图 4-62 所示。单击"页眉或页脚"的下三角按钮"▾"，在下拉列表框中选择页眉或页脚内容，也可以自定义页眉、页脚。单击"自定义页眉"按钮，出现"页眉"对话框，在此对话框中有一排按钮，可设置文本格式，插入页码、日期、时间、文件路径、文件名或标签名，还可以插入图片并可设置图片格式。页脚的定义同页眉。

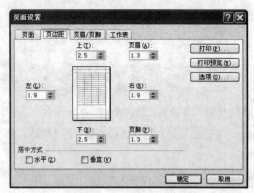

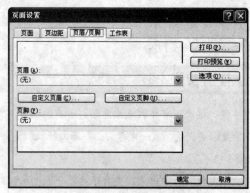

图 4-61　"页边距"选项卡　　　　　图 4-62　"页眉/页脚"选项卡

选择"工作表"选项卡，弹出的对话框如图 4-63 所示。可以设置打印区域，设置每页打印表头，设置多页的打印顺序：先列后行或先行后列，可以决定是否打印网格线和行号列标等。

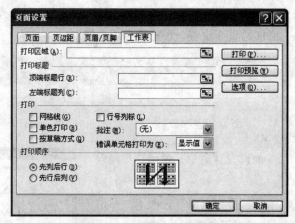

图 4-63　"工作表"选项卡

步骤二：打印预览

选择"文件"|"打印预览"命令或者单击"常用"工具栏上"打印预览"按钮，弹出"打印预览"窗口（见图 4-64），使用窗口中的一排按钮，对预览页进行设置。

- "下一页"、"上一页"按钮：可以显示下一页或上一页，若只有一页，则这两个按钮呈灰色不能使用。
- "缩放"按钮：单击该按钮则预览页被放大，可以看到工作表或图表的细节，再次单击，恢复原来大小。
- "页边距"按钮：单击该按钮在页面上出现一些虚线条，它们分别表示左、右、上、下页边距位置。

调整页边距，鼠标指针移到黑块（或虚线）上，指针呈双向箭头，沿着箭头方向拖动黑块（或虚线）调整页边距。

调整页眉/页脚区域大小，在预览页面的上（下）方有四条虚线围起的矩形区域，是页眉/页脚的显示位置。鼠标指针指向该区域边界，拖动虚线时该区域的大小就会改变。

- "分页预览"按钮：单击此按钮进入分页预览模式后，工作表中分页处用蓝色线条表示，称为分页符。若未设置过分页符，则分页符用虚线表示，否则用实线表示。每页均有第 *X* 页的水印，不仅有水平分页符，而且有垂直分页符。
- "设置"按钮：单击该按钮出现"页面设置"对话框。

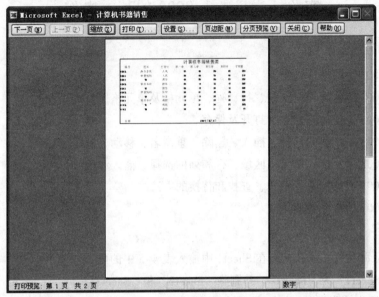

图 4-64　"打印预览"窗口

步骤三：打印

选择"文件"|"打印"命令，弹出的"打印"对话框如图 4-65 所示，在"打印范围"选项区域中选择"全部"单选按钮打印全部内容，或在"从"和"到"微调框中输入起始页号和终止页号。在"打印内容"选项区域中选择打印当前工作表或整个工作簿或打印当前工作表的选定区域，并设置打印份数及打印顺序；也可以使用"常用"工具栏的"打印"按钮直接打印。

至此，任务六的工作全部完成。

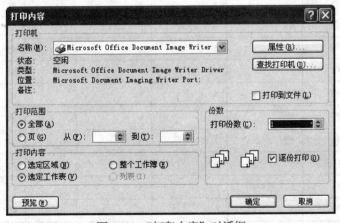

图 4-65　"打印内容"对话框

实 验 指 导

实验一　Excel 2003 的基本操作

一、实验目的

1. Excel 2003 的启动、退出。
2. Excel 2003 工作簿、工作表、行、列、单元格及单元格区域的概念。
3. Excel 2003 工作簿的建立、打开及保存。
4. Excel 2003 工作表的选择、插入、删除、重命名、移动、复制和隐藏。
5. Excel 2003 单元格、单元格区域、行和列的选择、插入和删除。
6. Excel 2003 数据输入、编辑、查找和替换的方法。
7. Excel 2003 中批注的使用。

二、实验内容

1. 创建 Excel 文件 "book1"，在 Sheet1 中输入表 4-5 中的内容。
2. 更名 "Sheet1" 为 "book1"，并删除 "Sheet2" 和 "Sheet3"。
3. 查找内容为 "张健"，并将 "张健" 替换为 "张林"。
4. 给内容为 "付伟" 的单元格加批注 "走读"。
5. 保存 Excel 文件为 "book1.xls"。

表 4-5　成绩表

学　号	姓　名	平时成绩				期末考试	学期总成绩
		提问作业	课堂测试	期中成绩	小　计		
04020301	陈　静	5	5	6		44	
04020302	初晓哲	5	5	6		44	
04020303	董艳霞	9	9	9		63	
04020304	冯　琦	5	5	6		45	
04020305	付　伟	9	10	9		64	
04020307	李　静	9	8	9		63	
04020309	李其跃	5	5	6		44	
04020310	李睿林	8	7	8		57	
04020311	李智广	5	6	6		43	
04020312	刘春晓	5	5	5		45	
04020313	刘　峰	6	6	6		42	
04020314	刘雯雯	8	8	8		63	

右上角：续上表

学　号	姓　名	平时成绩				期末考试	学期总成绩
		提问作业	课堂测试	期中成绩	小　计		
04020315	刘　燕	10	9	10		65	
04020316	刘永强	6	6	6		42	
04020317	孟　静	8	8	9		63	
04020318	彭　振	9	10	10		63	
04020319	申海龙	6	6	6		42	
04020320	苏　啸	5	5	6		44	

实验二　Excel 2003 公式和函数的使用

一、实验目的

1. 公式的使用。
2. Excel 2003 函数的使用。
3. 单元格的相对引用和绝对引用。
4. 选择性粘贴的使用。

二、实验内容

1. 打开"book1.xls"。

2. 利用函数和公式两种方法计算"book1"表格中的小计列，小计＝提问作业+课堂测试+期中成绩。

3. 计算"book1"表格中的学期总成绩，学期总成绩＝平时成绩+期末考试。

4. 在工作表"book1"后插入工作表，命名为"学期总成绩成绩"，将"book1"工作表中的学号列粘贴到 A 列，将姓名列粘贴到 B 列，将学期总成绩列粘贴到 C 列。

实验三　Excel 2003 工作表的格式化

一、实验目的

1. 单元格数据的格式化。
2. 调整单元格的行高和列宽。
3. 条件格式。

二、实验内容

1. 打开"book1.xls"。

2. 在第一行前插入两行，输入相应的内容，并设置单元格格式，加边框，调整行高和列宽，最终效果如图 4-66 所示。

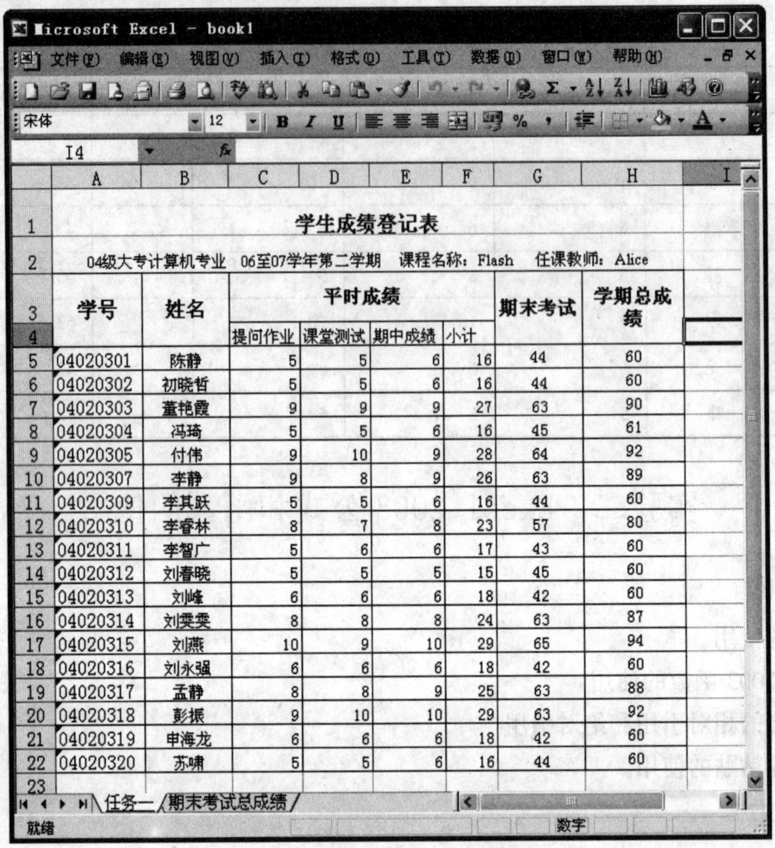

图 4-66 "book1"工作表

3. 使用条件格式，使学期总成绩在 90 分以上的红色显示。

三、实验内容

打开素材"book3"，进行以下设置：

1. 将第一行的内容作为表格标题居中，黑体、加粗、14 号。

2. 设置数据区域行高为 20，列宽为 12，除标题外字体为宋体字号为 12。

3. 计算总成绩，总成绩=平时成绩+期中成绩×20%+期末成绩×70%

4. 给学生成绩表加上外边框，线条样式为双线。

实验四　使用数据清单

一、实验目的

1. 数据清单的创建和编辑。

2. 排序。

3. 筛选。

4. 分类汇总。

二、实验内容

1. 打开"book1.xls"。

2. 按期末考试成绩排序。

3. 先按学期总成绩排序，若学期总成绩相同，则按期末考试成绩排序，若期末考试成绩相同，则按平时成绩排序。

4. 使用自动筛选，筛选出学期总成绩在 90 分以上的学生。

三、实验内容

1. 打开素材"book2.xls"。

2. 按出版社汇总销售金额。

3. 按出版社汇总销售数量。

4. 按图书名称汇总销售数量。

5. 求每个出版社中销售数量的最大值。

四、实验内容

1. 创建一张含有 25 条学生成绩的数据表，表中应有：序号、姓名、数学、外语、政治、计算机、平均成绩七个字段，表中成绩按百分制任意给定，并计算平均成绩。

2. 将"Sheet1"命名为"学生成绩表"，按"平均成绩"递减排序，如"平均成绩"相等，则按"数学"成绩递减排序，若"数学"成绩还相同，则按"外语"成绩递减排序。

3. 给"学生成绩表"加一统栏标题"学生成绩排序表"，设置字体为隶书、20 磅、加粗、颜色为蓝色、居中。各科成绩≤60 分的设置为红色、加粗、倾斜，各科成绩≥90 分的设置为蓝色、加粗、倾斜。

4. 在"学生成绩表"中查询出"平均成绩"≥85 同时"数学"≥90 或"英语"≥90 的所有记录，将筛选结果复制到工作表"Sheet2"，将"Sheet2"改名为"筛选结果"。

实验五 使用图表

一、实验目的

1. 创建图表。

2. 编辑图表。

二、实验内容

1. 打开素材"book4.xls"。

2. 创建柱型图表，要求包括图表名称和图例系列产生在行。

3. 编辑图表，使绘图区为粉色，数值轴为蓝色，图表区颜色为黄色。

4. 使数据系列显示值，且该值倾斜 30° 显示。

最终效果如图 4-67 所示。

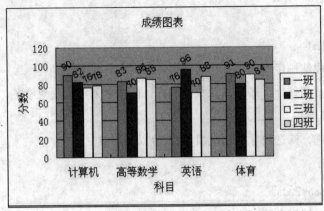

图 4-67　柱形图表

实验六　Excel 2003 工作表的页面设置

一、实验目的

练习页面设置和预览。

二、实验内容

1. 对 "book1" 中 "sheet1" 添加页眉 "04 级计算机应用班"。
2. 设置 A4 纸纵向打印。
3. 设置上下页边距为 2.8 厘米，左右为 2 厘米。
4. 预览。

习　题

一、选择题

1. Excel 的主要功能是（　　　）。

  A. 表格处理，文字处理，文件管理　　　　B. 表格处理，网络通信，图表处理

  C. 表格处理，数据库管理，图表处理　　　D. 表格处理，数据库管理，网络通信

2. Excel 工作簿文件的扩展名约定为（　　　）。

  A. dox　　　　　　　B. txt　　　　　　　　C. xls　　　　　　　　D. xlt

3. （　　　）位于菜单栏的下方，用户只需单击某个按钮，即可执行相应的命令，比使用菜单更加方便、快捷且非常直观。

  A. 工具栏　　　　　B. 工作区　　　　　　C. 状态栏　　　　　　D. 编辑栏

4. （　　　）显示活动单元格的列标和行号，它也可用来定义单元格或区域的名称，或者根据名称来查找单元格或单元格区域。

  A. 工具栏　　　　　B. 名称框　　　　　　C. 状态栏　　　　　　D. 编辑栏

5. （　　　）用于编辑当前单元格的内容。如果单元格中含有公式，则其中显示公式本身，而公式的运算结果会显示在单元格中。

  A. 工具栏　　　　　B. 名称框　　　　　　C. 状态栏　　　　　　D. 编辑栏

6. （　　　）位于工作簿窗口的下端，用于显示工作表名。

　　A. 任务栏　　　　　　B. 状态栏　　　　　　　C. 标题栏　　　　　　　D. 工作表标签

7. 在 Excel 中，（　　　）用来显示状态信息，如【Num Lock】、【Insert】、【Caps Lock】键是否被按下等。

　　A. 工作表标签　　　B. 状态栏　　　　　　　C. 标题栏　　　　　　　D.任务栏

8. Excel 应用程序窗口最下面一行称作状态行，当用户输入数据时，状态行显示（　　　）。

　　A. 输入　　　　　　　B. 指针　　　　　　　　C. 编辑　　　　　　　　D. 拼写检查

9. （　　　），可以快速在工作表之间进行切换。

　　A. 单击工作表标签　　　　　　　　　　　B. 单击工作表中任意单元格

　　C. 单击工作簿　　　　　　　　　　　　　D. 单击滚动条

10. 设置（　　　），使用户预先设置某单元格中允许输入的数据类型，以及输入数据的有效范围。

　　A. 单元格的格式　　B. 输入信息　　　　　C. 错误警告　　　　　　D. 有效数据

11. 如果要将所有单元格的数据居中，应先用鼠标单击（　　　），再单击"居中"按钮。

　　A. 全选框　　　　　　B. 编辑栏　　　　　　C. 名称框　　　　　　　D. A1 单元

12. 将若干个单元格合并成一个单元格后，新单元格使用（　　　）单元格的地址。

　　A. 左上角　　　　　　B. 右下角　　　　　　C. 有数据的　　　　　　D. 用户指定的

13. 在 Excel 中，下列（　　　）是正确的单元格区域表示法。

　　A. Al#D4　　　　　　B. A1..D5　　　　　　C. A1:D4　　　　　　　D. Al>D4

14. 在 Excel 中，关于区域名字的论述不正确的是（　　　）。

　　A. 同一个区域可以有多个名字

　　B. 一个区域名只能对应一个区域

　　C. 区域名可以与工作表中某一单元格地址相同

　　D. 区域名既能在公式中引用，也能作为函数参数

15. 在 Excel 中，关于工作表区域的论述错误的是（　　　）。

　　A. 区域名可以与工作表中某一单元格地址相同

　　B. 区域地址由矩形对角的两个单元格地址之间加":"组成

　　C. 在编辑栏的名称框中可以快速定位已命名的区域

　　D. 删除区域名，同时也删除了对应区域的内容

16. 下列数据或公式的值为文字（正文）型的是（　　　）。

　　A. 1996 年　　　　　B. (432.103)　　　　C. =round(345.106,1)　　D. ＝ pi()

17. 在 Excel 工作表中，在不同单元格输入下面内容，其中被 Excel 识别为字符型数据的是（　　　）。

　　A. 1999-3-4　　　　B. $100　　　　　　　C. 34%　　　　　　　　D. 广州

18. 输入的数值数据默认状态下在单元格中（　　　）。

　　A. 左对齐　　　　　　B. 右对齐　　　　　　C. 居中　　　　　　　　D. 不确定

19. 输入的字符数据默认状态下在单元格中（　　　）。

　　A. 右对齐　　　　　　B. 左对齐　　　　　　C. 居中　　　　　　　　D. 不确定

20. 输入完全由数字组成的文本字符时，应在前面加（　　　）。

　　A. 直接输入　　　　　B. 双引号　　　　　　C. 单引号　　　　　　　D. 加句号

21. 4 367 科学计数法的输入格式是（　　　）。

    A. 4.37E–03　　　　B. 4.367+E3　　　　C. 4.37E+03　　　　D. 4.367 + E + 3

22. 在输入数据时输入前导符（　　　）表示要输入公式。

    A. "'"　　　　　B. "+"　　　　　　　C. "="　　　　　　　　D. "%"

23. 在 Excel 中字符运算符（　　　）是将字符型的值进行连接。

    A. "$"　　　　　B. "#"　　　　　　　C. "?"　　　　　　　　D. "&"

24. 关系运算符 "< >" 的运算结果是（　　　）数据类型。

    A. 数值　　　　　B. 字符　　　　　　　C. 逻辑　　　　　　　D. 日期

25. 在 Excel 中，各运算符号的优先级由高到低州顺序为（　　　）。

    A. 数学运算符、比较运算符、字符运算符　　B. 数学运算符、字符运算符、比较运算符

    C. 比较运算符、字符运算符、数学运算符　　D. 字符运算符、数学运算符、比较运算符

26. 在 Excel 工作表的工具栏中，"∑" 按钮的作用是（　　　）。

    A. 将所有数据排序　　　　　　　　　　B. 将指定区域中的所有数值型数据求平均值

    C. 将所有数值型数据求和　　　　　　　D. 域的所有数值型数据求和

27. 在 Excel 中，已知 A1 单元格中输入数字 "2"，A2 单元格中已输入公式 "= l /Al"。若将 Al 单元格中的内容移动到 Bl 单元格，则 A2 单元格中的公式变成（　　　）。

    A. "1 / Al"　　　　B. "= l / Bl"　　　　C. "0"　　　　　　D. "#DIV / 0!"

28. 在 Excel 工作表中，将 C1 单元格中的公式 "=A1" 复制到 D2 单元格后，D2 单元格中的值将与（　　　）单元格中的值相等。

    A. B2　　　　　　B. A2　　　　　　　C. Al　　　　　　　D. B1

29. 在 Excel 工作表中，将 Cl 单元格中的公式 "= A$l" 复制到 D2 单元格后，D2 单元格中的值将与（　　　）单元格中的值相等。

    A. B2　　　　　　B. A2　　　　　　　C. Al　　　　　　　D. Bl

30. 在 Excel 工作表中，将 C1 单元格中的公式 = Al 复制到 D2 单元格后，D2 单元格中的值将与（　　　）单元格中的值相等。

    A. B2　　　　　　B. A2　　　　　　　C. Al　　　　　　　D. Bl

31. 设置单元格区域 A1:A8 中各单元格中的数值均为 "l"，A9 为空白单元格，Al0 单元格中为一字符串，则函数 "= AVERAGE(A1:A10)" 结果与公式（　　　）的结果相同。

    A. "= 8/10"　　　　B. "= 8/9"　　　　C. "= 8/8"　　　　D. "= 9/l0"

32. 函数 "= SUM("3",2,TRUE,FALSE)" 的结果为（　　　）。

    A. 5　　　　　　　B. 2　　　　　　　C. 6　　　　　　　D. 3

33. 在 Excel 中，设 G3 单元格中的值为 "0"，G4 单元格中的值为 "FALSE"，逻辑函数 "=OR(AND(G3 = 0,G4), NOT(G4))" 的值为（　　　）。

    A. "0"　　　　　　B. "1"　　　　　　C. "TRUE"　　　　D. "FALSE"

34. 在 Excel 工作表中 Al 单元格输入 "'80"，在 B1 单元格输入条件函数：

    = "IF(Al> = 80,"Good",IF(Al = 60,"Pass","Fail"))"，则 Bl 单元格中显示（　　　）。

    A. "Fail"　　　　　　　　　　　　　B. "Pass"

    C. "Good"　　　　　　　　　　　　　D. "IF(Al> = 60,"Pass","Fail")"

35. 在 Excel 数据库中，如 B2:B10 单元格区域中是某单位职工的工龄，C2:C10 单元格区域中是职工的工资，求工龄大于 5 年的职工工资之和，应使用公式（　　）。
    A. "= sumif(b2:b10,">5",c2:cl0)"　　　　　　　B. "= sumif(c2:cl0,">5",b2:bl0)"
    C. "= sumif(c2:cl0,b2:bl0,">5")"　　　　　　　D. "= sumif(b2:bl0,c2:cl0,">5")"

36. 在 Excel 工作表中，要计算单元格区域 A1：C5 中值大于等于 30 的单元格个数，应使用公式（　　）。
    A. "= COUNT(A1:C5,">= 30")"　　　　　　　B. "= COUNTIF(A1:C5,>= 30)"
    C. "= COUNTIF(A1:C5,">= 30")"　　　　　　D. "= COUNTIF(A1:C5,>= "30")"

37. 在 Excel 中，错误值总是以（　　）开头。
    A. 无　　　　　　B. "#"　　　　　　C. "?"　　　　　　　　D. "&"

38. 在 Excel 中，若一个单元格中显示出错误信息 "#VALUE!"，表示该单元格内的（　　）。
    A. 公式引用了一个无效的单元格坐标　　　B. 公式中的参数或操作数出现类型错误
    C. 公式的结果产生溢出　　　　　　　　　D. 公式中使用了无效的名字

39. 在 Excel 中，当某单元格中的数据被显示为充满整个单元格的一串 "#" 时，说明（　　）。
    A. 公式中出现了 0 作除数的情况　　　　B. 数据长度大于该列的宽度
    C. 公式中所引用的单元格已被删除　　　　D. 公式中含有 Excel 不能识别的函数

40. 在 Excel 中，当公式中出现被零除的现象时，产生的错误值是（　　）。
    A. "#N/A!"　　　　B. "#DIV/0!"　　　　C. "#NUM!"　　　　　D. "#VALUE!"

41. A1 单元格中有公式 "= SUM(B2:D5)"，在 C3 单元格处插入一列，再删除一行，A1 单元格中的公式变成（　　）。
    A. "= SUM(B2:E4)"　　　　　　　B. "= SUM(B2:E5)"
    C. "= SUM(B2:D3)"　　　　　　　D. "= SUM(B2:E3)"

42. 在 Excel 工作表中，已知 A1 单元格中的公式为 = AVERAGE(C1:E5)，将 C 列删除之后，A1 单元格中的公式将调整为（　　）。
    A. "=AVERAGE(#REF!)"　　　　　　B. "=AVEBAGE(D1:E5)"
    C. "=AVERAGE(C1:D5)"　　　　　　D. "=AVERAGE(C1:E5)"

43. 在 Excel 中，关于"选择性粘贴"的叙述错误的是（　　）。
    A. 选择性粘贴只可以粘贴格式
    B. 选择性粘贴只可以粘贴公式
    C. 选择性粘贴可以将源数据的排序旋转 90°，即 "转置" 粘贴
    D. 选择性粘贴只能粘贴数值型数据

44. 在 Excel 中，选定菜单元格后单击"复制"按钮，再选中目的单元格后单击"粘贴"按钮，此时被粘贴的是源单元格中的（　　）。
    A. 格式和公式　　　　　　　　　　　B. 数值和格式
    C. 全部　　　　　　　　　　　　　　D. 格式和批注

45. 通过拖动（　　），可以将选定区域中的内容复制或按一定规律自动填充到同行或同列中的其他单元格中。
    A. 选定的单元格区域　　　B. 边框　　　C. 填充柄　　　　　　　D.选定的工作表

46. 如果一个单元格中的数值是3，拖动填充柄时，按住（　　）键，自动填充公差为1的序列。
　　A.【Alt】　　　　　　　B.【Shift】　　　　　　C.【Ctrl】　　　　　　D.【Esc】

47. 在 Excel 工作表中，A1 单元格中的内容是"1月"，若要用自动填充序列的方法在 A 列生成序列1月、3月、5月……，则（　　）。
　　A. 在 A2 单元格中输入"3月"，选中单元格区域 A1:A2 后拖动填充柄
　　B. 选中 A1 单元格后拖动填充柄
　　C. 在 A2 单元格中输入"3月"，选中 A2 后的单元格区域拖曳填充柄
　　D. 在 A2 单元格中输入"3月"，选中单元格区域 A1:A2 后双击填充柄

48. 在 Excel 中，利用填充柄可以将数据复制到相邻单元格中，若选择含有数值的左右相邻的两个单元格，按住左键拖动填充柄，则数据将以（　　）填充。
　　A. 等差数列　　　　B. 等比数列　　　　　　C. 左单元格数值　　　　D. 右单元格数值

49. 在 Excel 中，下面说法不正确的是（　　）。
　　A. Excel 应用程序可同时打开多个工作簿文档
　　B. 在同一工作簿窗口中可以建立多张工作表
　　C. 在同一工作表中可以为多个数据区域命名
　　D. Excel 新建工作簿的默认名为"文档 X"

50. 在新建的 Excel 工作簿中，默认工作表个数（　　）。
　　A. 16个，由系统设置
　　B. 可使用"工具"|"选项"命令指定
　　C. 三个，用户只能用插入工作表的方法增加，不能修改默认值
　　D. 用户可以设置，但最多16个

51. 对于已存盘的工作薄，为防止突然断电丢失新输入的内容，应经常执行（　　）命令。
　　A. 保存　　　　　　B. 另存为　　　　　　　C. 关闭　　　　　　　D. 退出

52. 对于打开的文档，如果要作另外的保存，需执行（　　）命令。
　　A. 复制　　　　　　B. 保存　　　　　　　　C. 剪切　　　　　　　D. 另存为

53. 在 Excel 中，关于"筛选"的正确叙述是（　　）。
　　A. 自动筛选和高级筛选都可以将结果筛选至另外的区域中
　　B. 不同字段之间进行"或"运算的条件必须使用高级筛选
　　C. 自动筛选的条件只能是一个，高级筛选的条件可以是多个
　　D. 如果所选条件出现在多列中，并且条件间有"与"的关系，必须使用高级筛选

54. 在 Excel 中，若要使用工作表 Sheet2 中的区域 A1:B2 作为条件区域，在工作表 Sheet1 中进行数据筛选，则指定条件区域应该是（　　）。
　　A. Sheet2A1:B2　　B. Sheet2!A1:B2　　　C. Sheet2#A1:B2　　　D. A1:B2

55. 在 Excel 中，下面关于分类汇总的叙述错误的是（　　）。
　　A. 分类汇总前必须按关键字段排序数据库
　　B. 汇总方式只能是求和
　　C. 分类汇总的关键字段只能是一个字段
　　D. 分类汇总可以被删除，但删除汇总后排序操作不能撤销

56. 在 Excel 2003 数据清单中，按某一字段内容进行归类，并对每一类作出统计的操作是（　　）。
　　A. 分类排序　　　B. 分类汇总　　　　　C. 筛选　　　　　　　D. 记录单处理

二、判断题

1. (　　) 在 Excel 中,对单元格内容进行编辑修改的方法有直接编辑和在编辑状态下编辑两种。

2. (　　) 若要对单元格的内容进行编辑,可以单击要编辑的单元格,该单元格的内容将显示在编辑栏中,用鼠标单击编辑栏,即可在编辑栏中编辑该单元格中的内容。

3. (　　) 如果由于错误或其他原因,用户想要撤销刚刚完成的最后一次输入或者刚刚执行的一个命令,可以选择"编辑"菜单中的"撤销"命令或者单击"常用"工具栏中的"撤销"按钮。

4. (　　) 在 Excel 2003 的菜单中,灰色和黑色的命令都是可以使用的。

5. (　　) Excel 所处理的文件是工作表。

6. (　　) 在 Excel 2003 中,只有工作表中的若干个相邻单元格,才能成组组成单元格区域。

7. (　　) Excel 允许用户向单元格中输入文本、数字、日期与时间、公式,并且自行判断所输入的数据是哪一种类型,然后进行适当的处理。

8. (　　) 向某一单元格内输入数字量,若输入过长或极小的数时,Excel 无法显示。

9. (　　) 在 Excel 2003 中,单击编辑栏上的编辑区,输入 "= A2+A3+A4+B2" 等效于= "SUM(A2:A4,B2)"。

10. (　　) 在 Excel 2003 中,若 A1、B1、C1 单元格的内容分别为"1"、"2"、"A",公式"=COUNT（A1:C1）"的值为"3"。

11. (　　) 在 Excel 中,自动求和功能可以由用户选定求和区域

12. (　　) 在 Excel 2003 的公式中,引用单元格和被引用单元格的位置关系固定不变,称为相对引用。

13. (　　) 在 Excel 2003 中,函数可以提供特殊的数值、计算及操作。函数名中英文大小写字母不等效。

14. (　　) 在 Excel 2003 中,函数可以提供特殊的数值、计算及操作,其组成形式为函数名（参数 1、参数 2、……参数 n）。

15. (　　) 在 Excel 中,编辑工作表遵循的原则是"先选后做"。

16. (　　) 在 Excel 中,一个工作表公式中,只能引用所在工作簿中其他工作表中的数据。

17. (　　) 改变 Excel 工作表的数据后,对应的图表必须重新建立。

18. (　　) 图表只能和数据放在同一个工作表中。

19. (　　) 插入式复制或移动会将目标位置单元格区域中的内容向右或者向下移动,然后将新的内容插入到目标位置的单元格区域。

20. (　　) 复制单元格内数据的格式可以用"复制+选择性粘贴"的方法。

21. (　　) Excel 中自动填充是在所有选中的单元格区域内,依据初始值填入,对初始值的扩充序列。

22. (　　) 对工作表保护的目的是禁止其他用户修改工作表。

23. (　　) 当以密码方式保护 Excel 的工作表时,只能保护工作表不被删除或移动,但无法防止整个工作簿窗口的大小及位置被调整。

24. (　　) 在 Excel 中可以多个工作表以成组方式操作,以快速完成多个相似工作表的建立。

25. (　　) 利用 Excel 的"自动分类汇总"功能既可以按照数据清单中的某一列,也可以按照数据清单中的多列进行分类汇总。

26. （　　） 在 Excel 数据库中插入一条记录，可使用"记录单"方式。

27. （　　） 在 Excel 中提供了对数据清单中的记录"筛选"的功能，所谓"筛选"是指经筛选后的数据清单仅包含满足条件的记录，其他的记录都被删除掉了。

28. （　　） Excel 中分类汇总后的数据清单不能再恢复原工作表的记录。

29. （　　） 在 Excel 2003 中，可以将表格中的数据显示成图表的形式。

三、填空题

1. Excel 是 Office 系列办公软件中的一个组件，主要用来＿＿＿＿＿。

2. Excel 2003 的文档窗口有"－"按钮表示＿＿＿＿＿。

3. 打开 Excel 2003，按＿＿＿＿＿组合键可快速打开"文件"清单。

4. 在 Excel 工作表中选定若干各不相邻的单元格时，要使用＿＿＿＿＿键配合鼠标操作。

5. 编辑栏是由＿＿＿＿＿和＿＿＿＿＿组成的。

6. 在 Excel 中，使用"单元格格式"对话框，详细设置数据的对齐方式有：水平对齐、＿＿＿＿＿和＿＿＿＿＿三种。

7. Excel 的单元格中，存放的数据可以有两类＿＿＿＿＿和＿＿＿＿＿。

8. Excel 单元格中输入分数 1/2，正确的输入方法是＿＿＿＿＿。

9. Excel 2003 中添加边框和颜色操作中，在单元格格式中，选择＿＿＿＿＿选项卡。

10. Excel 2003 中，改变数据区中行高时，从菜单栏中的＿＿＿＿＿菜单进入。

11. Excel 2003 中，执行插入行的命令后，在选定单元格的＿＿＿＿＿插入了一行。

12. 在"选择性粘贴"对话框中可以进行四种运算：＿＿＿＿＿、＿＿＿＿＿、＿＿＿＿＿和＿＿＿＿＿。

13. "页面设置"对话框中的"页面"标签的页面方向有哪两种：＿＿＿＿＿和＿＿＿＿＿。

14. 若要改变打印时的纸张大小，是选择＿＿＿＿＿对话框中的＿＿＿＿＿命令。

15. Excel 2003 中，选择"文件"|"另存为"|"工具"中的＿＿＿＿＿命令，可以为当前工作簿设置打开权限密码。

16. Excel 2003 中，对工作表取消背景图片，选择＿＿＿＿＿菜单中的＿＿＿＿＿命令。

17. Excel 2003 中，数据清单中的列称为＿＿＿＿＿。

18. Excel 2003 中，选择＿＿＿＿＿命令，可以设置允许打开工作簿但不能修改被保护的部分。

第 5 章

演示文稿软件 PowerPoint 2003

PowerPoint 2003 是微软公司最新推出的演示文稿制作软件，具有强大的幻灯片制作功能，一直在多媒体演示、广告宣传、产品推销、个人演讲等方面广泛使用，还在互联网上召开面对面会议、远程会议等领域得到广泛应用，同时还具有界面友好、易学、易用等优点。本章所讲的 PowerPoint 均指 PowerPoint 2003。

任务一　创建新的演示文稿

☒ 技能要点

- 能启动与退出 PowerPoint 2003 应用程序。
- 能掌握和明确 PowerPoint 2003 的用户界面、五种视图（普通视图、大纲视图、幻灯片视图、幻灯片浏览视图和幻灯片放映视图）的特点及各自的用途。
- 能创建新的演示文稿，并能打开已有演示文稿。
- 能插入不同版式的幻灯片并进行编辑。
- 演示文稿的保存与放映。

☒ 任务背景

窦文轩终于如愿以偿了，从会计部调到了宣传部。

可是，宣传部需要做大量的宣传，开很多的交流会议，离不开演示文稿。

虽然新的问题不少，但是想想终于能从会计主任手下逃了出来，窦文轩的心情还是不错的。

　🖼 一叶知秋 22:24:19

最近怎么没有来啊？

　🖼 窦文轩 22:24:30

工作忙啊，我刚从会计部调到宣传部啦。

　🖼 一叶知秋 22:24:45

是不是你经济方面出问题啦？要不怎么换部门了？

窦文轩 22:25:03

……我是为了离开那个工作狂主任！

一叶知秋 22:25:18

哦。

窦文轩 22:25:36

对了，你会 PowerPoint 吗？

一叶知秋 22:25:49

会一点儿，你看看资料吧。我这里有。

窦文轩 22:26:05

呵呵。你快成了我的智囊团长了。

等待窦文轩接收文件"创建新的演示文稿.doc（1248.6KB）"。正等待接收或取消　文件传输

✉ 任务分析

PowerPoint 是一个功能强大的多媒体集成软件，主要用于演示文稿的制作。制作一个演示文稿的过程是：确定方案→准备素材→初步制作→装饰处理→预演播放。其中前两步要求制作者根据演示文稿表现的主题和内容来决定表现的方式和需要的素材，这需要作者具体问题具体分析。而第三步"初步制作"正是这个任务需要解决的问题。

✉ 任务实施

步骤一：根据设计模板创建演示文稿

1. 启动 PowerPoint

PowerPoint 是在 Windows 环境下开发的应用程序，和启动 Microsoft Office 组件的其他应用程序一样，可以采用以下几种方法来启动 PowerPoint：

- 选择"开始"｜"程序"｜"Microsoft PowerPoint 2003"命令，启动 PowerPoint。
- 如果桌面上设置了 PowerPoint 快捷方式图标，直接双击图标，即可启动。
- 在资源管理器中，选择任意一个 PowerPoint 文档，双击该文档后系统自动启动与之关联的 PowerPoint 应用程序，并同时打开此文档。

2. 退出 PowerPoint

在完成演示文稿的制作及保存后，要退出 PowerPoint，释放所占用的系统资源。退出的方法有下面几种：

- 选择"文件"｜"退出"命令。
- 单击窗口右上角的"关闭"按钮 ✕。
- 双击窗口控制菜单按钮 ▣。
- 按【Alt+F4】组合键。

3. PowerPoint 的界面

启动 PowerPoint 后，打开如图 5-1 所示的工作窗口，该窗口除了包括标题栏、菜单栏、"常

用"工具栏、"格式"工具栏、"绘图"工具栏等部分，还包括幻灯片编辑窗口、大纲编辑窗口、任务窗格和视图切换按钮等。

幻灯片编辑窗口是用来进行幻灯片编辑的。大纲编辑窗口是用来编辑演示文稿的大纲。视图切换按钮可进行幻灯片的"普通视图"、"幻灯片浏览视图"、"幻灯片放映"等视图之间的切换。

任务窗格包含了打开和创建演示文稿的快捷方式，没有演示文稿的情况下显示的是"新建演示文稿"任务窗格。在这个窗格中可以打开原有的演示文稿、新建空演示文稿、根据设计模板创建演示文稿等。单击"新建演示文稿"任务窗格右上角的下三角按钮，在下拉列表框中显示出十多个不同的任务窗格，如图 5-2 所示。单击任何一个就可切换到相应的任务窗格中。在任何一个任务窗格中，左上角都有向左和向右的两个箭头按钮，分别是"后退"和"前进"按钮，在窗格的左上角单击后退或前进按钮，可以查看最近浏览过的窗格。创建和编辑演示文稿时，利用这些不同的任务窗格可以方便快捷地做出更漂亮更出色的演示文稿。

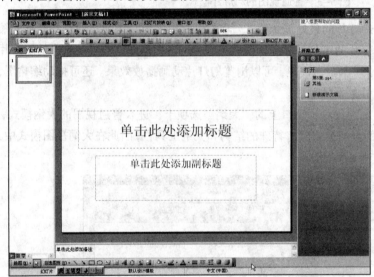

图 5-1　PowerPoint 的窗口组成

图 5-2　"幻灯片版式"
任务窗格

4. PowerPoint 的视图模式

在演示文稿制作的不同阶段，PowerPoint 提供了不同的工作环境，称为视图。在 PowerPoint 中，给出了四种视图模式：普通视图、幻灯片浏览视图、幻灯片放映视图和备注页视图。在不同的视图中，可以使用相应的方式查看和操作演示文稿。

（1）普通视图

打开一个演示文稿，单击窗口左下角视图切换按钮中的"普通视图"按钮即可打开普通视图窗口。在普通视图下又分为"大纲"和"幻灯片"两种视图模式。选择大纲编辑窗口上的"幻灯片"选项卡，进入普通视图的幻灯片模式，如图 5-3 所示。

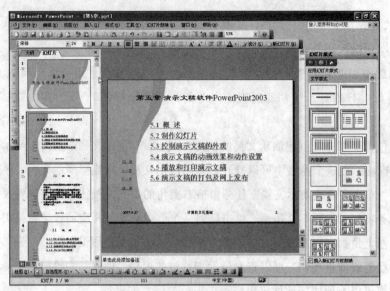

图 5-3　普通视图的幻灯片模式

　　幻灯片模式是调整、修饰幻灯片的最好显示模式。在幻灯片模式窗口中显示的是幻灯片的缩略图，在每张图的前面有该幻灯片的序列号和动画播放按钮。单击缩略图，即可在右边的幻灯片编辑窗口中进行编辑修改，单击"播放"按钮，可以浏览幻灯片动画播放效果。还可拖动缩略图，改变幻灯片的位置、调整幻灯片的播放顺序。

　　在演示文稿窗口中，切换到大纲编辑窗口上的"大纲"选项卡，进入普通视图的大纲模式，如图 5-4 所示。由于普通视图的大纲模式具有特殊的结构和大纲工具栏，因此在大纲视图模式中，更便于文本的输入、编辑和重组。

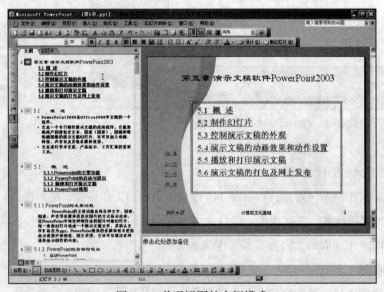

图 5-4　普通视图的大纲模式

　　在大纲视图模式中编辑演示文稿，需要显示"大纲"工具栏。可选择"视图"|"工具栏"|"大纲"命令，显示"大纲"工具栏，图 5-5 显示了"大纲"工具栏中的各个按钮。利用大纲工

具栏上的按钮，可以快速重组演示文稿，包括重新排列幻灯片顺序，以及幻灯片标题和层次小标题的从属关系等。

（2）幻灯片浏览视图

在演示文稿窗口中，单击视图切换按钮中的"幻灯片浏览视图"按钮，可切换到幻灯片浏览视图窗口，如图 5-6 所示。在这种视图方式下，可以从整体上浏览所有幻灯片的效果，并可进行幻灯片的复制、移动、删除等操作。但此种视图中，不能直接编辑和修改幻灯片的内容，如果要修改幻灯片的内容，则可双击某个幻灯片，切换到幻灯片编辑窗口后进行编辑。

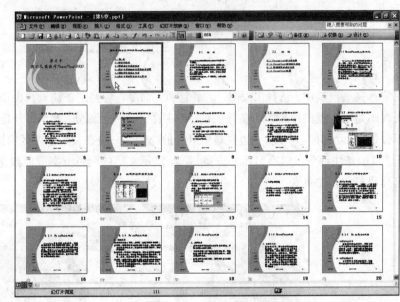

图 5-5　大纲工具栏　　　　　　　　　　图 5-6　幻灯片浏览视图窗口

当切换到幻灯片浏览视图窗口时，"幻灯片浏览"工具栏将显示出来，或者选择"视图"|"工具栏"|"幻灯片浏览"命令，显示"幻灯片浏览"工具栏，如图 5-7 所示。

图 5-7　"幻灯片浏览"工具栏

工具栏中各个按钮的功能如下：

- 隐藏幻灯片：在幻灯片浏览视图窗口中，隐藏选定的幻灯片。
- 排练计时：以排练方式运行幻灯片放映，并可设置或更改幻灯片放映时间。
- 摘要幻灯片：在幻灯片浏览视图窗口中，可在选定的幻灯片前面插入一张摘要幻灯片。
- 演讲者备注：显示当前幻灯片的演讲备注，打印讲义时可以包含这些演讲备注。
- 幻灯片切换：显示"幻灯片切换"任务窗格，可添加或更改幻灯片的放映效果。
- 幻灯片设计：显示"幻灯片设计"任务窗格，可选择设计模板、配色方案和动画方案。
- 新幻灯片：在当前选定位置插入新的幻灯片，并显示"幻灯片版式"任务窗格。

（3）幻灯**片**放映视图

在演示文稿窗口中，单击视图切换按钮中的"幻灯片放映"按钮，切换到幻灯片放映视图窗口，如图 5-8 所示。在这个窗口中，可以查看演示文稿的放映效果。

在放映幻灯片时，是全屏幕按顺序放映的，可以单击鼠标，一张张地放映幻灯片，也可自动放映（预先设置好放映方式）。放映完毕后，视图恢复到原来状态。

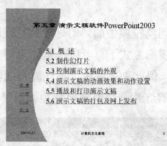

图 5-8　幻灯片放映视图

（4）备注页视图

在演示文稿窗口中，选择"视图"|"备注页"命令，切换到备注页视图窗口，如图 5-9 所示。备注页视图是系统提供用来编辑备注页的，备注页分为两个部分：上半部分是幻灯片的缩小图像，下半部分是文本预留区。可以一边观看幻灯片的缩像，一边在文本预留区内输入幻灯片的备注内容。备注页的备注部分可以有自己的方案，它与演示文稿的配色方案彼此独立，打印演示文稿时，可以选择只打印备注页。

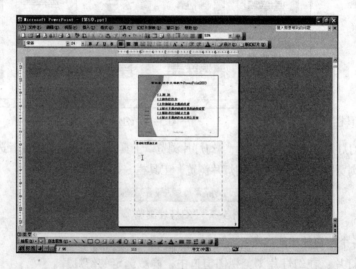

图 5-9　幻灯片备注视图

5．创建演示文稿

创建新的演示文稿最常用的方法有以下三种：

第一种：使用内容提示向导创建演示文稿。内容提示向导提供了多种不同主题及结构的演示文稿示范，例如培训、论文、学期报告、商品介绍等。可以直接使用这些演示文稿类型进行修改编辑，创建所需的演示文稿。

第二种：使用设计模板创建演示文稿。应用设计模板，可以为演示文稿提供完整、专业的外观，内容则可以灵活地自定义。

第三种：建立空白演示文稿。使用不含任何建议内容和设计模板的空白幻灯片制作演示文稿。

（1）使用内容提示向导创建演示文稿

使用内容提示向导；按步骤创建演示文稿。可以在"内容提示向导"对话框中，跟随向导一步步地完成操作。

① 在"新建演示文稿"任务窗格的"新建"选项区域中选择"根据内容提示向导"选项，出现如图 5-10 所示的"内容提示向导"对话框。在该对话框中没有可供选择的选项，单击"下一步"按钮，出现"内容提示向导–[通用]"对话框。

② 在"内容提示向导–[通用]"对话框（见图 5-11）中，PowerPoint 提供了七种演示文稿的类型，单击左边的类型按钮，右边的列表框中就出现了该类型包含的所有文稿模板。如果单击"全部"按钮，右边列表框中显示全部的文稿模板，此处选择"常规"中的"通用"模板选项，单击"下一步"按钮，选择输出类型。

图 5-10　"内容提示向导"对话框之一

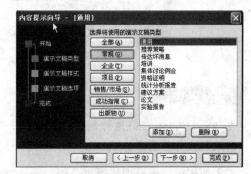

图 5-11　"内容提示向导"对话框之二

③ 在该对话框（见图 5-12）中，选择演示文稿的输出类型，即演示文稿将用于什么用途。可以根据不同的要求选择合适的演示文稿格式，此处选择"屏幕演示文稿"单选按钮，单击"下一步"按钮弹出如图 5-13 所示的对话框。

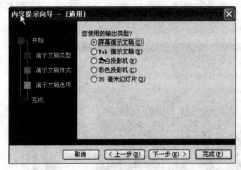

图 5-12　"内容提示向导"对话框之三

图 5-13　"内容提示向导"对话框之四

④ 在图 5-13 所示的对话框中，可以设置演示文稿的标题，还可以设置在每张幻灯片中都希望出现的信息，将其加入到页脚位置。设置完成后，单击"下一步"按钮，在出现的对话框中，单击"完成"按钮，创建出符合要求的演示文稿。

⑤ 使用"内容提示向导"创建的演示文稿，如图 5-14 所示。演示文稿是以大纲视图方式显示，该视图的内容是演示文稿的一个框架，可在这个框架中补充或编辑演示文稿的内容。

⑥ 完成演示文稿的制作后，将其以指定的文件名存盘。

图 5-14　使用内容提示向导创建的演示文稿

知识链接

在 PowerPoint 中将这种制作出来的图片叫做幻灯片，而一张张幻灯片组成一个演示文稿文件，其默认文件扩展名为.ppt。

（2）使用设计模板创建演示文稿

使用设计模板创建演示文稿，方便快捷，可以迅速创建具有专业水平的演示文稿。利用模板创建演示文稿的步骤如下：

① 在"新建演示文稿"任务窗格中单击"根据设计模板"选项，弹出如图 5-15 所示的对话框。其中"应用设计模板"列表框中包含的都是模板文件。

② PowerPoint 提供了几十种模板，在"应用设计模板"列表框中选择一个版式后，该模板就被应用到新的演示文稿中，新建只有一张幻灯片的演示文稿，如图 5-16 所示。

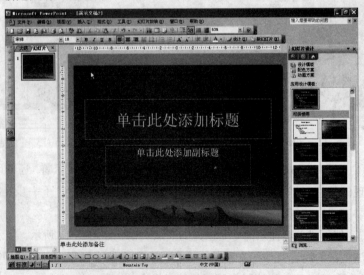

图 5-15　使用设计模板　　　　　　　　图 5-16　使用模板创建的演示文稿

在上面的幻灯片视图中显示的是该模板的第一张幻灯片，默认的是"标题幻灯片"版式。在幻灯片中输入所需的文字，完成对这张幻灯片的各种编辑或修改后，可以选择"插入"|"新幻灯片"命令，创建第二张幻灯片，并在任务窗格中选择其他的文字版式。这些模板只是预设了格式和配色方案，用户可以根据自己演示主题的需要，输入文本，插入各种图形、图片、多媒体对象等。使用设计模板创建演示文稿有很大地灵活性，建议大家使用这种方式创建适合自己要求的演示文稿。

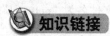 **知识链接**

模板是一种以特殊格式保存的演示文稿，选择一种模板后，幻灯片的背景图形、配色方案等就都已确定了，所以使用模板制作幻灯片既省时又省力。通过修改其中的内容，可以快速制作出符合要求的演示文稿。

（3）创建空白演示文稿

创建空白演示文稿的随意性很大，能充分满足自己的需要，因此可以按照自己的思路，从一个空白文稿开始，创建新的演示文稿。创建空白演示文稿的步骤如下：

① 在"新建演示文稿"任务窗格中，选择"空白演示文稿"选项，新建一个默认版式的演示文稿，如图 5-17 所示。

② 将右边的任务窗格切换为"幻灯片版式"任务窗格，从多种版式中为新幻灯片选择需要的版式。

③ 在幻灯片中输入文本，插入各种对象，然后创建新的幻灯片，再选择新的版式。

图 5-17　创建一个空白演示文稿

步骤二：在自动出现的标题版式中，输入标题

步骤三：插入新幻灯片

选择"插入"|"新幻灯片"命令，在出现的"新幻灯片"对话框中选择"项目清单"版式，

输入所需内容，设置标题字为华文行楷、54号字，文本为华文中宋、36号字。

步骤四：再插入一张空白幻灯片

再插入一张空白板式的幻灯片，插入一副剪贴画，并在其上面插入文本框，写入标题，并设置字体和字号。

步骤五：保存演示文稿

选择"文件"|"保存"命令，在弹出的"另存为"对话框中输入保存的文件名为"ppt-1-1"。

步骤六：放映演示文稿

选择"幻灯片放映"|"观看放映"命令，或直接单击"幻灯片放映"按钮进入放映视图，观看演示效果。

✉ 知识拓展

1. PowerPoint 的文件类型

PowerPoint 可以打开和保存多种不同的文件类型，如演示文稿、Web 页、演示文稿模板、演示文稿放映、大纲格式、图形格式等。

（1）演示文稿文件（ppt）

演示文稿就是指 PowerPoint 文件，它默认的文件扩展名是 ppt。用户编辑和制作的演示文稿需要将其保存起来，所有在演示文稿窗口中完成的文件都保存为演示文稿文件（ppt），这是系统默认的保存类型。

（2）Web 页格式（html）

Web 页格式是为了在网络上播放演示文稿而设置的，这种文件的保存类型与网页保存的类型格式相同，这样就可以脱离 PowerPoint 系统，在 Internet 浏览器上直接浏览演示文稿。

（3）演示文稿模板文件（pot）

PowerPoint 提供了数十种经过专家细心设计的演示文稿模板，包括颜色、背景、主题、大纲结构等内容，供用户使用。此外，用户也可以自己制作比较独特的演示文稿，其保存为设计模板，以便将来制作相同风格的其他演示文稿。

（4）大纲 RTF 文件（rtf）

将幻灯片大纲中的主体文字内容转换为 RTF 格式（Rich Text Format），保存为大纲类型，以便在其他的文字编辑应用程序中（如 Word）打开并编辑演示文稿。

（5）Windows 图形文档（wmf）

将幻灯片保存为图形文件 WMF（Windows Meta File）格式，日后可以在其他能处理图形的应用程序（如画笔等）中打开并编辑其内容。

（6）演示文稿放映（pps）

将演示文稿保存成固定以幻灯片放映方式打开的 PPS 文件格式（PowerPoint 播放文档），保存为这种格式可以脱离 PowerPoint 系统，可以在任意计算机中播放演示文稿。

（7）其他类型文件

还可以使用其他类型文件，如可交换图形格式（gif）、文件可交换格式（jpeg）、可移植网络图形格式（png）等，这些文件类型是为了增加 PowerPoint 系统对图形格式的兼容性而设置的。

2．设计模板的内容

设计模板的内容很广，包括各种插入对象的默认格式、幻灯片的配色方案、与主题相关的文字内容等。PowerPoint 带有内置模板，存放在 Microsoft Office 目录下的一个专门存放演示文稿模板的子目录 Templates 中，模板是以 pot 为扩展名的文件。如果 PowerPoint 提供的模板不能满足用户要求的话，也可自己设计模板格式，保存为模板文件。

3．打开演示文稿文件

演示文稿的打开方式有多种：

- 选择"文件"｜"打开"命令。
- 单击工具栏上的"打开"按钮。
- 在"新建演示文稿"任务窗格的"打开演示文稿"列表框中，可以打开演示文稿文件。

4．保存演示文稿文件

（1）新建文件的保存：编辑完演示文稿后选择"文件"｜"保存"命令或单击工具栏上的"保存"按钮，会弹出"另存为"对话框（保存类型为 ppt 文件）。

（2）保存已有的文件：选择"文件"｜"保存"命令或单击工具栏上的"保存"按钮。

（3）将演示文稿保存为网页文件：选择"文件"｜"另存为网页"命令，文件的类型选择"网页"选项，将幻灯片保存为网页，可在浏览器中浏览。

演示文稿可以保存的文件类型很多，在"另存为"对话框中的"保存类型"下拉列表框中有 16 种可保存的文件类型，可以根据需要选择文件类型来保存文件。

任务二　设计母版的应用与幻灯片的修饰

⊠ 技能要点

- 能运用幻灯片设计模板、母版。
- 能使用幻灯片背景及配色方案。
- 能应用和创建设计模板。
- 能使用幻灯片母版和标题幻灯片母版。
- 能运用幻灯片的切换效果及动画设置。
- 能运用幻灯片中的超级链接。
- 能对演示文稿放映和打包。

⊠ 任务背景

窦文轩 22:24:19

上次我做的 PPT 你看了吧？感觉如何？

一叶知秋 22:24:35

看了，太小儿科了。

窦文轩 22:24:48

……

一叶知秋 22:25:03

你做的都是最简单的啊!

窦文轩 22:25:17

还能做得更复杂?

一叶知秋 22:25:32

嗯,我给你个材料你看看吧。不好好学,小心你主任炒你。

"演示文稿的修饰.doc(1248.6KB)"。正等待接收或取消   文件传输

✉ 任务分析

在本任务中,应当学会一些有关外观的基本概念,包括设计模板、母版、配色方案等概念,幻灯片背景使用、设计模板的应用及幻灯片动态的切换效果等。

✉ 任务实施

在利用不同的方式创建幻灯片后,需要对幻灯片进行编辑。编辑幻灯片主要包括:在幻灯片中添加文字、图片、表格、多媒体元素和对象的动作设置,以及编排幻灯片的播放及切换方式等。

步骤一:幻灯片的编辑

1. 选择幻灯片的版式

PowerPoint 提供了多种自动版式,不同版式的幻灯片含有不同的占位符,布局也有所不同。有的只有文本占位符,有的带有图片占位符,有的带有多媒体对象以及组织结构图等占位符,所以使用不同版式可以创建含有不同对象的幻灯片。幻灯片版式的选择方法如下:

(1)打开演示文稿后,在左边的幻灯片列表框中选择要更改版式的幻灯片。

(2)在"新建演示文稿"任务窗格的下拉列表框中选择"幻灯片版式"选项,打开如图 5-18 所示的"幻灯片版式"任务窗格,从版式列表框中选择一个版式。

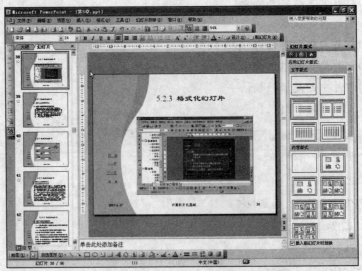

图 5-18   应用幻灯片版式

2．幻灯片中文字的输入

确定了幻灯片版式后，就可以在由版式确定的占位符中输入文字。用鼠标单击占位符，在相应的占位符中输入文本文字，并设置格式和对齐方式等。

幻灯片主体文本中的段落是有层次的，PowerPoint 的每个段落可以有五个层次，每个层次有不同的项目符号，字号大小也不相同，这样就会有很强的层次感，如图 5-19 所示。幻灯片主体文本的段落层次可以使用"升级"或"降级"按钮来实现层次的调节。双击要升级或降级的段落前的项目符号，单击左边的"大纲"工具栏中的"升级"或"降级"按钮，将它的层次上升一级或下降一级。

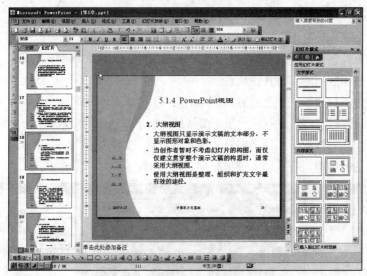

图 5-19　幻灯片分级标题

如果想在幻灯片没有占位符的位置输入文本，可以使用插入文本框的方式来实现。在"绘图"工具栏上，单击横排或竖排的文本框按钮，在幻灯片的指定位置上拖动鼠标，画出一个文本框，然后在文本框中输入所需的文字，如图 5-20 所示。若要设置文本框的格式，可右击在弹出的快捷菜单中选择"设置文本框格式"命令，在打开的"设置文本框格式"对话框中设置文本框的属性。

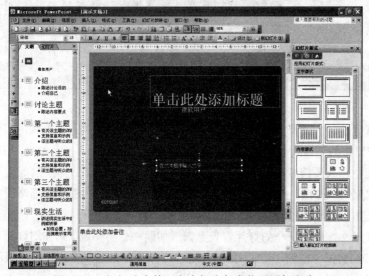

图 5-20　幻灯片中使用文本框在任意位置添加文字

3. 幻灯片中图片的插入

在 PowerPoint 的幻灯片中插入图片的方式有多种，可以插入剪贴画，插入图片文件，从剪贴板中粘贴图片，还可以直接从扫描仪读取扫描的文件等。

PowerPoint 处理的图片有两种基本类型，一种是位图，另一种是图元，这两种类型的图片可以采用多种文件格式。位图是带有扩展名 bmp、gif、jpg 等的图像。图元文件则是带有扩展名 wmf 的图片。PowerPoint 支持许多种图形图像格式，不需要安装单独的图形过滤器，即可插入"增强型图元文件"（emf）、"Joint Photographic Experts Group"（jpg）、"便携式网络图形"（png）、"Windows 位图"（bmp、rle、dib）以及 "Windows 图元文件"（wmf）。

（1）插入剪贴画

有两种方式可以创建带有剪贴画的幻灯片，一种是在含有剪贴画版式的幻灯片中创建，另一种是在不含有剪贴画版式的幻灯片中创建。

常用的是利用幻灯片版式创建带有剪贴画的幻灯片。先在演示文稿当前幻灯片位置后面插入一张新的幻灯片，同时"幻灯片版式"任务窗格显示出来，从"幻灯片版式"任务窗格中选择含有剪贴画占位符的任何版式应用到新幻灯片中。然后双击剪贴画预留区，弹出"选择图片"对话框，双击要选择的剪贴画，将其插入到剪贴画预留区中，如图 5-21 所示。

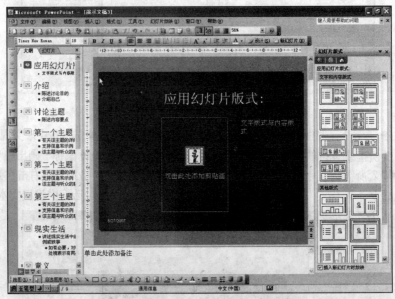

图 5-21　在幻灯片版式中插入剪贴画

还可在没有剪贴画占位符的幻灯片中插入剪贴画。先选择要插入剪贴画的幻灯片，在"新建演示文稿"任务窗格的下拉列表框中选择"插入剪贴画"选项，打开"剪贴画"任务窗格。在"搜索文字"文本框中输入要搜索图片的标注关键字（可省略不写），选择搜索范围和搜索文件的类型，然后单击"搜索"按钮。搜索出按指定要求的剪贴画，在显示的图片缩略图中，选择要插入的图片，可将其加入到当前幻灯片中，如图 5-22 所示。

如果要在演示文稿中的每个幻灯片背景上都增加同一个剪贴画，则在幻灯片母版的背景上增加该剪贴画即可。选择"视图"│"母版"│"幻灯片母版"命令，在幻灯片母版的背景上加入所需的剪贴画，可将该图片置于所有对象的最下层。

图 5-22 在幻灯片中插入剪贴画

PowerPoint 2003 中的剪贴画图片是放置在剪辑管理器中的，它可以将硬盘上或者指定文件夹中的图片、声音和动画进行整理分类，便于更好地组织和管理这些图片。在"插入剪贴画"任务窗格底端，有一个"剪辑管理器"超级链接，单击即可打开如图 5-23 所示的剪辑管理器窗口。在窗口左边的"收藏集列表"任务窗格中选择具体的分类项，右边显示剪辑文件的缩略图，单击缩略图右边的下三角按钮，可以从下拉列表框中选择一系列的剪贴画操作，如选择"复制"命令，然后在 PowerPoint 普通视图幻灯片窗口中单击"常用"工具栏上的"粘贴"按钮，就把相应的剪贴画插入到了幻灯片中。可见，在 PowerPoint 中，剪辑管理器与"插入剪贴画"任务窗格配合使用，可以方便地在文档中插入剪贴画和其他的图像、声音、动画等剪辑文件。

图 5-23 剪辑管理器

（2）插入外部图片文件

在幻灯片中，除了可以插入剪贴画外，还可以在幻灯片中添加自己的图片文件，这些文件可以是软盘、硬盘或 Internet 网上的图片文件。

选择要插入图片的幻灯片，再选择"插入"｜"图片"｜"来自文件"命令，弹出"插入图片"

对话框。在"查找范围"下拉列表框中选定图片文件所在的文件夹，找到并选择需要插入的图片，单击"插入"按钮。

（3）使用自选图形

PowerPoint 还提供了基本的绘制图形，可以在幻灯片中插入内置的标准图形，如圆形图、矩形图、线条、流程图等。选择"插入"|"图片"|"自选图形"命令就可打开"自选图形"工具栏或者直接单击"绘图"工具栏中的"自选图形"按钮，然后从中选择所需的图形，在幻灯片中拖动鼠标，即可创建相应的图形。

（4）使用艺术字

PowerPoint 还提供了一个艺术字处理程序，可以编辑各种艺术字的效果。插入艺术字的方法是：选择"插入"|"图片"|"艺术字"命令，或者直接单击"绘图"工具栏中的"艺术字"按钮，在打开的"艺术字库"对话框中选择艺术字的样式，然后在"编辑艺术字文字"对话框中输入文字，最后使用艺术字工具栏编辑艺术字，如修改艺术字的形状、格式等。

幻灯片中插入图形对象后，选定对象并右击，在快捷菜单中选择"设置对象格式"命令，可以对其进行编辑，如调整大小、位置、裁剪等。还可以通过"绘图"工具栏对添加到幻灯片上的自选图形进行缩放、旋转、翻转、加阴影或边框等操作，并可将一些单独的简单图形组合成较复杂的组合图形。

4. 幻灯片中组织结构图的插入

在 PowerPoint 中还可以插入组织结构图来表现各种关系。组织结构图由一系列图框和连线组成，用来描述一种结构关系或层次关系。

单击"绘图"工具栏上的"插入组织结构图或其他图示"按钮，弹出如图 5-24 所示的"图示库"对话框，共有六个图示工具。除组织结构图外，还可创建其他类型的图示，如循环图、射线图、棱锥图、维恩图和目标图。使用这些图示能使创建出的演示文稿更生动。

下面使用"绘图"工具栏上的图示工具创建一个组织结构图来说明层次关系。所创建的组织结构图，如图 5-25 所示。

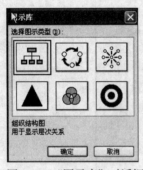

图 5-24   "图示库"对话框

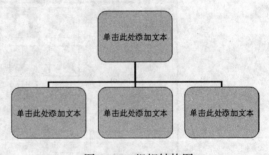

图 5-25   组织结构图

在"绘图"工具栏上单击"插入组织结构图或其他图示"按钮，将显示"组织结构图"工具栏，如图 5-26 所示。

图 5-26   "组织结构"图工具栏

"组织结构图"工具栏上各个按钮的作用如下：

插入形状：可以在组织结构图中插入新的形状。可使用的形状有下属、同事和助手。

版式：对创建的组织结构图选择所需的版式。从版式下拉列表框中可以选择的版式有标准版式、两边悬挂版式、左悬挂版式、右悬挂版式、自动版式等。

选择：选择组织结构图的不同部分或者全体。可选择的部分有级别、所有助手等。

创建组织结构图的具体方法如下：

（1）在演示文稿中插入一张新的幻灯片。

（2）若在"幻灯片版式"任务窗格中，选择含有组织结构图占位符的版式，则双击幻灯片中图示或占位符（预留区）；若选择的是没有图示占位符的空白幻灯片版式，则单击"绘图"工具栏上的 按钮。

（3）在弹出如图 5-24 所示的"图示库"对话框中，选择组织结构图的图示，单击"确定"按钮。在当前的幻灯片窗格中显示一个默认结构的组织结构图，如图 5-27 所示，同时显示出"组织结构图"工具栏。

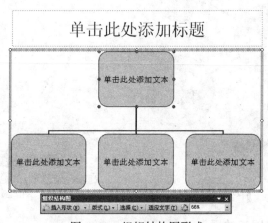

图 5-27　组织结构图形式

（4）在"组织结构图"工具栏的最右边有个"自动套用格式"按钮 ，单击此按钮，弹出如图 5-28 所示的"组织结构图样式库"对话框。可以使用预先设置的图形及文本颜色和样式选项，格式化所选的组织结构图。

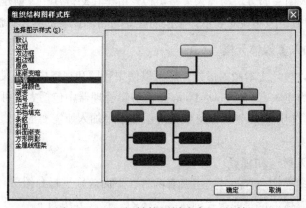

图 5-28　"组织结构图样式库"对话框

（5）要想删除组织结构图中的图框，只需单击某个图框，按【Delete】键即可。

（6）完成组织结构图的创建后，在图形外单击，取消对组织结构图的选定。

在演示文稿的幻灯片中，最常用的是组织结构图，但有时要更好地表现结构关系，也可使用其他图示表达不同的关系和概念。用射线图表示网络的星形结构如图 5-29 所示。

插入了射线图后，弹出的是"图示"工具栏，如图 5-30 所示。"图示"工具栏上主要按钮的作用与"组织结构图"工具栏相似。"前移图形"、"后移图形"和"反转图示"这三个按钮，用于移动图框的位置。"更改为"按钮，是在除组织结构图外的其他五种图示间作切换，也即通过它可以更改现有的图示，如转换成棱锥图、循环图等。

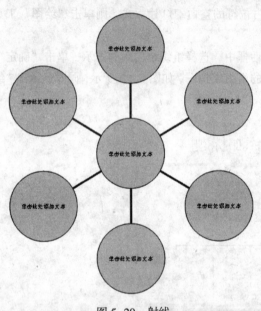

图 5-29　射线

图 5-30　"图示"工具栏

5. 幻灯片中表格和图表的插入

在幻灯片中，表格的插入方法有两种，一是在插入新幻灯片后，在幻灯片版式中选择含有表格占位符的版式，应用到新的幻灯片，然后单击幻灯片中表格占位符标识，就可以制作表格。二是直接在已有的幻灯片中加入表格，可以利用"常用"工具栏上的"插入表格"按钮，快速建立一个表格。

在幻灯片中，插入图表的方法与插入表格类似。由于在幻灯片中，创建表格和图表的方法与在 Word 或 Excel 中相似，因此在此处不详细说明建立表格和图表的具体方法了。

步骤二：幻灯片中加入多媒体元素

幻灯片中除了可以包含文本和图形外，还可以使用音频和视频内容，使用这些多媒体元素，可以使幻灯片的表现力更丰富。在 PowerPoint 新的剪辑管理器中包括大量可以在幻灯片中播放的音乐、声音和影片等，利用剪辑管理器可以在演示文稿中加入所需要的多媒体对象，也可以直接插入声音文件和影像文件。

1. 幻灯片中插入声音和视频

在幻灯片中插入多媒体内容的方式主要有两种，下面分别进行介绍。

（1）利用含有多媒体占位符的版式创建多媒体幻灯片。方法如下：

① 插入一张新的幻灯片。

② 在"幻灯片版式"任务窗格中，选择带有多媒体占位符的版式，如图 5-31 所示。

图 5-31　含有多媒体占位符的幻灯片

③ 在幻灯片媒体剪辑预留区中双击鼠标，弹出如图 5-32 所示的"媒体剪辑"对话框。

④ 在"媒体剪辑"对话框中，选择要插入到幻灯片中的媒体剪辑如声音或视频，单击"确定"按钮，弹出插入声音媒体提示框，如图 5-33 所示。

⑤ 在插入声音媒体提示框中，如果是在幻灯片放映时自动播放媒体剪辑，单击"是"按钮，如果是在单击鼠标时播放媒体剪辑，则单击"否"按钮。

⑥ 在单击了"是"或"否"按钮后，可在幻灯片上增加一个有实际内容的媒体剪辑图标。在放映幻灯片时，会自动播放或者在图标上单击鼠标后播放已插入的媒体剪辑。

图 5-32　"媒体剪辑"对话框

图 5-33　插入声音媒体提示框

 知识链接

　媒体剪辑器："Microsoft 媒体剪辑器"中包含图片、照片、声音、视频和其他媒体文件，统称为剪辑，可将它们插入并用于演示、发布和其他 Microsoft Office 文档中。

（2）以文件的形式在幻灯片中插入其他影片和声音。方法如下：

① 准备好要插入的声音文件和影片文件。

② 选择要插入媒体剪辑的幻灯片。

③ 选择"插入"|"影片和声音"|"文件中的影片"或"文件中的声音"命令，如图5-34所示。

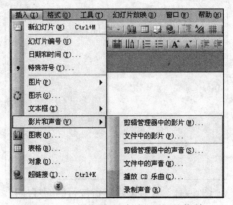

图5-34　"影片和声音"级联菜单

④ 在弹出的"插入影片"或"插入声音"对话框中选择要插入的影片或声音文件。

⑤ 单击"确定"按钮，就完成了多媒体幻灯片的设置。

如果要设置幻灯片中影片和声音的播放方式，右击对象，在弹出的快捷菜单中选择"编辑影片对象"或"编辑声音对象"命令，在弹出的如图5-35所示的对话框中进行设置。

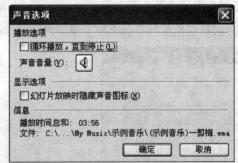

图5-35　"影片选项"和"声音选项"对话框

知识链接

在PowerPoint中插入声音的过程与影片类似，只不过插入的声音在幻灯片中显示为一个小喇叭图标。

2．幻灯片中插入旁白

旁白就是在放映幻灯片时，用声音讲解该幻灯片的主题内容，使演示文稿的内容更容易让观众明白理解。要在演示文稿中插入旁白，需要先录制旁白。录制旁白时，可以浏览演示文稿并将旁白录制到每张幻灯片中。录制旁白的方法是：

（1）在普通视图的"大纲"或"幻灯片"选项卡中，选择要开始录制的幻灯片图标或者缩略图。

（2）选择"幻灯片放映"|"录制旁白"命令，弹出如图5-36所示的对话框。

（3）单击"设置话筒级别"按钮，按照说明来设置话筒的级别，再单击"确定"按钮。

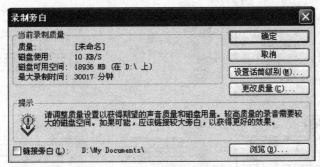

图 5-36 "录制旁白"对话框

（4）如果要插入的旁白是嵌入旁白，直接单击"确定"按钮；如果是链接旁白，则选择"链接旁白"复选框，然后单击"确定"按钮。

（5）如果前面选择的是从第一张幻灯片开始录制旁白，则直接执行下面一步操作。如果选择的不是从第一张幻灯片开始录制旁白，则会弹出一个对话框，可在对话框中单击"第一张幻灯片"或"当前幻灯片"按钮，确定从哪张幻灯片开始录制旁白。

（6）旁白的录制是在幻灯片放映视图中，通过话筒语音输入旁白文本，再单击鼠标切换到下一页，录制下一张幻灯片的旁白文本，直到录制完全部的幻灯片旁白。在录制旁白的过程中，可以暂停或继续录制旁白，只需右击幻灯片，在弹出的快捷菜单中选择"暂停旁白"或"继续旁白"命令。

旁白是自动保存的，并且录制完旁白后会出现信息提示框，询问是否保存放映排练时间，若要保存，单击"保存"按钮，若不保存，则单击"不保存"按钮。

（7）放映演示文稿，并试听旁白。

如果保存了幻灯片放映排练时间，在放映演示文稿时，不运行该时间，可选择"幻灯片放映"|"设置放映方式"命令，在弹出的对话框中，在"换片方式"选项区域选择"手动"单选按钮。若要再次使用排练时间，则在"换片方式"选项区域中选择"如果存在排练时间，则使用它"单选按钮。

步骤三：幻灯片的编排

在编辑好幻灯片后，可以对演示文稿进行适当的排版，如插入新幻灯片、删除幻灯片、复制或移动幻灯片等。

1．插入幻灯片

在演示文稿中，每张幻灯片之间的内容连接要紧密，在排版过程中，如果发现遗漏了部分内容，可在其中插入新的幻灯片再进行编辑，插入幻灯片的方法如下：

（1）打开演示文稿后，切换到幻灯片浏览视图，在要插入新幻灯片的位置单击鼠标，在两张幻灯片之间出现一条黑线，如图 5-37 所示。

（2）选择"插入"|"新幻灯片"命令，在两个幻灯片之间插入一个同样版式的新幻灯片，如图 5-38 所示。然后可以编辑此幻灯片。

在幻灯片浏览视图中插入幻灯片的优点是，浏览视图中可以更清楚、方便地选择要插入的新幻灯片的位置，在其他视图中也可以插入新的幻灯片。如在普通视图中，插入新幻灯片的方法是：选择左边的"大纲"或者"幻灯片"选项卡，选择一个幻灯片标记，然后选择"插入"|"新幻灯片"命令，可在所选择的幻灯片后插入新的幻灯片。

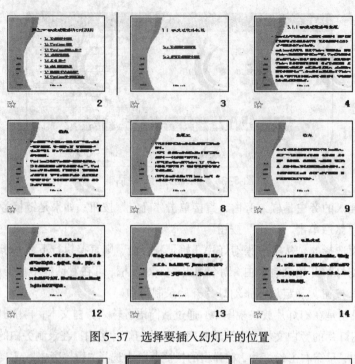

图 5-37　选择要插入幻灯片的位置

图 5-38　插入新幻灯片

2．删除幻灯片

删除不需要的幻灯片，只要选中要删除的幻灯片，选择"编辑"|"删除幻灯片"命令或按【Del】键即可。如果误删除了某张幻灯片，可单击"常用"工具栏中的"撤销"按钮。

3．移动幻灯片

打开演示文稿，切换到幻灯片浏览方式。选中要移动的幻灯片，按住鼠标左键拖动幻灯片到需要的位置即可。

4．复制幻灯片

选择需要复制的幻灯片右击，在弹出的快捷菜单中选择"复制"和"粘贴"命令，将所选幻灯片复制到演示文稿的其他位置或其他演示文稿中。（只有在幻灯片浏览视图或大纲视图下才能使用复制与粘贴的方法。）

在演示文稿的排版过程中，可以通过移动或复制幻灯片，来重新调整幻灯片的排列次序，也可以将一些已设计好版式的幻灯片复制到其他演示文稿中。

步骤四：幻灯片应用设计模板

设计模板是一个文件，它包含特殊的图形元素、颜色、字体、字号、背景等特殊效果。而母版设置了所有幻灯片的字体格式与文本位置；设置了通用的图形、表格、颜色等对象的位置。PowerPoint 提供了多种设计模板，包括项目符号和字体的类型与大小、占位符大小与位置、配色方案、背景图案等，利用它们可以编辑不同风格的幻灯片。使用设计模板的方法是：

（1）打开要应用设计模板的演示文稿。

（2）在"新建演示文稿"任务窗格中，单击下三角按钮，在弹出的下拉列表框中选择"幻灯片设计"选项（见图 5-39），打开"幻灯片设计"任务窗格。

（3）将鼠标指向"幻灯片设计"任务窗格中要应用的模板，此时该版式图标上出现一个下三角按钮，单击该下三角按钮后，在下拉列表框中选择"应用于选定幻灯片"选项，即可将所选模板应用到当前幻灯片上，该模板中的格式和颜色会自动加入到幻灯片中。

（4）若想将设计模板应用到当前演示文稿的所有幻灯片上，则可在如图 5-40 所示的下拉列表框中选择"应用于所有幻灯片"选项。

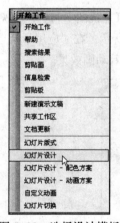

图 5-39　选择设计模板

图 5-40　应用设计模板

步骤五：演示文稿的动态效果设置

1．设置幻灯片的切换效果

打开文件，选择一张或多张幻灯片，选择"幻灯片放映"|"幻灯片切换"命令，弹出"幻灯片切换"任务窗格，如图 5-41 所示，在"应用于所选幻灯片"列表框中选择"阶梯状向右上展开"选项，在"换片方式"选项区域中，如选中"单击鼠标时"复选框，则用鼠标单击幻灯片切换到下一张幻灯片；如选中"每隔"复选框，则幻灯片按设置的时间自动切换到下一张；当两个复选框都选中时，如选择的时间到了，则自动切换到下一张，如选择的时间未到而用鼠标单击此幻灯片，也

将切换到下一张。在"声音"下拉列表框中选择所需的声音；如果要将切换效果应用到所有幻灯片上，可单击"应用于所有幻灯片"按钮。

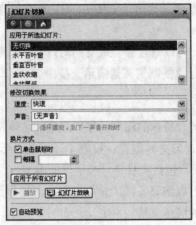

图 5-41　"幻灯片切换"任务窗格

2．设置幻灯片的动画效果

幻灯片中的标题、副标题、文本或图片等对象都可以设置动画效果，在放映时以不同的动作出现在屏幕上，从而增加了幻灯片的动画效果。PowerPoint 提供了两种设置幻灯片动画的方法：选择"幻灯片放映" I "动画方案"命令或"自定义动画"命令。这两种方法各具特点，其中"自定义动画"命令更灵活，功能更丰富。

（1）.动画方案

选定要加入动画效果的一个或多个幻灯片，使之处于幻灯片视图下；选择"幻灯片放映" I "动画方案"命令，打开"幻灯片设计"任务窗格，如图 5-42 所示；在"应用于所选幻灯片"列表中选择"典雅"选项；然后单击"幻灯片放映"按钮可以观看动画效果。

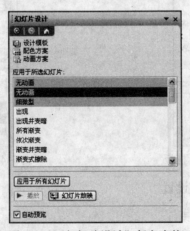

图 5-42　"幻灯片设计"任务窗格

（2）自定义动画

·如果用户不满足于预设动画的样式，可以利用"自定义动画"设置特殊的动画效果，比如可设置对象的进入、强调和退出的效果，甚至可以自己绘制对象的动作路径。

选中第三张幻灯片标题内容，选择"幻灯片放映"|"自定义动画"命令，打开"自定义动画"任务窗格，如图 5-43 所示；选中标题对象，单击"添加效果"按钮，在弹出的下拉列表框中选择"退出"|"棋盘"选项，在"方向"下拉列表框中选择"跨越"选项。

图 5-43 "自定义动画"任务窗格

3. 设置超链接

超链接和动作设置使幻灯片的放映更具交互性。

选中第三张幻灯片中的文本内容"加入剪贴画"，单击"常用"工具栏上的"插入超链接"按钮，或选择"插入"|"超链接"命令，弹出对话框，如图 5-44 所示。

图 5-44 "插入超链接"对话框

在"链接到"选项区域可以选择链接指向的类型中，选择"原有文件或网页"链接类型，在设置指向文件时，选择"文件"|"链接到文件"命令，在磁盘中查找目的文档"ppt_5_2.ppt"。选定后单击"确定"按钮退出，超链接就创建好了。

若要编辑或删除已建立的超链接，可以在幻灯片视图中，右击用做超链接的文本或对象，在弹出的快捷菜单中选择"超链接"|"编辑超链接"命令或"删除超链接"命令。

 知识链接

超链接是实现从一个演示文稿或文件快速跳转到其他演示文稿或文件的捷径，通过它可以在

自己的计算机上、网络上乃至因特网和万维网上进行快速切换。超链接可以是幻灯片中的文字或图形，也可以是万维网中的网页。

4. 动作设置

演示文稿放映时，由演讲者操作幻灯片上的对象去完成下一步某项既定工作，称这项既定的工作为该对象的动作。

选定要设置动作的对象，选择"幻灯片放映" | "动作设置"命令，出现"动作设置"对话框，如图 5-45 所示。

图 5-45　"动作设置"对话框

在"单击鼠标"选项卡中选择"超链接到"单选按钮 ，单击下拉按钮，展开"超链接到"下拉列表框，从中选择超链接的对象。

若选中"运行程序"单选按钮，则表示放映时单击对象会自动运行所选的应用程序，用户可在文本框中输入所要运行的应用程序及其路径，也可以单击"浏览"按钮选择所要运行的应用程序。 单击"确定"按钮，对象动作设置完毕。

"鼠标移过"选项卡是表示放映时当鼠标指针移过对象时发生的动作，其动作设置的内容与"单击鼠标"选项卡完全一样。

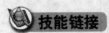技能链接

用 PowerPoint 制作带有选择性问题时，最关键的地方是动作按钮的设置与触发器的使用。当屏幕上按钮较多时，要注意哪一个按钮对应触发哪一个动作。

步骤六：放映演示文稿

1. 设置放映方式

启动幻灯片放映的方法有多种，选择"幻灯片放映" | "设置放映方式"命令，弹出"设置放映方式"对话框，该对话框提供了三种播放演示文稿的方式，如图 5-46 所示。

（1）演讲者放映（全屏幕）：此选项可将演示文稿全屏显示，这是最常用的方式，通常用于演讲者播放演示文稿。在这种方式下，演讲者对演示文稿的播放具有完整的控制权。

（2）观众自行浏览（窗口）：选择这种方式播放演示文稿，幻灯片会出现在计算机屏幕窗口内，并提供命令在放映时移动、编辑、复制和打印幻灯片。

（3）在展台浏览（全屏幕）：是指自动运行演示文稿。

PowerPoint 默认的放映方式是"演讲者放映（全屏幕）"。

图 5-46　"设置放映方式"对话框

2．放映演示文稿

选择"幻灯片放映"｜"观看放映"命令，即可全屏观看幻灯片。或者直接单击 PowerPoint 左下角"视图"工具栏的"幻灯片放映"按钮即可进入幻灯片放映视图，并根据设置的放映方式从当前幻灯片开始播放演示文稿。

步骤七：演示文稿的打包

要想将编辑好的演示文稿在其他计算机上进行放映，可使用 PowerPoint 的"打包成 CD"功能。利用"打包成 CD"功能可以将演示文稿中使用的所有文件（包括链接文件）和字体全部打包到磁盘或网络地址上，默认情况下会添加 Microsoft Office PowerPoint Viewer（这样，即使其他计算机上没有安装 PowerPoint，也可以使用 PowerPoint Viewer 运行打包的演示文稿）。选择"文件"｜"打包成 CD"命令，弹出对话框，如图 5-47 所示。

如果需要将多个演示文稿打包在一起，可以通过单击"添加文件"按钮来进行添加，在"选项"对话框中可以设置多个演示文稿的播放顺序，如图 5-48 所示。

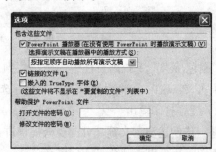

图 5-47　"打包成 CD"对话框　　　　图 5-48　"选项"对话框

然后单击"复制到文件夹"按钮，则打开"复制到文件夹"对话框，为文件夹取一个名称，并设置好保存路径，然后单击"确定"按钮，系统将上述演示文稿复制到指定的文件夹中，同时复制播放器及相关的播放配置文件到该文件夹中。如果刻录软件，将上述文件夹中所有的文件全部刻录到光盘的根目录下，也可以制作出具有自动播放功能的光盘。

✉ 知识拓展

1. 打印演示文稿

（1）打印透明胶片

打开打印机，装上带有至少六张胶片的纸盒；为避免打印时出现混乱，转换到普通视图，选中第一张幻灯片；从"文件"菜单中选择"页面设置"命令，弹出对话框，如图5-49所示。

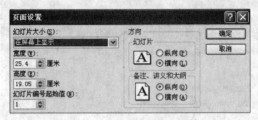

图5-49　"页面设置"对话框

单击"幻灯片大小"的下三角按钮，从下拉列表框中选择"投影机幻灯片"选项，然后单击"确定"按钮，则幻灯片图像将填充到胶片页面上；选择"文件"|"打印"命令，弹出对话框，如图5-50所示。

图5-50　"打印"对话框

在"颜色/灰度"下拉列表框中选择"纯黑白"选项（如果打印机能够处理灰色阴影，选择"灰度"选项），PowerPoint将为演示文稿中所有选中的幻灯片打印一个透明胶片。

（2）纸张打印输出

为进一步阐述演示文稿，可向观众提供讲义，讲义是指在一页纸上打印两张、三张或六张幻灯片的缩图；还可以为观众打印演讲者备注，方法是选择"打印"|"打印内容"|"讲义"或"备注页"命令。

打印演示文稿时，也可以只打印大纲（包括幻灯片标题和主要观点）。此外，选择"文件"|"发送"|"Microsoft Word"命令将幻灯片图像和备注发送到Microsoft Word中，然后使用Word功能增强其外观效果。

2. 演示文稿的网上发布

要想在网上发布演示文稿，可以将演示文稿文件转换为网页文件，之后即可用浏览器来查看演示文稿的内容。步骤如下：打开要在网上发布的演示文稿，选择"文件"|"另存为网页"命令，打开"另存为"对话框，如图 5-51 所示。

图 5-51　"另存为"对话框

在"另存为"对话框中设置网页文件存放的位置，单击"保存"按钮，即可将文件保存为网页文件，并同时创建一个名为 files 的同名文件夹。对于生成的网页文件，可以放置在服务器上，其他用户通过浏览器即可对网页文件进行浏览。

实 验 指 导

实验一　创建基本演示文稿

一、实验目的

掌握创建演示文稿的基本方法，能够插入不同版式的幻灯片，能保存文件和进行放映。通过该实验学习创建一个简单演示文稿的全过程。

二、实验内容

1. 新建幻灯片，选取自动版式为"项目清单"，应用设计模板"Radial"。

2. 添加标题"课件制作"，字形加粗；添加项目 1"素材准备"，项目 2"课件集成"。

3. 添加新幻灯片 2，选用自动版式"空白版式"，添加标题"素材准备"，标题字为红色，插入来自剪贴画中办公室类型的"计算机.wmf"图片。

4. 添加新幻灯片 3，选用自动版式"空白版式"，添加标题"课件集成"。

5. 在幻灯片中插入日期，格式：2004 年 7 月 15 日星期四，要求标题幻灯片不显示并自动更新。

6. 对全部幻灯片设置切换方式为"水平百叶窗"，切换速度为"中速"。

7. 打开"文件"菜单，选择"保存"命令，在"另存为"对话框中输入保存的文件名为"ppt1-1"。

8. 打开"幻灯片放映"菜单，选择"观看放映"命令，观看播放效果。

实验二　创建专业化的演示文稿

一、实验目的

在创建基本演示文稿的基础上，学习创建专业化演示文稿的方法，掌握创建具有动态切换效果、独具风格的演示文稿的方法。

二、实验内容

1. 新建幻灯片，选取自动版式"项目清单"，应用模板"Marble（大理石型）"。

2. 添加标题"多媒体演示文稿"，添加文本项目 1"图形"，项目 2"影片"，项目 3"声音"，全部项目设置动画效果为"溶解"。

3. 添加新幻灯片 2、3、4，均选取自动版式"空白版式"，标题分别为"图形"、"影片"、"声音"。

4. 在幻灯片 2（标题为"图形"）中插入剪贴画建筑物类型中的"灯塔.wmf"图片。

5. 在幻灯片 1 中，设置超链接，项目 2"影片"链接到幻灯片 3。

6. 将幻灯片 3 设置为隐藏。

7. 对全部幻灯片设置切换方式为"横向棋盘式"，切换速度为"中速"。

8. 选择"文件"｜"保存"命令，在"另存为"对话框中输入保存的文件名为"ppt1-2"。

9. 选择"幻灯片放映"｜"观看放映"命令，观看播放效果。

习　题

一、选择题

1. PowerPoint 演示文档的扩展名是（　　　）。

　　A．ppt　　　　　　　　B．pwt　　　　　　　　C．xsl　　　　　　　　D．doc

2. 在 PowerPoint 中，对于已创建的多媒体演示文档可以用（　　　）命令转移到其他未安装 PowerPoint 的机器上放映。

　　A．"文件"｜"打包"　　　　　　　　　B．"文件"｜"发送"

　　C．复制　　　　　　　　　　　　　　　D．"幻灯片放映"｜"设置幻灯片放映"

3. 在 PowerPoint 中，"格式"菜单中的（　　　）命令可以用来改变某一幻灯片的布局。

　　A．背景　　　　　　B．幻灯片版面设置　　　C．幻灯片配色方案　　D．字体

4. PowerPoint 的演示文稿具有幻灯片、幻灯片浏览、备注、幻灯片放映和（　　　）等五种视图。

　　A．普通　　　　　　B．大纲　　　　　　　　C．页面　　　　　　　　D．联机版式

5. 如要终止幻灯片的放映，可直接按（　　　）键。

　　A．【Ctrl+C】　　　B．【Esc】　　　　　　　C．【End】　　　　　　　D．【Alt+F5】

6. 使用（　　　）菜单中的"背景"命令改变幻灯片的背景。

　　A．"格式"　　　　　B．"幻灯片放映"　　　　C．"工具"　　　　　　　D．"视图"

7. 下列操作中，不是退出 PowerPoint 的操作是（　　　）。

　　A．选择"文件"菜单中的"关闭"命令　　　B．选择"文件"菜单中的"退出"命令

C. 按【Alt+F4】组合键　　　　　　　　D. 双击 PowerPoint 窗口中的"控制菜单"图标

8. 对于演示文稿中不准备放映的幻灯片可以用（　　　）菜单中的"隐藏幻灯片"命令隐藏。

A. "工具"　　　　　B. "幻灯片放映"　　　　C. "视图 "　　　　　　D. "编辑 "

9. PowerPoint 中，下列有关修改图片的说法错误的是（　　　）。

A. 裁剪图片是指保持图片的大小不变，而将不希望显示的部分隐藏起来

B. 需要重新显示被隐藏的部分时，可以通过"裁剪"工具进行恢复

C. 如果要裁剪图片，单击选定图片，再单击"图片"工具栏中的"裁剪"按钮

D. 按住鼠标右键向图片内部拖动时，可以隐藏图片的部分区域

10. PowerPoint 中，下列说法错误的是（　　　）。

A. 允许插入在其他图形程序中创建的图片

B. 为了将某种格式的图片插入到 PowerPoint 中，必须安装相应的图形过滤器

C. 选择"插入"菜单中的"图片"命令，再选择"来自文件"命令

D. 在插入图片前，不能预览图片

11. PowerPoint 中，下列说法错误的是（　　　）。

A. 可以利用自动版式创建带剪贴画的幻灯片，用来插入剪贴画

B. 可以向已存在的幻灯片中插入剪贴画

C. 可以修改剪贴画

D. 不可以为图片重新上色

12. PowerPoint 中，有关选定幻灯片的说法中错误的是（　　　）。

A. 在浏览视图中单击幻灯片，即可选定

B. 如果要选定多张不连续幻灯片，在浏览视图下按【Ctrl】键并单击各张幻灯片

C. 如果要选定多张连续幻灯片，在浏览视图下，按下【Shift】键并单击最后要选定的幻灯片

D. 在幻灯片视图下，也可以选定多个幻灯片

13. PowerPoint 中，要切换到幻灯片的黑白视图，应选择（　　　）。

A. "视图"菜单中的"幻灯片浏览"命令　B. "视图"菜单中的"幻灯片放映"命令

C. "视图"菜单中的"黑白"命令　　　　D. "视图"菜单中的"幻灯片缩图"命令

14. PowerPoint 中，有关幻灯片母版中的页眉页脚下列说法错误的是（　　　）。

A. 页眉或页脚是加在演示文稿中的注释性内容

B. 典型的页眉页脚内容是日期、时间以及幻灯片编号

C. 在打印演示文稿的幻灯片时，页眉页脚的内容也可打印出来

D. 不能设置页眉和页脚的文本格式

15. PowerPoint 中，在浏览视图下，按住【Ctrl】键并拖动某幻灯片，可以完成（　　　）操作。

A. 移动幻灯片　　　B. 复制幻灯片　　　　C. 删除幻灯片　　　　D. 选定幻灯片

16. PowerPoint 中，有关备注母版的说法错误的是（　　　）。

A. 备注的最主要功能是进一步提示某张幻灯片的内容

B. 要进入备注母版，可以选择"视图"菜单中的"母版"命令，再选择"备注母版"命令

C. 备注母版的页面共有五个设置：页眉区、页脚区、日期区、幻灯片缩图和数字区

D. 备注母版的下方是备注文本区，可以像在幻灯片母版中那样设置其格式

17. PowerPoint 中，在（　　　）视图中，可以定位到某特定的幻灯片。

    A. 备注页视图　　　B. 浏览视图　　　　　　C. 放映视图　　　　　　D. 黑白视图

18. PowerPoint 中，要切换到幻灯片母版中，可以（　　　）。

    A. 选择"视图"菜单中的"母版"命令，再选择"幻灯片母版"命令

    B. 按住【Alt】键的同时单击"幻灯片视图"按钮

    C. 按住【Ctrl】键的同时单击"幻灯片视图"按钮

    D. A 和 C 都对

19. PowerPoint 中，在（　　　）视图中，用户可以看到画面变成上下两半，上面是幻灯片，下面是文本框，可以记录演讲者讲演时所需的一些提示重点。

    A. 备注页视图　　　B. 浏览视图　　　　　　C. 幻灯片视图　　　　　D. 黑白视图

20. PowerPoint 中，"母版"工具栏上有两个按钮，是"关闭"和（　　　）。

    A. "幻灯片缩图"　B. "链接"　　　　　　C. "预览"　　　　　　　D. "保存"

21. PowerPoint 的各种视图中，显示单个幻灯片以进行文本编辑的视图是（　　　）；可以对幻灯片进行移动、删除、复制、设置动画效果，但不能编辑幻灯片中具体内容的视图是（　　　）。

    A. 幻灯片视图　　　B. 幻灯片浏览视图　　C. 幻灯片放映视图　　　D. 大纲视图

22. 在演示文稿的幻灯片中，要插入剪贴画或照片等图形，应在（　　　）视图中进行。

    A. 幻灯片放映视图 B. 幻灯片浏览视图　　C. 幻灯片视图　　　　　D. 大纲视图

23. 在 PowerPoint 中，可以为文本、图形等对象设置动画效果，以突出重点或增加演示文稿的趣味性。设置动画效果可采用（　　　）菜单的"预设动画"命令。

    A. "格式"　　　　　B. "幻灯片放映"　　　C. "工具"　　　　　　　D. "视图"

24. 在 PowerPoint 的幻灯片浏览视图下，不能完成的操作是（　　　）。

    A. 调整个别幻灯片位置　　　　　　　B. 删除个别幻灯片

    C. 编辑个别幻灯片内容　　　　　　　D. 复制个别幻灯片

25. 在 PowerPoint 中，设置幻灯片放映时的换页效果为"垂直百叶窗"，应使用"幻灯片放映"菜单下的（　　　）命令。

    A. "动作按钮"　　　B. "幻灯片切换"　　　C. "预设动画"　　　　　D. "自定义动画"

26. PowerPoint 中，下列有关移动和复制文本叙述不正确的是（　　　）。

    A. 文本在复制前，必须先选定　　　　B. 文本复制的快捷键是【Ctrl+C】

    C. 文本的剪切和复制没有区别　　　　D. 文本能在多张幻灯片间移动

27. PowerPoint 中各种视图模式的切换快捷键按钮在 PowerPoint 窗口的（　　　）。

    A. 左上角　　　　　B. 右上角　　　　　　C. 左下角　　　　　　　D. 右下角

28. PowerPoint 中，用"文本框"工具在幻灯片中添加文本时，想要插入的文本框是竖排，应该（　　　）。

    A. 默认的格式就是竖排　　　　　　　B. 不可能竖排

    C. 选择"文本框"下拉列表框中的"水平"选项

    D. 选择"文本框"下拉列表框中的"垂直"选项

29. PowerPoint 中，为了使所有幻灯片具有一致的外观，可以使用母版，用户可进入的母版视图有幻灯片母版、标题母版和（　　　）。

　　A. 备注母版　　　　B. 讲义母版　　　　C. 普通母版　　　　D. A 和 B 都对

30. PowerPoint 中，更换模板时，在"格式"菜单中选择（　　　）命令。

　　A. "幻灯片版式"　B. "幻灯片配色方案"　C. "背景"　　　　D. "应用设计模板"

31. 下面的选项中，不属于 PowerPoint 窗口部分的是（　　　）。

　　A. 幻灯片区　　　　B. 大纲区　　　　C. 备注区　　　　D. 播放区

二、填空题

1. 用 PowerPoint 应用程序所创建的用于演示的文件称为＿＿＿＿＿，其扩展名为＿＿＿＿＿；模板文件的扩展名为＿＿＿＿＿。

2. 利用 PowerPoint 创建新的演示文档的方法：在进入 PowerPoint 的初始画面后，有＿＿＿＿＿、＿＿＿＿＿和＿＿＿＿＿三种方法来创建新的演示文档。

3. 在 PowerPoint 中，可以为幻灯片中的文字、形状和图形等对象设置动画效果，设计动画的基本方法是先在＿＿＿＿＿视图中选择好对象，然后选用＿＿＿＿＿菜单的＿＿＿＿＿命令。

4. 用 PowerPoint 制作好幻灯片后，可以根据需要使用三种不同的方法放映幻灯片，这三种放映类型是＿＿＿＿＿、＿＿＿＿＿和＿＿＿＿＿。

5. 给幻灯片加切换效果是一种简单而有效地避免枯燥的方法，其操作是＿＿＿＿＿。

6. 仅显示演示文稿的文本内容，不显示图形、图像和图表等对象，应选择＿＿＿＿＿视图方式。

7. 在打印演示文稿时，在一页纸上能包括几张幻灯片缩图的打印内容称为＿＿＿＿＿。

8. 插入一张新幻灯片，可以单击"插入"菜单的"＿＿＿＿＿"命令。

9. 在讲义母版中，包括四个可以输入文本的占位符，他们分别为页眉区、＿＿＿＿＿、日期区和页码区。

10. PowerPoint 中，在浏览视图下，按住【Ctrl】键并拖动某幻灯片，可以完成＿＿＿＿＿操作。

11. PowerPoint 中，＿＿＿＿＿视图模式用于查看幻灯片的播放效果。

12. PowerPoint 中，插入图片操作在"插入"菜单中选择"＿＿＿＿＿"命令。

13. 使用"＿＿＿＿＿"菜单中的"背景"命令改变幻灯片的背景。

14. PowerPoint 中，用文本框在幻灯片中添加文本时，在"插入"菜单中应选择"＿＿＿＿＿"命令。

15. PowerPoint 中，创建表格时，在"插入"菜单中选择"＿＿＿＿＿"命令。

16. PowerPoint 中，应用设计模板时，在"格式"菜单中选择"＿＿＿＿＿"命令。

17. 关闭 PowerPoint 时，如果不保存修改过的文档，那么刚刚修改过的内容将会＿＿＿＿＿。

18. 如果要在幻灯片视图中预览动画，应使用"幻灯片放映"菜单中的"＿＿＿＿＿"命令。

三、判断题

1. （　　　）在 PowerPoint 的窗口中，无法改变各个预留文本框的大小。

2. （　　　）要想打开 PowerPoint，只能从"开始"菜单选择"程序"命令，然后选择"Microsoft PowerPoint"命令。

3. （　　　）PowerPoint 中，除了用内容提示向导来创建新的幻灯片，就没有其他的方法了。

4. （　　　）PowerPoint 中，文本框的大小和位置是确定的。

5. （　　　）PowerPoint 中，当本次复制文本的操作成功之后，上一次复制的内容自动丢失。

6. （　　）PowerPoint 中，设置文本的字体时，文字的效果选项可以选也可以直接跳过。

7. （　　）PowerPoint 中，创建表格的过程中插入操作错误，可以单击工具栏上的"撤销"按钮来撤销。

8. （　　）PowerPoint 中，应用设计模板设计的演示文稿无法进行修改。

9. （　　）PowerPoint 中，如果误将不需要的图片插入进去，可以单击工具栏上的"撤销"按钮补救。

10. （　　）PowerPoint 中，对于任何一张幻灯片，都要在"动画效果列表"中选择一种动画方式，否则系统将提示错误信息。

11. （　　）PowerPoint 中，普通视图的左窗口显示的是文稿的大纲。

12. （　　）幻灯片中不能设置页眉和页脚。

13. （　　）关闭幻灯片可以从"文件"菜单中关闭。

14. （　　）在 PowerPoint 的普通视图中，右击幻灯片，在弹出的快捷菜单中选择"删除"命令，可以删除一张幻灯片。

15. （　　）幻灯片中对象的效果可以自定义。

16. （　　）幻灯片打包时可以连同播放软件一起打包。

17. （　　）在 PowerPoint 系统中，不能插入 Excel 图表。

18. （　　）演示文稿只能用于放映幻灯片，无法输出到打印机中。

19. （　　）当演示文稿按自动放映方式播放时，按【Esc】键可以终止播放。

20. （　　）如果不进行设置，系统放映幻灯片时默认全部播放。

第6章

Access 2003 关系数据库的使用

任务一　数据库的建立

✉ 技能要点

- 能掌握 Access 2003 的启动、退出
- 能使用 Access 2003 定义、维护数据库和表
- 能进行数据库、表的基本操作
- 能创建表间关系

✉ 任务背景

"请问是窦文轩的手机吗？"

"是我啊，您是班主任吧？"

"呵呵，听说你现在工作得如鱼得水啊？"

"还行。"窦文轩还挺谦虚。

"哦，我想请你帮个忙。"

窦文轩觉得太阳从西边出来了。

"行！您说吧。"

"是这样，系里让我做一个学生数据库，"班主任说，"我现在忙不过来，你能帮忙替我做一下吗？当然，如果你不会做，就不要勉强了。"

"……"窦文轩觉得后半句特别刺耳。

"有什么做不了的？"窦文轩觉得自己不是昔日阿蒙了。

"那好，明天你过来一下，我把材料给你。拜托你了。"

第二天，拿到材料的窦文轩感到压力了。果然如班主任说的，他真的不会！他以为用 Excel 做一下是很简单的事情，但是班主任说了，必须用数据库软件 Access 做。学生管理数据库的主界面如图 6-1 所示。

熬夜顺理成章地又开始了……

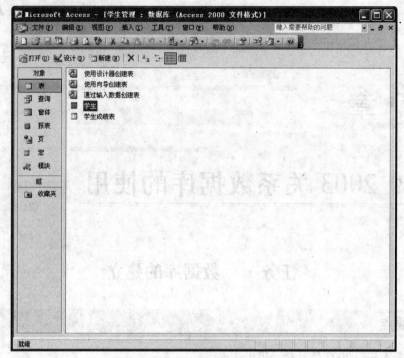

图 6-1   学生管理数据库的主界面

任务分析

数据库技术的产生是计算机应用技术发展的必然趋势。Access 数据库是能够存储和管理数据的关系型数据库，是典型的开放式数据库系统。

在 Access 2003 关系型数据库环境下，利用可视化工具、向导和宏以及强大的查询功能，可以完成数据信息的添加和打印报表等工作，并能在较短的时间内用最少的成本开发出小型的应用程序。任务中要求完成学生管理数据库的建立。通过分析任务要求，可以使用 Access 提供的功能创建"学生管理"数据库，并在数据库中建立"学生表"、"学生成绩表"。

1. 读者使用过数据库吗？
2. 读者知道数据库是用来做什么的吗？
3. 数据库里的操作有很多，读者知道其中的哪些操作？

任务实施

步骤一：启动 Access 2003

启动 Access 2003 有以下两种方法：

- 双击桌面上的 Access 2003 图标
- 选择"开始"｜"程序"｜"Microsoft Office"｜"Microsoft Office Access 2003"命令。

步骤二：建立并保存"学生管理"数据库文档。

在如图 6-2 所示的开始界面中，建立数据库。

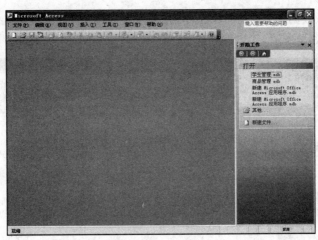

图 6-2 开始界面

单击"新建文件"按钮，打开"新建文件"任务窗格，如图 6-3 所示。

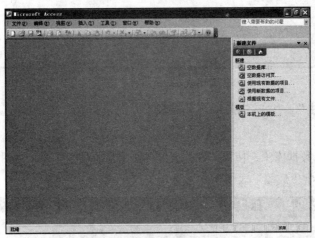

图 6-3 "新建文件"任务窗格

选择"空数据库"选项打开"文件新建数据库"对话框，如图 6-4 所示。

图 6-4 新建数据库

在对话框中输入数据库文件的路径和名字，系统会创建并保存一个新文档，文档名称是"学生管理.mbc"，如图 6-5 所示。

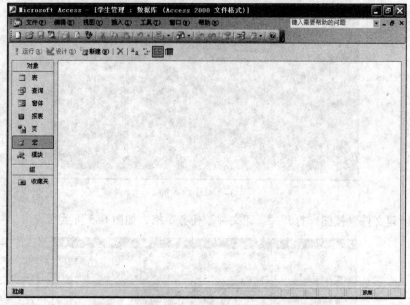

图 6-5　学生管理库界面

步骤三：定义"学生"、"学生成绩"数据表

1. 建立表

在"学生管理"数据库中，使用"数据表"视图建立"学生"表（见图 6-6），"学生"表结构参见表 6-1，"学生成绩"表结构参见表 6-2。

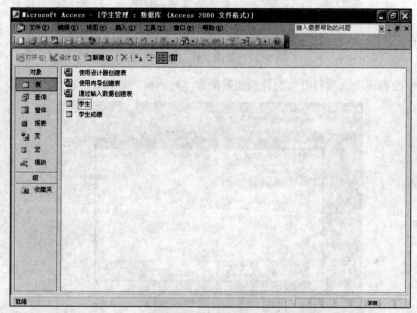

图 6-6　建立表

表 6-1 "学生"表结构

字 段 名	类 型
学号	文本
姓名	文本
性别	文本
出生日期	日期/时间
专业	文本
入学成绩	数字
团员	是/否
简历	备注

表 6-2 "学生成绩"表结构

字 段 名	类 型
学号	文本
姓名	文本
语文	数字
数学	数字
英语	数字
网络	数字
总分	数字
平均分	数字

（1）双击"使用设计器创建表"选项，打开表"设计"视图，如图 6-7 所示。

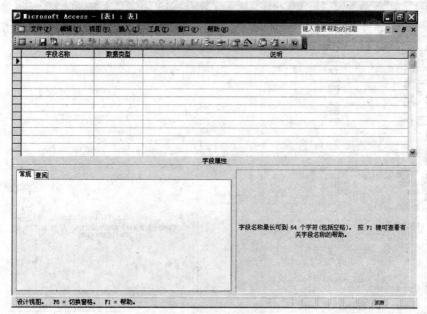

图 6-7 "设计"视图

（2）在"字段名称"中输入需要的字段名，在"字段类型"中选择适当的数据类型。

（3）定义完全部字段后，设置一个字段为主键。

（4）单击工具栏上的"保存"按钮，这时出现"另存为"对话框。

（5）在"另存为"对话框中的"表名称"文本中输入表的名称"学生"。

（6）单击"确定"按钮。

在"学生管理"数据库中，使用"设计"视图建立"学生"表，"学生"表结构如图 6-8 所示。

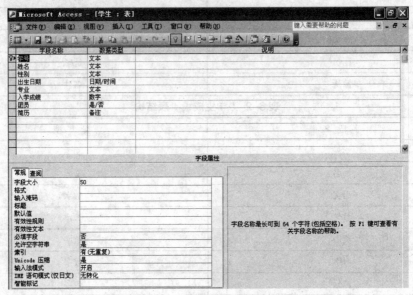

图 6-8　"学生"表结构

"学生成绩"表结构如图 6-9 所示。

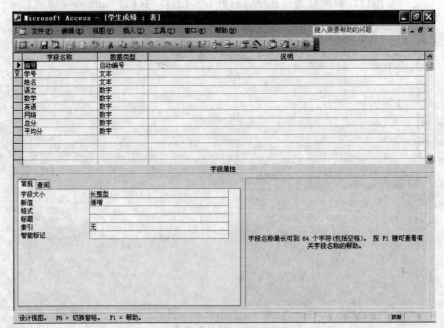

图 6-9　"学生成绩"表结构

技能链接　**使用"表向导"**

（1）如果还没有切换到"数据库"窗口，可以按【F11】键从其他窗口切换到数据库窗口。

（2）单击"对象"选项区域下的 □ 表，然后单击"数据库"窗口工具栏上的"新建"按钮 新建(N)。

（3）双击"表向导"选项。

（4）按照"表向导"对话框中的提示进行操作。

如果要修改或扩展结果表，在使用完表向导后，可以在"设计"视图中进行修改或扩展操作。

2．向表中输入数据

在建立了表结构之后，就可以向表中输入数据了。在 Access 中，可以利用"数据表"视图直接输入数据，也可以利用已有的表。

在"学生管理"数据库中，向"学生"表中输入两条记录，输入内容参见表 6-3 和表 6-4。

表 6-3　"学生"表内容

学　号	姓　　名	性　别	出生日期	专　业	入学成绩	团　员	简　历
000101	周讯阳	男	85—02—12	电子商务	450.0	是	广东顺德
000121	王大鹏	男	85—09—01	电子商务	435.5	否	江西南昌
000205	李晓莉	女	84—12—24	电器维修	378.0	是	山东烟台
000205	王玉华	女	85—10—26	电器维修	390.0	是	北京

表 6-4　"学生成绩"表内容

学　号	姓　　名	语　文	数　学	英　语	网　络	总　分	平均分
000101	周讯阳	87.0	92.0	76.0	78.0	333.0	83.3
000121	王大鹏	67.0	78.0	82.0	80.0	307.0	76.8
000205	李晓莉	88.0	56.0	86.0	71.0	301.0	75.3
000205	王玉华	77.0	81.0	82.0	68.0	308.0	77.0

技能链接　**获取外部数据**

如果在创建数据库表时，所需建立的表已经存在，那么只需将其导入到 Access 数据库中即可。可以导入的表类型包括 Access 数据库中的表，Excel、Lotus 和 DBASE 或 FoxPro 等数据库应用程序所创建的表，以及 HTML 文档等。

3．建立表之间的关系

（1）在数据库窗口右击，在弹出的快捷菜单中选择"关系"命令。

（2）在"显示表"对话框中，分别选择"学生"表和"学生成绩"表，然后单击"添加"按钮，关闭"显示表"对话框。

（3）在"关系"窗口中，按住鼠标左键，将"学生"表中的"学号"字段拖到"学生成绩"表中的"学号"字段，松开鼠标左键后，两个表就会建立了"学号"之间的链接关系。如图 6-10 所示。

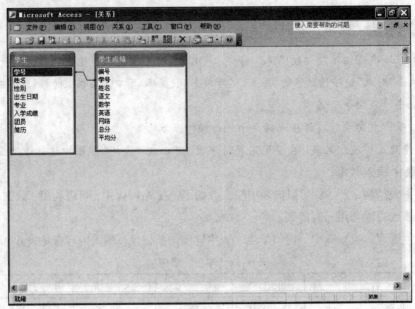

图 6-10　表的关系

20 世纪 60 年代末期提出的关系模型具有数据结构简单灵活、易学易懂且具有雄厚的数学基础特点，从 20 世纪 70 年代开始流行，发展到现在已成为数据库的标准。目前广泛使用的数据库软件都是基于关系模型的关系数据库管理系统。

一、关系模型（Relational Model，RM）

关系模型是由实体和关系构成的。在关系模型中实体通常是以表的形式来表现的，表的每一行描述实体的一个实例，表的每一列描述实体的一个特征或属性。

所谓关系是指实体之间的关系，即实体之间的对应关系。关系可以分为 3 种：

一对一的关系，如：一个班级只有一个班长，同样，每个班长属于一个班级，班长→班级成为一对一的关系。

一对多的关系，如：每个班的人有许多个，班级→人成为一对多的关系。

多对多的关系，如：每个人可修多门课程，反之，每门课可以有多人选修，课程→人就是多对多关系。

通过关系就可以用一个实体的信息来查找另一个实体的信息。关系模型把所有的数据都组织到表，表是由行和列组成的，行表示数据的记录，列表示记录中的域，表反映了现实世界中的事实和值。

关系：一个关系就是一张二维表，每个关系有一个关系名。在 Access 中，一个关系就是一个表对象。

属性：二维表中垂直方向的列称为属性，每个属性都有一个唯一的属性名。在 Access 中，属性被称为字段，属性名叫做字段名。

域：一个属性的取值范围叫做一个域。

元组：二维表中每个水平方向的行成为一个元组，又叫做记录。

码（又称关键字、主键）：候选码是关系的一个或一组属性，它的值能唯一地标识一个元组。每个关系至少有一个候选码，若一个关系有多个候选码，则选定其中一个为主码，简称码。码的属性是主属性。

分量：每个元组的一个属性值叫做该元组的一个分量。

关系模式：是对关系的描述，它包括关系名、组成该关系的属性名、属性到域的映像，通常简记为关系名（属性名 1，属性名 2……，属性名 n）。属性到域的映象通常直接说明为属性的类型、长度等。如表 6-5 所示的学生基本情况表是一个关系，表中的每一行是关系的一个元组（记录），学号、性命、性别等是属性，其中学号能唯一地标识一个记录，称为码。学号的域是 "06011001" ～ "06011005"，而性别的值域是 "男" 和 "女"。学生基本情况表的关系模式可记为：学生基本情况表（学号，姓名，性别，出生日期，入学成绩）。

表 6-5　学生基本情况表

学　号	姓　　名	性　别	出生日期	入学成绩
06011001	孙启月	女	90-10-27	327
06011002	瞿芳玉	女	91-9-12	345
06011003	武润泽	男	90-12-14	336
06011004	刘奇伟	男	91-3-23	314
06011005	孟宪宇	男	91-4-16	352

关系数据库（Reltational Database，RDB）

所谓关系数据库就是基于关系模型的数据库。

关键字：关键字是关系模型中的一个重要概念，它是逻辑结构，不是数据库的物理部分。

候选关键字：如果一个属性集能唯一地标识表的一行而又不含多余的属性，那么这个属性集称为候选关键字。

主关键字：主关键字是被挑选出来，作为表的行的唯一标识的候选关键字。一个表只有一个主关键字。主关键字又称为主键。

公共关键字：在关系数据库中，关系之间的联系是通过相容或相同的属性或属性组来表示的。如果两个关系中具有相容或相同的属性或属性组，那么这个属性或属性组被称为这两个关系的公共关键字。

外关键字：如果公共关键字在一个关系中是主关键字，那么这个公共关键字被称为另一个关系的外关键字。外关键字表示了两个关系之间的联系。以另一个关系的外关键字作主关键字的表被称为主表，具有此外关键字的表被称为主表的从表。外关键字又称外键。

二、表

表是 Access 数据库的基础，是存储数据的地方，其他数据库对象，如查询、窗体、报表等都是在表的基础上建立并使用的，因此，它在数据库中占有很重要的位置。为了使用 Access 管理数据，在空数据库建好后，还要建立相应的表。Access 表由表结构和表内容两部分构成，先建立表结构，之后才能向表中输入数据。

1. Access 数据类型

在设计表时，必须要定义表中字段使用的数据类型。Access 常用的数据类型有：文本、备注、数字、日期/时间、货币、自动编号、是/否、OLE 对象、超级链接、查阅向导等。

Access 数据类型参见表 6-6。

表 6-6 Access 数据类型

数据类型	用　　法	大　　小
文本	文本或文本与数字的组合，例如地址；也可以是不需要计算的数字，例如电话号码、零件编号或邮编	最多 255 个字符 Microsoft Access 只保存输入到字段中的字符，而不保存文本字段中未用位置上的空字符。设置"字段大小"属性可控制可以输入字段的最大字符数
备注	长文本及数字，例如备注或说明	最多 65 535 个字符
数字	可用来进行算术计算的数字数据，涉及货币的计算除外（使用货币类型）。设置"字段大小"属性定义一个特定的数字类型	1、2、4 或 8 字节
日期/时间	日期和时间	8 字节
货币	货币值。使用货币数据类型可以避免计算时四舍五入，精确到小数点左方 15 位数及右方 4 位数	8 字节
自动编号	在添加记录时自动插入的唯一顺序（每次递增 1）或随机编号	4 字节
是/否	字段只包含两个值中的一个，例如"是/否"、"真/假"、"开/关"	1 位
OLE 对象	在其他程序中使用 OLE 协议创建的对象（例如 Microsoft Word 文档、Microsoft Excel 电子表格、图像、声音或其他二进制数据），可以将这些对象链接或嵌入到 Microsoft Access 表中。必须在窗体或报表中使用绑定对象框来显示 OLE 对象	最大可为 1 GB（受磁盘空间限制）
超级链接	存储超级链接的字段。超级链接可以是 UNC 路径或 URL	最多 64 000 个字符
查阅向导	创建允许用户使用组合框选择来自其他表或来自值列表中的值的字段。在数据类型列表中选择此选项，将启动向导进行定义	与主键字段的长度相同，且该字段也是"查阅"字段；通常为 4 个字节

注意： "数字"、"日期/时间"、"货币"以及"是/否"，这些数据类型提供预先预定义好的显示格式。可以从每一个数据类型可用的格式中选择所需的格式来设置"格式"属性。也可以为所有的数据类型创建自定义显示格式，但"OLE 对象"数据类型除外。

2. 建立表结构

建立表结构有 3 种方法，一是在"数据表"视图中直接在字段名处输入字段名；二是使用"设计"视图；三是通过"表向导"创建表结构。下面介绍"数据表"视图的使用。

① 如果还没有切换到"数据库"窗口，可以按【F11】键从其他窗口切换到数据库窗口。

② 请单击"对象"选项区域下的 ▦ 表，然后单击"数据库"窗口工具栏上的"新建"按钮。

③ 双击"数据表视图"选项，将显示一个空数据表。

④ 重新命名要使用的每一列：请双击列名，输入列的名称，命名方式必须符合 Access 的对象命名规则，然后再按【Enter】键。

⑤ 随时可以插入新的列：单击要在其右边插入新列的列，然后选择"插入"菜单中的"列"命令。按步骤④中的说明重新命名列的名称。

⑥ 在数据表中输入数据。

将每种数据输入到相应的列中（在 Access 中，每一列称作一个字段）。例如，如果正在输入姓名，将名输入在名的字段中，而将姓输入在另一个不同的字段中。如果输入的是日期、时间或数字，请输入一致的格式，这样 Access 能为字段创建适当的数据类型及显示格式。在保存数据表时，将删除任何空字段。

⑦ 在已经将数据输入到所有要使用的列后，单击工具栏上的"保存"按钮 ▦ 来保存数据表。

⑧ 在保存表时，Access 将询问是否要创建一个主键。如果还没有输入能唯一标识表中每一行的数据，如零件编号或 ID 编号，它将建议选择"是"。如果已经输入能唯一标识每一行的数据，可以指定此字段为主键。

注意：除了重新命名及插入列外，在保存新建数据表之前或之后，也可以随时删除列或重新排序列的顺序。

3. 字段属性的设置

表中每个字段都有一系列的属性描述。字段的属性表示字段所具有的特性，不同的字段类型有不同的属性，当选择某一字段时，"设计"视图下部的"字段属性"区域就会依次显示出该字段的相应属性。

（1）字段大小

通过"字段大小"属性，可以控制字段使用的空间大小。该属性只适用于数据类型为"文本"或"数字"的字段。对于一个"文本"类型的字段，其字段大小的取值范围是 0～255，默认为50，可以在该属性文本框中输入取值范围内的整数；对于一个"数字"型的字段，可以单击"字段大小"属性框，然后单击右侧的下三角按钮，并从下拉列表框中选择一种类型。

例，将"学生"表中"性别"字段的"字段大小"设置为"1"，如图 6-11 所示。

注意：如果文本字段中已经有数据，那么减小字段大小会丢失数据，Access 将截去超出新限制的字符。如果在数字字段中包含小数，那么将字段大小设置为整数时，Access 自动将小数取整。因此，在改变字段大小时要非常小心。

（2）格式

"格式"属性用来决定数据的打印方式和屏幕显示方式。不同数据类型的字段，其格式选择有所不同。

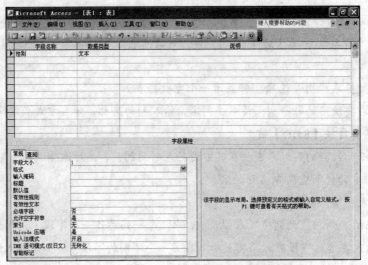

图 6-11　更改字段属性

将"学生"表中"入学成绩"字段的"格式"设置为"整型",如图 6-12 所示。

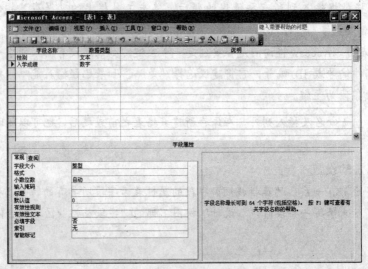

图 6-12　设置字段格式

（3）默认值

"默认值"是一个十分有用的属性。在一个数据库中,往往会有一些字段的数据内容相同或含有相同的部分。例如:性别字段只有"男"和"女"两种,这种情况就可以设置一个默认值。

例,将"学生"表中的"性别"字段的"默认值"设置为"男";"入校日期"字段的"默认值"设置为系统当前日期。

注意:设置默认值属性时,必须与字段中所设的数据类型相匹配,否则会出现错误。

（4）有效性规则

"有效性规则"是 Access 中另一个非常有用的属性,利用该属性可以防止非法数据输入到表中。有效性规则的形式及设置目的随字段的数据类型不同而不同。对"文本"类型的字段,可以设置输入的字符个数不能超过某一个值；对"数字"类型字段，可以让 Access 只接受一定范围内的数据；对"日期/时间"类型的字段，可以将数值限制在一定的月份或年份以内。

（5）输入掩码

在输入数据时，如果希望输入的格式标准保持一致，或希望检查输入时的错误，可以使用 Access 提供的"输入掩码向导"来设置一个输入掩码。对于大多数数据类型，都可以定义一个输入掩码。

定义输入掩码属性所使用的字符参见表 6-7。

表 6-7　输入掩码属性所使用字符的含义

字　符	说　明
0	数字（0~9，必选项；不允许使用加号（+）和减号（-））
9	数字或空格（非必选项；不允许使用加号和减号）
#	数字或空格（非必选项；空白将转换为空格，允许使用加号和减号）
L	字母（A~Z，必选项）
?	字母（A~Z，可选项）
A	字母或数字（必选项）
a	字母或数字（可选项）
&	任一字符或空格（必选项）
C	任一字符或空格（可选项）
. : ; - /	十进制占位符和千位、日期和时间分隔符。（实际使用的字符取决于 Windows "控制面板"的"区域设置"中指定的区域设置）
<	使其后所有的字符转换为小写
>	使其后所有的字符转换为大写
!	输入掩码从右到左显示，输入至掩码的字符一般都是从左向右的。可以在输入掩码的任意位置包含叹号
\	使其后的字符显示为原义字符。可用于将该表中的任何字符显示为原义字符（例如，\A 显示为 A）
密码	将"输入掩码"属性设置为"密码"，以创建密码输入项文本框。文本框中输入的任何字符都按原字符保存，但显示为星号(*)

表 6-8 显示了一些有用的输入掩码以及可以在其中输入的数值类型。

表 6-8　输入掩码示例

输入掩码	示例数值
(000) 000-0000	(206) 555-0248
(999) 999-9999	(206) 555-0248
	(　　) 555-0248
#999	-20
	2000
>L????L?000L0	GREENGR339M3
	MAY R 452B7
>L0L 0L0	T2F 8M4

续上表

输入掩码	示例数值
00000-9999	98115-
	98115-3007
>L<?????????????	Maria
	Brendan
(000) AAA-AAAA	(206) 555-TELE
(000) aaa-aaaa	(206) 55-TEL
&&&	dFg
	8a
	3ty
CCC	3y
SSN 000-00-0000	SSN 555-55-5555
>LL00000-0000	DB51392-0493
LLL\A	EFGA(最后一个字母只能是 A)
LLL\B	EFGB(最后一个字母只能是 B)
PASSWORD	EFGB 显示为****

4．数据表之间的关系

在 Access 中，每个表都是数据库中一个独立的部分，它们本身具有很多的功能，但是每个表又不是完全孤立的部分，表与表之间可能存在着相互的联系。

表之间有 3 种关系，分别为：一对多关系、多对多关系和一对一关系。

（1）一对多关系是最普通的一种关系。在这种关系中，A 表中的一行可以匹配 B 表中的多行，但是 B 表中的一行只能匹配 A 表中的一行。

（2）在多对多关系中，A 表中的一行可以匹配 B 表中的多行，反之亦然。要创建这种关系，需要定义第 3 个表，称为结合表，它的主键由 A 表和 B 表的外部键组成。

（3）在一对一关系中，A 表中的一行最多只能匹配于 B 表中的一行，反之亦然。如果相关列都是主键或都具有唯一约束，则可以创建一对一关系。

参照完整性是一个规则系统，能确保相关表行之间关系的有效性，并且确保不会在无意之中删除或更改相关数据。

当实施参照完整性时，必须遵守以下规则：

（1）如果在相关表的主键中没有某个值，则不能在相关表的外部键列中输入该值。但是，可以在外部键列中输入一个 Null 值。

（2）如果某行在相关表中存在相匹配的行，则不能从一个主键表中删除该行。

（3）如果主键表的行具有相关性，则不能更改主键表中的某个键的值。

当符合下列所有条件时，才可以设置参照完整性：

（1）主表中的匹配列是一个主键或者具有唯一约束。

（2）相关列具有相同的数据类型和大小。

（3）两个表属于相同的数据库。

当想让两个表共享数据时，可以创建两个表之间的关系。可以在一个表中存储数据，但让两个表都能使用这些数据。也可以创建关系，在相关表之间实施参照完整性。

在创建关系之前，必须先在至少一个表中定义一个主键或唯一约束，然后使主键列与另一个表中的匹配列相关。创建了关系之后，那些匹配列变为相关表的外部键。

创建表之间的关系步骤如下：

（1）在数据库窗口中，单击工具栏上的"关系"按钮 ，再单击"显示表"按钮 ，打开"显示表"对话框。从中选择加入要建立关系的表。

（2）然后关闭"显示表"对话框。

（3）从某个表中将所要的相关字段拖动到其他相关表中的相关字段，这时屏幕会显示"编辑关系"对话框。检查显示两个列中的字段名称以确保正确性。

（4）若需要，可选中"实施参照完整性"复选框，然后单击"创建"按钮。

（5）所有的关系建好后，单击关系窗口的"关闭"按钮，这时 Access 询问是否保存布局的更改，单击"是"按钮。

关系的主键一方表示为钥匙符号。在一对一关系中，初始化关系的表确定了主键一方；对于一对一关系，关系的外部键一方表示为钥匙符号 ；对于一对多关系，关系的外部键一方表示为无限符号 。

5. 维护表

为了使数据库中的表在结构上更合理，内容更新，使用更有效，就需要经常对表进行维护。

（1）打开和关闭表

打开表的方法如下：

① 在"数据库"窗口中，单击"对象"选项区域下的 表 。

② 单击要打开表的名称。

③ 如果要在"设计"视图打开表，单击"数据库"窗口工具栏上的 设计① 。如果要在"数据表"视图打开表，单击"数据库"窗口工具栏上的 打开① 。

注意：打开表后，只需单击工具栏上的"视图"按钮，即可便捷地在两种视图之间进行切换。

关闭表的方法如下：

表的操作结束后，应该将其关闭。不管表是处于"设计"视图状态，还是处于"数据表"视图状态，选择"文件"菜单中的"关闭"命令或单击窗口的"关闭窗口"按钮都可以将打开的表关闭。在关闭表时，如果曾对表的结构或布局进行过修改，Access 会显示一个提示框，询问用户是否保存所做的修改。

（2）修改表的结构

修改表结构的操作主要包括增加字段、删除字段、修改字段、重新设置字段等。修改表结构只能在"设计"视图中完成。

① 添加字段

在表中添加一个新字段不会影响其他字段和现有的数据。但利用该表建立的查询、窗体或报表，新字段是不会自动加入的，需要手动添加上去。

② 修改字段

修改字段包括修改字段的名称、数据类型、说明等。

③ 删除字段

如果所删除字段的表为空表，就会出现删除提示框；如果表中含有数据，不仅会出现提示框需要用户确认，而且还会将利用该表所建立的查询、窗体或报表中的该字段删除，即删除字段时，还要删除整个 Access 中对该字段的使用。

④ 重新设置关键字

如果原定义的主关键字不合适，可以重新定义。重新定义主关键字需要先删除原主关键字，然后再定义新的主关键字。

（3）编辑表的内容

Access 数据表中的数据都是以记录的形式保存的。通过对表中记录的操作，可以对数据进行查找、复制、删除以及其他操作。

① 定位记录

数据表中有了数据后，修改是经常要做的操作，其中定位和选择记录是首要的任务。常用的记录定位方法有两种：一是用记录号定位，二是用快捷键定位。快捷键及其定位功能参见表 6-9。

表 6-9　快捷键及其定位功能

快　捷　键			定位功能
【Tab】	【Enter】	【→】	下一字段
【Shift+Tab】		【←】	上一字段
【Home】			当前记录中的第一个字段
【End】			当前记录中的最后一个字段
【Ctrl+↑】			第一条记录中的当前字段
【Ctrl+↓】			最后一条记录中的当前字段
【Ctrl+Home】			第一条记录中的第一个字段
【Ctrl+End】			最后一条记录中的最后一个字段
【↑】			上一条记录中的当前字段
【↓】			下一条记录中的当前字段
【PgDn】			下移一屏
【PgUp】			上移一屏
【Ctrl+PgDn】			左移一屏
【Ctrl+PgUp】			右移一屏

② 选择记录

选择记录是指选择用户所需要的记录。用户可以在"数据表"视图下使用鼠标或键盘两种方法选择数据范围。

③ 添加记录

在已经建立的表中，添加新的记录。

④ 删除记录

删除表中出现的不需要的记录。

⑤ 修改数据

在已建立的表中，修改出现错误的数据。

⑥ 复制数据

在输入或编辑数据时，有些数据可能相同或相似，这时可以使用复制和粘贴操作将某些字段中的部分或全部数据复制到另一个字段中。

（4）调整表的外观

调整表的结构和外观是为了使表看上去更清楚、美观。调整表格外观的操作包括：改变字段次序、调整字段显示宽度和高度、隐藏列和显示列、冻结列、设置数据表格式、改变字体显示等。

① 改变字段次序

在默认设置下，通常 Access 显示数据表中的字段次序与它们在表或查询中出现的次序相同。但是，在使用"数据表"视图时，往往需要移动某些列来满足查看数据的要求。此时，可以改变字段的显示次序。

例，将"学生"表中"姓名"字段和"学号"字段位置互换。具体操作步骤如下：

a. 在"数据库"窗口的"表"对象中，双击"学生"表。

b. 将鼠标指针定位在"姓名"字段列的字段名上，鼠标指针会变成一个粗体黑色下箭头 ↓，单击鼠标左键。

c. 将鼠标指针定位在"姓名"字段列的字段名上，然后按下鼠标左键并拖动鼠标到"学号"字段前，释放鼠标左键。

使用这种方法，可以移动任何单独的字段或者所选的字段组。移动"数据表"视图中的字段，不会改变表"设计"视图中字段的排列顺序，而只是改变字段在"数据表"视图下字段的显示顺序。

② 调整字段显示宽度和高度

在所建立的表中，有时由于数据过长，数据显示被遮住；有时由于数据设置的字号过大，数据显示在一行中被切断。为了能够完整地显示字段中的数据，可以调整字段显示的宽度或高度。

a. 调整字段显示高度

调整字段显示高度有两种方法：鼠标和菜单命令。

使用鼠标调整字段显示高度的操作步骤如下：

• 在"数据库"窗口的"表"对象下，双击所需的表。
• 将鼠标指针定位在表中任意两行选定器之间，这时鼠标指针变为双箭头。
• 按住鼠标左键，拖动鼠标上、下移动，当调整到所需高度时，释放鼠标左键。

使用菜单命令调整字段显示高度的操作步骤如下：

• 在"数据库"窗口的"表"对象下，双击所需的表。
• 单击"数据表"中的任意单元格。
• 选择"格式"菜单中的"行高"命令，弹出"行高"对话框。
• 在该对话框中的"行高"文本框内输入所需的行高值。
• 单击"确定"按钮。

改变行高后，整个表的行高都得到了调整。

　　b. 调整字段显示列宽

　　与调整字段显示高度的操作一样，调整宽度也有两种方法，即鼠标和菜单命令。使用鼠标调整时，首先将鼠标指针定位在要改变宽度的两列字段名中间，当鼠标指针变为双箭头时，按住鼠标左键，并拖动鼠标左、右移动，当调整到所需宽度时，释放鼠标左键。在拖动字段列中间的分隔线时，如果将分隔线拖动超过下一个字段列的右边界时，将会隐藏该列。

　　使用菜单命令调整时，先选择要改变宽度的字段列，然后选择"格式"菜单中的"列宽"命令，并在打开的"列宽"对话框中输入所需的高度，单击"确定"按钮。如果在"列宽"对话框中输入值为"0"，则会将该字段列隐藏。

　　重新设定列宽不会改变表中字段的"字段大小"属性所允许的字符数，它只是简单地改变字段列所包含数据的显示宽度。

　　③ 隐藏列和显示列

　　在"数据表"视图中，为了便于查看表中的主要数据，可以将某些字段列暂时隐藏起来，需要时再将其显示出来。

　　a. 隐藏某些字段列

　　例，将"学生"表中的"性别"字段列隐藏起来。具体的操作步骤如下：

- 在"数据库"窗口的"表"对象下，双击"学生"表。
- 单击"性别"字段选定器 ⬇。如果要一次隐藏多列，单击要隐藏的第一列字段选定器，然后按住鼠标左键，拖动鼠标到达最后一个需要选择的列。
- 选择"格式"菜单中的"隐藏列"命令。这时，Access 就将选定的列隐藏起来。

　　b. 显示隐藏的列

　　如果希望将隐藏的列重新显示出来，操作步骤如下：

- 在"数据库"窗口的"表"对象下，双击"学生"表。
- 选择"格式"菜单中的"取消隐藏列"命令，在"列"列表框中选中要显示列的复选框。
- 单击"关闭"按钮。

　　这样，就可以将被隐藏的列重新显示在数据表中。

　　④ 冻结列

　　在通常的操作中，常常需要建立比较大的数据库表，由于表过宽，在"数据表"视图中，有些关键的字段值因为水平滚动后无法看到，影响了数据的查看。例如，"学生管理"数据库中的"学生"表，由于字段数比较多，当查看"学生"表中的"入学成绩"字段值时，"姓名"字段已经超出了屏幕，因而不能知道是哪位学生的入学成绩。解决这一问题的最好方法是利用 Access 提供的冻结列功能。

　　在"数据表"视图中，冻结某字段列或某几个字段列后，无论用户怎样水平滚动窗口，这些字段总是可见的，并且总是显示在窗口的最左边。

　　例，冻结"学生"表中的"姓名"字段列，具体的操作步骤如下：

- 在"数据库"窗口的"表"对象下，双击"学生"表。
- 选定要冻结的字段，单击"姓名"字段列选定器。
- 选择"格式"菜单中的"冻结列"命令。

　　此时水平滚动窗口时，可以看到"姓名"字段列始终显示在窗口的最左边。

当不再需要冻结列时，可以取消。取消的方法是选择"格式"菜单中的"取消对所有列的冻结"命令。

⑤ 设置数据表格式

在"数据表"视图中，一般在水平方向和垂直方向都显示网格线，网格线采用银色，背景采用白色。但是，用户可以改变单元格的显示效果，也可以选择网格线的显示方式和颜色，表格的背景颜色等。设置数据表格式的操作步骤如下：

- 在"数据库"窗口的"表"对象下，双击要打开的表。
- 选择"格式"菜单中的"数据表"命令，在该对话框中，用户可以根据需要选择所需的项目。最后单击"确定"按钮。

例如，如果要去掉水平方向的网格线，可以取消"网格线显示方式"选项区域中的"水平方向"复选框。如果要将背景颜色变为"蓝色"，单击"背景颜色"下拉列表框中的右侧下三角按钮，并从弹出的下拉列表框中选择"蓝色"选项。如果要使单元格在显示时具有"凸起"效果，可以在"单元格效果"选项区域中选中"凸起"单选按钮，当选择了"凸起"或"凹陷"单选按钮后，不能再对其他选项进行设置。

⑥ 改变字体显示

为了使数据的显示美观清晰、醒目突出，用户可以改变数据表中数据的字体、字形和字号。

6．操作表

一般情况下，在用户创建了数据库和表以后，都需要对它们进行必要的操作。例如，查找或替换指定的文本、排列表中的数据、筛选符合指定条件的记录等。实际上，这些操作在 Access 的"数据表"视图中非常容易完成。为了使用户能够了解在数据库中操作表中数据的方法，本节将介绍在表中查找数据、替换指定的文本、改变记录的显示顺序以及筛选指定条件的记录。

（1）查找数据

在操作数据库表时，如果表中存放的数据非常多，那么当用户想查找某一数据时就比较困难。

在 Access 中，查找或替换所需数据的方法有很多，不论是查找特定的数值、一条记录，还是一组记录，可以通过滚动数据表或窗体，也可以在"记录编号"文本框中输入记录编号来查找记录。

使用"查找"对话框，可以寻找特定记录或查找字段中的某些值。在 Access 找到要查找的项目时，可以在找到的各条记录间浏览。

在"查找和替换"对话框中，可以使用通配符，参见表 6-10。

表 6-10　通配符的用法

字　　符	用　　法	示　　例
*	与任何个数的字符匹配，它可以在字符串中，当做第一个或最后一个字符使用	wh*可以找到 what、white 和 why
?	与任何单个字母的字符匹配	b?ll 可以找到 ball、bell 和 bill
[]	与方括号内任何单个字符匹配	b[ae]ll 可以找到 ball 和 bell，但找不到 bill
!	匹配任何不在括号之内的字符	b[!ae]ll 可以找到 bill 和 bull，但找不到 bell
-	与范围内的任何一个字符匹配。必须以递增排序次序来指定区域（A 到 Z，而不是 Z 到 A）	b[a-c]d 可以找到 bad、bbd 和 bcd
#	与任何单个数字字符匹配	1#3 可以找到 103、113、123

注意：

（1）通配符是专门用在文本数据类型中的，虽然有时候也可以成功地使用在其他数据类型中。

（2）在使用通配符搜索星号（*）、问号（？）、数字号码（#）、左方括号（[）或减号（-）时，必须将搜索的项目放在方括号内。例如：搜索问号，请在"查找"对话框中输入"[?]"符号。如果同时搜索减号和其他单词时，请在方括号内将减号放置在所有字符之前或之后（但是，如果有惊叹号（!），请在方括号内将减号放置在惊叹号之后）。如果在搜索惊叹号（!）或右方括号（]）时，不需要将其放在方括号内。

（3）必须将左、右方括号放在下一层方括号中（[[]]），才能同时搜索一对左、右方括号（[]），否则 Access 会将这种组合作为一个空字符串处理。

（2）替换数据

可以将出现的全部指定内容一起查找出来，或一次查找一个。如果要查找 Null 值和空字符串，必须使用"查找"对话框来查找这些内容，并亲自一一地替换它们。

① 在"窗体"视图或"数据表"视图中，选择要搜索的字段，除非要搜索所有字段（搜索单一字段比搜索整个数据表或窗体快）。

② 选择"编辑"菜单中的"替换"命令。

③ 请在"查找内容"文本框中输入要查找的内容，然后在"替换为"文本框中输入要替换成的内容。

如果不完全知道要查找的内容，可以在"查找内容"文本框中使用通配符来指定要查找的内容。

① 在"查找和替换"对话框中，设置想用的任何其他的选项。

② 如果要一次替换出现的全部指定内容，单击"全部替换"按钮。

③ 如果要一次替换一个，单击"查找下一个"按钮，然后再单击"替换"按钮；如果要跳过下一个并继续查找出现的内容，单击"查找下一个"按钮。

（3）排序记录

排序记录时，不同的字段类型，排序规则有所不同，具体规则如下：

① 英文按字母顺序排序，大小写视为相同，升序时按 A 到 Z 排列，降序时按 Z 到 A 排列。

② 中文按拼音的顺序排序，升序时按 A 到 Z 排列，降序时按 Z 到 A 排列。

③ 数字按数字的大小排序，升序时从小到大排列，降序按从大到小排列。

④ 使用升序排序日期和时间，是指由较前的时间到较后的时间；使用降序排序时，则是指由较后的时间到较前的时间。

排序时，要注意的事项如下：

① 在"文本"字段中保存的数字将作为字符串而不是数值来排序。因此，如果要以数值的顺序来排序，必须在较短的数字前面加上零，使得全部文本字符串具有相同的长度。例如：要以升序来排序以下的文本字符串"1"、"2"、"11"、"22"，其结果将是"1"、"11"、"2"、"22"。必须在仅有一位数的字符串前面加上零，才能正确地排序："01"、"02"、"11"、"22"。对于不包含 Null 值的字段，另一个解决方案是使用 Val 函数来排序字符串的数值。例如：如果"年龄"字段列是包含数值的"文本"字段，在"字段"单元格指定 Val（[年龄]），并且在"排序"单元格指定排序次序后，才会以正确的顺序来放置记录。如果只在"文本"字段之中保存数字或日期，可以考虑将表的数据类型更改为数字、货币或日期/时间。这样在对此字段排序时，

数字或日期将会以数值或日期的顺序来排序，而不需要加入前面的零。

②　在以升序来排序字段时，任何含有空字段（包含 Null 值）的记录将列在列表中的第一条。如果字段中同时包含 Null 值和空字符串，包含 Null 值的字段将在第一条显示，紧接着是空字符串。

（4）筛选记录

Access 中，可以使用 4 种方法筛选记录："按选定内容筛选"、"按窗体筛选"、"输入筛选目标"以及"高级筛选/排序"。表、查询或窗体筛选方法的比较参见表 6-11。

表 6-11　表、查询或窗体筛选方法的比较

筛选目的	"按选定内容筛选"	"按窗体筛选"和"输入筛选目标"	"高级筛选/排序"
搜索符合多个准则的记录	是（但是必须一次指定一个准则）	是（并且可以一次指定所有准则）	是（并且可以一次指定所有准则）
搜索符合一个准则或另一个准则的记录	否	是	是
允许输入表达式作为准则	否	是	是
按升序或降序排序记录	否（但是，在应用筛选后，可以单击工具栏上的"升序"按钮或"降序"按钮来排序所筛选的记录）	否（但是，在应用筛选后，可以单击工具栏上的"升序"按钮或"降序"按钮来排序所筛选的记录）	是（并且可以对某些字段按升序排序，而对其他字段则按降序排序）

任务二　利用 Access 进行数据分析

✉ 技能要点

- 能创建查询。
- 能掌握查询数据的方法。
- 会进行窗体的创建和基本设置。
- 会报表的建立和打印。

✉ 任务背景

"你的数据库我看了，"班主任说，"但是还是太简单，没有查询方法，没有窗体。"

窦文轩感觉班主任在说天书。

"好的，我再改改吧。"

熬夜又开始了。

✉ 任务分析

大家知道，当显示数据库表内容的时候，所有的记录是按输入时的顺序显示出来的，这种没有经过任何手动调整而存在的文件记录顺序被称为文件的"物理顺序"。这种顺序有时与现实世

界中人们的想法是不一致的，为了使用户能方便快捷地找到所想要的数据记录，Access 提供了"查询"功能，即向一个数据库表发出检索信息的请求，通过限定的条件提出满足条件的记录。

窗体是应用程序的用户界面，作为应用程序的输入输出接口。Access 提供的窗体为数据库信息的显示、输入和编辑提供了非常简便的方法，用户可以在设计好的窗体内进行操作，并可以按要求设计报表打印输出。

1. 读者知道如何使用关键字定义查询吗？

2. 读者知道如何使用窗体和报表的设计吗？

3. 读者知道如何把设计好的表输出吗？

⊠ 任务实施

步骤一：建立查询

1. 在设计视图中创建选择查询

（1）在数据库窗口中选择"查询"选项，如图 6-13 所示。单击"新建"按钮，弹出"新建查询"对话框，如图 6-14 所示。

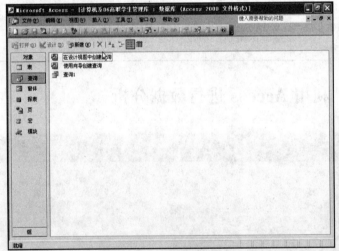

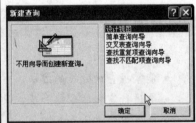

图 6-13　选择查询选项　　　　　　　　图 6-14　新建查询

选择"设计视图"选项，单击"确定"按钮，弹出"显示表"对话框，如图 6-15 所示。

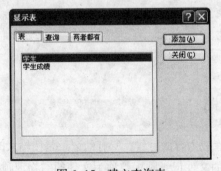

图 6-15　建立查询表

（2）选择其中的"学生"选项，单击"添加"按钮，窗口如图 6-16 所示。

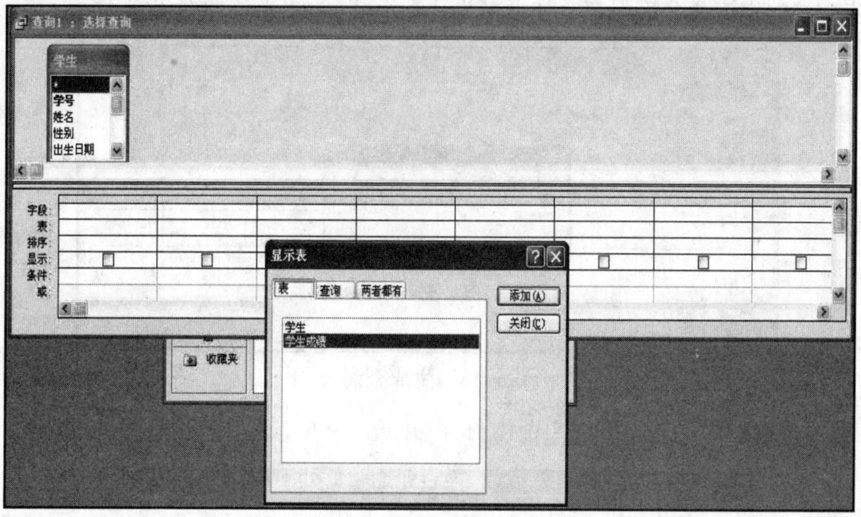

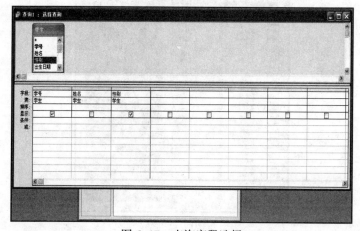

图 6-16　查询关联项

则窗口上半部分出现"学生"的全部字段。

（3）确定所需的数据源后，单击"显示表"对话框中的"关闭"按钮，关闭"显示表"对话框。该窗口包含两部分，上面部分列出了查询的字段来源和各表之间的关系，下面部分为设计网格，包含字段的一些属性。

在查询设计窗口中，选择要对记录进行查询的字段；单击该行右边的下三角按钮，从下拉列表框中选择所需的排序顺序或条件；要对多个列进行排序，可重复以上步骤。

选择准则

（1）在查询设计窗口中，单击相应字段的"准则"行。

（2）在该列中输入准则。

（3）对需要指定选择准则的其他字段重复步骤（2）。

如在设计网格窗口"字段"行选择要查询的字段。在第一列的字段中选择"学号"，第二列选择"姓名"，第三列选择"专业"，目的是要查询对应学号的学生的姓名、专业，如图 6-17 所示。

图 6-17　查询字段选择

（4）操作完毕后，单击工具栏中的"保存"按钮 🔲 进行保存，此时弹出"另存为"对话框，给以上各步建立的查询命名后保存。如命名为"查询2"，如图6-18所示。

图6-18 生成查询表

（5）单击"确定"按钮，关闭当前窗口，如图6-19所示。

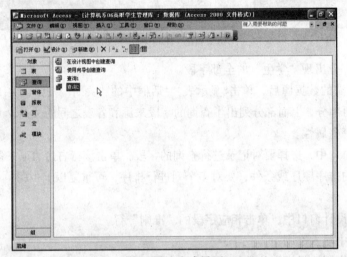

图6-19 生成界面

双击"查询2"，弹出查询2窗口并显示查询结果，如图6-20所示。

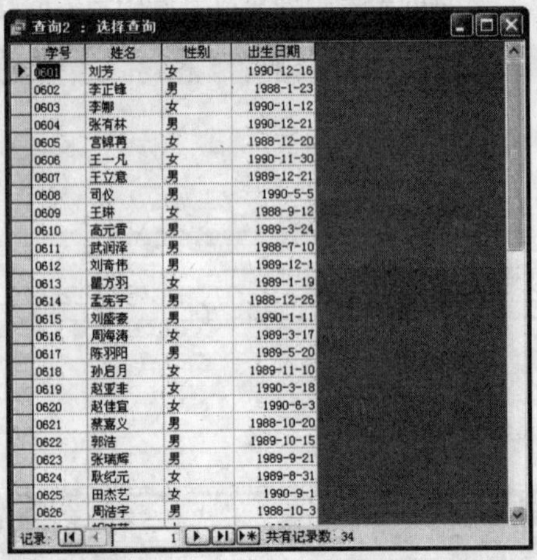

图6-20 查询结果

2．利用向导创建选择查询

（1）在数据库窗口中选择"查询"选项。

（2）单击"新建"按钮，弹出"新建查询"对话框。

（3）在"新建查询"对话框中选择"简单查询向导"选项，然后单击"确定"按钮，弹出第一个"简单查询向导"对话框，如图 6-21 所示。

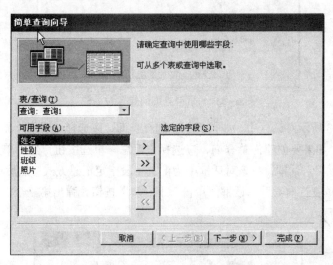

图 6-21　"简单查询向导"对话框

（4）在第一个"简单查询向导"对话框中，首先在"表/查询"下拉列表框中选择查询所涉及的表，然后在"可用字段"列表框中选择查询所涉及的字段并单击">"按钮，将选择的字段添加到"选定的字段"列表框中。单击">>"按钮将添加全部字段。在此选择"学生"，选择的字段为"学号"、"姓名"、"班级"，操作完后，如图 6-22 所示。

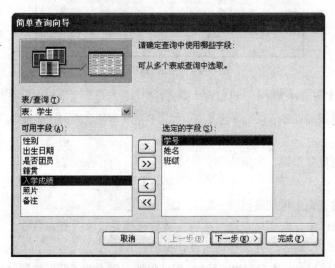

图 6-22　"简单查询向导"对话框

（5）单击"下一步"按钮，弹出第二个"简单查询向导"对话框，如图 6-23 所示。

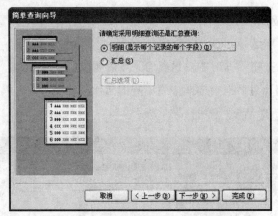

图 6-23　"简单查询向导"对话框

（6）在图 6-23 所示对话框中，如果要创建选择查询，应选择"明细（显示每个纪录的每个字段）"单选按钮。如果要创建汇总查询，应选择"汇总"单选按钮，然后单击"汇总选项"按钮，打开"汇总选项"对话框，在该对话框中为汇总字段指定汇总方式，然后单击"确定"按钮，返回到第二个"简单查询向导"对话框。单击"下一步"按钮，弹出第三个"简单查询向导"对话框，如图 6-24 所示。

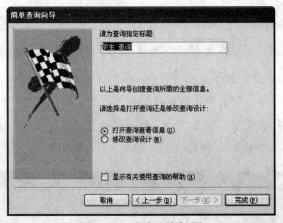

图 6-24　生成查询标题

（7）在图 6-24 所示对话框中，可以在"请为查询指定标题"文本框中为查询命名；如果要运行查询，应选择"打开查询查看信息"单选按钮；如果要进一步修改查询，应选择"修改查询设计"单选按钮。

（8）单击"完成"按钮，生成查询。

3. 修改查询

（1）向已有的查询中添加字段

① 在数据库窗口中，选择"查询"选项，然后选择要修改的查询名称。

② 单击"设计"按钮，打开该查询的设计视图。

③ 鼠标指向字段列表中所要添加的字段，按住鼠标左键不放将其拖动到设计网格相应位置上。

④ 修改之后，单击工具栏中的"保存"按钮，再关闭查询的设计视图窗口。

（2）删除查询中的字段

① 在数据库窗口中，选择"查询"选项，然后选择要修改的查询名称。

② 单击"设计"按钮，打开该查询的设计视图。

③ 在设计网格下，单击要删除字段列选定器（该列的顶部，当鼠标指针变成黑色的向下箭头时单击，即可选定一整列）。

④ 按【Del】键，或选择"编辑"菜单中的"删除"命令。

⑤ 修改之后，单击工具栏中的"保存"按钮，再关闭查询的设计视图窗口。

（3）在设计网格中移动字段

① 在数据库窗口中，选择"查询"选项，然后选择要移动的查询名称。

② 单击"设计"按钮，打开该查询的设计视图。

③ 在设计网格下，单击要移动字段的列选定器，选定该字段所在的列。

④ 按住鼠标左键不放将其拖到新的位置上。

⑤ 修改之后，单击工具栏中的"保存"按钮，再关闭查询的设计视图窗口。

（4）指定排序顺序

① 在数据库窗口中，选择"查询"选项，然后选择要排序的查询名称。

② 单击"设计"按钮，打开该查询的设计视图。

③ 如果要对多个字段排序，首先要安排好执行排序时字段的顺序，最先排序的字段排在最左边，然后是次排序的字段，最后排序的字段放在最右边。

④ 单击最先排序字段的"排序"单元格，再单击右边的下三角按钮，在下拉列表框中选择"升序"、"降序"或"不排序"选项。

⑤ 重复步骤④，为每个要排序的字段指定排序顺序。

⑥ 单击工具栏中的"视图"按钮，可以查看查询结果。

⑦ 单击工具栏中的"保存"按钮，再关闭查询的设计视图窗口

（5）在查询中更改字段名

① 在数据库窗口中，选择"查询"选项，然后选择要修改的查询名称。

② 单击"设计"按钮，打开该查询的设计视图。

③ 右击要更改的字段名，从弹出的快捷菜单中选择"属性"命令，在弹出的"字段属性"对话框（见图 6-25）的"标题"文本框中输入新的字段名。

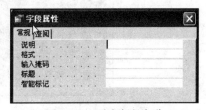

图 6-25　更改字段名称

步骤二：建立和使用窗体

1. 利用向导创建窗体

使用向导创建窗体时，向导会提示有关的记录源、字段、布局以及所需要的格式，然后根据收集到的信息来创建窗体。用户可以在"窗体"选项卡中单击"新建"按钮，从弹出的"新建窗体"对话框中选择"窗体向导"，然后根据提示一步一步地完成窗体的创建。最后单击"完成"按钮。

2. 在设计视图中创建窗体

在设计视图中创建窗体时，将从一个空白的窗体开始，然后将来源表或查询中的字段添加到

窗体上。在设计窗体的过程中，可以利用系统提供的设计工具箱在窗体中添加各种控件，如文本框、命令按钮、组合框等。

（1）进入设计视图

打开要创建窗体的数据库，在"对象"选项区域中选择"窗体"选项，再选择"在设计视图中创建窗体"选项，再单击该窗口的"新建"按钮，弹出"新建窗体"对话框，如图6-26所示。

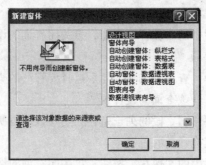

图6-26　新建窗体

（2）在数据的来源表或查询列表中选择与窗体关联的表或查询，选择"设计视图"选项，单击"确定"按钮，弹出空白窗体，进入设计视图，如图6-27所示。

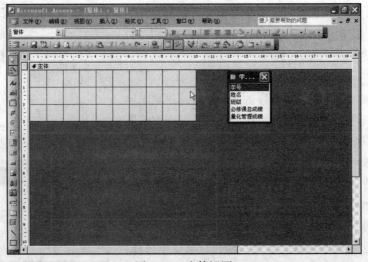

图6-27　窗体视图

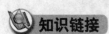 知识链接

1. 窗体控件工具箱

在窗体的设计过程中，使用最频繁的是控件工具箱。在窗体设计视图中，挑选合适的控件、将控件放在窗体工作区上、设置参数等步骤都要通过控件工具箱才能完成。首次进入窗体设计视图时，工具箱将出现在窗体设计视图中。如果未出现，选择"视图"菜单中的"工具箱"命令或单击窗体设计工具栏上的"工具箱"按钮即可打开工具箱，窗体控件工具箱共有20种不同功能的控件工具。

2．窗体和控件的属性窗口

设计窗体的大多数工作是在窗体或窗体控件的属性窗口中完成的，因此用户必须熟悉属性窗口的各个组成部分及其功能和设置方法。在窗体的设计视图中如果没有出现窗体的属性窗口，可以单击"窗体设计"工具栏上的"属性按钮 🔳"，即可出现窗体的属性窗口，如图 6-28 所示。

图 6-28 "窗体"的属性窗口

在窗体的属性窗口中，设置有 5 个选项卡，各选项卡的含义如下：

* "格式"：显示所选对象的布局格式属性。
* "数据"：显示所选对象如何显示和操作数据的方法。
* "事件"：显示所选对象的方法程序和事件过程。
* "其他"：显示与窗体相关的工具栏、菜单、帮助信息等属性。
* "全部"：显示所选对象的全部属性、事件和方法程序的名称。

（3）在窗体中使用控件

在窗体中添加选项组控件：

① 选项组的功能：选项组控件是窗体中常用的控件之一，使用选项组来显示一组限制性的选项值。选项组可以使选择值变得很简单，只要单击所需的值即可。

② 选项组的创建：在创建选项组控件时，只需要按照选项组向导提供的步骤进行简单的选取即可完成参数的设置。

在窗体中添加组合框控件：

① 组合框的功能：组合框控件也是窗体中常用的控件之一，组合框在使用时要把选择的内容列表显示出来，平时则将内容隐藏起来，不占窗体的显示空间。

② 组合框的创建：在窗体中添加组合框控件一般使用组合框向导完成。

在窗体中添加列表框控件：

① 列表框的功能：列表框是窗体中常用的控件之一，列表框能够将一些内容列出又供选择。

② 列表框的创建：在窗体中添加列表框控件一般使用列表框向导完成。

3．使用窗体

（1）在窗体中添加记录

① 在窗体视图中打开需要添加记录的窗体。

② 单击窗体下方记录浏览器中的"新记录"按钮 ▸⁕，屏幕上会显示一个空白窗体。

③ 在空白页的第一个字段处输入新的数据，然后按【Tab】键将插入点移到下一个字段，直到所有字段的数据输入完为止。

④ 要继续添加新记录，可以重复步骤②、③。

（2）在窗体中修改记录

① 在数据库窗口中，选择"窗体"选项。

② 选择要进行修改的窗体，然后单击"打开"按钮。

③ 在窗体的记录浏览器内输入要修改记录的记录号，也可以通过单击"上一记录"按钮或者"下一记录"按钮定位到需修改的记录上。

④ 对记录中的数据进行修改，按【Tab】键可以使插入点在不同的字段间移动。

（3）在窗体中删除记录

① 在数据库窗口中，选择"窗体"选项。

② 选择要进行删除的窗体，然后单击"打开"按钮。

③ 在窗体的记录浏览器内输入要删除记录的记录号，也可以通过单击"上一记录"按钮或者"下一记录"按钮定位到需删除的记录上。

④ 选择"编辑"菜单中的"删除记录"命令，或在工具栏上单击"删除记录"按钮。

⑤ 当出现确认删除记录提示框时，单击"是"按钮，确认记录删除操作。

步骤三：报表的创建使用和打印

1. 使用"自动报表"创建报表

（1）打开要创建报表的数据库，切换至"报表"选项卡，单击"新建"按钮，出现"新建报表"对话框。

（2）在"新建报表"对话框中选择"自动创建报表：纵栏式"选项，在选择报表数据来源的下拉列表框中选择作为报表数据源的表或查询，如图6-29所示。

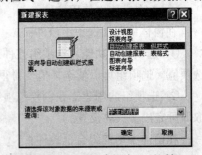

（3）单击"确定"按钮，Access 根据内部默认样式自动创建报表。

2. 使用"报表向导"创建报表

使用向导创建报表时，向导将提示输入有关的记录源、字段、版面以及所需要的格式，用户只需按照向导提供的步骤进行选取即可完成报表的创建。

图 6-29　"新建报表"对话框

3. 在设计视图中创建报表

（1）在数据库窗口中，选择"报表"选项。

（2）单击"新建"按钮，在出现的"新建报表"对话框中选择"设计视图"选项。

（3）如果用户要将已有表或查询中的字段作为新建报表的数据来源，可以在"请选择该对象数据的来源表或查询"下拉列表框中选择相应的表或查询，如图6-30所示。

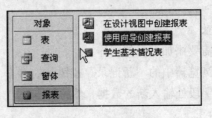

图 6-30　使用向导

（4）单击"确定"按钮，将创建一个空白报表，如图 6-31 所示。

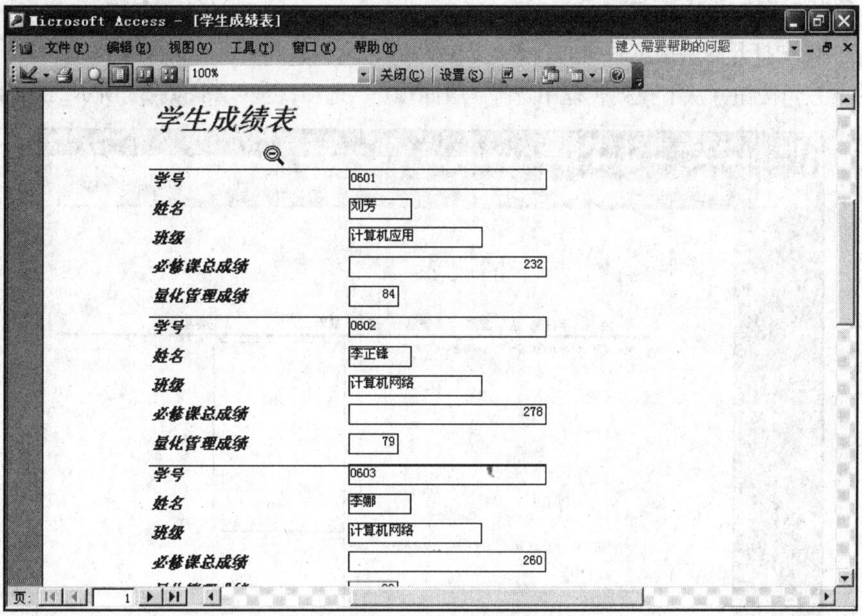

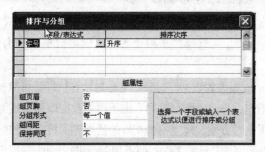

图 6-31　生成报表

（5）选择"视图"菜单中的"设计视图"命令，利用"工具箱"中提供的控件按钮向报表中添加所需的控件。

（6）单击工具栏中的"保存"按钮，保存刚创建的报表。

4．记录的排序

（1）在数据库窗口中，选择"报表"选项。

（2）选择要操作的报表，然后单击"设计"按钮，在设计视图中打开报表。

（3）单击工具栏中的"排序与分组"按钮，出现如图 6-32 所示的排序与分组窗口。

（4）单击"字段/表达式"列右边的下三角按钮，从下拉列表框中选择用于对记录排序的字段名称。

（5）单击"排序次序"列右边的下三角按钮，从中选择"升序"或"降序"选项。

（6）重复步骤（4）、（5），在排序与分组窗口中设置其他的字段及对应的排序次序。

（7）单击排序与分组窗口右上角的"关闭"按钮，返回到设计窗口中。

Access 最多可以按 10 个字段或表达式对记录进行排序；Access 默认的排序次序是"升序"。

图 6-32　排序与分组

5．打印报表

（1）预览报表的版面布局

在设计视图中打开需要预览版面的报表，进行版面预览。或者单击"报表设计"工具栏中"视图"按钮右边的下三角按钮并从下拉列表框中选择"版面预览"选项，进入如图 6-33 所示的版面预览窗口。

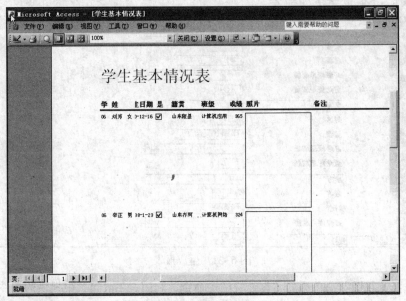

图 6-33　版面预览窗口

（2）以报表页的方式显示所有数据

① 在数据库窗口中选择"报表"选项。

② 单击要预览的报表名称。

③ 单击工具栏中的"预览"按钮，或者选择"文件"菜单中的"打印预览"命令，在打印预览窗口中显示报表的布局和数据。

（3）打印报表

在数据库窗口中选择报表，或者在设计视图、打印预览视图或版面预览视图中打开相应的报表，然后选择"文件"菜单中的"打印"命令，出现"打印"对话框。在"打印"对话框中根据需要设置打印参数，设置完毕后，单击"确定"按钮，打印机开始打印。

✉ 知识拓展

查询是从 Access 的数据表中检索数据的最主要方法；查询是收集一个或几个表中用户认为有用的数据的工具。在 Access 中，一旦生成了一个查询，就可以把它作为生成窗体、报表，甚至是生成另一个查询的基础。

Access 窗体是一种灵活性很强的数据库对象，它通过计算机屏幕将数据库中的表或查询中的数据显示给用户，并允许用户创建、修改或删除数据。由于很多数据库都不是给创建者自己使用的，所以还要考虑到别的使用者使用是否方便，建立一个友好的使用界面将会给他们带来很大的便利，让更多的使用者能根据窗口中的提示完成自己的工作，而不用专门进行培训。这是建立一个窗体的基本目标。

　　报表是一种 Access 数据库对象,它根据指定规则打印格式化和组织化的信息。报表中的大部分内容是从基础表、查询或 SQL 语句中获得的,它们都是报表的数据来源。报表中的其他信息则存储在报表的设计中。

　　用户可以将查询到的数据组成一个集合,这个集合中的字段可能来自同一个表,也可能来自多个不同的表,这个集合就可以称为查询。在 Access 2003 下窗体的数据来源可以是表或查询,用户可以根据多个表创建显示数据的窗体,也可以为同样的数据创建不同的窗体,可以在窗体中放置各种各样的控件,以构成用户与 Access 数据库交互的界面,从而完成显示、输入和编辑数据等处理任务。报表和窗体有许多共同之处,它们的数据来源都是基础表、查询或 SQL 语句,创建窗体时所用的控件基本上都可以在报表中使用,设计窗体时所用到各种控件操作同样可以在报表的设计过程中使用。报表与窗体的区别在于:在窗体中可以输入数据,在报表中则不能输入数据,报表的主要用途是按照指定的格式来打印输出数据。

实 验 指 导

一、实验目的

　　1. 掌握 Access 2003 数据库的设计、创建、打开和关闭的操作方法。

　　2. 掌握 Access 2003 数据表的操作。

　　3. 掌握数据库数据对象的基本操作。

二、实验内容

　　1. 建立"商品管理"数据库,包含商品表和商品调价表,并完成下列相应操作。

　　(1)"商品管理"数据库中两个表的字段参见表 6-12。

表 6-12　"商品管理"数据库中的表

表　　名	"商品"表	"商品调价"表
字段名	商店	商品名称
	商品名称	单价
	数量	
	单价	
	金额	

　　(2)设定表中字段的数据类型参见表 6-13。

表 6-13　Access 数据类型

字　段　名	数据类型	大　　小
商店	文本	50
商品名称	文本	50
数量	数值	
单价	数值	2 位小数
金额	数值	2 位小数

（3）表中具体数据参见表 6-14 和表 6-15。

表 6-14　商品表

商　店	商品名称	数　量	单价（元）	金额（元）
百盛	苹果汁	100	10.00	1 000.00
百盛	牛奶	50	40.00	2 000.00
百盛	番茄酱	30	15.00	450.00
家乐福	牛奶	120	40.00	4 800.00
家乐福	麻油	20	18.00	360.00
家乐福	酱油	40	25.00	1 000.00
家乐福	番茄酱	60	15.00	900.00
佳世客	番茄酱	30	15.00	450.00
佳世客	苹果汁	50	10.00	500.00
佳世客	麻油	10	18.00	180.00
利群	牛奶	200	40.00	8 000.00
利群	番茄酱	20	15.00	300.00

表 6-15　商品调价表

商品名称	单价（元）
牛奶	35.00
苹果汁	12.00

注意："数字"、"日期/时间"、"货币"以及"是/否"，这些数据类型提供预先预定义好的显示格式。可以从每一个数据类型可用的格式中选择所需的格式来设置"格式"属性；也可以为所有的数据类型创建自定义显示格式，但"OLE 对象"数据类型除外。

（4）将"商品"表的"商品名称"字段设置为主键；将"商品调价"表的"商品名称"字段设置为主键。

（5）为表建立索引。

（6）建立表之间的关系。

（7）练习记录的基本操作，包括添加、编辑、删除、查找和替换记录等。

（8）使用设计器创建一个选择查询，从"商品管理"数据库的"商品"表中检索出所有牛奶的记录，要求显示"商店"、"商品名称"、"数量"、"单价"、"金额"字段。

（9）使用设计器创建一个选择查询，从"商品管理"数据库中"商品"表内检索出所有商店是"家乐福"的"番茄酱"记录。

（10）创建一个更新查询，用于查找商品名称是"牛奶"的记录，并对该记录的单价进行调整。

（11）使用窗体向导创建多表分层窗体，其中主窗体用于显示商品资料，子窗体包含在主窗体中，用于显示相应的商品调价内容。

（12）在设计视图中创建一个窗体，以该窗体作为主窗体，用于显示"商品"表中的数据，然后在窗体上创建控件，并调整它们的布局方式。

（13）使用"自动报表"功能在"商品管理"数据库中创建一个报表"商品报表"，用于输出"商品"表中的所有字段和记录。

（14）在设计视图中打开"商品报表"，练习修改报表的操作。

2. 建立一个数据库"教师教学信息"，并完成以下操作。

（1）建立系（部）表、教师情况一览表、教师任课表，并输入任意数据，参见表6-16。

表6-16　建立数据库

表　　名	系（部）表	教师情况一览表	教师任课表
字段名	系（部）ID	教师 ID	课程 ID
	系（部）名称	教师姓名	课程名称
	系（部）编号	出生年月	系（部）ID
		性别	教师 ID
		职称	学分
		工资	学时
		系（部）ID	考试类型

（2）创建主键：系（部）表中设置"系（部）ID"；教师情况一览表中设置"教师 ID"；教师任课表中设置"课程 ID"。

（3）创建表间关系："教师情况一览表"与"教师任课表"之间建立一对多的关系；"教师任课表"与"系（部）表"之间建立一对多关系；"教师情况一览表"与"系（部）表"之间建立一对多的关系。

（4）根据输入的记录数据联系表结构修改、记录内容编辑、查找、定位等操作。

（5）用"选择查询"创建"教师情况查询"：选择"教师 ID"、"教师姓名"、"出生年月"和"工资"4个字段，并以"出生年月"降序排列。

（6）创建"更新"查询：查询工资低于 1 000 的教师信息，并将他们的工资增加 100。

（7）以"教师情况一览表"为数据源，创建表格式"教师情况一览表"窗体。

（8）以"教师任课表"为数据源，使用"窗体向导"创建"教师任课表"窗体，并将窗体布局设为"数据表"，窗体样式设为"国际"。

（9）使用"自动报表"功能以"教师情况一览表"为数据源创建一个报表"教师情况报表"，包含全部字段和记录。

（10）在"教师情况报表"中，按"系（部）ID"降序排列记录。

习　题

一、填空

1. 数据库能够把大量数据按一定的结构进行存储，_____，实现数据共享。

2. 表由若干记录组成，每一行称为一个"_____"，对应着一个真实对象的每一列称为一个"字段"。

3. 查询用于在一个或多个表内查找某些特定的_____，完成数据的检索、定位和计算的功能，以供用户查看。

4. _____是数据库中用户和应用程序之间的主要界面，用户对数据库的任何操作都可以通过它来完成。

5. 创建 Access 数据库，可以（1）_____创建数据库，（2）用_____创建数据库等。

6. 如果在创建表中建立字段"姓名"，其数据类型应当是_____。

7. 如果在创建表中建立字段"基本工资额"，其数据类型应当是_____。

8. 在人事数据库中，建表记录人员简历，建立字段"简历"，其数据类型应当是_____。

9. 将表中的字段定义为"_____"，其作用是保证字段中的每一个值都必须是唯一的（即不能重复）便于索引，并且该字段也会成为默认的排序依据。

10. 在 Access 中，表间的关系有"_____"、"一对多"及"多对多"。

11. 数据库是一个关于某一_____的信息集合。

12. 数据库能够把大量数据按一定的结构进行存储，集中管理和统一使用，_____。

13. 窗体是数据库中用户和应用程序之间的_____，用户对数据库的任何操作都可以通过它来完成。

14. 内部计算函数"SUM"的意思是对所在字段内所有的值_____。

15. 将"Microsoft FoxPro"中"工资表"的数据，用 Access 建立的"工资库"中查询进行计算，需要将"Microsoft FoxPro"中的表链接到"工资库"中，建立_____；或者导入到"工资库"中，将数据复制到新表中。

16. 数据库是一个关于某一特定主题或目标的_____。

17. 查询用于在一个或多个表内查找某些特定的数据，完成数据的检索，_____和计算的功能，供用户查看。

18. 窗体是数据库中用户和应用程序之间的主要界面，用户对数据库的_____都可以通过窗体来完成。

19. 报表是以_____的格式显示用户数据的一种有效的方式。

20. 将不需要的记录隐藏起来，只显示出用户想要看的记录，使用的是 Access 中对表或查询或窗体中的记录的_____功能。

21. 内部计算函数"GROUP BY"的意思是对要进行计算的字段分组，将_____的记录统计为一组。

22. 内部计算函数"_____"的意思是设定选择记录的条件。

23. 将表"学生名单"创建新表"学生名单 2"，所使用的查询方式是_____。

24. 将表"学生名单"的记录删除，所使用的查询方式是_____。

二、选择题

1. 用于基本数据运算的是（   ）。
   A. 表   B. 查询   C. 窗体   D. 宏

2. 在 Access 数据库中，专用于打印的是（   ）。
   A. 表   B. 查询   C. 报表   D. 页

3. 在 Access 数据库中，对数据表进行统计的是（   ）。
   A. 汇总查询   B. 动作查询   C. 选择查询   D. 删除查询

4. 在 Access 数据库中，对数据表求列平均值的是（   ）。
   A. 汇总查询   B. 动作查询   C. 选择查询   D. 追加查询

5. 在 Access 数据库中，对数据表进行删除的是（　　　）。

　　A. 汇总查询　　　　B. 动作查询　　　　C. 选择查询　　　　D. SQL 查询

6. 在 Access 数据库中，从数据表找到符合特定准则的数据信息的是（　　　）。

　　A. 汇总查询　　　　B. 动作查询　　　　C. 选择查询　　　　D. SQL 查询

7. 如果在创建表中建立字段"简历"，其数据类型应当是（　　　）。

　　A. 文本　　　　　　B. 数字　　　　　　C. 日期　　　　　　D. 备注

8. 在 SQL 查询 GROUP BY 语句用于（　　　）。

　　A. 选择行条件　　　B. 对查询进行排序　　C. 列表　　　　　　D. 分组条件

9. 在已经建立的"工资库"中，要在表中直接显示出用户想要看的记录，凡是姓"李"的记录，
　　可用（　　　）的方法。

　　A. 排序　　　　　　B. 筛选　　　　　　C. 隐藏　　　　　　D. 冻结

10. 在已经建立的"工资库"中，要在表中使某些字段不移动显示位置，可用（　　　）的方法。

　　A. 排序　　　　　　B. 筛选　　　　　　C. 隐藏　　　　　　D. 冻结

11. 内部计算函数"SUM"的意思是求所在字段内所有的值的（　　　）。

　　A. 和　　　　　　　B. 平均值　　　　　C. 最小值　　　　　D. 第一个值

12. 内部计算函数"AVERAGE"的意思是求所在字段内所有的值的（　　　）。

　　A. 和　　　　　　　B. 平均值　　　　　C. 最小值　　　　　D. 第一个值

13. 条件语句"Where 工资额>1000"的意思是（　　　）。

　　A. "工资额"中大于 1 000 元的记录

　　B. 将"工资额"中大于 1 000 元的记录删除

　　C. 拷贝字段"工资额"中大于 1 000 元的记录

　　D. 将字段"工资额"中大于 1 000 元的记录进行替换

14. 条件中"性别="女"and 工资额>2000"的意思是（　　　）。

　　A. 性别为"女"并且工资额大于 2 000 的记录

　　B. 性别为"女"或者且工资额大于 2 000 的记录

　　C. 性别为"女"并非工资额大于 2 000 的记录

　　D. 性别为"女"或者工资额大于 2 000，且二者中选一的记录

15. 条件"not 工资额>2000"的意思是（　　　）。

　　A. 除了工资额大于 2 000 之外的工资额的记录

　　B. 工资额大于 2 000 的记录

　　C. 并非工资额大于 2 000 的记录

　　D. 字段工资额大于 2 000，且二者择一的记录

16. 用表"学生名单"创建新表"学生名单 2"，所使用的查询方式是（　　　）。

　　A. 删除查询　　　　B. 生成表查询　　　C. 追加查询　　　　D. 交叉表查询

17. Access 数据库是（　　　）。

　　A. 层状数据库　　　B. 网状数据库　　　C. 关系型数据库　　D. 树状数据库

18. 数据表中的"列标题的名称"叫做（　　　）。

　　A. 字段　　　　　　B. 数据　　　　　　C. 记录　　　　　　D. 数据视图

19. 在 Access 的下列数据类型中，不能建立索引的数据类型是（　　）。
    A. 文本型　　　　B. 备注型　　　　　C. 数字型　　　　　D. 日期时间型

20. 在数据表视图中，不可以（　　）。
    A. 修改字段的类型　　　　　　　　B. 修改字段的名称
    C. 删除一个字段　　　　　　　　　D. 删除一条记录

21. 用于记录基本数据的是（　　）。
    A. 表　　　　　B. 查询　　　　　　C. 窗体　　　　　　D. 宏

22. 筛选的结果是滤除（　　）。
    A. 不满足条件的记录　　　　　　　B. 满足条件的记录
    C. 不满足条件的字段　　　　　　　D. 满足条件的字段

23. 用界面形式操作数据的是（　　）。
    A. 表　　　　　B. 查询　　　　　　C. 窗体　　　　　　D. 宏

24. 在 Access 数据库中，对数据表进行列求和的是（　　）。
    A. 汇总查询　　　B. 动作查询　　　C. 选择查询　　　　D. SQL 查询

25. 在 Access 数据库中，对数据表求记录数的是（　　）。
    A. 汇总查询　　　B. 动作查询　　　C. 选择查询　　　　D. SQL 查询

26. 在 Access 数据库中，对数据表进行生成的是（　　）。
    A. 汇总查询　　　B. 动作查询　　　C. 选择查询　　　　D. SQL 查询

27. 如果在创建表中建立字段"姓名"，其数据类型应当是（　　）。
    A. 文本　　　　　B. 数字　　　　　　C. 日期　　　　　　D. 备注

28. 如果在创建表中建立字段"简历"，其数据类型应当是（　　）。
    A.文本　　　　　B. 数字　　　　　　C. 日期　　　　　　D. 备注

29. 如果在创建表中建立字段"时间"，其数据类型应当是（　　）。
    A. 文本　　　　　B. 数字　　　　　　C. 日期　　　　　　D. 备注

30. 在 Access 中，将"名单表"中的字段"姓名"与"工资标准表"中的字段"姓名"建立关系，
    且两个表中的记录都是唯一的，则这两个表之间的关系是（　　）。
    A. 一对一　　　　B. 一对多　　　　　C. 多对一　　　　　D. 多对多

31. 在已经建立的"工资库"中，要从表中找出我们想要看的记录，凡是"工资额>1000"的记
    录，可用（　　）的方法.
    A. 查询　　　　　B. 筛选　　　　　　C. 隐藏　　　　　　D. 冻结

32. 在已经建立的"工资库"中，要在表中不显示某些字段，可用（　　）。的方法.
    A. 排序　　　　　B. 筛选　　　　　　C. 隐藏　　　　　　D. 冻结

33. 不将"Microsoft FoxPro"建立的"工资表"的数据复制到 Access 建立的"工资库"中，仅用
    Access 建立的"工资库"的查询进行计算，最方便的方法是（　　）。
    A. 建立导入表　　B. 建立链接表　　　C. 从新建立新表并输入数据 D. 无

34. 内部计算函数"MIN"的意思是求所在字段内所有的值的（　　）。
    A. 和　　　　　　B. 平均值　　　　　C. 最小值　　　　　D. 第一个值

35. 内部计算函数 "FIRST" 的意思是求所在字段内所有的值的（　　　）。
    A. 和　　　　　　　　B. 平均值　　　　　　　C. 最小值　　　　　　　D. 第一个值

36. 条件语句 "Where"性别"="男"" 在查询中的意思是（　　　）。
    A. 将字段 "性别" 中的 "男" 性记录显示出来
    B. 将字段 "性别" 中的 "男" 性记录删除
    C. 复制字段 "性别" 中的 "男" 性记录
    D. 将字段 "性别" 中的 "男" 性记录进行替换

37. 条件中 "Between 70 and 90" 的意思是（　　　）。
    A. 数值 70 到 90 之间的数字
    B. 数值 70 和 90 这两个数字
    C. 数值 70 和 90 这两个数字之外的数字
    D. 数值 70 和 90 包含这两个数字，并且除此之外的数字

38. 条件 "性别="女"or 工资额>2000" 的意思是（　　　）。
    A. 性别为 "女" 并且工资额大于 2 000 的记录
    B. .性别为 "女" 或者工资额大于 2 000 的记录
    C. 性别为 "女" 并非工资额大于 2 000 的记录
    D. 性别为 "女" 或者工资额大于 2 000，且二者择一的记录

39. 将表 "学生名单 2" 的记录复制到表 "学生名单 1" 中，且不删除表 "学生名单 1" 中的记录，所使用的查询方式是（　　　）。
    A. 删除查询　　　　　B. 生成表查询　　　　　C. 追加查询　　　　　D. 交叉表查询

41. 在 Access 数据库中，对数据表进行列求和的是（　　　）。
    A. 汇总查询　　　　　B. 动作查询　　　　　　C. 选择查询　　　　　D. SQL 查询

42. "切换面板" 属于（　　　）。
    A. 表　　　　　　　　B.查询　　　　　　　　C. 窗体　　　　　　　　D. 页

43. 如果在创建表中建立字段 "基本工资额"，其数据类型应当是（　　　）。
    A. 文本　　　　　　　B. 数字　　　　　　　　C. 日期　　　　　　　　D. 备注

44. 在 Access 中，将 "工资一月表"、"工资二月表" ……中的字段 "姓名" 与 "名单表" 中的字段 "姓名" 建立关系，且各个月的工资表的记录都是唯一的，名单表的记录也是唯一的，则各个表与名单表建立的关系是（　　　）。
    A. 一对一　　　　　　B. 一对多　　　　　　　C. 多对一　　　　　　　D. 多对多

45. 在已经建立的 "工资库" 中，要在表中直接显示出用户想要看的记录，凡是记录时间为 "2003 年 4 月 8 日" 的记录，可用（　　　）的方法。
    A. 排序　　　　　　　B. 筛选　　　　　　　　C. 隐藏　　　　　　　　D. 冻结

46. 在已经建立的 "工资库" 中，要从表中找出用户想要看的记录，凡是 "工资额>2 000" 的记录，可用（　　　）的方法。
    A. 查询　　　　　　　B. 筛选　　　　　　　　C. 隐藏　　　　　　　　D. 冻结

47. Access 中表和数据库的关系是：（　　　）。
    A. 一个数据库可以包含多个表　　　　　　　　B. 一个表只能包含两个数据库

C. 一个表可以包含多个数据库　　　　　　D. 一个数据库只能包含一个表

48. 下面对数据表的叙述有错误的是：（　　　）。

A. 数据表是 Access 数据库中的重要对象之一

B. 表的设计视图的主要工作是设计表的结构

C. 表的数据视图只用于显示数据

D. 可以将其他数据库的表导入到当前数据库中

49. 假设数据库中表 A 与表 B 建立了"一对多"关系，表 B 为"多"方，则下述说法正确的是（　　　）。

A. 表 A 中的一个记录能与表 B 中的多个记录匹配

B. 表 B 中的一个记录能与表 A 中的多个记录匹配

C. 表 A 中的一个字段能与表 B 中的多个字段匹配

D. 表 B 中的一个字段能与表 A 中的多个字段匹配

50. 数据表中的"行"叫做（　　　）。

A. 字段　　　　　　B. 数据　　　　　　C. 记录　　　　　　D. 数据视图

51. 用于基本数据运算的是（　　　）。

A. 表　　　　　　B. 查询　　　　　　C. 窗体　　　　　　D. 宏

52. 如果在创建表中建立字段"性别"，并要求用汉字表示，其数据类型应当是（　　　）。

A. 文本　　　　　　B. 数字　　　　　　C. 是/否　　　　　　D. 备注

53. 将表中的字段定义为（　　　），其作用使字段中的每一个记录都必须是唯一的以便于索引。

A. 索引　　　　　　B. 主键　　　　　　C. 必填字段　　　　　　D. 有效性规则

54. Access 数据库依赖于（　　　）操作系统.

A. DOS　　　　　　B. Windows　　　　　　C. Unix　　　　　　D. UCDOS

55. 定义字段的默认值是指（　　　）。

A. 不得使字段为空

B. 不允许字段的值超出某个范围

C. 在未输入数值之前，系统自动提供数值

D. 系统自动把小写字母转换为大写字母

56. 数据表中的"英语精读"列名称，如果要更改为"英语一级"，它可在数据表视图中的（　　　）改动。

A. 总计　　　　　　B. 字段　　　　　　C. 准则　　　　　　D. 显示习题

第7章

计算机网络应用基础

任务一　创建小型的办公网络

- 能了解计算机网络的组成和发展历程。
- 能掌握计算机网络的分类方式。
- 能知道常用的计算机网络连接设备和传输介质。
- 能了解网络协议的概念。
- 能了解网络体系结构。
- 会制作直通、交叉网线。

"我听说你是一个电脑高手。"老板高兴地对窦文轩说。

"哪里，哪里，我只是粗通一二。"窦文轩很谦虚。

"呵呵，所以我准备交给你一项工作。"

"您请说。"

"你知道，我们办公室的计算机还没有联网，工作起来不是很方便啊，你把这5台计算机接起来吧。"

主任把"火热的芋头"扔了过来，窦文轩有点反应不过来。

"这……"

"怎么？"

"好……我……试试吧。"

"好，年轻人要喜欢挑战嘛！"

✉ 任务分析

1．认识计算机网络

（1）我们在日常学习和生活过程中接触过的网络，它们是因特网还是学校计算机房内部的网络？

（2）在所接触的计算机网络中，除了计算机和连接计算机的线路外，还有什么设备？它们是怎么连接的？

（3）本任务要解决的问题是通过网线和其他网络设备实现各计算机的互通互联。请考虑计算机是如何和网线连接的？

2．操作方法和步骤

（1）了解办公环境，确定网络的结构，准备相关的软硬件设备。

（2）完成网络布线和网卡的安装。

（3）配置网络组件。

（4）把需要连网的计算机加入到计算机组，完成网络的连接。

✉ 任务实施

步骤一：认识计算机网络，确定网络的结构

1．认识计算机网络

一般来说，将分散的多台计算机、终端和外部设备用通信线路连接起来，实现彼此间通信，且可以实现资源共享的整个体系叫做计算机网络，如图 7-1 所示。

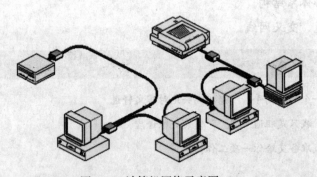

图 7-1　计算机网络示意图

从物理连接上讲，计算机网络由计算机系统、通信线路和网络节点组成。计算机系统进行各种数据处理，通信线路和网络节点提供通信功能。

一个完整的计算机网络必须具备以下 3 个要素：

（1）至少有两台具有独立操作系统的计算机系统。

（2）计算机之间要有通信手段将其互连（如用双绞线、电话线、同轴电缆或光纤等有线通信，也可以使用微波、卫星等无线媒体）。

（3）网络协议，一系列通信规则和约定，用以控制网络中设备之间进行信息交换。

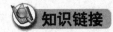
知识链接

1．计算机网络的发展历程

（1）以数据通信为主的第一代计算机网络

1954 年，美国军方的半自动地面防空系统将远距离的雷达和测控仪器所探测到的信息，通过通信线路汇集到某个基地的一台 IBM 计算机上进行集中的信息处理，再将处理好的数据通过通信线路送回到各自的终端设备。这种以单个计算机为中心、面向终端设备的网络结构，严格地讲，是一种联机系统，只是计算机网络的雏形，一般称之为第一代计算机网络。

（2）以资源共享为主的第二代计算机网络

美国国防部高级研究计划局（Advanced Research Projects Agency，ARPA）于 1968 年主持研制，次年将分散在不同地区的 4 台计算机连接起来，建成了 ARPA 网。ARPA 网的建成标志着计算机网络的发展进入了第二代，它也是 Internet 的前身。

第二代计算机网络是以分组交换网为中心的计算机网络，它与第一代计算机网络的区别在于：一是网络中通信双方都是具有自主处理能力的计算机，而不是终端机；二是计算机网络功能以资源共享为主，而不是以数据通信为主。

（3）体系结构标准化的第三代计算机网络

由于 ARPA 网的研制成功，到了 20 世纪 70 年代，不少公司推出了自己的网络体系结构。最著名的有 IBM 公司的 SNA（System Network Architecture）和 DEC 公司的 DNA（Digital Network Architecture）。随着社会的发展，需要各种不同体系结构的网络进行互连，但是由于不同体系的网络很难互连，因此，国际标准化组织（ISO）在 1977 年设立了一个分委员会，专门研究网络通信的体系结构，1983 年，该委员会提出的开放系统互连参考模型（OSI-RM）各层的协议被批准为国际标准，给网络的发展提供了一个可共同遵守的规则，从此计算机网络的发展走上了标准化的道路，因此把体系结构标准化的计算机网络称为第三代计算机网络。

（4）以 Internet 为核心的第四代计算机网络

进入 20 世纪 90 年代，Internet 的建立将分散在世界各地的计算机和各种网络连接起来，形成了覆盖世界的大网络。随着信息高速公路计划的提出和实施，Internet 迅速发展起来，它将当今世界带入了以网络为核心的信息时代。目前这阶段计算机网络发展特点呈现为：高速互连、智能与更广泛的应用。

2．计算机网络的功能

（1）数据通信（Communication Medium）

数据通信是计算机网络最基本的功能，用于实现计算机之间的信息传送。在计算机网络中，人们可以在网上收发电子邮件、发布新闻消息、进行电子商务、远程教育、远程医疗，传递文字、图像、声音、视频等。

（2）资源共享（Resource Sharing）

计算机资源主要是指计算机的硬件、软件和数据资源。资源共享功能是组建计算机网络的驱动力之一，使网络用户可以克服地理位置的差异性，共享网络中的计算机资源。共享硬件资源可以避免贵重硬件设备的重复购置，提高硬件设备的利用率；共享软件资源可以避免软件开发的重复劳动与大型软件的重复购置，进而实现分布式计算的目标；共享数据资源可以促进用户相互交流，达到充分利用信息资源的目的。

（3）分布式处理（Distribution Processing）

指在网络系统中若干台在结构上独立的计算机可以互相协作完成同一个任务的处理。在处理过程中，每台计算机独立承担各自的任务。

2．确定网络的结构

把网络中的计算机等设备抽象为点，把网络中的通信媒体抽象为线，这样就形成了由点和线组成的几何图形，即采用拓扑学方法抽象出的网络结构，我们称之为网络的拓扑结构。计算机网络按拓扑结构可分为总线型网络、星型网络、环型网络、树型网络和混合型网络等。

（1）星型有一个中心节点，其他节点与其构成点到点连接，如图7-2所示。

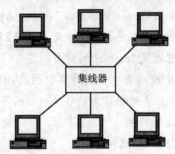

图7-2　星型拓扑结构

（2）树型由一个根节点、多个中间分支节点和叶子节点构成，如图7-3所示。

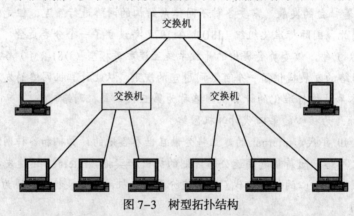

图7-3　树型拓扑结构

（3）总线型结构是所有节点连接到一条总线上，如图7-4所示。

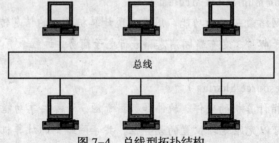

图7-4　总线型拓扑结构

（4）环型是所有节点连接成一个闭合的环，节点之间为点到点连接，如图7-5所示。

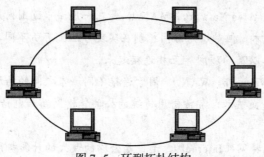

图 7-5　环型拓扑结构

（5）混合型结构是两种或两种以上拓扑结构的综合运用，如图 7-6 所示。

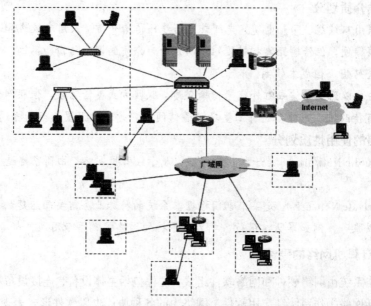

图 7-6　混合型拓扑结构

按网络的拓扑结构可分为以上 5 种，按网络中计算机彼此之间的关系又可分为两种：

对等网络，该网络中所有计算机都是平等的，每个用户自己决定计算机上的哪些资源在网络上共享，在网络上没有负责管理整个网络的网络管理员。

基于服务器的网络，该网络中一些计算机被指定用于为其他计算机提供服务，并设有负责整个网络管理的网络管理员。

本任务里要组建的办公网络只有 5 台计算机，且都处于同一物理位置上，通过对上述网络基础知识的了解，10 台以下计算机组网首先考虑采用对等网络。所以该办公网络的组建采用对等网络，构成星型网络结构。

知识链接　**计算机网络的其他分类方式**

1. 按网络的覆盖范围划分

局域网（Local Area Network，LAN），一般用计算机通过高速通信线路连接，覆盖范围从几百米到几公里，通常用于覆盖一个房间、一层楼或一座建筑物。

城域网（Metropolitan Area Network，MAN），是在一座城市范围内建立的计算机通信网，通常使用与局域网相似的技术，但对媒介访问控制在实现方法上有所不同，它一般可将同一城市内不同地点的主机、数据库以及局域网等互相连接起来。

广域网（Wide Area Network，WAN），用于连接不同城市之间的局域网或城域网，广域网的通信子网主要采用分组交换技术，常常借用传统的公共传输网（如电话网）。广域网可以覆盖一个地区或国家。

国际互联网，又叫因特网（Internet），是覆盖全球的最大的计算机网络，但实际上不是一种具体的网络技术，因特网将世界各地的广域网、局域网等互联起来，形成一个整体，实现全球范围内的数据通信和资源共享。

2. 按传输介质划分

有线网，采用双绞线、同轴电缆、光纤或电话线作传输介质。采用双绞线和同轴电缆组建的网络经济且安装简便，但传输距离相对较短。以光纤为介质的网络传输距离远，传输率高，抗干扰能力强，安全好用，但成本较高。

无线网，主要以无线电波或红外线为传输介质。联网方式灵活方便，但联网费用较高，可靠性和安全性还有待改进。另外，还有卫星数据通信网，它是通过卫星进行数据通信的。

3. 按网络的使用性质划分

公用网（Public Network），是一种付费网络，属于经营性网络，由商家建造并维护，消费者付费使用。

专用网（Private Network），是某个部门根据本系统的特殊业务需要而组建的网络，这种网络一般不对外提供服务。例如军队、银行、电力等系统的网络就属于专用网。

步骤二：确定计算机网络的硬件

计算机网络系统由网络硬件和网络软件组成。硬件包括主体设备、连接设备和传输介质3大部分；软件包括网络操作系统和应用软件，网络中的各种协议也以软件形式表现出来。

1. 网络的主体设备

计算机网络中的主体设备称为主机（Host），一般可分为中心站（又称为服务器）和工作站（客户机）两类。

（1）服务器是为网络提供共享资源的基本设备，在服务器上运行网络操作系统，是网络控制的核心。

（2）工作站是网络用户入网操作的节点，有自己的操作系统。用户既可以通过运行工作站上的网络软件共享网络上的公共资源，也可以不进入网络，单独工作。

2. 网络的连接设备

（1）网卡

网卡又叫网络适配器（NIC），是计算机网络中最重要的连接设备之一，一般插在机器内部的总线槽上，网线则接在网卡上，其外观如图7-7所示。

（2）集线器

集线器（HUB）是计算机网络中连接多台计算机或其他设备的连接设备，其外观如图7-8所示。

图 7-7 网卡　　　　　　　　　　　图 7-8 集线器

集线器主要提供信号放大和中转的功能。一个集线器上往往有 4 个、8 个或更多的端口，可使多个用户的计算机通过双绞线电缆与网络设备相连，形成带集线器的总线结构（通过集线器再连接成总线型拓扑或星型拓扑）。集线器上的端口彼此相互独立，不会因某一端口的故障影响其他用户。集线器只包含物理层协议。

（3）中继器

任何一种介质的有效传输距离都是有限的，电信号在介质中传输一段距离后会自然衰减并且附加一些噪声。中继器的作用就是为了放大电信号，提供电流以驱动长距离电缆，增加信号的有效传输距离。

（4）网桥

网桥是网络中的一种重要设备，它通过连接相互独立的网段从而扩大网络的最大传输距离。网桥是一种工作在数据链路层的存储-转发设备。

（5）路由器

路由器属于网间连接设备，它能够在复杂的网络环境中完成数据包的传送工作；它能够把数据包按照一条最优的路径发送至目的网络。路由器工作在网络层，并使用网络层地址（如 IP 地址等），其外观如图 7-9 所示

图 7-9 路由器

（6）交换机

交换机发展迅猛，基本取代了集线器和网桥，并增强了路由选择功能。交换和路由的主要区别在于交换发生在 OSI 参考模型的数据链路层，而路由发生在网络层。交换机的主要功能包括物理编址、错误校验、帧序列以及流控制等，其外观如图 7-10 所示。

图 7-10　交换机

3. 网络的传输介质

传输介质是网络中连接收发双方的物理通路，也是通信中实际传送信息的载体。通常，评价一种传输介质的性能指标主要包括以下内容：

（1）传输距离：数据的最大传输距离。

（2）抗干扰性：传输介质防止噪声干扰的能力。

（3）带宽：指信道所能传送的信号的频率宽度，也就是可传送信号的最高频率与最低频率之差。信道的带宽由传输介质、接口部件、传输协议以及传输信息的特性等因素所决定。它在一定程度上体现了信道的传输性能，是衡量传输系统的一个重要指标。通常，信道的带宽大，信道的容量也大，其传输速率相应也高。

（4）衰减性：信号在传输过程中会逐渐减弱。衰减越小，不加放大的传输距离就越长。

（5）性价比：性价比越高说明我们的投入越值，对于降低网络建设的整体成本很重要。

根据传输介质形态的不同，我们可以把传输介质分为有线传输介质和无线传输介质。

（1）有线传输介质

有线传输介质指用来传输电或光信号的导线或光纤。有线介质技术成熟，性能稳定，成本较低，是目前局域网中使用最多的介质。有线传输介质主要有双绞线、同轴电缆和光纤等。

① 双绞线

双绞线是把两条相互绝缘的铜导线绞合在一起。根据双绞线外是否有屏蔽层又可分为屏蔽双绞线和非屏蔽双绞线，用的较多的是非屏蔽双绞线。

屏蔽双绞线比非屏蔽双绞线增加了一层金属丝网，这层丝网的主要作用是增强其抗干扰性能，同时可以在一定程度上改善带宽特性，所以屏蔽双绞线性能更好一些，但价格稍高。双绞线结构如图 7-11 所示。

图 7-11　双绞线结构

双绞线用于 10/100 Mbit/s 局域网时，使用距离最大为 100m。由于价格较低，因此被广泛使用。在局域网中常用 4 对双绞线，即 4 对绞合线封装在一根塑料保护软管里，其外观如图 7-12 所示。

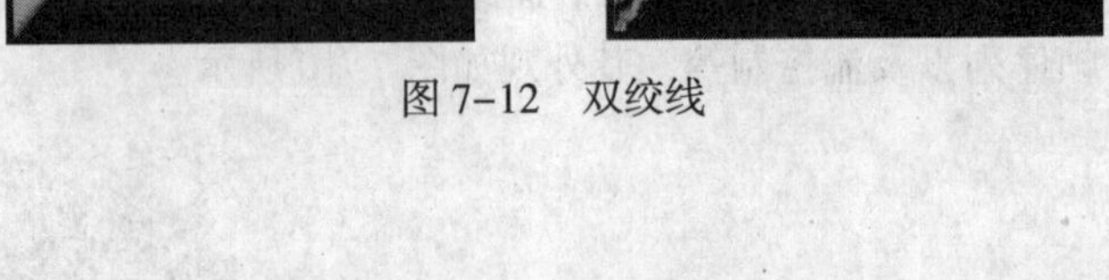

图 7-12　双绞线

② 同轴电缆

同轴电缆由内导体铜芯、绝缘层、网状编织的外导体屏蔽层以及塑料保护层组成。由于屏蔽层的作用，同轴电缆有较好的抗干扰能力，其外观如图 7-13 所示。

③ 光纤

光纤是由非常透明的石英玻璃拉成细丝做成的，信号传播利用了光的全反射原理，其外观如图 7-14 所示。

图 7-13 同轴电缆   图 7-14 光纤

光纤与其他传输介质相比，有以下优点：

- 带宽高，目前可以达到 100 Mbit/s～2 Gbit/s。
- 传输损耗小，中继距离长。无中继器的情况下，多模光纤可传输几千米。单模光纤传输距离更远，可达几十千米。
- 无串音干扰，且保密性好。
- 抗干扰能力强。由于光纤中传输的是光信号，所以不但不受其他电磁信号的干扰，也不会干扰其他通信系统。
- 体积小，重量轻。

连接光纤需要专用设备，成本较高，并且安装、连接难度大，这是它的缺点。

（2）无线传输

无线传输的主要形式有无线电频率通信、红外通信、微波通信和卫星通信等。

本任务里采用对等网络，将所有的计算机通过网线连接到网络集线器（HUB）的中心部件，网络集线器作为整个网络的通信中心，构成星型网络结构。

步骤三：准备工作

1. 集线器，要求有足够的端口连接所有的计算机。
2. 带有网卡的计算机，要求计算机上安装的操作系统是 Windows 2000 或 Windows XP。
3. 其他外部设备，如打印机、传真机等。
4. 工具及连接配件，如双绞线、RJ-45 接头、网线钳、不干胶贴、布线槽及固定网线的 U 形钉等。

步骤四：布线

布线工作要有很好的计划，要充分考虑建筑的结构、所用电缆弯曲半径、信号衰减、特性阻抗、近端串音等。

1. 将集线器放置在离办公室所有计算机都比较近的地方。

2. 连接计算机和集线器的网线应该足够长（但最长不能超过 100 m），并放置在电缆槽内。建设每台计算机连接的网线两端标明编号，以便了解计算机与集线器的对应关系。

提示： 对于大型的网络系统的综合布线要考虑水平布线、垂直布线、电缆技术条件等诸多方面。综合布线系统是有章可循的，在国际上有 ISO/IEC11801 规范；北美有 ANSI/EIA/TIA568A 规范；欧洲地区有 EN50173 规范；施工安装有 EIA/TIA 569 规范；测试有非屏蔽双绞线敷设系统现场测试传送性能规范 ANSI/TIA/EIA PN3287 即 TSB—67 等。

步骤五：双绞线网线的制作

对等网络利用直通网线连接计算机和集线器。直通网线具体制作过程如下：

1. 剥线：先用网线钳把双绞线的一端剪齐，然后用网线钳划开并剥去双绞线的保护胶皮，即可见到双绞线的棕/棕白、橙/橙白、绿/绿白、蓝/蓝白四对 8 条芯线。

2. 理线：把 4 对芯线按标准的 568B：橙白—1 橙—2 绿白—3 蓝—4 蓝白—5 绿—6 棕白—7 棕—8 线序一字并排排列，把每条芯线拉直，再用网线钳垂直于芯线排列方向剪齐。

3. 插线：然后把剪齐、并列排列的 8 条芯线对准水晶头开口并排插入到水晶头的底部，每条导线都应插到底端。

4. 压线：检查无误后，将插入网线的水晶头放入网线钳压线缺口中，用劲压下网线钳手柄，使水晶头的插针都能插入到网线芯线之中，与之接触良好。

至此，网线的一端就做好了。按照同样的方法、同样的芯线排列顺序制作双绞线的另一端，即完成整条网线的制作。

5. 测试：用网线测试仪对做好的网线进行测试，然后打上网标。按照机器的编号，用直通线把每台计算机和集线器相连接。

技能链接

双绞线网线制作非常简单，就是把双绞线的 4 对 8 芯网线按一定规则插入到水晶头中，用专用压线钳压紧即可。网线制作的难点在于不同用途的网线跳线规则不一样，涉及到直通网线和交叉网线两种。其中直通网线用于对等网络，交叉网线用于基于服务器的网络。

EIA/TIA 568A 和 568B 的标准的网线的线序：

标准的 568A：绿白—1 绿—2 橙白—3 蓝—4 蓝白—5 橙—6 棕白—7 棕—8

标准的 568B：橙白—1 橙—2 绿白—3 蓝—4 蓝白—5 绿—6 棕白—7 棕—8

交叉网线的制作

虽然双绞线有 4 对 8 条芯线，但实际上在网络中只用到了其中的四条，对应水晶头的第一、二和第三、六脚，它们分别起着收、发信号的作用。交叉网线是指网线的芯线排列为网线一端的第一脚连另一端的第三脚，网线一端的第二脚连另一端的第六脚，其他脚一一对应。

交叉网线的制作过程：

用适合长度的双绞线和两个水晶头，一端采用 T568A 标准（线序为：白绿—1 绿—2 白橙—3 蓝—4 白蓝—5 橙—6 白棕—7 棕—8），另一端采用 T568B 标准（线序为：白橙—1 橙—2 白绿—3 蓝—4 白蓝—5 绿—6 白棕—7 棕—8），也就是把双绞线的一头的 1 和 3、2 和 6 分别调换位置。

步骤五：安装网卡及驱动程序

打开计算机安装并固定网卡。启动计算机，安装网卡的驱动程序。

步骤六：配置网络组件

通过下列操作步骤可查看 Windows XP 自动安装和配置的网络组件。

1. 在桌面上右击"网上邻居"图标，在弹出的快捷菜单中选择"属性"命令。

2. 在打开的"网络连接"窗口中右击"本地连接"图标，在弹出的快捷菜单中选择"属性"命令，如图 7-15 所示。在弹出的"本地连接属性"对话框中可以看到所安装的网络组件，如图 7-16 所示。

图 7-15 "网络连接"对话框

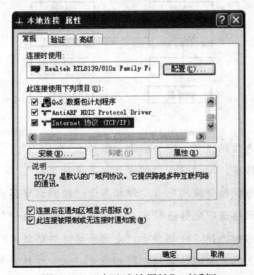

图 7-16 "本地连接属性"对话框

知识链接   计算机网络的协议与体系结构

协议是一种约定，用以确保交流各方清晰地表达思想。

1．网络协议的概念

数据交换、资源共享是计算机网络的最终目的。要保证有条不紊地进行数据交换，合理地共享资源，各个独立的计算机系统之间必须达成某种默契，严格遵守事先约定好的一整套通信规程，包括严格规定要交换的数据格式、控制信息的格式和控制功能以及通信过程中事件执行的顺序等。这些通信规程我们称之为网络协议（Protocol）。

提示：网络协议主要由以下 3 个要素组成：

（1）语法，即用户数据与控制信息的结构或格式。

（2）语义，即需要发出何种控制信息，以及完成的动作与做出的响应。

（3）时序，是对事件实现顺序的详细说明。

2．网络体系结构

计算机网络的协议是按照层次结构模型来组织的，我们将网络层次结构模型与计算机网络各层协议的集合称为网络的体系结构或参考模型。

（1）OSI 参考模型

OSI 参考模型将网络的功能划分为 7 个层次：物理层、数据链路层、网络层、传输层、会话层、表示层和应用层。如图 7-17 所示。

图 7-17   OSI 参考模型

应用层：与用户应用进程的接口，即相当于"做什么？"

表示层：数据格式的转换，即相当于"对方看起来像什么？"

会话层：会话的管理与数据传输的同步，即相当于"轮到谁讲话和从何处讲？"

传输层：从端到端经网络透明地传送报文，即相当于"对方在何处？"

网络层：分组交换和路由选择，即相当于"走哪条路可到达该处？"

数据链路层：在链路上无差错的传送帧，即相当于"每一步该怎么走？"

物理层：将比特流送到物理媒体上传送，即相当于"对上一层的每一步应该怎样利用物理媒体？"

（2）TCP/IP 参考模型

TCP/IP 协议是1974年由 Vinton Cerf 和 Robert Kahn 开发的，随着 Internet 的飞速发展，TCP/IP 协议现已成为事实上的国际标准。TCP/IP 协议实际上是一组协议，是一个完整的体系结构。如图 7-18 所示。

TCP/IP 协议	OSI 参考模型
应用层	应用层
FTP、SMTP等	表示层
	会话层
TCP 层	传输层
IP 层	网络层
网络接口层	数据链路层
	物理层

图 7-18　TCP/IP 参考模型

3．网络体系结构的几个基本概念

（1）实体：任何可以发送或接收信息的硬件/软件进程。表示不同系统中同一层次的对等体。

（2）对等层：两个不同系统的同名层次。

（3）对等实体：位于不同系统的同名层次中的两个实体。

（4）协议：是对等实体之间互相交流所使用的语言。

（5）接口：相邻两层之间交互的界面，定义相邻两层之间的操作及下层对上层的服务。

（6）服务：某一层及其以下各层的一种能力，通过接口提供给其相邻上层。

3．人工配置网路组件

当网络组装过程中网卡安装完成后，3 种网络组件也被默认地进行了安装和配置。网络组件就是相关的软件。这些软件使得计算机能够访问网络上的资源，同时网络上其他计算机也能访问本机上的资源，并约定采用什么样的通信规则进行彼此之间的通信。

（1）Microsoft 网络用户

该组件的作用使得用户所使用的计算机能够访问网络上的资源。在完成网卡的安装后，已经被默认安装，配置无需改动。

（2）Microsoft 网络的文件和打印机共享

该组件的作用是使得网络上的其他计算机也能够访问用户自己的计算机上的资源。在完成网卡安装后，也被默认安装，无需改动。

（3）TCP/IP 协议（传输控制协议/网际协议）

这是网络安装所使用的默认网络协议，是目前网络通信中流行的协议。根据 TCP/IP 协议的规定，必须给网络中的每一台计算机上的网卡分配唯一的 IP 地址用来区别，就如同每个人的身份证号码一样，如 192.168.0.1。TCP/IP 协议同时规定，每一个 IP 地址还必须拥有一个子网掩码用于划分该 IP 地址的网络编号和计算机编号。在同一个网络中的计算机其 IP 地址的网络编号是相同的，而计算机的编号则各不相同。

任务二　在对等网络中实现资源共享

✉ 技能要点

- 会进行 TCP/IP 协议的设置。
- 能使用 Ping 命令。
- 能掌握 Win2000 server 路由设置方法。
- 会设置计算机网络标识。
- 会访问整个网络。
- 会设置共享文件夹、共享驱动器。
- 会设置映射网络驱动器。
- 会安装网络打印机。

✉ 任务背景

经过窦文轩的努力，局域网终于安装好了，但是计算机之间资料的访问还存在问题。

老板不禁有点恼火，"3 天内要让我看到每个人的资料！"

"好，保证完成任务。"窦文轩脑门有点儿出汗，"那我走了？"

"等一下，这是我让秘书整理的文件共享权限，你看看（参见表 7-1）"。

表 7-1　文件共享权限

计算机名	使用者姓名	使用者职务	共享资源
Public	窦文轩	业务员	打印机、Internet 连接
Yangping	杨平	经理	不提供资源共享，但有访问别人的权力
Malin	马霖	业务经理	"客户资料"文件夹，只有经理可以查阅
Liurui	刘芮	业务员	"公共资料"文件夹，所有人可以查阅
Wangyan	王艳	业务员	"销售记录"文件夹，业务经理以上可查阅

✉ 任务分析

资源共享是计算机网络的功能之一，要完成任务首先要了解用户、用户权限、共享资源以及 3 者之间的关系。计算机上的资源有文件、文件夹、打印机和到 Internet 的链接，如果想通过网络来使用这些资源，就必须在该计算机上做相应的设置：提供访问这台计算机的用户合法权限；设置文件夹、打印机等共享资源。

✉ 任务实施

步骤一：配置工作组及设置计算机网络标识

网络中必须给每一台计算机取一个唯一的计算机名，并把它们归类为不同的计算机组，以便于网络用户的查找。当用户浏览网络时，可以根据计算机组快速地找到隶属于该组的所有计算机。

例如，公司的财务部门的所有计算机可建立一个"财务"组；销售部门的所有计算机可建立一个"销售"组。本任务因为加入的计算机数量较少，所以只需要建立一个组即可，采用系统默认的计算机组"Workgroup"。设置步骤如下：

1. 在桌面上，右击"我的电脑"图标，在弹出的快捷菜单中选择"属性"命令，弹出"系统属性"对话框，如图 7-19 所示。

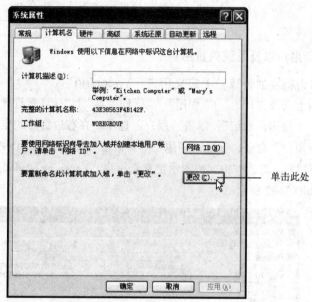

图 7-19　"系统属性"对话框

2. 选择"计算机名"选项卡，单击"更改"按钮，弹出"计算机名称更改"对话框，如图 7-20 所示。

3. 在弹出的"计算机名称更改"对话框中，按表 7-1 分别为每台计算机定义新名称（使用计算机用户名字的汉语拼音命名计算机），用户希望加入的工作组或想隶属于的域的名称。

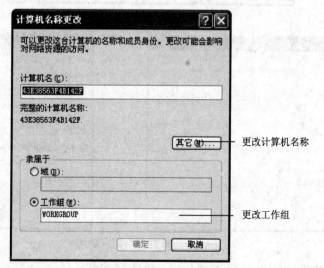

图 7-20　"计算机名称更改"对话框

知识链接   **计算机和组的命名规定**

计算机名一般使用 15 个或更少的字符，但只能包含 0～9 的数字、A～Z 和 a～z 的字母以及连接符。

工作组名不能和计算机名相同。工作组名可以有 15 个以上的字符，但不能是以下字符"；、：、"、"、<、>、*、+、=、÷、|、？"，如果使用中文为计算机命名，可能造成其他用户无法在网络中找到该计算机。

步骤二：定义新用户以及系统内置用户

1. 在名字为杨平的计算机上定义用户"Yangping"。

（1）在桌面上选择"开始"|"程序"|"管理工具"|"计算机管理"命令，在弹出的窗口左侧窗格中展开"本地用户和组"，单击"用户"选项。在右边窗格的空白处右击，在弹出的快捷菜单中选择"新用户"命令，弹出"新用户"对话框，如图 7-21 所示。

（2）在"新用户"对话框中，按图示定义新用户"Yangping"。单击"创建"按钮完成新用户的创建工作，如图 7-22 所示。

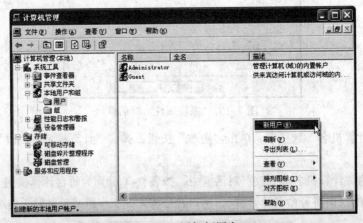

图 7-21   添加新用户

图 7-22   定义新用户

其他计算机相互访问用户的添加同上述操作步骤。

2. 设置公共用户账号——系统内置用户

为了使得安装在计算机"Public"的共享打印机能够被网络中的任何用户使用，则采用将该计算机内置的用户账号"Guest"设置为启用（默认为禁用）的方法，具体的操作步骤如下：

在"计算机管理"窗口的左边窗格中展开"本地用户和组"，单击"用户"文件夹，在右边的用户列表中右击"Guest"用户账号，在弹出的快捷菜单中选择"属性"命令，在弹出的"Guest属性"对话框中取消选择"账户已停用"复选框，再单击"应用"按钮即可，如图 7-23 所示。

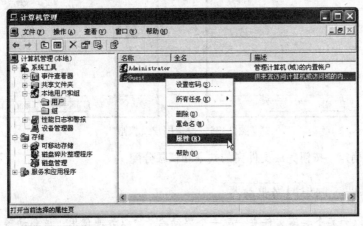

步骤三：设置共享并访问共享资源

为了让杨经理能够访问计算机 liurui 上的文件夹"客户资料"，除了定义用户"Yangping"以外，还要把该文件夹设置为共享文件夹并赋予用户"Yangping"读取的权限。具体操作步骤如下：

1. 设置共享文件夹

（1）在"资源管理器"中右击要共享的文件夹，在弹出的快捷菜单中选择"共享"命令，弹出如图 7-24 所示的对话框。

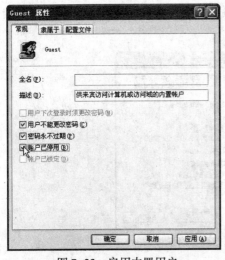

图 7-23　启用内置用户

图 7-24　设置共享属性

（2）单击"权限"按钮，弹出如图 7-25 所示的权限对话框。删除用户组 Everyone，然后添加"Yangping"，并赋予"读取"的权限。

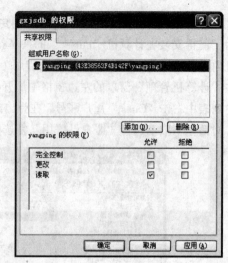

图 7-25   设置用户及权限

（3）单击"确定"按钮完成文件夹的共享和权限分配。

技能链接   映射网络驱动器

工作中，可以为某个共享文件夹分配一个驱动器号，以方便使用，该驱动器称为映射网络驱动器。使用映射网络驱动器会让用户感觉操作网络就像操作本机的磁盘一样方便。可以按照下述步骤为一个共享文件夹映射网络驱动器。

（1）右击"我的电脑"图标，在弹出的快捷菜单中选择"映射网络驱动器"命令，打开"映射网络驱动器"对话框。

（2）在"驱动器"下拉列表框中选择一个驱动器号（假设选"K:"），在文件夹中输入共享文件夹所在机器的 IP 地址和共享文件夹，如果希望下次登录时自动建立同共享文件夹的链接，可选择"登录时重新连接"复选框，设置完后，单击"完成"按钮。如图 7-26 所示为映射网络驱动器对话框。

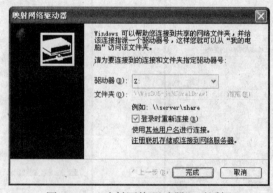

图 7-26   "映射网络驱动器"对话框

（3）打开"我的电脑"或"资源管理器"，就会发现"我的电脑"中多了一个驱动器 K，通过该驱动器可以访问服务器的共享文件"KS"，就如同访问本机的磁盘一样。如果要断开映射的网络驱动器，可以打开"我的电脑"窗口，然后选择"工具"菜单中的"断开网络驱动器"命令，打开"中断网络驱动器连接"对话框,在"网络驱动器"列表框中选择要断开的网络驱动器,单击"确定"按钮,即可断开网络驱动器。也可以在要断开的映射网络驱动器上右击,在快捷菜单中选择"断开"命令,如图 7-27 所示。

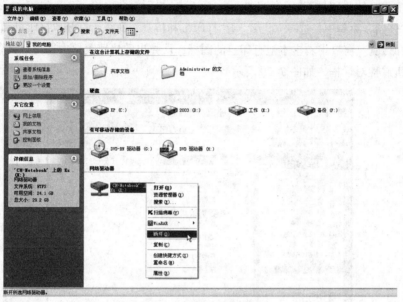

图 7-27　映射网络驱动器

技能链接　共享驱动器

（1）在"我的电脑"或"资源管理器"中,右击要设置成共享的驱动器的图标,如"驱动器 D",在弹出的快捷菜单中选择"属性"命令,弹出"本地磁盘（D:）属性"对话框。

（2）选中"共享此文件夹"单选按钮,单击"确定"按钮完成共享设置,如图 7-28 所示。

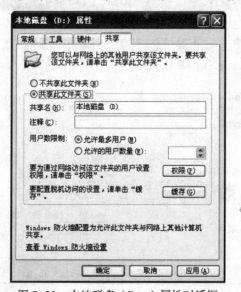

图 7-28　本地磁盘（D:）属性对话框

2．共享打印机

（1）共享本地打印机

要使"public"计算机上的本地打印机能供网络中其他用户使用，需要将它设置为共享打印机。设置方法与具体步骤如下：

① 在"开始"菜单中，选择"设置"│"打印机和传真"命令，打开"打印机和传真"窗口，在"打印机和传真"窗口中右击本地打印机的图标，从弹出的快捷菜单中选择"共享"命令，打开本地打印机属性对话框，如图 7-29 所示。

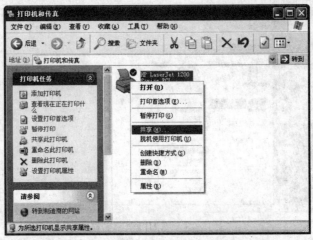

图 7-29　设置共享打印机

② 在"共享"选项卡中，选中"共享这台打印机"单选按钮，然后输入打印机的共享名，如图 7-30 所示。

③ 单击"确定"按钮，网络共享打印机即被设置完成。

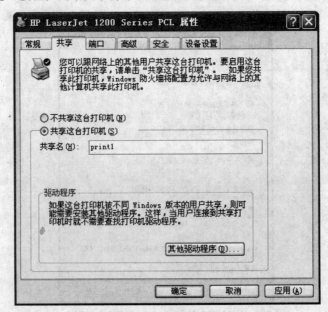

图 7-30　打印机共享属性

其他网络用户是否可以通过这台打印机打印，这还要看打印机的"安全"设置。在本地打印机属性对话框中，选择"安全"选项卡，选中用户组中的"Everyone"，则在窗口下面的"权限"窗口中可以看到该组的权限是"允许"打印，这表明只要有权限登录到本机的用户都可以使用该打印机，如图 7-31 所示。

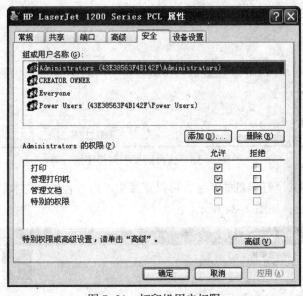

图 7-31　打印机用户权限

（2）安装网络打印机

要想网络中每一台计算机都能使用共享的打印机，就必须在每台计算机上安装网路打印机。具体的操作步骤：

① 在"开始"菜单中选择"设置"|"打印机和传真"，打开"打印机和传真"窗口。

② 双击"添加打印机"图标，启动"添加打印机向导"（见图 7-32），单击"下一步"按钮。

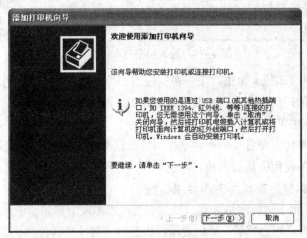

图 7-32　添加打印机

③ 选中"网络打印机或连接到其他计算机的打印机"单选按钮，单击"下一步"按钮，如图 7-33 所示。

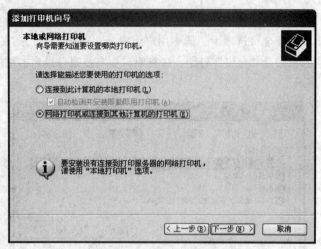

图 7-33　选择添加网络打印机

④ 如果已经知道共享打印机的名称，可以直接输入到"名称"文本框中，如果不知道则可以单击"下一步"按钮，如图 7-34 所示。

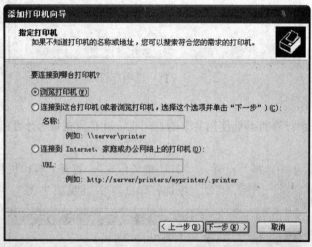

图 7-34　输入网络打印机名称

⑤ 选择一个共享打印机，单击"下一步"按钮，然后就像安装本地打印机的驱动程序一样选择要添加的打印机的厂商和型号，安装上该打印机的驱动程序。

⑥ 最后在对话框中单击"完成"按钮。

成功地在本地计算机上配置了一台共享打印机后，该打印机图标将出现在"打印机和传真"窗口中。共享打印机的使用方法和本地打印机一样，也可以设置为默认打印机。

3．通过"网上邻居"查找并使用共享资源

"网上邻居"主要用来进行网络管理，通过它可以添加网上邻居、访问网上共享资源。计算机连接到网络后，打开"网上邻居"可以显示网络上的所有计算机、共享资源，并可访问整个网络、访问本地机所属的工作组。

（1）打开"网上邻居"，双击桌面上的"网上邻居"图标，打开"网上邻居"窗口，如图 7-35 所示。

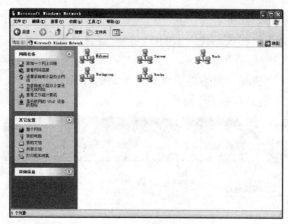

图 7-35　网上邻居

（2）访问整个网络

在"网上邻居"窗口中，单击"整个网络"选项，在打开的"整个网络"窗口中，选择"全部内容"选项，双击"Microsoft Windows Network"图标，可以显示网络中所有的工作组和域，如图 7-36 所示。用户可以双击某个工作组或域来显示这个工作组或域中的计算机。

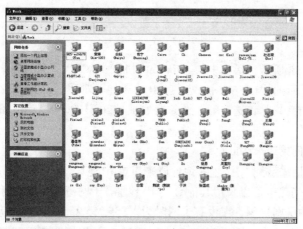

图 7-36　显示工作组里的计算机

（3）访问本机所属的工作组

如果需要查找的计算机和本机属于同一个工作组，可以双击"邻近的计算机"图标，将显示本机所在工作组或域的所有计算机。用户双击网络中某台计算机图标，即可登录到该计算机，对它的共享资源进行访问。这样，用户就可以根据需要在不同的计算机之间进行数据的复制、移动、删除等操作，对所链接的计算机的操作和对本地计算机的操作相同。

✉ **知识拓展**

此部分内容是 Windows 2000 下操作的，服务器端界面与 Windows XP 不一样。

一、基于服务器网络的服务器配置

在基于服务器的小型局域网中，通常只有一台服务器，所以在服务器上安装好 Windows 2000 Server 系统后，就要求把服务器配置成"域控制器"，下面就来介绍配置工作。

1．配置服务器外网 IP 地址

首先检查服务器与外网连接的那块网卡的 IP 地址设置是否正确，如果不符合要求，则需重新设置。方法如下：

（1）在"设置"菜单中选择"网络与拨号连接"命令打开"网络与拨号连接"对话框，双击打开相应的网卡连接项，如图 7-37 所示。

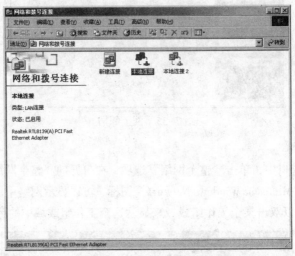

图 7-37　网络连接属性

（2）选择如图 7-38 所示对话框中的"Internet 协议（TC/IP）"复选框，然后单击"属性"按钮，弹出如图 7-39 所示的"Internet 协议（TC/IP）属性"对话框，例如 IP 地址"192.168.8.1"，子网掩码"255.255.255.0"。首选 NDS 服务器地址"202.102.128.68"，备用 NDS 服务器地址"202.102.134.68"。

2．配置服务器内网 IP 地址

在局域网通常采用局域网专用的 IP 地址段来指定 IP 地址，这个专用 IP 地址段为"192.168.0.0 – 192.168.255.255"。当然也可以采用其他 C 类 IP 地址。子网掩码要注意与相应的 IP 地址类型对应，如 C 类 IP 地址的子网掩码，在没有子网时为"255.255.255.0"。设置方法如下：

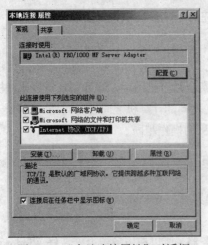

图 7-38　"本地连接属性"对话框

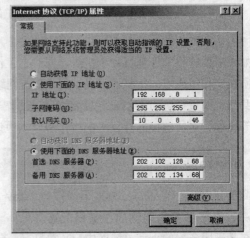

图 7-39　"Internet 协议（TCP/IP）属性"对话框

（1）在"设置"菜单中选择"网络与拨号连接"命令打开"网络与拨号连接"对话框，双击打开相应的网卡连接项，在弹出的对话框中进行设置，如图 7-40 所示。

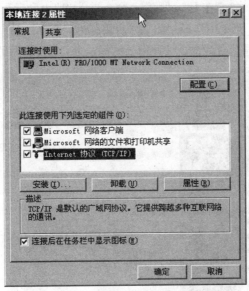

图 7-40 "本地连接 2 属性"对话框

（2）选择组件列表框中的"Internet 协议（TCP/IP）"复选框，然后单击"属性"按钮，弹出如图 7-41 所示的"Internet 协议（TC/IP）属性"对话框，例如输入 IP 地址"10.0.8.46"，局域网的标准子网掩码"255.255.255.0"。首选 NDS 服务器地址"202.102.134.68"，备用 NDS 服务器地址"202.102.128.68"。

（3）在一个小型、配置简单的局域网中，其他选项按系统的默认设置即可。配置好后单击"确定"按钮即可，虽然系统不会弹出"重新启动"的提示，但如果可以的话，建议重新启动令 IP 设置生效，因为这是以后许多设置的关键。

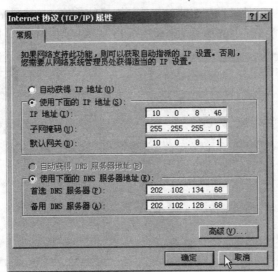

图 7-41 "Internet 协议（TCP/IP）属性"对话框

3. Windows Server 2000 路由设置方法

（1）要确认 Windows Server 2000 的路由功能已经启用，在 Windows Server 2000 上是默认启用的，选择"开始"｜"程序"｜"管理工具"｜"服务"命令进入"路由和远程访问"（Routing and Remote Access）服务，在"操作"菜单中选择"配置并启用路由"命令，弹出如图 7-42 所示的"路由和远程访问服务器安装向导"对话框，按照向导的提示进行操作就可以。

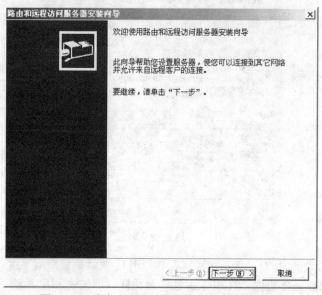

图 7-42　路由和远程访问服务器安装向导之一

（2）单击"下一步"按钮，选择"Internet 连接服务器"单选按钮，让内网主机可以通过这台服务器访问 Internet，如图 7-43 所示。

（3）单击"下一步"按钮，选择"设置有网络地址转换（NAT）路由协议的路由器"单选按钮，不选"设置 Internet 连接共享（ICS）"单选按钮（ICS 与 NAT 的区别在于，ICS 针对内部主机，它需要有一个固定的 IP 地址范围；针对与外部网络的通信，它被限制在单个公共 IP 地址上；它只允许单个内部网络接口，也就是说功能没有 NAT 强大），如图 7-44 所示。

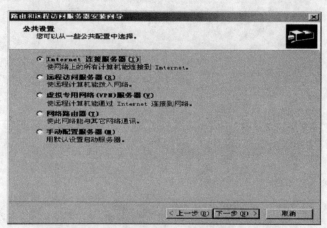

图 7-43　路由和远程访问服务器安装向导之二

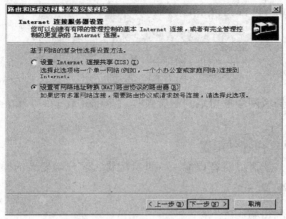

图 7-44 路由和远程访问服务器安装向导之三

（4）在"路由和远程访问服务器安装向导"对话框中选择"使用选择 Internet 连接"单选按钮，单击"下一步"按钮，如图 7-45 所示。

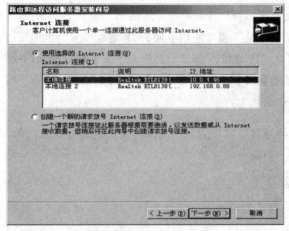

图 7-45 路由和远程访问服务器安装向导之四

（5）在如图 7-46 所示的对话框中单击"完成"按钮，出现如图 7-47 所示的安装框。

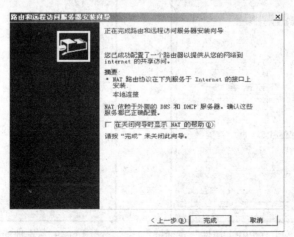

图 7-46 路由和远程访问服务器安装向导之五

图 7-47　安装框

通过以上的配置，局域网服务器端的配置过程就全部完成了，下面是 Windows XP 客户端的配置。

二、Windows XP 客户端的配置

服务器端配置好后，就可以对客户端一一进行配置，客户端安装的操作系统是 Windows XP 则可以按如下步骤进行配置。

步骤一：TCP/IP 协议的设置

因为 WindowsXP 系统的 TCP/IP 协议及其他必需网络组件都随系统的安装自动安装，不必另外安装，所以直接配置其 IP 地址即可。

在"本地连接属性"对话框中，选择"Internet 协议（TCP/IP）"复选框，然后单击"属性"按钮，将弹出"Internet 协议（TCP/IP）属性"对话框，如图 7-48 所示。在该对话框的"常规"选项卡中有"自动获得 IP 地址"和"使用下面的 IP 地址"两个单选按钮。可选择"使用下面的IP 地址"单选按钮，并在"IP 地址"和"子网掩码"文本框中输入相应的 IP 地址和子网掩码。

要连入 Internet，还需要设置"默认网关"和"首选 DNS 服务器"的 IP 地址。

步骤二：检查网络配置

完成对"网络和拨号连接"的配置后，为了检查配置是否成功，Windows XP 提供了 3 个系统命令：Ipconfig、Ping、Tracert。

步骤三：本地连接状态

1. 在"网络连接"对话框中双击"本地连接"图标，弹出"本地连接状态"对话框，如图 7-49 所示。

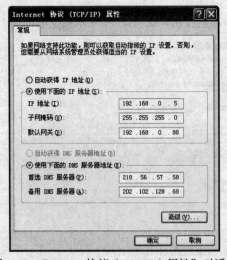

图 7-48　"Internet 协议（TCP/IP）属性"对话框

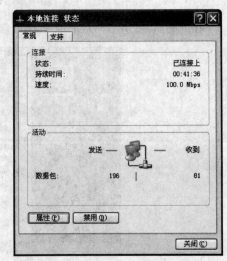

图 7-49　"本地连接状态"对话框

2. 对话框中显示了本地连接的连接状态、持续时间、发送和接收数据包的情况。若单击"禁用"按钮，本地连接指示器将从任务栏中消失，将不能使用"本地连接"上网。要重新启用本地连接，选择"开始"|"设置"|"网络和拨号连接"命令，双击"本地连接"图标，将重新启用本地连接。

至此，Windows XP 客户端的配置就算完成了，要注意的是如果采取手动输入指定 IP 地址的方式，则网络中各计算机（包括服务器）的 IP 地址不能重复，否则不能连接成功。

任务三　Internet 应用

⊠ 技能要点

- 能了解 Internet 的起源及发展。
- 能了解 Internet 的组成。
- 会使用 Internet 中的地址管理：IP 地址、分类；域名系统及结构，域名解析。
- 能了解用户计算机与 Internet 连接的几种方式及特点。
- 会使用 IE 浏览器浏览网页。
- 掌握 IE 浏览器的使用技巧。

⊠ 任务背景

"窦先生，老板让你去一趟。"老板的秘书崔小姐一脸崇拜，随即又说，"不过，老板好像不是很高兴的样子，你自己小心点儿吧。"

窦文轩一路小跑，来到老板的办公室。

"小窦啊，这次我开会回来，感触很深啊。"老板眉头紧锁，"很多兄弟单位已经进行了互联网的培训，正在搞电子商务。"

"是啊？"窦文轩也跟着忧心。

"嗯，你也知道，我们单位老龄化比较严重。很多老同志只知道渔网，不懂互联网啊。所以，我想让你搞一个互联网知识的培训，你来给大家上一课，然后咱们再申请一条线路上网，也实施电子商务吧。"

"这……恐怕不合适吧？"

"怎么？"老板很不悦。

"我刚来不久，恐怕难以胜任啊。"

"没关系，你大胆地去做，有我支持你，不要前怕狼后怕虎的！"

"好的。"

⊠ 任务分析

什么是 Internet，计算机网络和 Internet 又有什么不同，如何浏览互联网上的共享资源，怎么样才能又快又准的找到想要的信息？要想实施电子商务就必须有稳定的互联网接入，相比而言，采用 ADSL 宽带接入是比较经济实用的。

✉ 任务实施

步骤一：申请上网

Internet，音译为"因特网"，也称"国际互联网"，是通过路由器将世界不同地区、规模大小不一、类型不同的网络互相连接起来的网络，是一个全球性的、开放的计算机互联网络。Internet连入的计算机几乎覆盖了全球 180 个国家和地区且存储了最丰富的信息资源，是世界上最大的计算机网络。

人们通常把连入 Internet 使用其资源通俗地叫做"上网"或"网上冲浪"。

窦文轩所在公司处在新城区，由于没有综合布线，他决定选择采用 ADSL 专线虚拟拨号入网方式。在软硬件上达到上网的配置条件，安装好网卡及驱动程序后，窦文轩向所在地区电信部门申请了 ADSL 服务，办理了 ADSL 手续。

🍎 知识链接　接入 Internet 的方式

用户计算机与 Internet 的连接方式有多种。用户选择以何种方式入网，需要考虑自己所处的地理位置和通信条件、使用者数量、通信量、希望访问的资源、要求响应的速度、设备条件以及资金的投入等因素。不同的连入方式所要求的硬件配置和软件配置各不相同。

1. 电话拨号方式

拨号入网费用较低，比较适于个人和业务量小的单位使用。用户所需设备简单，只需在计算机前增加一台调制解调器和一根电话线，再到 ISP 申请一个上网账号即可使用。拨号上网的连接速率最大为 56 kbit/s。

2. ISDN 方式

又称"一线通"，顾名思义，就是能在一根普通电话线上提供语音、数据、图像等综合性业务，从而将电话、传真、数据、图像等多种业务综合在一个统一的数字网络中进行传输和处理。

3. ADSL 方式

ADSL（Asymmetrical Digital Subscriber Line，非对称数字用户环线）是利用现有的电话线，使用 ADSL 专用调制解调器接入。为用户提供上、下行非对称的传输速率（带宽），上行（从用户到网络）为低速的传输，可达 640 kbit/s；下行（从网络到用户）为高速传输，可达7 Mbit/s。

4. DDN 专线方式

DDN 专线是利用光纤、数字微波或卫星等数字传输通道和数字交叉复用设备组成，为用户提供高质量的数据传输通道，传送各种数据业务，以满足用户多媒体通信和组建中高速计算机通信网的需要。

5. Cable Modem 方式

Cable Modem（线缆调制解调器）是一种超高速 Modem，利用现成的有线电视（CATV）网进行数据传输的一种高速接入方式，传输机理与普通 Modem 相同，区别是通过有线电视的某个传输频带进行调制解调。

6. 局域网接入方式

不需调制解调器，个人计算机通过网卡直接用通信电缆或光纤连到本地已接入 Internet 的局域网上，并且有自己的主机名和 IP 地址。

步骤二：建立 ADSL 虚拟拨号连接

申请受理后一般七日内即有专业技术人员上门连接 ADSL 硬件设备，软件需要安装 PPPoE（以太网上的点对点协议）虚拟拨号软件，由于 Windows XP 中已内置了 PPPoE 协议，所以用户不必再安装虚拟拨号软件，只需要建立自己的 ADSL 虚拟拨号连接即可。

1. 选择"开始"|"控制面板"命令，在"控制面板"窗口中单击"网络和 Internet 连接"图标，然后再单击"网络连接"图标，在左侧的"网络任务"窗格中单击"创建一个新的连接"选项，如图 7-50 所示。

2. 单击"下一步"按钮，选择 "连接到 Internet"单选按钮，如图 7-51 所示。

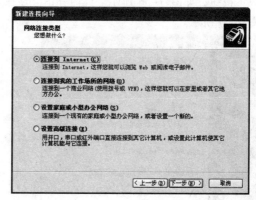

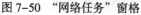

图 7-50　"网络任务"窗格　　　　　　图 7-51　"新建连接向导"对话框

3. 单击"下一步"按钮，选择"手动设置我的连接"单选按钮，如图 7-52 所示。

4. 单击"下一步"按钮，选择"用要求用户名和密码的宽带连接来连接"单选按钮，如图 7-53 所示。

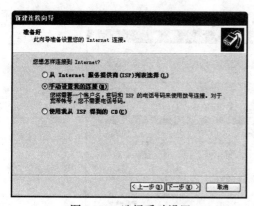
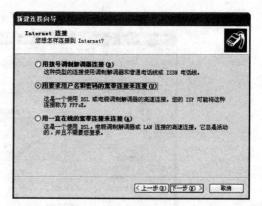

图 7-52　选择手动设置　　　　　　　　图 7-53　选择连接到 Internet 方式

5. 单击"下一步"按钮，在"ISP 名称"文本框中输入用户的 ISP 的名称，如图 7-54 所示。

6. 单击"下一步"按钮，然后输入 ISP 账户名和密码，如图 7-55 所示。

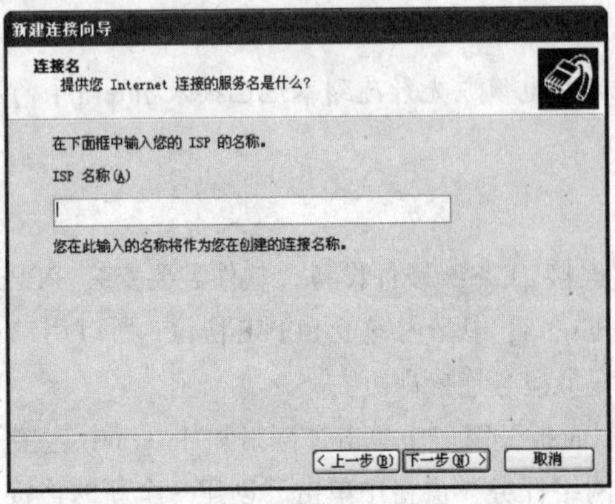

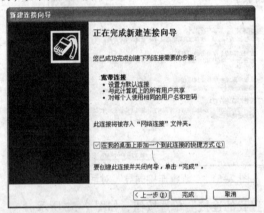

图 7-54　输入 ISP 名称

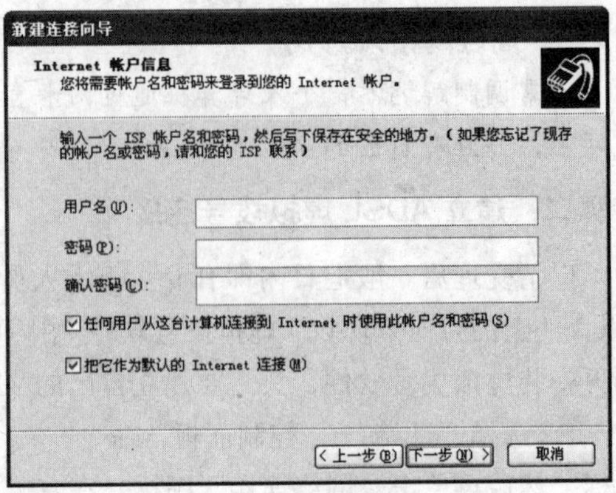

图 7-55　输入账户信息

7. 单击"下一步"按钮，选中"在我的桌面上添加一个到此连接的快捷方式"复选框，然后单击"完成"按钮，如图 7-56 所示。此时弹出"连接上网"对话框，单击"连接"按钮，连接成功，如图 7-57 所示。

图 7-56　完成新建连接

图 7-57　连接上网

步骤三：使用 IE 浏览器浏览网页

启动 IE 浏览器。首先双击"IE 浏览器"图标，启动 IE 浏览器，进入主页，如图 7-58 所示。

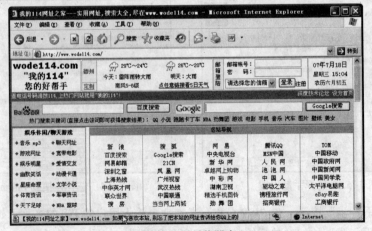

图 7-58　IE 浏览器窗口

1．IE 窗口组成

标题栏：显示程序名称 Internet Explorer 及已调入的网页名或网页所在的服务器地址和路径。

菜单栏：提供了大量的菜单命令供用户选择。

工具栏：包含供用户快速访问的常用命令。

URL 地址栏：显示当前网页的地址。

状态栏：显示 IE 的运行状态。

2．IE 提供了许多工具按钮

另外 IE 还提供了许多工具按钮，如图 7-59 所示。

图 7-59　IE 工具按钮

后退/前进：向前或向后翻阅刚访问过的存放在缓冲区中的网页。

停止：停止当前网页载入的进程。当用户发现所访问的站点下载速度太慢或者发现选错站点，需终止下载时，单击"停止"按钮，终止当前站点信息的下载。

主页：打开预设为主页的网页。

刷新：重新下载所需要的网页。

邮件：单击该按钮，在其下拉列表框中设置的邮件程序，进行邮件的收发。

3．转到其他网站

在地址栏中输入想浏览的网站地址，如：http://www163.com，按回车键或单击"转到"按钮，如图 7-60 所示。

图 7-60　转到其他网站

技能链接

为了提高上网效率，可同时打开多个窗口切换浏览，选择"文件"｜"新建"｜"窗口"命令，就会打开一个新的浏览窗口，在其地址中输入新的网址，即可实现利用多个浏览窗口查看不同网页信息，如图 7-61 所示。

图 7-61　打开新浏览窗口

注意：不要打开太多的窗口，否则可能会因系统资源耗费太大而降低浏览速度，对于不需要的窗口要及时关闭。

4. 使用"历史"按钮

在 IE 主窗口的工具栏上，单击"历史"按钮，出现"历史记录"窗格，其中包括最近几天或几星期内访问过的网页和站点的链接，可以按日期、按站点和单击次数等方式显示这些网页和站点的链接，如图 7-62 所示。在"历史记录"列表框中单击想要访问的选项，就可进入该网页，加快了访问速度。再单击一下"历史"按钮，即可取消"历史记录"窗格。

图 7-62　"历史按钮"的使用

5. 收藏地址

将自己喜欢的网页或站点地址通过收藏夹保存下来，以便以后能快速打开这些网页或网站。在打开某个网站后，单击"收藏"|"添加到收藏夹"命令，弹出图 7-63 所示对话框，在名称栏内可以输入网站名称或自己喜欢的名字，然后选择要收藏的位置，单击"确定"按钮，该网站就添加到收藏夹的相应列表中。以后再进入该网站，只要打开"收藏"菜单或单击"收藏"按钮，单击"收藏"菜单中的子菜单或列表框中的相应名称即可。

图 7-63 "添加到收藏夹"对话框

6. 保存信息

在浏览过程中保存信息。单击"文件"|"另存为"命令,在弹出的对话框中,选择文件保存的位置、文件名、文件类型。

如果仅仅保存网页中的部分文字,可以先将希望保存的文字选中,复制到某个字处理软件中,然后进行保存。

如果要将网页中的图片保存下来,可以右击该图片,在弹出的快捷菜单中选择"图片另存为"命令即可。

7. 利用"搜索引擎"搜索信息

"搜索引擎"是一个提供信息"检索"服务的网站,它使用某些程序把 Internet 上的所有信息归类,以帮助人们在茫茫网海中搜寻到所需要的信息。在"搜索引擎"中输入搜索内容的关键字,"搜索引擎"就可以查找到包含需要的内容网页的链接。常用的"搜索引擎"有:Yahoo!(http://www.yahoo.com),Google(http://www.google.com),百度(http://www.baidu.com)。下面以百度为例搜索新浪网页,如图 7-64 所示。

图 7-64 "搜索引擎"示例

技能链接

1. 加快网页的下载速度

一般来说,网络上的网页会包含声音、图片和动画,甚至还有视频信息。这些信息的容量很大,这样与低网络传输速度相比,网页的下载速度可能更加让人难以忍受,这时可以将这些内容屏蔽掉,而在需要的时候才显示它,这样就可以大大的加快网页的浏览速度。如果还需要查看某些图片,此时,可以在未显示图片的区域,右击在弹出的快捷菜单中选择"显示图片"命令,网络便开始传输图片信息,这样我们就可以看到图片了。

步骤一：选择"工具"｜"Internet 选项"命令，在弹出的对话框中选择"高级"选项卡，如图 7-65 所示。

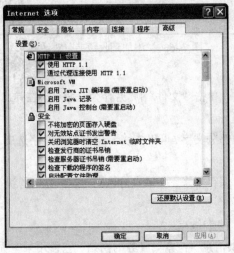

图 7-65　"高级"选项卡

步骤二：在"设置"列表框中找到"多媒体"选项区域，取消选择"播放网页中的动画"、"播放网页中的声音"、"播放网页中的视频"、"显示图片"、"显示图像下载占位符"复选框，如图 7-66 所示。

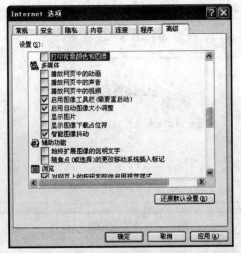

图 7-66　"多媒体"设置

2．快速输入地址

可以在地址栏中输入某个单词，然后按【Ctrl+Enter】组合键在单词的两端自动添加 "http://www." 和 ".com" 并且自动开始浏览，比如在地址栏中输入 "sina" 并且按【Ctrl+Enter】组合键时，IE 将自动开始浏览 http://www.sina.com（新浪网址）。

3．快速进行搜索

步骤一：单击浏览器工具栏上的"搜索"按钮，在 IE 窗口左边将弹出的"搜索"窗格。

步骤二：输入需要查找的内容，并单击"搜索"按钮即可。

4. 快速获取阻塞时信息

由于网络阻塞，浏览某些页面时会特别慢，当访问热门站点时，情况可能更加突出。简单的办法是单击浏览器工具栏的"停止"按钮，这样就会中止下载，但可以显示已接收到的信息。过几分钟等网络畅通后，单击"刷新"按钮再重新连接该网站即可。

5. 快速查看历史记录

IE 浏览器利用其缓存功能可以将用户最近浏览过的信息保存下来，这样就可以利用它的脱机浏览功能在没有连接 Internet 的情况下查看这些历史信息，从而提高了上网效率。

步骤一： 在脱机状态下启动 IE，选择"文件"菜单的"脱机工作"命令，激活 IE 的脱机浏览功能。

步骤二： 单击浏览器工具栏上的"历史"按钮，打开 IE 的"历史记录"窗格。

此时"历史记录"窗格会将用户最近浏览过的网址按时间顺序显示出来，用户就可以从中选择某个以前已经查看过的网址，这样 IE 就会在脱机状态下将相应网页内容显示出来。

6. 快速到达 IE 根目录

如果用户正在用 IE 浏览网页的时候，突然想要到硬盘上查资料，如果把浏览器最小化，再返回到资源管理器中查找，这是最常规的做法了。下面介绍最快速的方法。

只要在地址栏中输入"\"，再按回车键，就可以到达硬盘的根目录了。如果又要返回原来浏览的网页，只要单击"后退"按钮就可以了。

7. 在浏览器中翻页

当用浏览器查看一个比较长的网页时，有好几种向上或向下翻页的方法，其中一种最简单的方法就是使用空格键。按空格键可以向下翻页，按【Shift+空格】组合键则可以向上翻页。

8. 收藏夹排序

步骤一： 打开 IE 浏览器窗口，选择"工具"|"Internet 选项"命令，在弹出的"Internet 选项"对话框中选择"高级"选项卡，如图 7-67 所示。

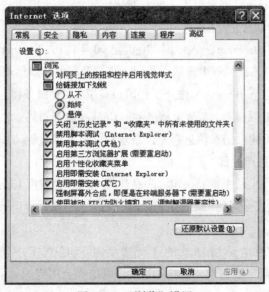

图 7-67 "浏览"设置

步骤二：选中"浏览"选项区域中的"启用个性化收藏夹菜单"复选框，然后单击"确定"按钮关闭对话框。

将 IE 窗口关闭然后重新启动一下，再重新单击"收藏夹"按钮时，看看有什么变化——最近访问的网页全部显示在收藏夹前面了。以后，只要留意"收藏夹"最前面的内容，就能迅速找到经常访问的网址了。

✉ 知识拓展

一、Internet 的基本知识

1. Internet 的起源及发展

Internet 诞生于 20 世纪 60 年代，1969 年，美国国防部所属的 ARPA（Advanced Research Projects Agency，美国国防部高级研究计划署）为实现国防部与各地军事基础之间的数据传输通信，建立了当时世界上最早网络之一的 ARPAnet（阿帕网）。ARPAnet 采用分布式的控制与处理，它的一个或多个站点被破坏时，其他站点间的连接和通信不受影响。ARPA 研究出一种方法，能解决不同品牌、不同型号计算机组成的计算机网络的互联。采用这种方法组成一个 ARPAnet 主干网，称为 inter network。随着 ARPAnet 的发展，为了与其他网络互联概念相区别，创造者们取 inter network 的 Inter net，并将其第一个字母大写，Internet 由此应运面世。ARPAnet 所具有的高可靠性使它得到了迅速发展，随着新团体的不断加入，规模越来越大，功能也逐步完善起来。1983 年，正式命名为 Internet，我国称它为因特网或国际互联网。ARPAnet 是 Internet 的前身。

1985 年，美国国家科学基金会（National Science Foundation，NSF）决定建立美国的计算机科学网 NSFnet，该网络成为 Internet 的第二个主干网。

20 世纪 80 年代以来，由于世界各国家和地区纷纷加入 Internet 的行列，Internet 成为一个全球性的网络。目前，Internet 已经覆盖了全球大部分地区。

2. Internet 在中国的发展

20 世纪 80 年代末期，Internet 进入中国。20 世纪 90 年代初，Internet 进入了全盛的发展时期，发展最快的是欧美地区，其次是亚太地区，我国起步较晚，但发展迅速。

1994 年，中国正式接入 Internet，建立了我国最高域名 CN 服务器，同时还建立了 E-mail 服务器、News 服务器、FTP 服务器、WWW 服务器、Gopher 服务器等。

1994 年初，国家提出建设国家信息高速公路基础设施的"三金"工程（金桥、金卡、金关），并于 1998 年初成立了信息产业部。

1995 年，原邮电部作出两个重要决定：一是建立全国省会城市 Internet 网；二是将北京电报局现有的 Internet 节点建成全国的 Internet 骨干网中心节点。从此，Internet 在中国进入了高速发展的时期。

90 年代我国在公用电话网普及的基础上，相继建立了中国公用分组交换数据网（ChinaPAC）、中国公用数字数据网（ChinaDDN）。以这些公用物理通信链路为基础，先后建成 4 大互联网络：Chinanet（中国公用 Internet 骨干网）、ChinaGBN（中国金桥信息网）、CERnet

（中国教育和科研计算机网）、CSTnet（中国科技网）。其中，CSTnet 和 CERnet 是为科研、教育服务的非营利性质的 Internet，而 Chinanet 和 ChinaGBN（中国金桥信息网）是为社会提供服务的经营性 Internet。

全国的各个行业部门先后将自己的行业专用网与 Internet 连接，形成全国性网络，如金融信息网、医疗信息网、建材信息网、商业信息网以及金税网等。

3．Internet 的组成

一般将计算机网络按照地域和使用范围分成局域网和广域网，Internet 是一个全球范围的广域网，同时又可以将它看成是由无数个大小不一的局域网连接而成的。整体而言，Internet 由复杂的物理网络通过 TCP/IP 协议将分布世界各地的各种信息和服务连接在一起，如图 7-68 所示。

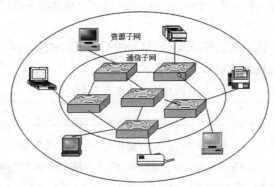

图 7-68　Internet 的组成

（1）物理网络

物理网络在 Internet 中所起的作用仿佛是一根无限延伸的电缆，把所有参与网络中的计算机连接在一起。物理网络由各种网络互连设备、通信线路以及计算机组成。网络互连设备的核心是路由器，是一种专用的计算机，它起到类似邮局准确分发信件的作用，以极高的速度将 Internet 上传送的信息准确分发到各自的通道中去。

通信线路是传输信息的媒体，可用带宽来衡量一条通信线路的传输速率，用户上网快和慢的感觉就是传输带宽大和小的直接反映。

（2）通信协议

在 Internet 中要维持通信双方的计算机系统连接，做到信息的完好流通，必须有一项各个网络都能共同遵守的信息沟通技术，即网络通信协议。

Internet 上各个网络共同遵守的网络协议是 TCP/IP 协议，由 TCP 协议和 IP 协议组合而成，实际是一组协议。

TCP/IP 协议的基本传输单位是数据包，采用的通信方式是分组交换方式，即数据在传输时分成若干段，每个数据段称为一个数据包。

TCP（Transmission Control Protocol），传输控制协议。在数据传输过程中，负责把数据分成一定大小的若干数据包，并给每个数据包标上序号及一些说明信息（类似装箱单），使接收端接收到数据后，在还原数据时，按数据包序号把数据还原成原来的格式。

IP（Internet Protocol），网际协议。负责给每个数据包写上发送主机和接收主机的地址（类似将信装入了信封），一旦写上源地址和目的地址，数据包就可以在物理网上传送了。IP 协议详细规定了计算机在通信时应该遵循的全部规则，是 Internet 上使用的一个关键的底层协议，是互联网构成的基础。

总之，IP 协议负责数据的传输， TCP 协议负责数据的可靠传输。

（3）Internet 中的地址管理

① IP 地址

如前所述，Internet 是通过路由器将物理网络互连在一起的虚拟网络。在一个具体的物理网络中，每台计算机都有一个物理地址（Physical Address），物理网络靠此地址来识别其中每一台计算机。在 Internet 中，为解决不同类型的物理地址的统一问题，在 IP 层采用了一种全网通用的地址格式。为网络中的每一台主机分配一个 Internet 地址，从而将主机原来的物理地址屏蔽掉，这个地址就是 IP 地址。

IP 地址由网络号和主机号两部分组成，网络号表明主机所连接的网络，主机号标识了该网络上特定的那台主机。IP 地址的结构参见表 7-2。

IP 地址的结构如表 7-2

网络号	主机号

IP 地址用 32 个比特（四个字节）表示。为便于管理，将每个 IP 地址分为四段（一个字节一段），用 3 个圆点隔开，每段用一个十进制整数表示，每个十进制整数的范围是 0~255。例如：某计算机的 IP 地址可表示为 11001010.01100011.01100000.10001100，也可表示为 202.99.96.140。

由于网络中 IP 地址很多，所以又将它们按照第一段的取值范围划分为 5 类：0~127 为 A 类；128~191 为 B 类；192~223 为 C 类；D 类和 E 类留作特殊用途。

在表 7-3 中分别说明了上述 5 类 IP 地址的详细情况。

表 7-3　IP 地址的分类

网络标识（1~127）			主机标识（24 位）
0	网络标识（128~191）		主机标识（16 位）
1	0	网络标识（192~223）	主机标识（8 位）
1	1	0	网络标识（224~239）组播地址
1	1	1	网络标识（240~255）保留为今后使用

IP 地址是由各级网管管理组织分配给网上计算机的，管理方式为层次型。最高一级 IP 地址由 InterNIC（国际网络信息中心，位于美国）负责分配。其职责是分配 A 类 IP 地址、授权分配 B 类 IP 地址的组织并有权刷新 IP 地址。分配 B 类 IP 地址的国际组织有 3 个：ENIC 负责欧洲地区的分配工作，InterNIC 负责北美地区，设在日本东京大学的 APNIC 负责亚太地区。我国的 Internet 地址由 APNIC 分配（B 类地址），由邮电部数据通信局或相应网管机构向 APNIC 申请。国内的 Internet 地址则由地区网络中心向国家级网管中心（如 ChinaNet 的 NIC）申请分配。

② 域名系统

在 Internet 上，IP 地址是全球通用的地址，但对于一般用户来讲，数字表示的 IP 地址不容易记忆。因此，TCP/IP 为人们记忆方便而设计了一种自负型的计算机名，便形成了网络域名系统（Domain Name System，DNS）。在网络域名系统中，Internet 上的每台主机不但具有自己的 IP 地址（数字表示），而且还有自己的域名（字符表示）。实际上，域名是 Internet 中主机地址的另外一种表示形式，是 IP 地址的别名。

域名系统采用分层结构。每个域名是有几个域组成的，域与域之间用小圆点"."分开，最末的域称为顶级域，其他的域称为子域，每个域都有一个有明确意义的名字，分别叫做顶级域名和子域名。域名地址从右向左分别用以说明国家或地区的名称、组织类型、组织名称、单位名称和主机名等。其一般格式为：主机名·商标名（企业名）·单位性质·国家代码或地区代码。

其中，商标名或企业名是在域名注册时确定的。例如对于域名 news.cernet.edu.cn，最左边的 news 表示主机名，cernet 表示中国教育科研网，edu 表示教育机构，cn 表示中国。

为了保证域名系统的通用性，Internet 制定了一组正式通用的代码作为顶级域名，参见表 7-4。

表 7-4 顶级域名代码

代码	名称	代码	名称	代码	名称	代码	名称
com	商业机构	edu	教育机构	org	非营利机构	arts	娱乐机构
gov	政府机构	int	国际机构	firm	工业机构	info	信息机构
mil	军事机构	net	网络机构	nom	个人和个体	rec	消遣机构

国家和地区的域名通常使用两个字母表示，参见表 7-5。

表 7-5 部分国家和地区的域名

代码	国家/地区	代码	国家/地区	代码	国家/地区	代码	国家/地区
CN	中国	AU	澳大利亚	NO	挪威	MY	马来西亚
CA	加拿大	IQ	伊拉克	KE	肯尼亚	KP	韩国
IT	意大利	JP	日本	UK	英国	US	美国

③ 域名解析

域名解析就是域名到 IP 地址或 IP 地址到域名的转换过程，由域名服务器完成域名解析工作。在域名服务器中存放了域名与 IP 地址的对照表（映射表），实际上它是一个分布式的数据库。各域名服务器只负责其主管范围的解析工作，从功能上说，域名系统基本上相当于一个电话簿，已知一个姓名就可以查到一个电话号码，他与电话簿的区别是与各服务器可以自动完成查找过程。

当用户输入主机的域名时，负责管理的计算机就把域名送到域名服务器上，由域名服务器把域名翻译成相应的 IP 地址，然后链接的过程不一样，但效果是一样的。同一个 IP 地址可以由若干不同的域名，但每个域名只能有一个 IP 地址与之对应，就像每个人可以有多个电话号码，但一个电话号码只能给一个人注册。

二、Internet 提供的服务

Internet 是人类历史上第一个全球性的图书馆，是知识的宝库，信息的海洋。Internet 为全世界提供了一个巨大的并且在迅速增长的信息资源，用户可从中获得各方面的信息，如自然、政治、历史、科技、教育、卫生、娱乐、政府决策、金融、商业和气象等。其中主要的服务资源包括：

1. 电子邮件（Electronic Mail，记为 E-mail）   E-mail 是 Internet 上使用最多、应用最广的服务之一，它利用 Internet 传递和存储电子信函、文件、数字传真、图像和数字化语音等各种类型的信息。其最大特点是解决了传统邮件时空的限制，人们可以在不分时间、地点任意收发邮件，并且速度快，大大提高了工作效率，为工作和生活提供了很大便利。

2. 远程文件传输 FTP   FTP 是 Internet 文件传送的基础，常用来从远程主机中复制所需的各类软件。其中，从远程主机中复制文件到本地计算机称为下载（Download）；将文件从本地计算机中复制到远程主机上称为上传（Upload）。

使用 FTP 的主要目的是在本地计算机与远程计算机之间传递文件。工作原理为：首先用户从客户端启动一个 FTP 应用程序，与 FTP 服务器建立链接，然后使用 FTP 命令，将服务器中的文件传输到本地计算机中。在使用 FTP 时需要进行客户机与服务器之间的信息的交换。在访问远程服务时，首先要求用户登录，这就要求用户必须拥有服务器授权的账号和口令才能访问服务器。如此，用户要访问 Internet 上成千上万台服务器，就必须在每一台服务器上拥有账号，这是不现实的，所以就产生了匿名 FTP。匿名服务器为普通用户建立了一个通用的账号"anoymous"，口令是用户的电子邮件地址。使用该账号，每个用户都可以链接到远程的 FTP 服务器，下载所需要的文件。

3. 远程登录（Telnet）   Telnet 是 Internet 远程登录协议的意思，可让用户计算机通过 Internet 网络登录到另一台远程计算机上，登录后用户计算机就仿佛是远程计算机的一个终端，可以用自己的计算机直接操纵远程计算机，享受与远程计算机本地终端同样的操作权力。

使用 Telnet 的主要目的是使用远程计算机拥有的信息资源。

4. 万维网 WWW（World Wide Web）   简称为 3W 或 Web，是目前 Internet 上一种最受欢迎、最流行的工具、访问方式和管理系统。该服务采用超文本传输协议 HTTP、超文本及超媒体技术，将文本、图像、图形、声音等各种信息有机地结合在一起。用户阅读文档时，通过链接随时可以从一个文档跳转到另一文档，或从一台 WWW 服务器跳转到另一台 WWW 服务器，使信息查询变得更简单、更方便。

5. 电子公告牌 BBS   BBS 是网民交换信息的地方，一般划分成若干版块，用户可到自己感兴趣的版块浏览信息，发表意见，互相讨论等。目前基于 Web 的电子公告牌成为主流，只要连接到 Internet 上，即可通过浏览器使用 BBS。多线的 BBS 可以与其他同时上网的用户做到即时联机交流，有的只能用文字，有的甚至可以直接进行声音和视频通话。

6. 新闻组（Usenet）   Usenet 是一群有共同爱好的 Internet 用户为相互交换信息而组成的一种无形的用户交流网。实际上，这些信息是网络用户相互交换的新闻（News），因而也被称为 Netnews（网络新闻）。通俗地说，Usenet 是一种遍布世界范围的 BBS 电子公告牌系统。

7. 即时通信　包括网络聊天（IRC）、网络寻呼（ICQ）和 IP 电话。网络聊天就是在 Internet 上专门指定一个场所，为大家提供即时的信息交流，大多数的门户网站都提供这样的聊天室。网络寻呼的学名叫即时消息，是通过即时消息软件和其他网络用户进行实时交流。也可通过语音、视频进行。目前常用的即时消息软件有深圳腾讯的 QQ，Microsoft 的 MSN Messenger、Yahoo!的雅虎通等。IP 电话也称网络电话，是通过 TCP/IP 协议实现的一种电话应用。它利用 Internet 作为传输载体实现计算机与计算机、普通电话与普通电话、计算机与普通电话之间的语音通信。

8. 软件下载　软件下载就是把网站上的共享软件复制到上网者的计算机中，除软件外，图书、音乐、电影、游戏等所有能够在网上得到的信息或资料都可以下载。目前，从 Internet 上下载文件的方法主要有以下几种：直接从网页或 FTP 站点下载、用断点续传软件下载、BT 下载等。

任务四　电子邮件的申请及应用

✉ 技能要点

- 能了解电子邮件地址格式各部分的含义。
- 会申请免费电子邮箱。
- 会以各种格式发送电子邮件。
- 能利用邮件管理软件管理电子邮件。

✉ 任务背景

"我听说你是一个电脑高手。"老板高兴地对窦文轩说。

"哪里，哪里，我只是粗通一二。"窦文轩很谦虚。

"呵呵，所以我准备交给你一个工作。"

"您请说。"

"你知道，我们跟香港的巨龙集团有很多业务，今天他们老总要给我发一个投资计划过来，问我要电子邮箱，我可不是搞计算机专业的，你看你负责处理一下？"

主任把为热的芋头扔了过来，窦文轩有点反应不过来。

"这……"

"怎么？"

"好……我试试吧。"

"好，年轻人要喜欢挑战嘛！"

✉ 任务分析

Internet 服务功能之一是电子邮件服务。在因特网上有许多专门管理电子邮件的计算机，称为邮件服务器（E-mail Server）。每个网络服务商（ISP）都有自己的邮件服务器（相当于邮局），用于接收和发送电子邮件。邮件服务器为每一位用户预留了一定的磁盘空间用于存放邮件，这些磁盘空间叫做电子信箱或者 E-mail 信箱。

电子邮件信箱的地址是由一个字符串组成的，格式为：username@hostname.其中 username 是邮箱用户名，hostname 是邮件服务器名，符号"@"表示"at"。显然，邮件地址的含义为在某台主机上的某用户。

✉ 任务实施

步骤一：申请免费邮箱

1. 进入邮箱网页

通过百度搜索，进入新浪邮箱网页，如图 7-69 所示。

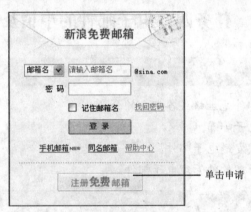

图 7-69 "邮箱"申请页面

2. 注册免费邮箱

（1）单击图 7-69 中"注册免费邮箱"超链接，开始邮箱申请的步骤。首先进入邮箱名检测页面（见图 7-70），检测用户起的邮箱名是否已被别人使用。

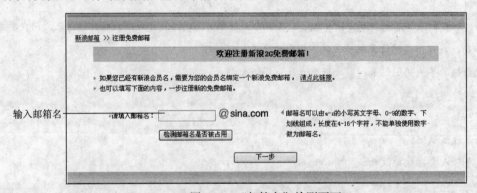

图 7-70 "邮箱名"检测页面

（2）输入邮箱名后，单击"下一步"按钮。若邮箱名已被别人使用，系统会提示并提出名称建议，重新输入名称后单击"提交"按钮，进入注册页面，如图 7-71 所示。

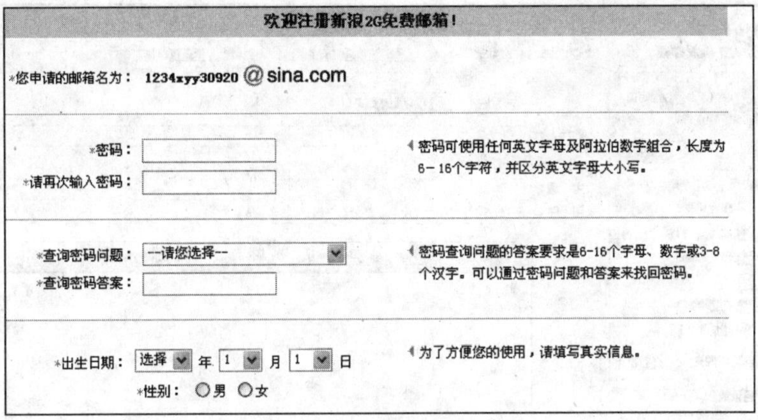

图7-71 "邮箱密码"输入页面

（3）在图7-71中输入相应信息后，单击"提交"按钮即可，系统会提示您邮箱注册成功，如图7-72所示。至此，用户得到一个免费的电子邮箱。

图7-72 "邮箱"申请成功提示页面

步骤二：使用免费邮箱

1. 进入免费邮箱

单击"开通新浪2G免费邮箱"按钮，即可用新的账号进行登录，进入邮箱界面，如图7-73所示。以后每次登录时，可先进入新浪网（www.sina.com）主页，输入用户名和密码，单击"登录"按钮即可进入邮箱。

图7-73 进入"邮箱"页面

2. 发邮件

（1）单击"写信"按钮，即可进入发送邮件页面，如图7-74所示。

图 7-74 "写信"页面

（2）在发送页面中，输入收件人的地址及本邮件的主题，然后书写正文即可。若同一个邮件需同时发给多个人，在"抄送"中输入多个用","隔开的邮箱地址。单击"附件"右侧的"增加附件"超链接，可选择文件作为附件一同发送。邮件编辑完后，单击"发送邮件"按钮发送邮件。

3. 收邮件

单击图 7-73 中的"收信"按钮，即可进入图 7-75 所示的收件箱页面。单击需要阅读的邮件主题文字即可打开邮件，阅读内容。在收件箱页面中，根据需要可实现邮件的阅读、删除、回复、转发、存地址等操作。

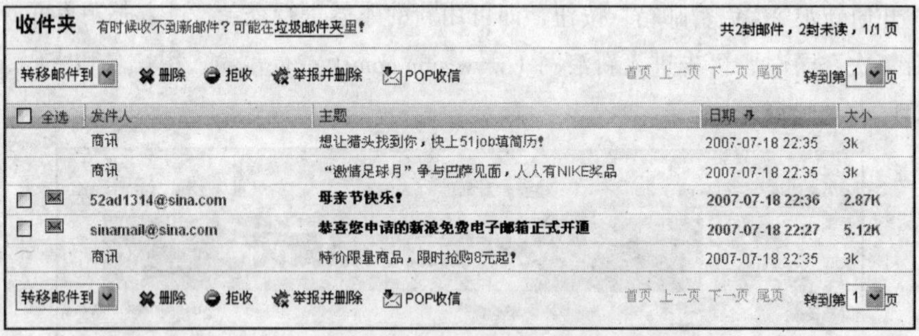

图 7-75 "收件箱"页面

4. 附件的接收

首先打开要阅读的邮件，在图 7-76 中，将鼠标光标定位到附件标题并右击，在弹出的快捷菜单中选择"目标另存为"命令，弹出"另存为"对话框，如图 7-77 所示，在对话框中选择保存位置，并输入文件名后，单击"保存"按钮。到保存位置找到刚保存过的附件，双击打开文件即可浏览附件内容。

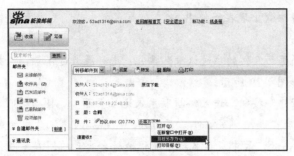

图 7-76　"附件"下载

图 7-77　"另存为"对话框

技能链接

1. 邮件的阅读：在收邮件页面（见图 7-75）找到要打开的邮件，单击主题位置文字即可打开，如图 7-78 所示。

2. 邮件的删除：在收邮件页面将需要删除的所有邮件的前方复选框选中，然后单击图 7-75 中的"删除"按钮即可。

3. 邮件的回复：首先进入邮件阅读页面，单击图 7-78 中的"回复"按钮，进入写邮件页面。此时收件人地址会自动填写。

图 7-78　阅读邮件页面

4. 邮件的转发：首先进入需转发的邮件阅读页面，单击"转发"按钮，选择转发形式，进入写邮件页面。若选择以"正文形式转发"则此时正文已自动填充；若选择以"附件形式转发"

则此时转发内容以文件形式出现在附件中。

5. 添加通信地址：

步骤一：单击邮箱页面左侧的"通讯录"按钮，进行展开通讯录，选择"联系人"选项，进入添加通讯录页面，如图 7-79 所示。

步骤二：单击"新建"按钮，进入编辑联系人地址页面（见图 7-80），填写相应内容后单击"保存"按钮即可。以后在进入"写邮件"页面时，已添加的通讯录中的成员会自动出现在界面右侧（见图 7-81），单击通讯录中成员名称，通信地址会自动填写在"收件人"中。

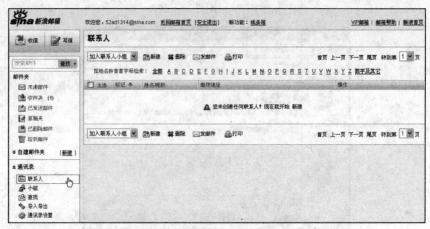

图 7-79　添加"联系人"页面

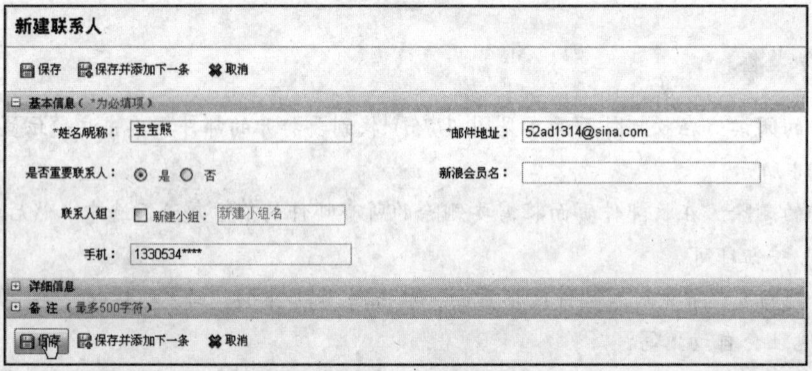

图 7-80　联系人信息输入页面

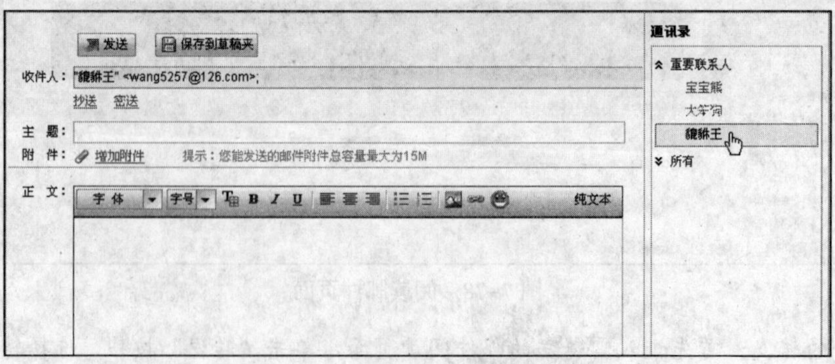

图 7-81　"通讯录"在写邮件页面

步骤三：使用 Foxmail 收发邮件

Foxmail 是国内开发的 Internet 电子邮件软件，具有 16 位和 32 位两种版本，用户可以选择使用中文版或英文版。Foxmail 是一个多用户、多账户、多 POP3 支持的软件，采用邮箱目录树结构，可以无限建立子邮件夹和子邮箱。

Foxmail 是一个自由软件，其下载地址是：www.foxmail.com.cn。

1. Foxmail 的设置

（1）首次启动 Foxmail 进入 Foxmail 用户向导，如图 7–82 所示。

（2）建立 Foxmail 用户账户，输入用户名，邮箱路径使用默认路径。单击"下一步"按钮，建立新的用户账户（见图 7–83），然后单击"下一步"按钮。

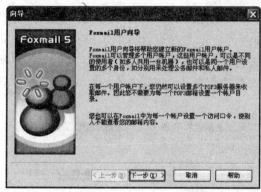

图 7–82　Foxmail 用户向导

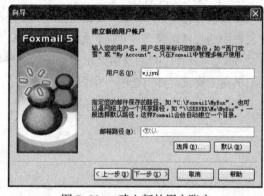

图 7–83　建立新的用户账户

（3）在如图 7–84 所示的对话框中，输入发送者姓名，单击"下一步"按钮进行"指定邮件服务器"的设置，此处选择默认的设置即可（见图 7–85），单击"下一步"按钮。

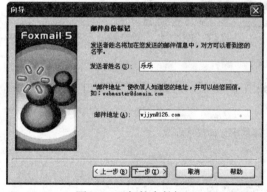

图 7–84　邮件身份标记

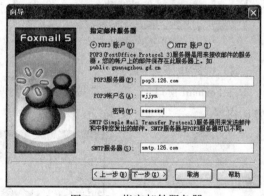

图 7–85　指定邮件服务器

（4）在如图 7–86 所示的对话框中，可以设置两个选项（如果你的发送邮件服务器（SMTP）需要验证身份，则应选中"SMTP 服务器需要身份验证"复选框；如果在接收完邮件后，不希望邮件从邮件服务器上删除，则应选中"保留服务器备份，即邮件接收后不从服务器删除"复选框）。

（5）设置完以上选项后，单击"完成"按钮，进入 Foxmail 主窗口，如图 7 – 87 所示。

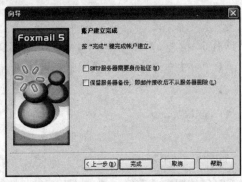
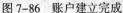

图 7-86　账户建立完成

图 7-87　Foxmail 的主窗口

2．接收电子邮件

单击工具栏上的"收取"按钮，开始从服务器上接收邮件，如图 7-88 所示。随后，在 Foxmail 主窗口中的收件箱旁会显示蓝色的数字，如图 7-89 所示，该数字表示收件箱中有多少封邮件没有被查看。"邮件"列表框中显示了邮件的一些相关信息，如是否有附件、主题、日期等。加黑表示的是未阅读邮件，选中一个后，在"邮件"列表框底部会显示该邮件的主题和内容，也可双击某邮件进入邮件阅读窗口查看邮件内容。

图 7-88　接收邮件

图 7-89　阅读邮件

3．撰写电子邮件

在 Foxmail 窗口中，单击"撰写"按钮，弹出如图 7-90 所示的窗口，在该窗口中可以编写邮件的内容。

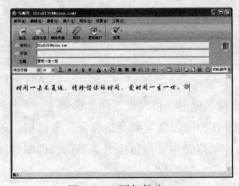

图 7-90　写邮件窗口

在"收件人"文本框中输入接收者的电子邮件地址（如有多个收件人，可用分号间隔不同的收件人），在"抄送"文本框中输入邮件抄送给的邮件接收者，在"主题"文本框中输入该邮件的主题，在编辑区输入邮件的具体内容。若需添加附件，可单击工具栏中的"附件"按钮，在弹出的窗口中选择附加的文件，附加多个文件时，可重复该操作。如图 7-91 所示的最后一栏是已经添加的附件。

4．发送邮件

邮件写完，单击工具栏中的"发送"按钮，将邮件立即发送出去。也可单击"特快专递"按钮，直接将邮件发送到对方的邮箱，如图 7-92 所示。

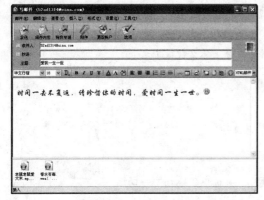

图 7-91　邮件附件

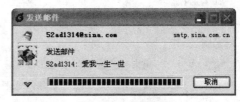

图 7-92　发送邮件

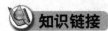 知识链接

1．回复邮件

首先选择需要回复的邮件，然后单击工具栏中的"回复"按钮或者是"邮件"菜单下的"回复邮件"命令，弹出的"邮件编辑器"窗口的"收件人"文本框中将自动填入邮件的回复地址，编辑区中以灰体字显示了原邮件内容，如果不需要，用户可以将其删除。邮件写完后，选取发送的方式即可。

2．转发邮件

即将邮件转发给其他人。在收件箱找到要转发的邮件并选中。然后，单击工具栏中的"转发"按钮或者选择"邮件"菜单下的"转发邮件"命令，将弹出写"邮件"窗口，而且编辑区已经包含了原邮件的内容，如果原邮件带有附件的话，也会自动加上，这时用户还可以修改邮件的内容。在"收件人"文本框中填入要转发到的邮件地址。

任务五　信息安全

✉ 技能要点

- 了解信息安全常识。
- 了解防火墙技术。

- 了解计算机病毒。
- 了解信息系统安全保护的相关政策法规。

✉ 任务背景

"窦先生，老板正在发火呢，让你过去一趟。"崔秘书打电话说。

"啊？"窦文轩感觉不妙。"为什么啊？"

"我也不知道，你赶快过来吧。"崔秘书好像很着急。

……

"你看这是什么？"老板指着屏幕上憨态可掬的熊猫说。

"熊猫吧？"

"我计算机里面又没有竹子！再说昨天还是文件呢，今天怎么就成了这个了！"

"是不是病毒？"

"什么病毒？"

"这个……熊猫烧着香……"

"熊猫烧香？"

"唔，唔……"窦文轩不懂，只好支吾。

"我不管什么熊猫烧香，猴子上树！你赶快解决。"老板狠狠地抽了一口烟，"不然我计算机成了动物园啦！"（中毒的文件图标如图 7-93 所示）

图 7-93　中毒的文件图标

✉ 任务分析

从上述对话中，不难看出主人公的计算机系统受到了恶意病毒的感染。以点看面，大家都知道近年来，我国信息化程度不断推进，信息系统在政府和大型行业、企业组织中得到了日益广泛的应用。随着各部门对其信息系统依赖性的不断增长，信息系统的脆弱性不断暴露。由于信息系统遭受攻击而使其运转及运营受负面影响的事件不断出现，信息系统安全管理已经成为政府、行业、企业管理中越来越关键的部分。如何规范信息系统安全保障体系的建设、如何进行复杂信息系统的安全评估是信息化发展中所面临的巨大挑战。

我们应该保护自己的计算机系统不受到攻击，保护自己的利益不受到损害。

✉ 任务实施

一、增强信息安全意识

信息安全是一门涉及计算机科学、网络技术、通信技术、密码技术、信息安全技术、应用数学、数论、信息论等多种学科的综合性学科。通俗地说，信息安全的技术特征主要表现在系统的可靠性、可用性、保密性、完整性、确认性、可控性等方面。对信息安全的需求主要表现在两个方面：系统安全和网络安全。系统安全主要包括操作系统管理的安全、数据存储的安全、对数据访问的安全等，而网络安全则涉及信息传输的安全、网络访问的安全认证和授权、身份认证、网络设备的安全等。如果不能很好地解决信息安全这个基本问题，必将阻碍信息化发展的进程。那么，如何增强信息安全意识呢？

1. 建立对信息安全的正确认识

当今，信息产业规模越来越大，网络基础设施越来越深入到社会的各个方面、各个领域，信息技术应用已成为我们工作、生活、学习、国家治理和其他各个方面必不可少的关键组件，信息安全的重要性也日益突出，这关系到企业、政府的业务能否持续、稳定地运行，关系到个人安全的保证，也关系到我们国家安全的保证。所以信息安全是我们国家信息化战略中一个十分重要的方面。

（1）掌握信息安全的基本要素和惯例

信息安全包括 4 大要素：技术、制度、流程和人。

信息安全=先进技术+防患意识+完美流程+严格制度+优秀执行团队+法律保障

（2）清楚可能面临的威胁和风险

信息安全所面临的威胁来自于很多方面，这些威胁大致可分为自然威胁和人为威胁。自然威胁指那些来自于自然灾害、恶劣的场地环境、电磁辐射和电磁干扰、网络设备自然老化等的威胁。自然威胁是不可抗拒的，而人为威胁是可以避免、防范的。

① 人为攻击

人为攻击是指通过攻击系统的弱点，以便达到破坏、欺骗、窃取数据等目的，使得网络信息的保密性、完整性、可靠性、可控性、可用性等受到伤害，造成经济上和政治上不可估量的损失。

人为攻击又分为偶然事故和恶意攻击两种。偶然事故虽然没有明显的恶意企图和目的，但它仍会使信息受到严重破坏。恶意攻击是有目的的破坏。

② 安全缺陷

如果网络信息系统本身没有任何安全缺陷，那么人为攻击者即使本事再大也不会对网络信息安全构成威胁。但是，遗憾的是现在所有的网络信息系统都不可避免地存在着一些安全缺陷。有些安全缺陷可以通过努力、加以改进避免的，但有些安全缺陷是必须要付出代价的。

③ 软件漏洞

由于软件程序的复杂性和编程的多样性，在网络信息系统的软件中很容易有意或无意地留下一些不易被发现的安全漏洞。软件漏洞同样会影响网络信息的安全。

④ 结构隐患

结构隐患一般指网络拓扑结构的隐患和网络硬件的安全缺陷。

2．网络道德

上网的人可能都会碰到厌烦的事情：在聊天室聊天的时候，有人肆无忌惮地大说脏话；因为病毒，你的邮件莫名其妙地被删除了；媒体上频频报道，某些政府部门被黑客侵扰或破坏……复旦大学部分学生最近在东方网上发出倡议，呼吁全市乃至全国的大学生抵制网络污染，告别网络漫骂，远离不良信息，争做网络道德人。

（1）网络道德概念及涉及内容

计算机网络道德是用来约束网络从业人员的言行，指导他们思想的一整套道德规范。计算机网络道德可涉及计算机工作人员的思想意识、服务态度、业务钻研、安全意识、待遇得失及其公共道德等方面。

（2）网络的发展对道德的影响

计算机网络的发展，给现实社会的道德意识、道德规范和道德行为都带来了严重的冲击和挑战。

① 淡化了人们的道德意识

② 冲击了现实的道德规范

③ 导致道德行为的失范

（3）网络信息安全对网络提出了新的要求

① 要求增强人们的道德意识，道德行为更加自主自觉

② 要求网络道德既要立足于本国，又要面向世界

③ 要求网络道德既要着力于当前，又要面向未来

（4）加强网络道德建设对维护网络信息安全的作用

加强网络道德建设对维护网络信息安全的作用主要体现在两个方面：作为一种规范，网络道德可以引导和制约人们的信息行为；作为一种措施，网络道德通过维护网络信息安全的法律措施和技术手段可以产生积极的影响。

① 网络道德可以规范人们的信息行为

② 网络道德可以制约人们的信息行为

③ 加强网络道德建设，有利于加快信息安全立法的进程

④ 加强网络道德建设，有利于发挥信息安全技术的作用

3．预防计算机犯罪

（1）计算机犯罪的概念

所谓计算机犯罪，是指行为人以计算机作为工具或以计算机资源作为攻击对象实施的严重危害社会的行为。由此可见，计算机犯罪包括利用计算机实施的犯罪行为和把计算机资源作为攻击对象的犯罪行为。

（2）计算机犯罪的特点

① 犯罪智能化

② 犯罪手段隐蔽

③ 跨国性

④ 犯罪目的多样化

⑤ 犯罪分子低龄化

⑥ 犯罪后果严重

（3）计算机犯罪的手段

① 制造和传播计算机病毒

② 数据欺骗

③ 特洛伊木马

④ 意大利香肠战术

⑤ 超级冲杀

⑥ 活动天窗

⑦ 逻辑炸弹

⑧ 清理垃圾

⑨ 数据泄漏

⑩ 电子嗅探器

除了以上作案手段外，还有社交方法，电子欺骗技术，浏览，顺手牵羊和对程序、数据、系统设备的物理破坏等犯罪手段。

（4）黑客

黑客一词源于英文 Hacker，原指热心于计算机技术，水平高超的计算机家，尤其是程序设计人员。但到了今天，黑客一词已被用于泛指那些专门利用计算机搞破坏或恶作剧的人。目前黑客已成为一个广泛的社会群体，其主要观点是：所有信息都应该免费共享；信息无国界，任何人都可以在任何时间地点获取他认为有必要了解的任何信息；通往计算机的路不止一条；打破计算机集权；反对国家和政府部门对信息的垄断和封锁。黑客的行为会扰乱网络的正常运行，甚至会演变为犯罪。

黑客行为特征可有以下几种表现形式：

恶作剧型；隐蔽攻击型；定时炸弹型；制造矛盾型；职业杀手型；窃密高手型；业余爱好型。为了降低被黑客攻击的可能性，要注意以下几点：

① 提高安全意识，如：不要随便打开来历不明的邮件

② 使用防火墙是抵御黑客程序入侵的非常有效的手段

③ 尽量不要暴露自己的 IP 地址

④ 要安装杀毒软件并及时升级病毒库

⑤ 作好数据的备份

总之，我们应认真制定有针对性的策略，明确安全对象，设置强有力的安全保障体系。在系统中层层设防，使每一层都成为一道关卡，从而让攻击者无隙可钻、无计可使。

4. 应用信息安全技术

目前信息安全技术主要有：密码技术、防火墙技术、虚拟专用网（VPN）技术、病毒与反病毒技术以及其他安全保密技术。

（1）密码技术

密码技术是网络信息安全与保密的核心和关键。通过密码技术的变换或编码，可以将机密、

敏感的消息变换成难以读懂的乱码型文字，以此达到两个目的：其一，使不知道如何解密的黑客不能从所获得乱码中得到任何有意义的信息；其二，使黑客不可能伪造或篡改任何乱码型的信息。

（2）防火墙技术

当构筑和使用木质结构房屋的时候，为防止火灾的发生和蔓延，人们将坚固的石块堆砌在房屋周围作为屏障，这种防护构筑物被称为防火墙。在今天的电子信息世界里，人们借助这个概念，使用防火墙来保护计算机网络免受非授权人员的骚扰与黑客的入侵，不过这些防火墙是由先进的计算机系统构成的。

（3）虚拟专用网（VPN）技术

虚拟专用网是虚拟私有网络（Virtual Private Network，VPN）的简称，它是一种利用公用网络来构建的私有专用网络。目前，能够用于购建 VPN 的公用网络包括 Internet 服务提供商（ISP）所提供的 DDN 专线（Digital Data Network）、帧中继（Frame Relay）、ATM 等，构建在这些公共网络上的 VPN 将给企业提供集安全性和可管理性于一身的私有专用网络。

（4）病毒与反病毒技术

计算机病毒是具有自我复制能力的计算机程序，它能影响计算机软、硬件的正常运行，破坏数据的正确性与完整性，造成计算机或计算机网络瘫痪，给人们的经济和社会生活造成巨大的损失并且呈上升趋势。

（5）其他安全与保密技术

① 实体及硬件安全技术

② 数据库安全技术

知识链接   防火墙

防火墙是近年发展起来的一种保护计算机网络安全的访问控制技术。它是一个用以阻止网络中的黑客访问某个机构网络的屏蔽，在网络世界上，通过建立起网络通信监控系统来隔离内部和外部网络，以阻挡通过外部网络的入侵。

1. 防火墙的概念

防火墙是用于在企业内部网和因特网之间实施安全策略的一个系统或一组系统。它决定网络内部服务中哪些可被外界访问，外界的哪些人可以访问哪些内部服务，同时还决定内部人员可以访问哪些外部服务。所有进出因特网的业务流都必须接受防火墙的检查。防火墙必须只允许授权的业务流通过，并且防火墙本身也必须能够抵抗渗透攻击，因为攻击者一旦突破或绕过防火墙系统，防火墙就不能提供任何保护了。

（1）防火墙的基本功能

一个有效的防火墙应该能够确保：所有从 Internet 流出或流入的信息都将经过防火墙；所有流经防火墙的信息都应该接受检查。设置防火墙的目的是在内部网与外部网之间设立唯一的通道，简化网络的安全管理。

从总体上看，防火墙应具有如下基本功能：过滤进出网络的数据包；管理进出网络的访问行为；封堵某些禁止访问的行为；记录通过防火墙的信息内容和活动；对网络攻击进行监测和警告。

（2）防火墙存在的缺陷

防火墙可能存在如下一些缺陷：防火墙不能防范不经由防火墙的攻击；防火墙不能防止感染

了病毒的软件或文件的传输；防火墙不能防止数据驱动式攻击。

（3）防火墙的类型

按照防火墙保护网络使用方法的不同，可将其分为 3 种类型：网络层防火墙、应用层防火墙和链路层防火墙。

2．防火墙的体系机构

防火墙的体系结构多种多样。当前流行的体系结构主要有 3 种：双宿网关、屏蔽主机、屏蔽子网。

（1）双宿网关防火墙

双宿网关防火墙又称为双重宿主主机防火墙。双宿网关是一种拥有两个连接到不同网络上的网络接口的防火墙。例如，一个网络接口连接到外部的不可信任的网络上，另一个网络接口连接到内部的可信任的网络上。这种防火墙的最大特点是 IP 层的通信是被阻止的，两个网络之间的通信可通过应用层数据共享或应用代理服务器来完成。

（2）屏蔽主机防火墙

屏蔽主机防火墙强迫所有的外部主机与一个堡垒主机（一种被强化的可以防御进攻的计算机）相连接，而不让它们直接与内部主机连接。屏蔽主机防火墙由包过滤路由器和堡垒主机组成。这个防火墙系统提供的安全等级比包过滤防火墙系统要高，因为它实现了网络层安全（包过滤）和应用层安全（代理服务），入侵者在破坏内部网络的安全性之前，必须首先渗透两种不同的安全系统。堡垒主机配置在内部网络上，而包过滤路由器则放置在内部网络和因特网之间。在路由器上进行规则配置，使得外部系统只能访问堡垒主机，去往内部系统上其他主机的信息则全部被阻塞。由于内部主机与堡垒主机处于同一个网络，内部系统是否允许直接访问因特网，或者是要求使用堡垒主机上的代理服务器来访问因特网需要由机构的安全策略来决定，只要对路由器的过滤规则进行配置，使得其只接受来自堡垒主机的内部数据包，就可以强制内部用户使用代理服务。

（3）屏蔽子网防火墙

屏蔽子网防火墙系统用了两个包过滤器和一个堡垒主机。这种防火墙系统最安全，它定义了"非军事区"网络，支持网络层和应用层安全功能。网络管理员将堡垒主机、信息服务器、Modem 组以及其他公用服务器放在"非军事区"网络中，"非军事区"网络很小，处于因特网和内部网络之间。

二、认识计算机病毒

计算机病毒（Virus）是一组人为设计的程序，这些程序隐藏在计算机系统中，通过自我复制来传播，满足一定条件即被激活，从而给计算机系统造成一定损害甚至严重破坏。这种程序的活动方式与生物学上的病毒相似，所以被称为计算机"病毒"。现在的计算机病毒已经不单单是计算机学术问题，而成为一个严重的社会问题。

1．病毒的原理与特点

1994 年出台的《中华人民共和国计算机信息系统安全保护条例》对病毒的定义是：计算机病毒，是指编制或者在计算机程序中插入的破坏计算机功能或者毁坏数据，影响计算机使用，并能自我复制的一组计算机指令或者程序代码。

2．计算机病毒的特点

（1）可执行性

计算机病毒可以直接或间接地运行，可以隐藏在可执行程序和数据文件中运行而不易被察觉。病毒程序在运行时与合法程序争夺系统的控制权和资源，从而降低计算机的工作效率。

（2）破坏性

计算机病毒的破坏性主要有两方面：一是占用系统的时间、空间资源；二是干扰或破坏系统的运行，破坏或删除程序或数据文件。

（3）传染性

病毒的传染性是指带病毒的文件将病毒传染给其他文件，新感染病毒的文件继续传染给另外的文件，这样一来，病毒会很快传染到整个系统、一个局域网或者一个大型计算机中的多用户系统、甚至整个广域网。

（4）潜伏性

计算机系统被病毒感染之后，病毒的触发是由病毒表现及破坏部分的判断条件来确定的。病毒在触发条件满足前，没有表现症状，不影响系统的正常运行，一旦触发条件具备就会发作，给计算机系统带来不良的影响。

（5）针对性

一种计算机病毒并不能传染所有的计算机系统或程序，通常病毒的设计具有一定的针对性。例如，有传染 PC 机的，也有传染 Macintosh 机的；有传染 com 文件的，也有传染 doc 文件的等。

（6）衍生性

计算机病毒由安装部分、传染部分、破坏部分等组成，这种设计思想使病毒在发展、演化过程中允许对自身的几个模块进行修改，从而生成不同于源病毒的变种。

（7）抗反病毒软件性

有些病毒具有抗反病毒软件的功能，这种病毒的变种可以使检测、消除该变种源病毒的反病毒软件失去其功能。

比如案例中主人公的计算机所中的"熊猫烧香"病毒，又称"武汉男生"，这是一个感染型的蠕虫病毒，它能感染系统中 exe、com、pif、src、html、asp 等格式的文件，还能中止大量的反病毒软件进程并且会删除扩展名为 gho 的文件，该文件是系统备份工具 GHOST 的备份文件，使用户的系统备份文件丢失。如图 7-94 所示即为病毒变种后感染病毒文件的图标。

图 7-94　病毒变种

3．病毒的类型

计算机病毒的分类很多，计算机病毒通常可以分为引导区型、文件型、混合型和宏病毒等 4 类。

（1）引导区型病毒主要通过软盘在操作系统中传播，感染软盘的引导区。当已感染了病毒的软盘被使用时，就会传染到硬盘的主引导区。

（2）文件型病毒是寄生病毒，运行在计算机存储器中，通常感染扩展名 com、exe、sys 等类型的文件。每一次激活时，感染文件把自身复制到其他文件中，并能在存储器中保留很长时间。

（3）混合型病毒具有引导区型病毒和文件型病毒两者的特点。

（4）宏病毒寄存在 Office 文档时，宏病毒程序就被执行，这时宏病毒处于活动状态，当条件满足时，宏病毒便开始传染、表现和破坏。

由于 Office 应用的普遍性，宏病毒已成为计算机病毒的主体，在计算机病毒历史上它是发展最快的病毒。宏病毒与其他类型的病毒不同，他能通过电子邮件、软盘、网络下载、文件传输等很容易地得以蔓延。

4．病毒的预防

预防计算机病毒，应该从管理和技术两方面进行。

（1）从管理上预防病毒

计算机病毒的传染是通过一定途径来实现的，为此必须重视制定措施、法规，加强职业道德教育，不得传播更不能制造病毒。另外，还应采取一些有效方法来预防和抑制病毒的传染：

① 谨慎地使用公用软件或硬件。

② 任何新使用的软件或硬件（如磁盘）必须先检查。

③ 定期检测计算机上的磁盘和文件，并及时消除病毒。

④ 对系统中的数据和文件要定期进行备份。

⑤ 对所有系统盘和文件等关键数据要进行写保护。

（2）从技术上预防病毒

从技术上对病毒的预防有硬件保护和软件预防两种方法。

任何计算机病毒对系统的入侵都是利用 RAM 提供的自由空间及操作系统所提供的相应的中断功能来达到传染的目的。因此，可以通过增加硬件设备来保护系统，此硬件设备既能监视 RAM 中的常驻程序，又能阻止对外存储器的异常操作，这样就能实现预防计算机病毒的目的。

软件预防方法是使用计算机病毒疫苗。计算机病毒疫苗是一种可执行程序，它能够监视系统的运行，当发现某些病毒入侵时可防止病毒入侵，当发现非法操作时及时警告用户或直接拒绝这种操作，使病毒无法得到传播。

5．病毒的清除

如果发现计算机感染了病毒，应立即清除。通常手动处理或使用反病毒软件方式进行清除。

手动处理的方法有：用正常的文件覆盖被病毒感染的文件；删除被病毒感染的文件；重新格式化磁盘等。这种方法有一定的危险性，容易造成对文件的破坏。

用反病毒软件对病毒进行清除是一种较好方法。常用的反病毒软件有瑞星、KV、Norton 等，需要特别注意的是要及时对反病毒软件进行升级更新，才能保持软件的良好杀毒性能。

三、安装杀毒软件并进行杀毒

由于计算机感染的是"熊猫烧香"恶意病毒，是利用系统漏洞感染网页，所以要应用反病毒软件进行清除并安装防火墙，阻止不明程序的攻击。以瑞星 2007 为例，具体的操作步骤如下：

1．安装瑞星杀毒软件

启动计算机并进入 Windows XP 操作系统，将安装盘放入光驱，启动安装程序，弹出如图 7-95

所示的安装界面。如果计算机已安装其他产品的杀毒软件或者个人防火墙，强烈建议先行卸载；并且请关闭已经启动的其他应用程序。安装过程如图 7-95～图 7-102 所示。

图 7-95　启动安装程序

图 7-96　选择安装语言

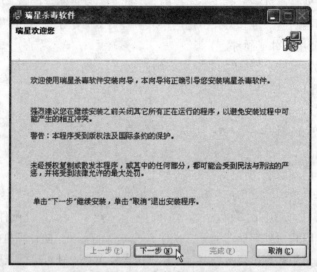

图 7-97　安装向导指示

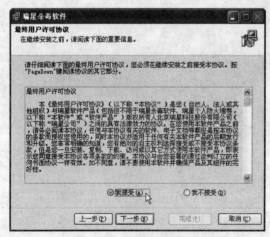

图 7-98　确认用户许可协议

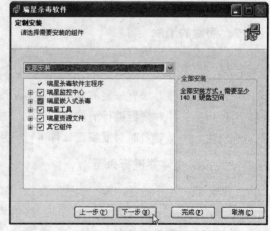

图 7-99　安装组件

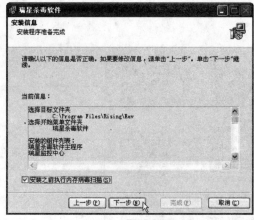

图 7-100　选择目标文件夹

图 7-101　安装过程中

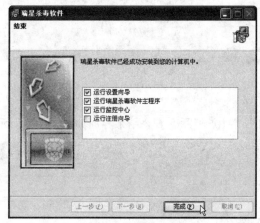

图 7-102　安装结束

2．进行杀毒设置

设置瑞星进行杀毒，其界面如图 7-103 所示。

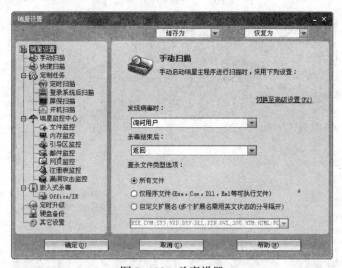

图 7-103　杀毒设置

3. 进行目标扫描、杀毒

设置杀毒目标，其界面如图 7-104 所示。

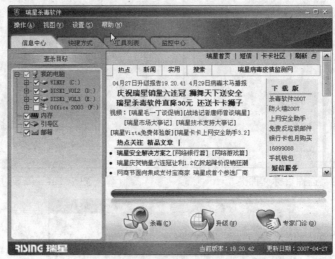

图 7-104　杀毒

4. 清除病毒

"发现病毒"对话框如图 7-105 所示，查杀结果界面如图 7-106 所示。

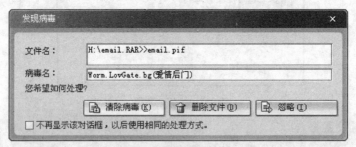

图 7-105　"发现病毒"对话框

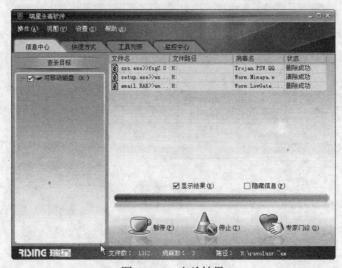

图 7-106　查杀结果

5．安装瑞星防火墙

安装步骤同瑞星 2007 安装，结果如图 7-107 所示。

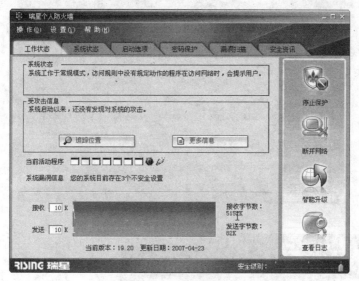

图 7-107　防火墙界面

6．防火墙应用

应用防火墙，其界面如图 7-108～图 7-110 所示。

同时在日常工作生活中，要养成良好的安全习惯，不给恶意程序、黑客、罪犯搞破坏、实施计算机犯罪的机会。

1．养成设置密码的习惯。密码的长度至少要有 8 位以上，并且应该混合字母和各种特殊字符。并且不要将其写在一个可以随处粘贴的便携条上，或者将其写在屏幕下方或者键盘下面。特别需要注意的是定期更换密码。

2．在使用网络计算机时，应该安装一个良好的防病毒和防火墙软件，不要安装未授权的软件，不要访问那些名声不好的网站，避免计算机被种植上恶意代码。

3．使用安全的电子邮件，通过使用数字证书对邮件进行数字签名和加密，就可以通过电子邮件进行重要的商务活动和发送机密信息，保证邮件的真实性和不被其他人偷阅。同时学习如何识别一些恶意的电子邮件，对于那些有疑问或者不知道来源的邮件，不要查看或者回复消息，更不要打开可疑的附件。

4．不要使用公共打印机打印文档，一旦完成了机密文档的打印，注意快速干净地收拾打印机中打印出来的文档，不要将它们扔在打印机的柜子中，将不需要的文件粉碎，或者按照其他安全处理程序操作。

5．注意物理安全。物理安全涉及在物理层面上保护企业资源和敏感信息所遭遇的威胁、可能存在的缺陷和采取的相应对策。如果没有物理安全，绝大多数的技术手段将会失去其本身的价值。

图 7-108　进程信息查看

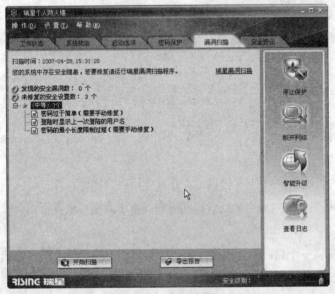

图 7-109　漏洞扫描

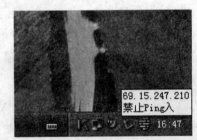

图 7-110　阻止非法访问

✉ 知识拓展

信息安全政策法规

随着信息化时代的到来、信息化程序的日趋深化以及社会各行各业计算机应用的广泛普及，计算机犯罪也越来越猖獗。面对这种情况，为有效地防止计算机犯罪，在一定程度上确保计算机信息系统安全地运行，我们不仅要从技术上采取一些安全措施，还要在行政管理方面采取一些安全手段。因此，制定和完善信息安全法律法规，制定及宣传信息安全伦理道德规范，提高计算机信息系统用户及广大社会公民的职业道德素养，建立健全信息系统安全调查制度和体系就显得非常必要和重要。

国家信息政策与法规的研究起源于 20 世纪 50 年代末至 60 年代，60 年代之后，逐渐受到各国政府的重视，各国政底纷纷出台一些信息政策和信息法规，指导本国各时期的信息工作，促进本国信息事业的发展。对各国政府在制定本国信息政策和信息法规时的背景、立法目标、制定原则进行研究，有助于为我国制定信息政策法规提供理论依据，促进国家信息政策和法规体系的建立和完善。

1．信息系统安全保护规范化与法制化

（1）信息系统安全法规的基本内容与作用

计算机信息系统安全立法为信息系统安全提供了法律的依据和保障，有利于促进计算机产业、信息服务业和科学技术的发展。信息系统的安全法律法规是建立在信息安全技术标准和社会实际的基础之上的，它所具有的宏观性、科学性、严密性以及强制性和公正性，其目标无非在于明确责任，制裁违法犯罪，保护国家、单位以及个人的正当合法权益。

① 计算机违法与犯罪惩治。显然是为了震慑犯罪，保护计算机资产。

② 计算机病毒治理与控制。在于严格控制计算机病毒的研制、开发，防止、惩罚计算机病毒制造与传播，从而保护计算机资产及其运行安全。

③ 计算机安全监察、计算机安全规范与组织法。着重规定监察管理部门的职责和权利以及计算机负责管理部门和直接使用部门的职责与权力。

④ 数据法与数据保护法。其主要目的在于保护拥有计算机的单位或个人的正当权益，包括隐私权等。

（2）国外计算机信息系统安全立法简况

发达国家关注计算机安全立法是从 20 世纪 60 年代后期开始的。它们基本上都是根据各自的实际情况或对原有的刑事法典做某些适应现实的修改或补充，或制定某些相应的计算机安全法规。

瑞典早在 1973 年就颁布了《数据法》，这大概是世界上第一部直接涉及计算机安全问题的法规。随后，丹麦等西欧国家都先后颁布了数据法或数据保护法。1991 年，欧共体 12 个成员国批准了软件版权法等。在美国，国防部早在 20 世纪 80 年代就针对计算机安全保密问题开展了一系列有影响的工作。针对窃取计算机数据和对计算机信息系统的种种危害，于 1981 年成立了国家计算机安全中心（NCSC）;1983 年，美国国家计算机安全中心公布了核心计算机系统评测标准（TCSEC）；作为联邦政府，1986 年美国制定了计算机诈骗条例；1987 年又制定了计算机安全条例。

（3）国内计算机信息系统安全立法简况

早在 1981 年，我国政府就对计算机信息安全系统予以极大关注，1983 年 7 月，公安部成立了计算机管理监察局，主管全国的计算机安全工作。为了提高和加强全社会的计算机安全意识、观念，积极推动、指导和管理有关方面的计算机安全治理，公安部于 1987 年 10 月推出了《电子计算机系统安全规范（试行草案）》，这是我国第一部有关计算机安全工作的管理规范。到目前为止，我国已经颁布了的与计算机信息系统安全有关的法律法规主要还有下列这些：

1986 年 9 月颁布的《中华人民共和国治安管理处罚条例》；

1986 年 12 月颁布的《中华人民共和国国际标准法》；

1988 年 9 月颁布的《中华人民共和国保守国家秘密法》；

1991 年 5 月颁布的《计算机软件保护条例》；

1992 年 4 月颁布的《计算机软件著作权登记办法》；

1994 年 2 月颁布的《中华人民共和国计算机信息系统安全保护条例》，它是我国的第一个计算机安全法规，也是我国计算机安全工作的总纲；

1997 年 12 月颁布的《中华人民共和国网络国家联网安全保护管理办法》；

2000 年 1 月 1 日颁布执行的《计算机信息系统国际联网保密管理规定》；

2000 年 4 月颁布的《计算机病毒防治管理办法》；

2000 年 10 月颁布的《互联网电子公告服务管理规定》；

2005 年颁布的《互联网著作权行政保护办法》等。

除此之外，各地区根据本地实际情况，在国家有关法规的基础上，制定了符合本地实情的计算机信息安全"暂行规定"或"实施细则"等。

2．计算机信息系统安全调查

迄今，人们对计算机安全调查这一概念仍没有形成统一的认识。世界各国对计算机安全调查存在着不同的认识和见解。在我国，为对各单位、各行业的计算机信息系统安全性能进行评估，以便更好地提高系统的安全性，上级主管部门根据我国或具体地、市相关安全标准制定出一整套切实可行的安全调查提纲或条款，计算机安全主管部门根据这一调查提纲定期对各计算机信息系统应用部门进行全面综合的调查评估，这一过程称为计算机信息系统安全调查。其目的主要是在系统未被入侵之前，对系统安全性能进行定期调查分析，从而最大限度地发现系统存在的安全隐患和漏洞，以便提高系统安全性，使其日后被攻击的可能性降为最小。而在西方一些计算机事业发达国家，计算机信息系统安全调查指的是当某一部门或单位的计算机系统受到攻击时，为挽救系统，尽量避免或减少损失，负责信息安全部门会介入，按照一定的法律程序并依靠一定的技术手段及管理方法对遭受攻击的系统进行跟踪调查分析，从而找出作案嫌疑人，追回损失，同时发现系统安全隐患和漏洞，以降低或避免系统日后再被攻击的可能性。

计算机犯罪、计算机信息安全法律法规、计算机职业道德以及计算机安全调查等环节是紧密联系、不可分割的。为促进计算机信息系统安全事业的进一步发展，我们还应该继续深入研究。

实 验 指 导

实验一　组建对等局域网

一、实验目的

1. 学会拓扑结构的选型，综合分析及设计局域网。
2. 掌握网络共享资源的设置。
3. 掌握对等局域网组网技术。

二、实验内容

1. 选择适应要求的网络拓扑结构。
2. 制作网线。
3. 网卡的选择和安装。

4. 集线器的选择和安装。

5. 安装必要的网络协议。

6. 设置网络共享，并为每台计算机安装网络打印机。

7. 观察学校计算机机房的网络设备和网络布线，看看是否有需要改进的地方。

8. 在老师的指导下，使用"添加和删除硬件向导"删除已安装的网卡，然后重新安装，并查看系统自动安装的网络组件。

注：

1. 实验所需素材

计算机 5～8 台、集线器、带有 RJ-45 接口的 PCI 网卡及驱动程序、双绞线、RJ-45 水晶头、网线钳

2. 写出实验报告

实验二　Internet 应用

一、实验目的

1. 掌握电子邮件的申请设置和使用。

2. 掌握电子邮件管理程序的设置和使用。

3. 了解即时通讯软件的使用方法，养成良好的上网习惯。

二、实验内容

1. 进入免费邮箱所在网站申请并收发电子邮件。

（1）接收和阅读邮件。

（2）发送和抄送，回复和转发邮件。

2. 使用 Foxmail 收发邮件。

（1）建立新账户。

（2）建立地址簿。

（3）撰写并发送和抄送一封邮件。

3. 利用 IE 方式下载即时通信软件（腾讯 QQ），申请账号，添加联络对象。

4. 浏览"霏凡软件站 http://www.crsky.com/"，下载并安装下载工具软件（迅雷、网际快车），练习下载工具相关操作。

习　题

一、选择题

1. Internet 最早的雏形是（　　　）。

  A. APPAnet   B. NSFnet   C. BITnet   D. CERnet

2. （　　　）是 Internet 提供的最早的三项服务。

  A. E-mail、FTP、Gopher   B. FTP、Telnet、WWW

  C. E-mail、FTP、Telnet   D. E-mail、Telnet 、WWW

3. 可以通过（　　　）将局域网连入 Internet。

    A. 调制解调器　　　　　　B. 电话拨号　　　　　　C. 专线　　　　　　D. 终端仿真

4. 我国国内的 Internet 主干网为（　　　）。

    A. CERnet　　　　　　B. NCFC　　　　　　C. CHINAnet　　　　　　D. CHINAGBN

5. Internet 使用的是（　　　）协议。

    A. IPX/SPX　　　　　　B. TCP/IP　　　　　　C. NetBIOS　　　　　　D. PPP

6. URL（统一资源定位器）表示的是（　　　）。

    A. 一个 WWW 服务器的地址　　　　　　B. 一个超文本文件

    C. 特定 Web 页的标识符　　　　　　　　D. 一个链接点的地址

7. 数据通信中的信道传输速率单位 bit/s 表示（　　　）。

    A、字节/秒　　　　　　B、位/秒　　　　　　C、K 位/秒　　　　　　D、K 字节/秒

8. WWW 是通过（　　　）格式向用户提供信息的。

    A. 超文本　　　　　　B. URL（统一资源定位器）

    C. WWW 服务器　　　D. 多媒体

9. 电子邮件地址由两部分组成，由@号隔开，其中@号前为（　　　）。

    A. 用户名　　　　　　B. 机器名　　　　　　C. 本机域　　　　　　D. 密码

10. 在家庭中经常使用的入网连接方式为（　　　）。

    A. 有线电视　　　　　　B. 拨号连接　　　　　　C. 高速连接　　　　　　D. 本地局域网

11. http 指的是（　　　）。

    A. 超文本标记语言　　　B. 超文本文件　　　　　C. 超媒体文件　　　　　D. 超文本传输协议

12. Internet 域名服务器的作用是（　　　）。

    A. 将主机域名翻译成 IP 地址　　　　　　B. 按域名查找主机

    C. 注册用户的域名地址　　　　　　　　D. 为用户查找主机的域名

13. 建立 PPP 连接以后，可使用户具有（　　　）。

    A. 虚拟 IP 地址　　　　　　　　　　　B. 真实域名地址

    C. 真实 IP 地址　　　　　　　　　　　D. 虚拟域名地址

14. IP 地址是 Internet 上为每台主机分配的由 32 位（　　　）组成的唯一标识符。

    A. 十六进制数　　　　　B. 十进制数　　　　　　C. 八进制数　　　　　D. 二进制数

15. 调制解调器（Modem）的作用是实现（　　　）之间的相互转换。

    A. 并行信号与串行信号　　　　　　B. 数字信号与模拟信号

    C. 高压信号与低压信号　　　　　　D. 交流信号与直流信号

16. 有一台主机的 IP 地址为 202.112.80.106，其中 106 为（　　　）的标识。

    A. 网络　　　　　　B. 类别　　　　　　C. 国家　　　　　　D. 主机

17. 为便于书写，通常将 IP 地址每（　　　）位数分成一组。

    A. 2　　　　　　B. 4　　　　　　C. 8　　　　　　D. 10

18. （　　　）是 Internet 各服务项目中发展最快和使用最广泛的一种。

    A. E-mail　　　　　　B. FTP　　　　　　C. WWW　　　　　　D. Usenet 网络新闻

19. 超文本文件（　　　）。

    A. 包含了图形和图像　　　　　　　　B. 是普通文本文件

    C. 是一个二进制的文件　　　　　　　D. 包含有与其他文本的链接

20. WWW 向用户提供信息的基本单位是（　　　）。

    A. 链接点　　　　　B. 文件　　　　　　C. 超媒体文件　　　　　D. 页

21. 在 Windows XP 下，可通过双击（　　　）窗口中的"调制解调器"图标，来安装和设置调制解调器。

    A. 拨号网络　　　　B. 超级终端　　　　C. 附件　　　　　　　　D. 控制面板

22. 匿名 FTP 服务器允许（　　　）免费登录并从其上获取文件。

    A. 该服务器的合法用户　　　　　　　B. 任何一个 Internet 用户

    C. 特殊用户　　　　　　　　　　　　D. 管理员

23. 用户能收发电子邮件，必须保证（　　　）。

    A. 用仿真终端方式连接 Internet　　　B. 用 PPP 方式连接 Internet

    C. 在自己的电脑上安装了电子邮件软件　D. 有一个合法且唯一的电子邮件地址

24. 发送电子邮件时，收信人（　　　）。

    A. 必须正在使用计算机　　　　　　　B. 计算机已经开启

    C. 计算机不用打开　　　　　　　　　D. 计算机已经启动并且运行

25. 发送电子邮件时，收信人（　　　）。

    A. 必须正在使用计算机　　　　　　　B. 计算机已经开启

    C. 计算机不用打开　　　　　　　　　D. 计算机已经启动并且运行

二、操作选择题

1. 使用 Outlook Express 先收阅、后创建并发送电子邮件的操作步骤的顺序是：（　　　）。

    ① 单击 Outlook Express 窗口的左侧"文件夹"中的"收件箱"选项，双击所收到的信件，并阅读。

    ② 在 Windows 桌面上，启动 Outlook Express。

    ③ 单击工具栏中的"新邮件"按钮，弹出编辑窗口。

    ④ 单击工具栏中的"发送"按钮。

    ⑤ 单击"发送/接受"按钮，检查服务器信箱中是否有信件。

    ⑥ 在"新邮件"编辑窗口中，输入所要发送的邮件的内容。

    A. ①⑤③②⑥④　　　　　　　　　　B. ②⑤①③⑥④

    C. ④②①③⑥⑤　　　　　　　　　　D. ①②③④⑤⑥

2. 在 Windows 98 下安装"拨号网络适配器"的操作步骤的顺序为（　　　）。

    ① 在"网络适配器"列表框中，选择"拨号网络适配器"选项。

    ② 单击"添加"按钮，打开"选定网络组件类型"对话框。

    ③ 双击"网络"图标，打开"网络"对话框。

    ④ 在"厂商"列表框中，选择"Microsoft"选项。

    ⑤ 选中"适配器"选项，再单击"添加"按钮，出现"选定网络适配器"对话框。

    ⑥ 单击"确定"按钮。

⑦ 选择"开始"|"设置"|"控制面板"命令，打开"控制面板"窗口。

 A. ①②③④⑤⑥⑦   B. ③②⑤⑦④①⑥

 C. ④①⑦③②⑤⑥   D. ⑦③②⑤④①⑥

3. 建立一个新的连接图标的操作步骤的顺序为（   ）。

① 在"我的电脑"窗口中，双击"拨号网络"图标，屏幕上出现"拨号网络"窗口。

② 在"请为您要拨的计算机键入名字"文本框中，输入一个名字，单击"下一步"按钮。

③ 单击"完成"按钮。

④ 双击"新建连接"图标，打开"创建新连接"对话框。

⑤ 在"电话号码"文本框中，输入一个电话号码，在"国家/地区代码"下拉列表框中，选择"中国"选项。单击"下一步"按钮。

 A. ①②③④⑤   B. ③①②④⑤   C. ①④②③⑤   D. ①④②⑤③

4. 利用 IE 在 Internet 网上浏览"南京广播电视大学"主页的操作步骤是：（   ）。

① 在分类索引的"院校"中，选取"广播电视大学"。

② 在 IE 的地址工具栏中输入"//www.sohu.com/"URL 地址，按【Enter】键，进入搜狐网站。

③ 将鼠标移动到 IE 的地址工具栏中，并单击使之成为反白待输入状态。

④ 在分类索引的"教育"中，选取"院校"。

⑤ 在 Windows 的桌面上，双击"Internet Explorer"图标，启动 IE 浏览器。

⑥ 选取"南京广播电视大学"后，单击"南京广播电视大学"，浏览其主页。

 A. ②④⑤③①⑥   B. ⑤①⑥③②④   C. ⑤③②④①⑥   D. ①②③④⑤⑥

5. 保存"南京广播电视大学"的主页到"C:\My Document"并将其添加到收藏夹中的操作步骤的正确顺序是：（   ）。

① 在"收藏"菜单中，选择"添加到收藏夹"命令，弹出"添加到收藏夹"对话框。

② 在"添加到收藏夹"对话框中，单击"确定"按钮。

③ 在 Windows 的桌面上，双击"Internet Explorer"图标，启动 IE 浏览器。

④ 在"收藏"菜单中，查看收藏的"南京广播电视大学"的主页。

⑤ 在"保存网页"对话框的"文件名"中，输入"南京广播电视大学主页"，在"保存在"下拉列表框中选择"C:\My Document"选项，"保存类型"选择"网页，全部（*.htm；*.html）"，单击"保存"按钮。

⑥ 利用搜索引擎，查找的"南京广播电视大学"的主页。

⑦ 在"文件"菜单中，选择"另存为"命令，弹出"保存网页"对话框。

 A. ①②③④⑤⑥⑦   B. ③⑥⑦⑤①②④   C. ③④①②⑦⑤⑥   D. ③⑥⑦②④⑤①

6. 设置在连接前后出现终端窗口的操作步骤的顺序为：（   ）。

① 在"常规"选项卡中单击"配置"按钮，从弹出的对话框中选择"选项"选项卡。

② 在"拨号网络"窗口中右击已建立的连接图标，打开一个快捷菜单。

③ 在"连接控制"选项区域中，选中"拨号前出现终端窗口"或"拨号后出现终端窗口"复选框。

④ 单击"确定"按钮。

⑤ 从快捷菜单中选择"属性"命令，出现该连接的"属性"对话框。

 A. ②⑤①③④   B. ①③②⑤④   C. ②⑤④①③   D. ①②③④⑤

三、填空题

1. 计算机网络体系结构主要包括：＿＿＿＿结构，＿＿＿＿结构和＿＿＿＿结构。

2. 开放系统互连参考模型把整个网络功能结构分为七层，它们依次是：＿＿＿＿层，＿＿＿＿层，＿＿＿＿层，＿＿＿＿层，＿＿＿＿层，＿＿＿＿层，＿＿＿＿层。

3. 从概念上，我们总可以把计算机网络划分成＿＿＿＿和＿＿＿＿两部分。

4. Internet 的 IP 地址由＿＿＿＿标识符和＿＿＿＿标识符两部分组成。

5. 接入 Internet 的计算机必须满足的基本条件是要采用＿＿＿＿。

6. 目前，Internet 的接入方式大致有＿＿＿＿接入，＿＿＿＿接入，＿＿＿＿接入，＿＿＿＿接入和＿＿＿＿接入。

7. 提供网络通信和网络资源共享功能的操作系统称为＿＿＿＿。

8. 计算机网络中，通信双方必须共同遵守的规则或约定，称为＿＿＿＿。

第8章

网页制作软件 FrontPage 2003

　　FrontPage 是微软公司开发的网页制作和网站管理工具。FrontPage 2003 是 Microsoft Office 2003 的组件之一，与 Office 的其他组件高度融合。其界面友好，功能强大，易学易用，是目前使用较为广泛的网页制作、网站管理工具之一。

任务一　创建站点、网页，插入相关元素

⊠ 技能要点

- 会 FrontPage 2003 的启动与退出。
- 能掌握 FrontPage 2003 的编辑方式与视图。
- 能熟练掌握创建站点和网页编辑的方法。
- 能熟练掌握插入对象和创建超链接的方法。
- 能理解 HTML 的基本概念。

⊠ 任务背景

　　窦文轩成了老板的红人，大家也日渐对他恭敬起来。

　　宣传部主任亲自跑到窦文轩的办公桌前。

　　"老弟，求你点儿事？"

　　"主任，您这么客气我可不敢当，有话就直说吧！"窦文轩挺客气。

　　"上午老板说了，让我搞一个关于节日的网站，"主任的脸红的像斗牛士手中的布，"你也知道老哥的水平，我可弄不了。"

　　"要不……我替你做一下？"窦文轩小心地试探。

　　"那太好了，今天晚上你没事吧，咱们好好喝两杯。"主任高兴得不得了。

　　"别跟我客气啊，客气我可就不帮了。"窦文轩言不由衷。

　　窦文轩胸有成竹，关键是他最近可没少补习计算机知识，把从学校带的那本书都快背过了。

✉ 任务分析

要创建一个介绍关于"中国节日"专题的网站，其中包括关于"春节"、"元宵节"、"清明节"、"端午节"的四个网页，首先要进行的工作就是先创建站点，再分别制作四个节日网页，下面以"春节"网页为例介绍创建简单网页并插入相关元素的方法，其设计完成后的界面如图 8-1 所示。

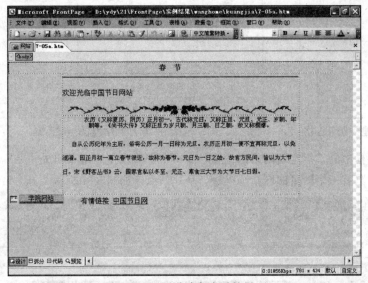

图 8-1　网页设计完成后的界面

✉ 任务实施

步骤一：启动 FrontPage 2003

（1）单击"开始"按钮，在"开始"菜单中选择"程序"命令。

（2）在"程序"菜单中选择"Microsoft FrontPage 2003"命令即可将其打开。

另外，也可以在桌面上创建 ProntPage 2003 的快捷方式，然后在桌面上双击快捷方式图标，即可启动 FrontPage 2003。

🌐 技能链接

FrontPage 2003 的退出有以下三种方法：

- 选择"文件"菜单中的"退出"命令。
- 单击操作窗口右上角的"关闭"按钮。
- 按【Alt+F4】组合键。

步骤二：创建站点

（1）在"文件"菜单中选择"新建"命令，弹出"新建"任务窗格，如图 8-2 所示。

（2）在"新建网站"选项区域中选择"由一个网页组成的网站"选项，弹出"网站模板"对话框，如图 8-3 所示。

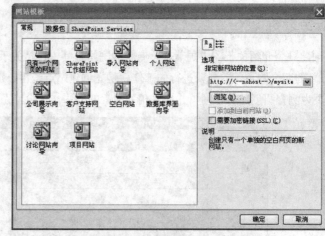

图 8-2 "新建"任务窗格　　　　　　图 8-3 "网站模板"对话框

（3）在对话框中的"指定新网站的位置"文本框中输入存储站点的文件夹。

（4）双击"只有一个网页的网站"模板，新建站点，如图 8-4 所示。

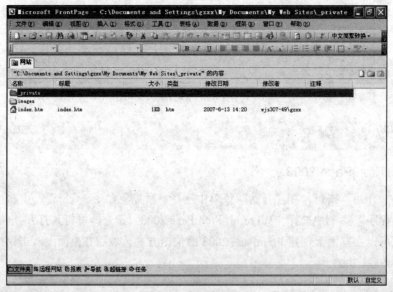

图 8-4 新建站点

该站点只有一个空白网页 index.htm（主页）和用于存储图片的文件夹 images，可以打开 index.htm 编辑该网页，也可以进一步根据网站规划创建其他网页。

技能链接

（1）通过工具栏"新建"按钮创建站点

单击工具栏中"新建"按钮右侧的下三角按钮，在弹出的下拉列表框中选择"网站"选项，同样弹出"网站模板"对话框。

（2）打开站点

在菜单中选择"文件" | "打开网站"命令，进入"打开网站"对话框，在"查找范围"下拉

列表框中选择要打开的站点，然后单击"打开"按钮即可。

（3）重命名站点

打开要重命名的站点，在菜单中选择"工具"|"网站设置"命令，弹出"网站设置"对话框，在"常规"选项卡中的"网站名称"文本框内输入新站点的名字，然后单击"确定"按钮即可。

（4）删除站点

首先打开要删除的站点，右击站点名，在弹出的快捷菜单中选择"删除"命令，出现"确认删除"对话框，根据需要选择相应的选项进行删除即可。

步骤三：在站点中新建网页

（1）在"文件"菜单中选择"新建"命令，弹出"新建"任务窗格。

（2）在"新建"任务窗格中选择"其他网页模版"选项，弹出"网页模版"对话框，如图 8-5 所示。

图 8-5 "网页模版"对话框

（3）选择"普通网页"模板，单击"确定"按钮，新建的网页显示在 FrontPage 2003 窗口中，可以对其进行编辑和修改等操作，如图 8-6 所示。

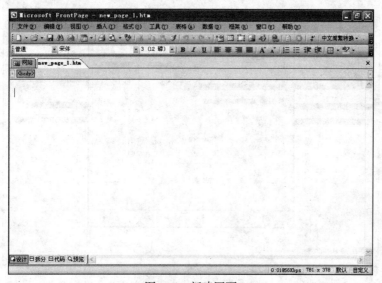

图 8-6 新建网页

（4）选择"文件"|"另存为"命令，弹出"另存为"对话框。在对话框的"文件名"文本框中输入网页文件名"春节"，在"保存在"下拉列表框中选择存放位置，设置完成后单击"保存"按钮。

技能链接

（1）通过工具栏"新建"按钮创建网页

单击工具栏中"新建"按钮右侧的下三角按钮，在弹出的下拉列表框中选择"网页"选项，同样弹出"网页模板"对话框。

（2）打开网页

在菜单中选择"文件"|"打开"命令，弹出"打开"对话框，在"查找范围"下拉列表框中找到并双击需要打开的网页即可。

（3）重命名网页

网页的重命名类似文件夹的重命名，在"文件夹列表"中右击要重命名的网页，在出现的快捷菜单中选择"重命名"命令，原来网页的名字处于修改状态，这时输入一个新的名字代替原来的名字即可。

（4）预览网页

- 在"网页视图"的"预览"模式下预览。
- 在菜单中选择"文件"|"用浏览器预览"命令在浏览器中预览，前提是需要保存网页文件。

步骤四：网页中文本的编辑

1. 输入文本

在新建的"春节"网页中的编辑区输入文本内容即可。

2. 设置文字格式

选中文字，单击"格式"菜单，选择"字体"命令，打开"字体"对话框，如图 8-7 所示。

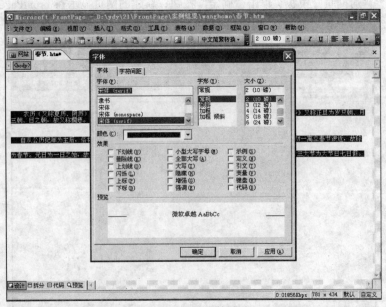

图 8-7　设置字体格式

在"字体"对话框中对所选定的文字设置字体、字形、大小、颜色、效果以及字符间距等。

3．设置段落格式

将插入点移动到要设置格式的段落中，单击"格式"菜单，选择"段落"命令，打开"段落"对话框，如图 8-8 所示。

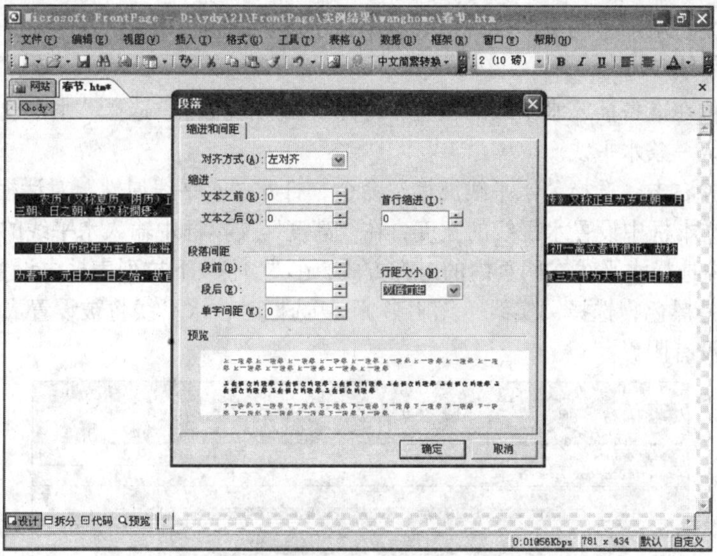

图 8-8　设置段落格式

在"段落"对话框中可以设置段落的对齐方式、缩进和段落间距等。

文字段落的格式编排对于一个网页的外观是至关重要的。FrontPage 2003 可以通过按【Enter】键划分段落。值得注意的是，如果只是需要换行，而不是另起一个段落，按【Shift+Enter】组合键即可。

步骤五：设置网页属性

选择"文件"菜单中的"属性"命令，或者在网页的任意区域右击，在弹出的快捷菜单中选择"属性"命令，都可以弹出"网页属性"对话框，如图 8-9 所示。

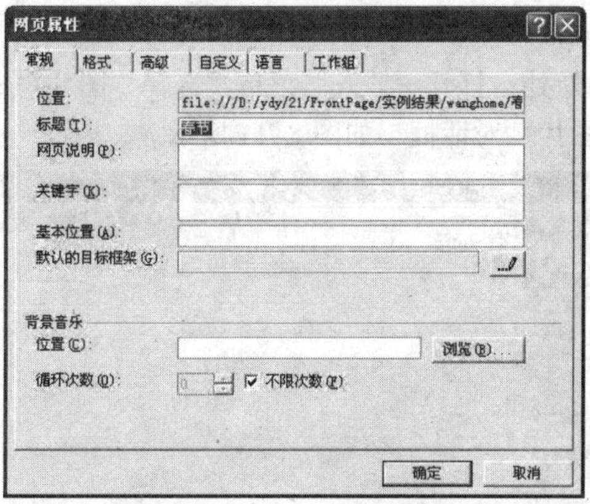

图 8-9　"网页属性"对话框

在"网页属性"对话框的"常规"选项卡中设置网页的位置、标题和背景声音等网页属性，在"格式"选项卡中设置网页的背景和颜色，在"高级"选项卡中设置网页的边距等属性。设置完成，单击"确定"按钮。

步骤六：插入对象

在 FrontPage 2003 中，既可输入文本，也可方便地插入图片、水平线等多种对象，这些对象使网页内容更丰富，增加了网页的表现形式，增强了网页的宣传效果。

1. 插入水平线

将插入点定位在准备插入水平线的位置，打开"插入"菜单，选择"水平线"命令，此时在网页的插入点插入一条水平线。

选中水平线并右击，选择"水平线属性"命令，打开"水平线属性"对话框，如图 8-10 所示，在"宽度"文本框中设置水平线的宽度，在"高度"文本框中输入水平线的高度，在"对齐方式"选项区域中选择水平线在网页内的对齐方式，在"颜色"下拉列表框内设置水平线的颜色，系统默认的颜色是黑色，选择"实线（无阴影）"复选框时，水平线将被设置成实心线，并且在水平线的边缘上没有阴影。

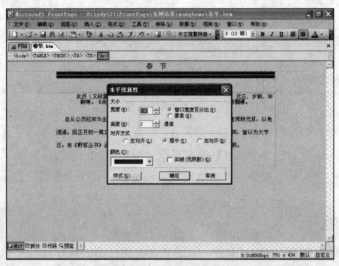

图 8-10　插入水平线

2. 插入图片

移动光标到想要插入图像处，打开"插入"菜单，选择"图片"命令，在其级联菜单中选择"来自文件"命令，弹出"图片"对话框，如图 8-11 所示。

图 8-11　"图片"对话框

选择要插入的图片，单击"插入"按钮即可。右击插入的图片，选择"图片属性"命令，打开"图片属性"对话框，在"外观"选项卡中，调整图片的大小。为了防止改变图片原来的长宽比例，选中"保持纵横比"复选框，这样就会根据原来的长宽比例来调整大小。同样在"外观"选项卡中，设置对齐方式，设置图片的边框粗细，0 为无边框，如图 8-12 所示。

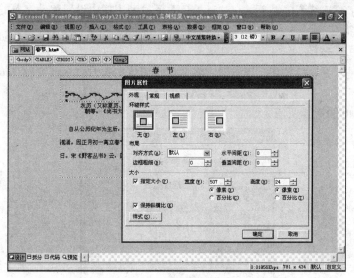

图 8-12　设置图片属性

右击插入的图片，选择"显示图片工具栏"命令，打开图片编辑工具栏，对图片的亮度、对比度进行调整，可以旋转、翻转图片，对图片进行剪裁，设置透明的颜色等操作。

在万维网上常有的图像文件格式是 JPEG 和 GIF，它们都是压缩的图像格式，文件的信息量少，适合于网络传输，现已几乎被所有的 Web 浏览器所支持，因此被广泛应用于 Web 站点的设计中。

图形交换格式（Graphical Interchange Format，GIF）采用无损压缩方式，其主要特征是支持动画、透明度、图形渐进，但 GIF 格式只支持 256 种颜色。

联合图像专家组（Joint Photograph Expert Group，JPEG）格式是专为有几百万种颜色的照片和图形设计的，它采用有损压缩方式，以牺牲图片质量换取大的压缩比例。但 JPEG 格式支持真彩色（24 位色），并且在压缩大的图像方面已被证明很有效。

3. 插入字幕

将插入点定位在要插入移动字幕的位置，选择"插入"|"组件"|"字幕"命令，弹出"字幕属性"对话框，如图 8-13 所示。

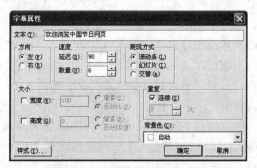

图 8-13　"字幕属性"对话框

在"文本"文本框中输入作为移动字幕的文本"欢迎浏览中国节日网页"。在"方向"选项区域中选择文字的移动方向。在"速度"选项区域中指定文字的移动速度,在"延迟"微调框中输入数值表示在每个连续运动之间暂停的毫秒数,"数量"微调框中输入的数值表示文本每次移动的距离。在"表现方式"选项区域指定文字的运动方式,选中"重复"选项区域的"连续"复选框,表示移动字幕连续不停循环,在"背景色"下拉列表框中设置移动字幕的背景颜色,最后单击"确定"按钮。

4.插入交互式按钮

交互式按钮是一种动感按钮,当访问者将鼠标指向该按钮时就会改变颜色或形状。将插入点定位在要插入交互式按钮的位置,选择"插入"|"组件"|"交互式按钮"命令,弹出"交互式按钮"对话框,如图 8-14 所示。

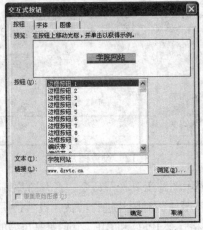

图 8-14 "交互式按钮"对话框

在"按钮"选项卡中,选择按钮的形状,输入按钮上面的文本并设置链接,选择"字体"选项卡,设置文本的字体、字形、大小和文本颜色等,最后单击"确定"按钮。

步骤七:创建超链接

Web 网页的强大之处就在于其超链接,使用超链接能够将 Internet 中的信息有机地组织起来,使人们在丰富多彩的万维网世界轻松地漫游。在浏览器中,超链接通常表现为与普通文本或图片不同的特点。将鼠标移到一个超链接上方时,鼠标指针会变成手形。同时,与这个超链接相对应的 URL 会在窗口底部的状态栏显示出来。

在 Web 网页中超链接一般有两种表现方式,即以文本方式标注的超链接和图片方式标注的超链接。对于文本或图片,利用 FrontPage 2003 都可以创建指向当前网站的另一个网页或万维网中另一个站点的某个网页的文本或图片的超链接,以及指向 E-mail 地址的超链接等。

选定要定义超链接的文本或图片,单击"常用"工具栏上的"超链接"按钮,或者从"插入"菜单中选择"超链接"命令,打开"编辑超链接"对话框,如图 8-15 所示。

在"编辑超链接"对话框中,计算机上的所有网页和文件都可以在文件列表中找到,可以选择链接的目标网页或文件,也可以在"地址"下拉列表框中输入万维网中另一个站点的某个网页的地址作为超链接,根据具体情况,在"地址"下拉列表框输入"中国节日网"的地址,单击"确定"按钮,超链接创建完成。

图 8-15　"编辑超链接"对话框

这样"春节"网页就设计好了，以同样的方法可以设计出"元宵节"、"清明节"、"端午节"这三个节日的网页。

技能链接

1．创建发送电子邮件的超链接

可以创建与电子邮件的超链接，以便反馈信息。具体创建步骤如下：

（1）在"编辑超链接"对话框中单击"电子邮件地址"按钮。

（2）输入一个电子邮件地址，单击"确定"按钮。

（3）单击"确定"按钮，完成超链接的创建。

单击窗口底部的"预览"按钮，切换至预览模式，单击此链接，就会打开系统默认的收发电子邮件工具，如 Outlook Express、Foxmail 等。

2．使用书签

对于网页的超链接，往往使浏览者跳转到目标网页的顶端。应用书签能够更严密地控制访问者到达网页内某个具体位置。当访问者单击基于书签的超链接时，将直接跳转到这个书签所在的位置。

在创建到书签的链接之前，必须要在网页中插入书签。具体步骤如下：

（1）将光标定位在要插入书签的位置。

（2）在"插入"菜单中选择"书签"命令，打开"书签"对话框。

（3）在"书签名称"文本框中输入书签名称。

（4）单击"确定"按钮，出现书签标记。

创建到书签的超链接，步骤如下：在"编辑超链接"对话框中，选定已经插入书签的目标网页，单击"书签"按钮，在列表框中选择链接的书签名称；单击"确定"按钮，完成超链接的制作。

3．为图形添加热点

在图形上创建热点，即把同一个图形作为多个超链接的载体。操作步骤如下：

（1）网页视图中，选择需要添加的图形。

（2）在"图片"工具栏中，单击长方形、圆形或多边形热点按钮匹配需要的形状。

（3）在图形上，依所选形状画上矩形、圆形或多边形。画多边形时，可单击多边形的第一个角，然后单击要放置多边形每个角的位置，最后双击完成。

（4）松开鼠标后，弹出"编辑超链接"对话框，按照创建超链接中所讲方法创建超链接即可。

（5）步骤重复步骤（2）～（4），在选定的图形上超链接到其他网页。

也可以添加文本热点到图形中，文本热点是已经放在图形上并分配了超链接的文本字符串。当用户将鼠标移动到站点位置时，光标变为手形，单击以后，超链接的目标网页就会显示在 Web 浏览器窗口中。添加图形或文本热点后，用户可以方便地对热点进行编辑，如调整热点大小、编辑热点的 URL、移动和删除热点等操作。

✉ 知识拓展

1．HTML 简介

HTML 即 Hyper Text Markup Language（超文本标记语言）的缩写。它使用一些约定的标记（Tag）对文本进行标注，定义网页的数据格式，描述网页中的信息，控制文本的显示。

我们把用 HTML 语言编写的文件称为 HTML 文件（网页）。它通常被存储在 Web 服务器上，客户端通过浏览器向 Web 服务器发出请求，服务器响应请求并将 HTML 文件发送给浏览器，然后由浏览器对文件中的标记做出相应的解释，以页面的形式呈现在用户屏幕上。因此，我们又把 HTML 文档在 Web 浏览器中的这种表现形式称为 Web 页面（Web Page）。

HTML 语言是一种标记语言，简单易学。用 HTML 语言编写的网页实际上是一种文本文件，它以.htm 或.html 为扩展名，我们可以使用任何文本处理软件（例如：记事本）编写。

2．HTML 文件的基本构成

Internet 中的每一个 HTML 文件都包括文本内容和 HTML 标记两部分。其中，HTML 标记负责控制文本显示的外观和版式，并为浏览器指定各种链接的图像、声音和其他对象的位置。多数 HTML 标记的书写格式如下：

<标记名>文本内容</标记名>

标记名写在"＜ ＞"内。多数 HTML 标记同时具有起始和结束标记，并且成对出现，但也有些 HTML 标记没有结束标记。另外，HTML 标记不区分大小写。

3．FrontPage 2003 的主要功能

FrontPage 2003 的主要功能是制作网页和管理网站，使用 FrontPage 2003 可以创建新的网页，也可以打开并修改已存在的网页，FrontPage 2003 提供了多种编辑网页的方式，不但可以直接修改 HTML，而且可以采用"所见即所得"的方式编辑网页，还可以使用菜单命令插入各种网页元素，使用对话框修改其属性，十分灵活。

在 FrontPage 2003 中，可以很容易地插入文本、图片、表格、组件等元素；可以使用主题、共享边框、框架等管理网页的外观；还可以使用表单等元素设计出交互式网页。

FrontPage 2003 提供了强大的站点管理功能。一组相关网页和有关文件组成一个站点，站点也是 FrontPage 2003 对网站管理的基本单位。在 FrontPage 2003 中可以轻松实现设计、管理、分析、发布和维修站点等工作。

4．FrontPage 2003 中的视图

（1）网页视图

网页视图是 FrontPage 2003 中最常用的工作界面。网页的创建、编辑、预览等基本操作都是在此视图中进行的。

（2）文件夹视图

在文件夹视图中，站点显示为一组文件和文件夹。可以在文件夹视图中创建、移动和删除文件或文件夹。

（3）报表视图

使用报表视图可以方便地了解当前站点的文件内容、更新链接情况、组建错误、显示所有文件列表及变化情况等信息。可在"报表"工具栏中的"报表"下拉列表框中选择所需显示的报表。

（4）超链接视图

超链接视图将当前站点显示为链接文件的一个网络，它们表示了站点中各个网页之间的相互链接关系。超链接视图就像一张地图，表明站点中的超链接路径。

（5）任务视图

任务视图主要用来创建和管理任务。在任务视图中列出了当前站点的"任务"，即当前站点中尚未完成的项目。

（6）导航视图

使用导航视图可以方便地观察站点的链接结构，它以层次状的组织结构图形式显示。在该视图下，可以通过拖动操作改变链接结构。

任务二　网页布局及发布、表单的创建

✉ 技能要点

- 能熟练掌握 FrontPage 2003 的表格的创建和使用。
- 能熟练掌握 FrontPage 2003 的框架的创建和使用。
- 能熟练掌握 FrontPage 2003 的表单的创建和使用。
- 会 FrontPage 2003 的网页的发布和维护。

✉ 任务背景

"兄弟，搞的怎么样了？"主任一脸的堆笑。

"快完了，我已经做了四个网页了，"窦文轩边跟一叶知秋聊天，边回答。"把它们合并起来，稍微修饰一下就彻底完成了。"

"那就好，你忙吧。"主任满意地走了。

窦文轩 22:24:19

咱们什么时候见见面？声明：我可不是坏人，别看名字有点儿坏。

一叶知秋 22:24:32

见面不见面有什么关系？

窦文轩 22:24:49

咱们就不能交个朋友？

一叶知秋 22:24:59

见了我你会失望的。

……

✉ 任务分析

要创建一个介绍关于"中国节日"的专题网站，已经设计了关于"春节"、"元宵节"、"清明节"、"端午节"的四个网页，下面要进行工作就是把各个网页组织在一起，进行整体布局，并创建一个征求反馈意见的网页，最后进行发布。这样首先就要建立一个带表格的网页作为目录，然后创建一个表单页面，再通过创建框架把这些网页进行整体的布局，最后进行发布。网站设计完成后的界面如图 8-16 所示。

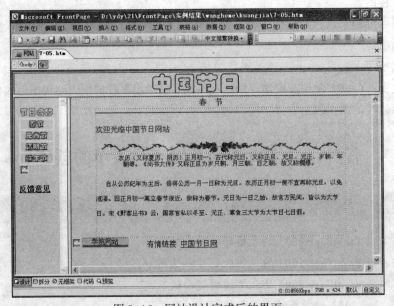

图 8-16　网站设计完成后的界面

✉ 任务实施

步骤一：创建表格

表格是由行和列交叉所形成的单元格组成。在单元格中可以放置任何对象，例如文本、图像、表单、FrontPage 组件等。利用表格可以有条理地排列数据或者组织网页布局。表格可以将文本排列成并列的段落，或模拟文本的分栏形式，也可以利用宽度固定的表格在网页上为文本提供边界。

FrontPage 2003 提供了与 Word 字处理软件类似的表格处理功能，在网页中可以轻松地创建和处理表格。创建方法如下：

使用菜单命令"插入"|"表格"，弹出如图 8-17 所示的对话框，可以对插入的表格进行精确的设置，包括行和列的数目、边框尺寸以及单元格宽度等。根据实际情况，选择表格为 4 行 1 列，背景颜色为水绿色。然后在插入的表格中输入文字，并最后在"表格属性"对话框中调整表格，完成后的表格界面如图 8-18 所示。

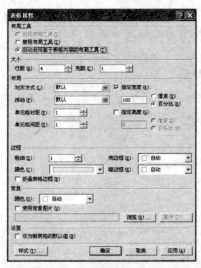

图 8-17　"表格属性"对话框

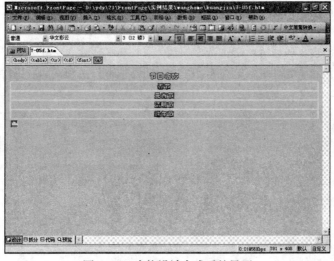

图 8-18　表格设计完成后的界面

技能链接

1．创建表格还有以下两种方法：

（1）可以单击"常用"工具栏中的"插入表格"按钮，快速地插入表格。

（2）选择"表格"菜单中的"手绘表格"命令，手动绘制表格。

2．表格属性的设置：

- 对齐方式：可以选择左对齐、右对齐、水平居中和两端对齐。该设置决定表格在网页中的相对位置。

- 浮动：可以选择左对齐、右对齐。该设置决定表格与其他网页元素的排列关系，即"文字环绕"效果。

- 指定宽度和高度：设置表格的大小。可以使用绝对大小"像素"或相对大小"百分比"。

- 单元格衬距：设置表格线与表格内容的距离。

- 单元格间距：设置两个相邻单元格边框的距离

- 边框：粗细以像素为单位，可以选择合适的边框颜色。

- 背景：可以指定背景颜色或背景图像。

另外，创建表格后，可以对表格单元格、行和列的布局和结构进行调整，具体操作有：调整行、列或单元格；插入行、列或单元格；删除行、列或单元格；合并、拆分单元格；平均分布行高、列宽；设置单元格属性等。在"表格属性"对话框中，可以设置单元格中内容的布局，精确定义单元格的宽度、高度，确定单元格的背景以及边框的颜色等。

完成了一个表格网页的设计，接着要做的工作就是利用表单设计一个反馈网页。

步骤二：创建表单

表单与网站之间的关系在概念上类似于表格与纸张之间的关系，不同之处在于使用表单可以与网站访问者交互以及从访问者那里收集信息。用户在表单中输入数据然后提交给 Web 服务器，例如在表单中输入姓名及密码，服务器根据输入通过脚本进行判断是否允许登录。通常可以使用网站上的表单来完成以下典型任务：从网站访问者那里检索联系信息（例如，留言簿）；接受订单并收集交货与收费信息；用户登录网站。创建方法如下：

首先在需要添加表单的位置单击；选择"插入"｜"表单"｜"表单"命令，如图 8-19 所示。在 FrontPage 2003 中，有文本框、文本区、分组框、复选框、选项按钮、文件上载、下拉框、高级按钮、图片、标签等几种表单域。

图 8-19　"表单"级联菜单

根据实际情况，要获得反馈者的姓名、性别、建议等信息。分别插入"文本框"、"选项按钮"和"文本区"表单域。其操作步骤如下：

首先输入文字"姓名"，在其后插入"文本框"表单域，然后输入文字"性别"，在其后插入两个"选项按钮"表单域，并在对应的"选项按钮"位置输入文字"男"、"女"，最后输入文字"建议"，并在其后插入"文本区"表单域。完成后的界面如图 8-20 所示。

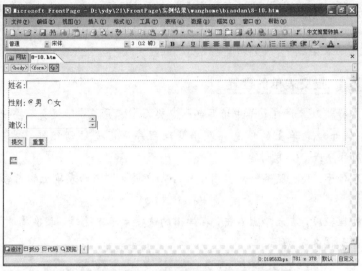

图 8-20　利用表单创建的页面

这样，就设计完成了一个利用表单创建的页面。

知识链接　**FrontPage 2003 提供的常用的几种表单域的功能**

- "文本框"用于让浏览者输入一行文字，这些文字就是此表单域的取值。
- "文本区"用于让浏览者输入多行文字，这些文字就是此表单域的取值。
- "文件上载"用来上载一份文件。浏览者输入一个文件名称或者使用"浏览"按钮定位这个文件。
- "复选框"用来提供多个互不排斥的选项。复选框可以单个出现，也可以成组出现。在选择时，可以选择多个，也可以都不选。不同的复选框可以共用一个表单域名称。复选框的取值由复选框的选择状态来决定，每个复选框都对应一条提交的名称和取值信息。
- "选项按钮"通常成组使用，用来提供一组互相排斥的选项。在选择时只能选择其中一项。单选按钮不仅具有表单域名称，而且同组的单选按钮还必须具有相同的组名。在提交表单时，每组单选按钮中只传递选中的单选按钮的名称和取值的组合。
- "分组框"带标题的方框区域，包含一组相关的字段。
- "下拉框"提供一个选项列表，供浏览者从中选择需要的选项。一般情况下，浏览者只能从中选择一项，但通过修改其属性，也可以选择多项。
- "按钮"一个表单中至少要有两个按钮：提交（Submit）按钮和重置（Reset）按钮。提交（Submit）按钮用来把浏览者在表单上所填写的数据发送给 Web 服务器上的表单处理程序进行处理。重置（Reset）按钮用来把表单上的数据全部清空重新填写。在 FrontPage 2003 中还有一种属性为"普通"的按钮。
- "高级按钮"与普通按钮的功能一样，只是其上面能够显示 HTML 内容。

- "图片"实际上是一个由图片表示的提交按钮。当单击图片按钮时，把表单数据和单击的位置信息发送给服务器。
- "标签"通常意义上的标签是指在表单域旁边的说明性文字，不能通过单击实现某种功能。这里所说的标签是一种具有能被单击的标签。通过单击这类标签，可以将输入焦点移到此标签所对应的表单域中。

技能链接　提交表单的设置

Web 服务器怎样获取客户在表单中填写的信息呢？当客户单击"提交"按钮后，Web 服务器用表单处理程序来处理表单上的信息，表单处理程序可以是注册组件，也可以是自定义的 ISAPI/NSAPI 应用程序或 CGI 脚本等。

表单处理程序位于 Web 服务器端，用于处理客户提交过来的表单上的内容，或者发送确认信息给客户。

要指定表单处理程序，在表单上右击，在弹出的快捷菜单中选择"表单属性"命令，打开"表单属性"对话框，如图 8-21 所示。

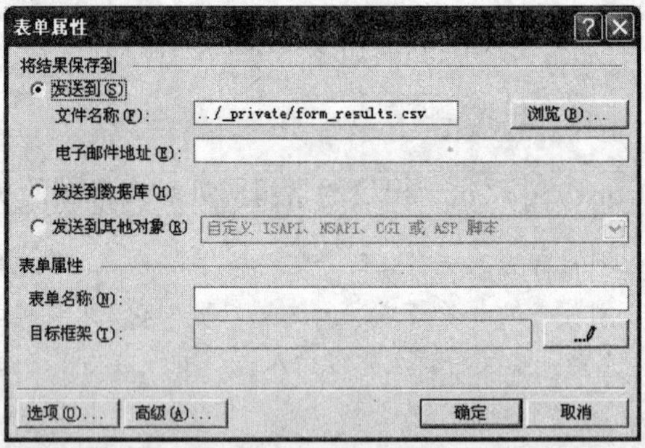

图 8-21　"表单属性"对话框

如果要使用 FrontPage 2003 默认的表单处理程序，则选择"发送到"单选按钮。默认情况下，客户在表单上填写的信息以文本文件的形式保存到 Web 服务器的_private 文件夹，文件名为：form_results.csv。用户还可以把表单结果发送到某个 E-mail 地址。

如果不想使用 FrontPage 2003 默认的表单处理程序，可以选择"发送到其他对象"单选按钮，然后在下拉列表框中选择"自定义 ISAPI、NSAPI、CGI 或 ASP 脚本"选项或者 FrontPage 2003 预定义的"讨论表单处理程序"或者"注册表单处理程序"选项。

注意：使用 FrontPage 2003 默认的表单处理程序或 FrontPage 2003 预定义的"讨论表单处理程序"或者"注册表单处理程序"，Web 服务器必须安装 FrontPage 服务器扩展（FrontPage Server Extension），否则表单功能将不会产生任何效用。

完成了一个利用表单创建的反馈网页的设计，接着要做的工作就是利用框架把所设计的这些网页整合在一起，形成一个完整的关于"中国节日"的主题网站。

步骤三：创建框架

框架是一种特殊的网页技术，含有框架的网页是一种特殊的网页，一般称为框架网页。使用框架后，整个网页被分割成几个区域，每个区域称为一个框架窗口，任何一个框架窗口单独显示一页。框架窗口可以作为超链接的窗口，当浏览者单击一个超链接时，该超链接的目标窗口便可以是目标框架窗口，而不是整体上浏览器的窗口。框架技术是有效架构网页结构和合理展示信息的工具，也为浏览者提供了方便和友好的界面。本章将结合实例以详细的操作步骤介绍在网页中使用框架的基本方法和技能。通过本章的学习，读者应该理解框架网页的基本概念，掌握框架网页的创建、编辑和保存以及框架属性和框架网页超链接的设置等内容。创建方法如下：

1．创建网页模板

选择"文件"丨"新建"丨"网页"命令，打开"新建"窗格，如图 8-22 所示。

选择"其他网页模板"选项，弹出"网页模板"对话框，如图 8-23 所示。

图 8-22　"新建"窗格

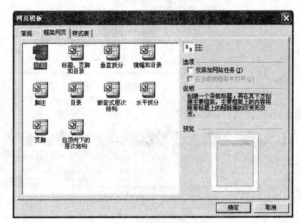

图 8-23　"网页模板"对话框

选择"横幅和目录"的框架网页，打开如图 8-24 所示的界面。

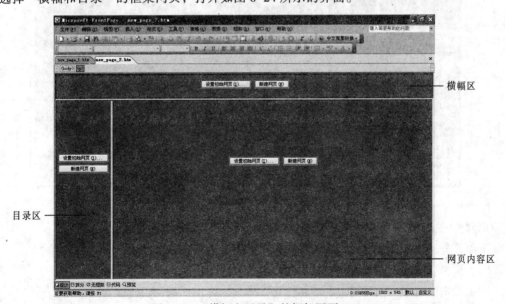

图 8-24　"横幅和目录"的框架网页

2. 创建框架超链接

一个新的框架网页不包含任何内容，FrontPage 2003 将在每个新框架中显示"设置初始网页"和"新建网页"两个按钮，单击"设置初始网页"按钮可以从站点中选择已准备好的网页，单击"新建网页"按钮可以在框架中创建一个新的空白网页。

由于已经准备好了四个"中国节日"的网页，所以单击"设置初始网页"按钮。

首先单击横幅区的"设置初始网页"按钮，弹出如图 8-25 所示的对话框。

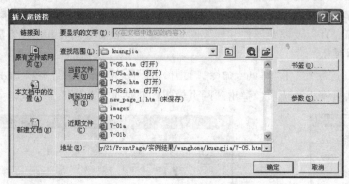

图 8-25 "插入超链接"对话框

选择已准备好的横幅网页，单击"确定"按钮，网页就变成图 8-26 所示的界面。

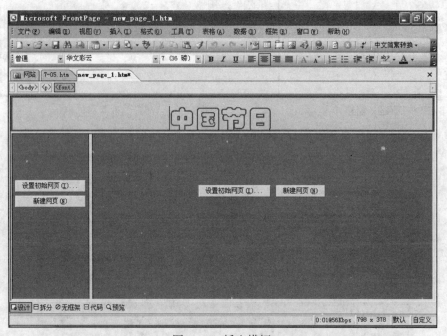

图 8-26 插入横幅

用同样的方法插入目录网页，网页就变成如图 8-27 所示的界面。

下面要分别插入四个"节日"的网页，这就要分别对应创建超链接，其方法如下：

（1）选择要定义超链接的文字或图片。

（2）单击"常用"工具栏上的"超链接"按钮，弹出"编辑超链接"对话框。

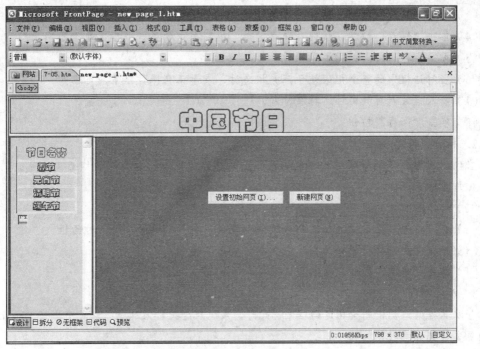

图 8-27　插入目录

（3）在"查找范围"下拉列表框中选择需要插入链接的目标网页。

（4）单击"更改目标框架"按钮，出现"目标框架"对话框。

（5）在"当前框架网页"选项区域中选择要用作目标的框架。

（6）单击"确定"按钮，返回到"编辑超链接"对话框，在"目标框架"列表框中显示出设置的目标框架名称。

（7）单击"确定"按钮。

在指定目标框架时，除了当前的框架之外，还提供了一些特殊的框架来创建不同效果的目标框架。这些特殊框架位于"目标框架"对话框中的"公用的目标区"选项区域，有以下几种：

相同框架：将链接的网页显示在包含该超链接的同一个框架内。

整页：将框架展开为整个窗口后，显示链接网页。

新建窗口：打开另外一个新窗口，显示链接网页。

父框架：在当前框架的上层框架内显示链接网页。

用同样的方法插入反馈网页，设计完成后的网页如图 8-16 所示。

技能链接　FrontPage 2003 中常用的几种关于创建框架的操作

1. 保存框架网页

当完成框架网页之后，就需要保存这个框架网页。操作步骤如下：

（1）单击"常用"工具栏中的"保存"按钮，打开"另存为"对话框，在右边的框架网页预览图中，其中一个框架高亮显示，表示正在保存该网页。

（2）在"文件名"文本框中输入网页名称。

（3）单击"更改"按钮，设置网页的标题。

（4）单击"保存"按钮，该网页保存完毕，框架图中的另一个框架处于高亮状态。

（5）重复步骤（2）～（4）的操作。

（6）当对话框中的整个框架处于高亮状态时，表示正在保存框架网页本身。

（7）输入框架网页的文件名称及标题。

（8）单击"保存"按钮。

2．拆分框架

当使用模板创建的框架结构不能满足需要时，可以通过拆分框架制作出更为复杂的框架网页。操作步骤如下：

（1）选择要拆分的框架。

（2）在"框架"菜单中选择"拆分框架"命令，打开"拆分框架"对话框。

（3）根据需要选择"拆分为列"或"拆分成行"选项。

（4）单击"确定"按钮完成拆分。

3．删除框架

可以从框架结构中删除指定的框架。此时，系统只是把框架从框架网页中删去，而此框架中的网页文件仍然存在。

操作方法是：选择要删除的框架，在"框架"菜单中选择"删除框架"命令即可。

4．设置框架属性

通过对框架属性的设置，可以更改框架超链接的网页、调整框架大小等。

基本操作是：选择目标框架，从"框架"菜单中选择"框架属性"命令，弹出如图 8-28 所示的"框架属性"对话框，设置框架属性。

图 8-28　"框架属性"对话框

单击"框架属性"对话框中"框架网页"按钮，弹出如图 8-29 所示的对话框。在该对话框可以调整框架间距。取消选择"显示边框"复选框时，可以隐藏框架边框。

完成了整个网页的设计，接着要做的工作是把网页发布。

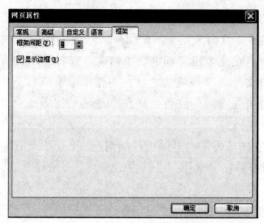

图 8-29 "网页属性"对话框

步骤四：网页的发布

通过使用 Microsoft Office FrontPage 2003 新增的"远程网站"视图，可以将整个网站或单独的网页发布到本地或远程的任何网站。

本地网站是 FrontPage 2003 中打开的源网站。远程网站是要发布到的目标网站，通常是承载 Web 服务的远程计算机。

下面以 FTP 发布方式把设计的网站发布在学院网站服务器上。

1. 设置远程网站属性

首先，选择"FTP"作为远程 Web 服务器，如图 8-30 所示。然后在"远程网站位置"文本框中输入主机名称，如"ftp://ftp.czc.net.cn"。如果网站需要上传到指定目录则需要在"FTP 目录"文本框中输入目录名。

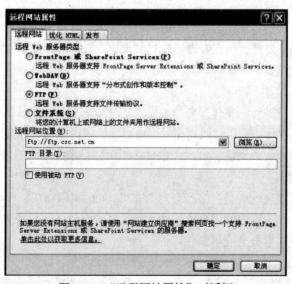

图 8-30 "远程网站属性"对话框

2. 选择需要上传的文件

检查需要发布哪些文件，然后发布这些文件。操作要点如下：

　　"本地网站"位于窗口左侧，"远程网站"位于右侧。远程网站是文件的发布目的地。

　　带箭头的文件是新文件，且尚未发布。带问号（？）的文件是有冲突的文件，这意味着该文件自最近一次发布以来，在两个位置都进行了修改，或者意味着使用 FrontPage 2003 之外的其他应用程序发布了该文件。准备就绪之后，通过单击窗口右下角的"发布网站"按钮即可发布所有文件，或者也可发布单个文件，即在本地网站选择一个文件，然后单击"本地到远程"按钮。

　　当网站发布成功后，在浏览器中打开站点仔细浏览，检查站点中每个网页是否正确地显示。当网页内容有更新时，只要单击"常用"工具栏中的"发布站点"按钮，即可将修改过的网页上传。

　　网站做完并成功的上传到学院的网站上，任务也圆满完成了。

✉ 知识扩展

　　网站和网页的设计既是一项复杂的技术也是一门艺术。设计良好的网站不但提供给浏览者丰富的信息，而且给用户带来愉悦的浏览体验。以下是网站和网页设计的一些基本原则。

1．目标明确，重点突出

　　首先要明确信息发布者的性质与用途，并了解主要浏览对象以及其进行的操作，做到有的放矢。然后，对发布的信息要分清主次，面面俱到可能使浏览者难以找到有用的信息，不能达到预期的目的。

2．主题鲜明，层次清晰

　　要做到主题鲜明，首先要设计好网站的主页。主页的设计要简洁，内容不宜过多，应该在主页上建立分类栏目。网页需要有层次清晰的结构，尤其是内容较多的网页，可以根据内容进行归类，分成多个栏目，便于阅读。

3．合理设置栏目

　　制作网页前，要先规划好，确定合理的栏目和板块。栏目的安排要紧扣主题，既要考虑网页内容的分类，又要方便浏览，并能对浏览者起到较好的导航作用。

4．正确定位整体风格

　　网站的整体风格是指站点的整体形象给浏览者的综合感受。整体风格是非常抽象的概念，包括网站的标志、色彩、字体、标语、版面布局、内容价值等诸多因素，需要结合整个站点进行定位。对于栏目内容跨度较大的网站，可以考虑针对不同栏目采用不同的风格。

5．页面布局合理

　　网页设计要针对所要表达的信息进行合理的布局，好的页面布局能使浏览者首先对网页内容的结构有一个清晰的认识。可以使用表格辅助页面元素的布局，也可以使用特定的布局框架。页面布局要注意保证重点内容放置在屏幕中间的重点位置。

6．色彩搭配，和谐统一

　　色彩是影响整体风格的关键因素。不同的色彩搭配产生不同的效果，并可能影响到浏览者的情绪。一般来说，一个网站的标准色彩以不超过三、四种为宜，以使页面色彩丰富而又协调统一。

7. 多媒体功能使用得当

除了文字信息外，网站中图片、声音、动画以及视频等多媒体信息的使用是网页上最重要的内容。它们的使用可以丰富画面，使页面更加形象生动，但这些文件都不应该太大，以减少网页的下载时间，提高用户浏览信息的速度。

尾声：

窦文轩把班主任要的数据库复制到优盘上，就直奔学校了。

他今天特意打扮了一下：小分头打上了啫喱，一身的西装革履，皮鞋擦得锃亮。窦文轩要让一向瞧不起自己的班主任看看，他是怎样出人头地的。

窦文轩闭上眼也能找到班主任的办公室，他在这里呆的时间几乎和上课时间一样多，因为班主任经常让他在门边上站岗（窦文轩自己是这么认为的）和谈心。

"报告！"不知不觉他喊了一嗓子，顿时脸红了。他这才想起来自己已经不是学生了，哪里还用喊报告呢？

窦文轩还是很小心地来到班主任的办公桌旁边，一看没人，电脑开着。

QQ 的小企鹅在屏幕右下角乱蹦。

"哈哈，原来你也聊天！"窦文轩抓住班主任的软肋了，"平时不让我们聊，你自己不也聊么？"

窦文轩习惯地打开聊天窗口，一下子惊呆了。

"一叶知秋！"她就是"一叶知秋！"这怎么可能？

"呵呵，还是让你发现了。"班主任不知不觉已经来到了窦文轩的身后。

"这是怎么回事？"窦文轩以为自己是在做梦，差点就要咬自己一口。

"你啊，其实是很聪明的学生，就是不肯用功，"班主任说，"所以我就打听来你的 QQ 号，跟你聊天。希望能帮助你！"

"哦！原来是这样啊！"窦文轩的脑袋开始有点转弯了。

"我给你介绍的几个面试单位，其实都是我的熟人。就是为了让你明白自己的不足！激发你的学习动力。"

"……"

"最后这家报社的社长是我同学的父亲，我把你的事跟他说了，他对你也很感兴趣。"

窦文轩最后的骄傲也没了，原来自己的工作竟然是被安排好的。

"不过，你现在已经凭着自己的实力赢得了这份工作。"班主任说，"社长对你的工作非常满意，你已经是报社的正式员工啦！"

"真的吗？"窦文轩不敢相信自己的耳朵。

"当然。"

……

窦文轩走出校门的时候，还在回味着刚才发生的事情，心里感觉有股暖流在汹涌。他回头望着渐渐朦胧的校园，忽然有一些咸咸的液体竟然流到他的嘴里。

实 验 指 导

实验一　创建站点、网页，插入相关元素

一、实验目的

1. 学会在 FrontPage 2003 中新建站点和网页，在网页中插入文本、图片、水平线等对象的方法。

2. 掌握在 FrontPage 2003 中插入文本、图片的超链接，以及设置图片对象格式的基本方法。

3. 掌握在网页中插入常用 FrontPage 组件的方法。如在网页中插入悬停按钮、字幕等。

二、实验内容

创建四个分别为"泊秦淮（杜牧）""登高（杜甫）""黄鹤楼（崔颢）""登金陵凤凰台（李商隐）"简单诗词的网页。

完成后的页面如图 8-31 所示。

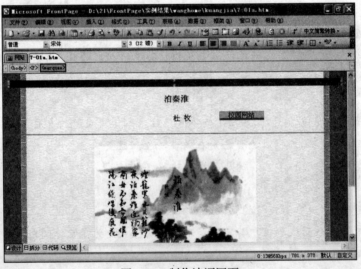

图 8-31　制作诗词网页

实验简要步骤：

1. 启动 FrontPage 2003，在"文件"菜单中选择"新建"菜单，在"新建网站"选项区域中选择"由一个网页组成的网站"选项，双击"只有一个网页的站点"模板，新建站点。

2. 在"文件"菜单中选择"新建"命令，在"新建"窗格中选择"其他网页模版"选项，选择"普通网页"模板，单击"确定"按钮。单击"文件"菜单，选择"另存为"命令，弹出"另存为"对话框，在对话框中的"文件名"文本框中输入网页文件名"泊秦淮"。在"保存位置"文本框中选择存放位置，设置完成后单击"保存"按钮。

3. 在新建的"泊秦淮"网页中闪烁的光标处输入文字内容，选中文字，选择"格式"菜单中的"字体"命令，在弹出的"字体"对话框中设置文字格式。

4. 选择"文件"菜单里的"属性"命令，或者在网页的任意地方右击，在弹出的快捷菜单中选择"属性"命令，弹出"网页属性"对话框，在"网页属性"对话框的"常规"选项卡中设置网页的位置、标题和背景声音等网页属性，在"格式"选项卡中设置网页的背景和颜色，在"高级"选项卡中设置网页的边距等属性。设置完成后单击"确定"按钮。

5. 将插入点定位在准备插入水平线的位置，选择"插入"菜单中的"水平线"命令，选中水平线右击，在弹出的快捷菜单中选择"水平线属性"命令，打开"水平线属性"对话框，在"宽度"微调框中设置水平线的宽度，在"高度"微调框中设置水平线的高度，在"对齐方式"选项区域中选择水平线在网页内的水平对齐的方式，在"颜色"下拉列表框内设置水平线的颜色。

6. 将光标定位到想要插入图像处，选择"插入"菜单中的"图片"命令，在其级联菜单中选择"来自文件"命令，弹出"图片"对话框，选择要插入的图片，单击"插入"按钮即可。选中插入的图片右击，在弹出的快捷菜单中选择"图片属性"命令，打开"图片属性"对话框，在"外观"选项卡中，调整图片的大小。

7. 将插入点定位在要插入移动字幕的位置，选择"插入"菜单中"组件"命令，在其级联菜单中选择"字幕"命令，弹出"字幕属性"对话框，在"文本"文本框中输入作为移动字幕的文本"欢迎光临中国诗词网"；在"方向"选项区域中选择文字的移动方向；在"速度"选项区域中指定文字的移动速度，在"延迟"微调框中输入数值表示在每个连续运动之间暂停的毫秒数，"数量"微调框中输入的数值表示文本每次移动距离；在"表现方式"选项区域框指定文字的运动方式；选中"重复"选项区域的"连续"复选框，则移动字幕连续不停循环；在"背景色"下拉列表框中设置移动字幕的背景颜色，单击"确定"按钮。

8. 将插入点定位在要插入交互式按钮的位置，选择"插入"菜单中的"组件"命令，在其级联菜单中选择"交互式按钮"命令，弹出"交互式按钮"对话框，在"按钮"选项卡中选择按钮的形状，在"字体"选项卡中设置文本的字体、字形、大小和文本颜色等，单击"确定"按钮。

9. 选定刚插入的按钮，单击"常用"工具栏上的"超链接"按钮，或者从"插入"菜单中选择"超链接"命令，打开"创建超链接"对话框，在"地址"下拉列表框中输入"校园网站"的地址，单击"确定"按钮。

实验二　网页布局及发布、表单的创建

一、实验目的

1. 掌握表格的创建和使用。
2. 掌握框架网页的制作方法、各框架窗口在网页设计中的作用。
3. 了解表单在网站中的作用，掌握表单的制作方法。
4. 了解网站的发布方法。

二、实验内容

使用 FrontPage 2003 把四个诗词网页组织在一起，进行整体布局，并创建一个征求反馈意见的网页，最后进行发布。

最终页面效果如图 8-32 所示

图 8-32　最终页面效果

实验简要步骤：

1. 启动 Frontpage 2003，选择"插入"｜"表格"命令，选择大小为 4 列 1 行，和背景颜色为浅黄色的表格。然后在插入的表格中输入文字，并最后在"表格属性"对话框中调整表格，完成"横幅"页面。

2. 单击"插入"菜单，鼠标指向"表单"命令，在出现的级联菜单中选择"表单"命令，首先输入文字"姓名"，在其后插入"文本框"表单域，然后输入文字"性别"，在其后插入两个"选项按钮"表单域，并在对应的"选项按钮"位置输入文字"男"、"女"，最后输入文字"建议"，并在其后插入"文本区"表单域，完成"反馈意见"页面。

3. 在"文件"文本框的"新建"子框中选择"网页"命令，打开"新建"对话框，选择其中"其他网页模板"命令，弹出"网页模板"对话框，选择"横幅"的框架网页，单击"设置初始网页"按钮从站点中选择已准备好的网页，选择已准备好的"横幅"网页，单击"确定"。再分别选择已准备好的 4 个诗词网页，单击"确定"。

4. 设置远程网站属性，选择需要上传的文件，检查需要发布哪些文件，然后发布这些文件。

习　题

一、填空题

1. FrontPage 具有＿＿＿＿和＿＿＿＿两方面的功能。

2. FrontPage 的界面可以分成＿＿＿＿、＿＿＿＿、＿＿＿＿、＿＿＿＿、＿＿＿＿和＿＿＿＿六大部分。

3. ＿＿＿＿是由一个一个页面组成的一个集合。

4. 在 FrontPage 中，新建网页的方法主要有三种，分别为＿＿＿＿、＿＿＿＿、＿＿＿＿。

5. FrontPage 中共有六种列表，分别为_____、_____、_____、_____、_____、_____。

6. 在网页上经常使用的图像格式有两种格式，分别为_____、_____。

7. 建立框架网页的方法有两种，一种是_____、另一种是_____。

8. 表单在 Web 站点的创建过程中起着重要的作用。它的使用完全实现_____和_____之间的信息交换，

二、选择题

1. 下列（　　　）FrontPage 不能实现。

　　A. 网站的创建　　　B. 网站的维护　　　C. 网站的发布　　　D. 网站的下载

2. 在 FrontPage 中，（　　　　）视图用于编辑网页。

　　A. 网页　　　　　　B. 文件夹　　　　　C. 超链接　　　　　D. 任务

3. 在利用 FrontPage 编辑网页时，要想观看网页在浏览器中的情形，应使用 FrontPage "网页" 视图窗口中的（　　　）标签。

　　A. 打印预览　　　　B. 预览　　　　　　C. 打印　　　　　　D. HTML

4. FrontPage 中，下述关于图片与链接的关系表述正确的是（　　　）。

　　A. 图片不能建立链接　　　　　　　　B. 一张图片只能建立一个链接

　　C. 图片要建立链接需经过处理　　　　D. 通过设置热点，一张图片可建立多个链接

5. 网页制作中，我们经常用下列（　　　）办法进行页面布局。

　　A. 文字　　　　　　B. 表格　　　　　　C. 表单　　　　　　D. 图片

6. 在 FrontPage 中，对于表格的处理，以下说法正确的是（　　　）

　　A. 只能给整个表格加背景色　　　　　B. 不能给表格加背景图片

　　C. 只能给整个表格加背景图片　　　　D. 可以给单元格加背景色

7. 在 FrontPage 中，为了在网页上显示网站被访问的次数，可以使用（　　　）来实现。

　　A. 悬停按钮　　　B. 横幅广告管理器　　C. 计数器　　　　D. 滚动字幕

8. 在网页中，表单的主要作用是（　　　）。

　　A. 收集资料　　　　B. 发布信息　　　　C. 处理信息　　　　D. 分析信息

9. 在 FrontPage 中，若通过表单来输入用户密码，要用（　　　）表单域来实现。

　　A. 滚动文本框　　　B. 单行文本框　　　C. 下拉列表框　　　D. 复选框

10. FrontPage 中，我们想在浏览器中的不同区域同时显示几个网页，可使用下列（　　　）方法。

　　A. 表单　　　　　　B. 表格　　　　　　C. 框架　　　　　　D. 单元格

三、判断题

1. （　　）在 FrontPage 的 "报表" 视图模式下，可直接进行快速调整网站结构。

2. （　　）FrontPage 不能实现网站的下载。

3. （　　）使用 "格式" 菜单中 "字体" 命令，可以实现段落的格式化。

4. （　　）在 FrontPage 中，一个图片只能创建一个超链接。

5. （　　）FrontPage 的表格中可以加入声音。

6. （　　）表单是由一个文本和表单域组成的集合。

7. （　　）框架的主要功能是实现网页的布局。

8. （　　）应用了主题的网页不能再设置背景图片。

参考文献

[1] 崔振远，劭丽娟. 计算机应用基础教程. 北京：科学出版社，2006.

[2] 郑纬民. 计算机应用基础. 北京：中央广播电视大学出版社，2006.

[3] 解福. 计算机文化基础. 东营：中国石油大学出版社，2006.

[4] 鲁燃. 计算机文化基础实验教程. 东营：中国石油大学出版社，2006.